中国青年植保科技创新

中国植物保护学会青年工作委员会 编

中国农业科学技术出版社

图书在版编目（CIP）数据

中国青年植保科技创新／中国植物保护学会青年工作委员会编 . —北京：
中国农业科学技术出版社，2015.7
ISBN 978 – 7 – 5116 – 2138 – 2

Ⅰ.①中… Ⅱ.①中… Ⅲ.①植物保护 – 中国 – 文集 Ⅳ.①S4 – 53

中国版本图书馆 CIP 数据核字（2015）第 127295 号

责任编辑 姚 欢
责任校对 贾海霞

出 版 者 中国农业科学技术出版社
北京市中关村南大街 12 号 邮编：100081
电 话 （010）82106636（编辑室） （010）82109702（发行部）
（010）82109709（读者服务部）
传 真 （010）82106631
网 址 http://www.castp.cn
经 销 者 各地新华书店
印 刷 者 北京富泰印刷有限责任公司
开 本 787 mm×1 092 mm 1/16
印 张 21.5
字 数 500 千字
版 次 2015 年 7 月第 1 版 2015 年 7 月第 1 次印刷
定 价 80.00 元

前　言

2015 年适逢中国植物保护学会青年工作委员会成立 20 周年。历经 20 年发展，青年工作委员会已逐渐形成自身的优势和特色，汇集了一批年轻力壮、思想活跃、意气风发、开拓创新的青年植保科技工作者，业已成为中国植保学会分支机构中最具创造力的植保科技生力军。

近年来，我国青年植保科技工作者在植保学科的基础、应用基础、应用研究领域取得了一系列的创新科研成果，在农作物病虫草鼠害防控中发挥了重要作用。今年，青年工作委员会以成立 20 周年为楔机，经过精心组织，编制了《中国青年植保科技创新》论文集，其中包括"新思路与新理论"和"新实践与新进展"两个版块。"新思路与新理论"突出介绍植物保护学科某一方向或领域的国际前沿、展望研究动态，阐述学术观点、交流个人见解，体现青年人的活跃思想与卓越思路。"新实践与新进展"重点介绍课题组已发表在有影响力的 SCI 杂志上的系统性创新研究成果，展示青年植保人的创新科研进展。青年工作委员会希望通过论文集的出版，促进国内青年植保科技工作者之间的学习交流、协同合作，扎实推进植保科技创新，努力践行植保科技"顶天立地"，为我国现代农业发展贡献力量。

此论文集的编制过程中，得到了广大植保青年科技工作者的大力支持，陆宴辉、刘文德、董丰收、张礼生、周忠实、李云河、王大伟、肖海军等同志参与了约稿和整理工作，在此一并表示感谢。由于时间紧，编辑工作量大，编委会本着文责自负的原则对作者投文未作修改。错误之处，请读者批评指正！

祝贺中国植物保护学会青年工作委员会二十华诞！

中国植物保护学会青年工作委员会

2015 年 6 月 8 日

目　录

新思路与新理论

新实践与新进展

新思路与新理论

蛋白乙酰化修饰与病原菌致病性
Lysine Acetylation and Pathogenesis

宋丽敏　吕斌娜　梁文星*

（青岛农业大学农学与植物保护学院，青岛　266109）

蛋白乙酰化修饰，包括组蛋白以及非组蛋白的乙酰化修饰，是一种普遍存在、可逆而且高度调控的蛋白质翻译后修饰方式（Hu et al.，2010）。乙酰化是乙酰基供体（如乙酰辅酶 A）将乙酰基团共价结合到赖氨酸残基上的过程，是由乙酰基转移酶催化完成的，去乙酰化酶则能够移除赖氨酸残基上的乙酰基，这两类酶共同存在，协同调控生物体内蛋白的乙酰化水平（Wang et al.，2010）。50 多年前，Philips 在组蛋白上首先发现了乙酰化修饰能够调控基因的转录这一现象（Phillips，1963）。如今，越来越多的证据表明，乙酰化并不仅仅发生在组蛋白上，许多非组蛋白也同样存在可逆的赖氨酸乙酰化修饰。蛋白质赖氨酸乙酰化是一种多功能信号调节方式，它参与了几乎所有的生物学过程，例如中心代谢、信号转导、DNA 复制和修复、mRNA 剪接、蛋白合成与降解、细胞形态建成以及细胞周期等，对维持细胞以及生物的功能至关重要（Zhao et al.，2010）。

蛋白乙酰化在微生物中广泛存在。随着质谱法等赖氨酸乙酰化鉴定技术的提高，蛋白质乙酰化现象已经在酵母、大肠杆菌、沙门氏菌、枯草芽孢杆菌、链霉菌、结核分枝杆菌以及沼泽红假单胞杆菌等中发现（Zhang et al.，2013；Liao et al.，2014），但在植物病原菌中的研究却很少。Cilia 等发现禾谷黄矮病毒（Cereal Yellow Dwarf Virus）的外壳蛋白存在乙酰化修饰（Cilia et al.，2014），但其功能并不清楚。Rasset 等发现，青枯雷尔氏菌（Ralstonia solanacearum）的效应子 PopP2 具有乙酰基转移酶的活性，其酶活性的丧失会改变病原菌侵染植物的能力（Tasset et al.，2010）。Lee 等报道，丁香假单胞杆菌（Pseudomonas syringae）效应子 HopZ1a 是一种乙酰基转移酶，对于侵染植物至关重要，将 HopZ1a 的活性位点突变后，病原菌破坏拟南芥的微管、阻碍分泌系统以及抑制细胞壁介导的植物抗病性的能力受到很大影响（Lee et al.，2012）。Wu 等以引起梨火疫病的解淀粉欧文氏菌（Erwinia amylovora）为研究材料，鉴定到了 96 个乙酰化的蛋白，并且发现部分蛋白与病原菌的致病性密切相关（Wu et al.，2013）。笔者测定了丁香假单胞杆菌的乙酰化蛋白质组，鉴定到了 300 多个乙酰化的蛋白，发现一些与致病性以及活性氧调控相关的蛋白存在乙酰化修饰（未发表）。这些研究结果表明，蛋白乙酰化修饰在病原菌的致病过程中起重要作用。

通过蛋白质组学的方法测定植物病原菌的乙酰化蛋白质组，鉴定与病原菌致病性相关的乙酰化蛋白，有可能发现传统研究方法所不能寻找到的新基因和新功能，为研究病原菌

---

*　通讯作者：E－mail：wliang790625@163.com

的致病性提供新思路。在此基础上设计特异性高、环保、低毒的小分子药物来控制病害的发生，为防治植物病害提供新策略。

参考文献

Hu LI, Lima BP, Wolfe AJ. 2010. Bacterial protein acetylation: the dawning of a new age. Mol Microbiol, 77: 15 – 21.

Wang Q, Zhang Y, Yang C, Xiong H, Lin Y, Yao J, Li H, Xie L, Zhao W, Yao Y, Ning ZB, Zeng R, Xiong Y, Guan KL, Zhao S and Zhao GP. 2010. Acetylation of metabolic enzymes coordinates carbon source utilization and metabolic flux. Science, 327: 1004 – 1007.

Phillips DM. 1963. The presence of acetyl groups of histones. Biochem J, 87: 258 – 263.

Zhao S, Xu W, Jiang W, Yu W, Lin Y, Zhang T, Yao J, Zhou L, Zeng Y, Li H, Li Y, Shi J, An W, Hancock SM, He F, Qin L, Chin J, Yang P, Chen X, Lei Q, Xiong Y and Guan KL. 2010. Regulation of cellular metabolism by protein lysine acetylation. Science, 327: 1000 – 1004.

Zhang K, Zheng S, Yang JS, Chen Y and Cheng Z. 2013. Comprehensive profiling of protein lysine acetylation in *Escherichia coli*. J Proteome Res, 12: 844 – 851.

Liao G, Xie L, Li X, Cheng Z and Xie J. 2014. Unexpected extensive lysine acetylation in the trump – card antibiotic producer *Streptomyces roseosporus* revealed by proteome – wide profiling. J Proteomics, 106: 260 – 269.

Cilia M, Johnson R, Sweeney M, DeBlasio SL, Bruce JE, MacCoss MJ, Gray SM. 2014. Evidence forlysine acetylation in the coat protein of a polerovirus. J Gen Virol, 95: 2321 – 2327.

Tasset C, Bernoux M, Jauneau A, Pouzet C, Brière C, Kieffer – Jacquinod S, Rivas S, Marco Y and Deslandes L. 2010. Autoacetylation of the ralstonia solanacearum effector popp2 targets a lysine residue essential for RRS1 – R – mediated immunity in arabidopsis. PLoS Pathog 6: e1001202.

Lee AH, Hurley B, Felsensteiner C, Yea C, Ckurshumova W, Bartetzko V, Wang PW, Quach V, Lewis JD, Liu YC, Börnke F, Angers S, Wilde A, Guttman DS and Desveaux D. 2012. A bacterial acetyltransferase destroys plant microtubule networks and blocks secretion. PLoS Pathog 8: e1002523.

Wu X, Vellaichamy A, Wang D, Zamdborg L, Kelleher NL, Huber SC and Zhao Y. 2013. Differential lysine acetylation profiles of *Erwinia amylovora* strains revealed by proteomics. J Proteomics 79: 60 – 71.

谷氨酸合成酶在稻瘟菌产孢和致病中发挥重要的作用[*]
Glutamate Synthase MoGlt1 is Required for Conidiation and Full Virulence in *Magnaporthe oryzae*

杨 俊[**] 周 威 彭友良

（中国农业大学农学与生物技术学院植物病理系，北京 100193）

谷氨酸是大多数生物中最为丰富的胞内氨基酸，也是生物体内蛋白质代谢途径中的关键因子。谷氨酸合成酶在谷氨酸生物合成途径中十分重要，但是有关谷氨酸合成酶在植物病原真菌中生物学功能的研究还未见报道。本研究中，我们从水稻稻瘟菌中克隆、鉴定了一个谷氨酸合成酶基因 *MoGLT*1，发现该基因是稻瘟菌致病和产孢所必需的。基因 *Mo-GLT*1 的插入突变体和敲除体在产孢能力和菌落形态上均表现出明显的缺陷。重要的是，基因 *MoGLT*1 的敲除体对寄主植物水稻和大麦上的致病能力显著地减弱。进一步的分析发现，与野生菌相比，基因 *MoGLT*1 的敲除体在附着胞形成率、附着胞介导的侵入率和侵染菌丝的扩展能力上均表现出明显的下降。此外，基因 *MoGLT*1 敲除体的菌丝中谷氨酸含量明显的降低，且不能在固体最小培养基上生长。重新引入野生型的 *MoGLT*1 基因能够互补基因 *MoGLT*1 敲除体的所有缺陷表型。有意思的是，外源添加谷氨酸也能够使基因 *Mo-GLT*1 的敲除体在固体最小培养基上的菌落生长、产孢量和植物侵染能力恢复到野生表型。在酵母中，谷氨酸的生物合成也可源于谷氨酰胺、精氨酸、脯氨酸、氨水和 γ－氨基丁酸等化合物，而外源添加这些物质可完全或部分互补基因 *MoGLT*1 敲除体的缺陷表型。综上所述，谷氨酸合成酶在稻瘟菌产孢和致病过程中发挥重要的作用。

参考文献（略）

---

* 项目资助：国家自然科学基金（31371885）和科技部973项目（2012CB114000）

** 通讯作者：E－mail：yangj@cau.edu.cn

基于效应基因组学的马铃薯抗晚疫病育种
Use of Effectomics in Disease Resistance Breeding Against Potato Late Blight Pathogen

顾 彪*

（西北农林科技大学植物保护学院，杨凌 712100）

马铃薯（*Solanum tuberosum* L.）是仅次于水稻和小麦的第三大粮食作物，在世界各地广泛种植（Vleeshouwers *et al.*，2011）。中国的马铃薯种植面积和产量均居世界首位，但单位面积产量却低于世界平均水平（www. faostat. org），其中一个重要原因是马铃薯晚疫病的普遍发生。种植抗病品种作为防控马铃薯晚疫病最为经济有效的措施一直在全国各地广泛推行。然而，我国目前的马铃薯主栽品种皆依靠有限的外来品种和品系育成（金黎平，2007），且抗病遗传背景不清晰，大面积推广遗传背景相对单一的品种势必增加抗病性频繁丧失的风险。

随着我国马铃薯主粮化政策的稳步推进，预防和减少因晚疫病造成的马铃薯产量损失，成为马铃薯生产中亟待解决的重要问题。近年来，随着疫霉菌效应基因组学研究的深入，尤其是高通量效应基因鉴定及其与抗病基因间特异识别机制研究的开展（Vleeshouwers *et al.*，2011；Fry，2008；Stassen and Van den Ackerveken，2011），为发掘和创制抗病基因，进行高效抗病品种选育以及指导抗病品种合理布局提供了新的契机。

1 马铃薯抗晚疫病基因鉴定和创制

马铃薯晚疫病菌基因组编码一类数量庞大、序列高度分化的 RXLR 效应基因，已知的马铃薯晚疫病菌无毒基因均属于 RXLR 效应基因家族（Hass *et al.*，2009）。因此，借助高通量植物瞬时表达系统，依据病菌效应基因和寄主抗病基因特异识别产生的无毒表型（过敏性坏死反应），结合遗传分化菌株的致病型分析，可以高效地从各类育种材料中鉴定和克隆抗病基因（Vleeshouwers *et al.*，2011；Vleeshouwers and Oliver，2014）。目前已报道有 14 个马铃薯抗晚疫病基因及其直系同源基因专一识别晚疫病菌 RXLR 效应基因（Vleeshouwers *et al.*，2011；Vleeshouwers and Oliver，2014），且发现在马铃薯和大豆中存在能够识别多个 RXLR 效应基因的抗病基因（Fedkenheuer *et al.*，2014）。

植物抗病基因大多编码 NBS – LRR 类蛋白，该类蛋白的亮氨酸富集区对识别病菌无毒蛋白十分关键。所以，借助这一特点通过外源引入变异，可创制新型抗病基因（Crameri *et al.*，1998），同时结合 *Avr – R* 基因识别的高通量检测技术，使得筛选广谱持久的人工抗病基因成为可能。如英国科学家已经创制出新型 *R*3a 抗病基因，可以同时识别效应基因 *Avr3a* 的毒性等位基因 *Avr3aEM* 和无毒等位基因 *Avr3aKI*（Segretin *et al.*，2014）。

※ 通讯作者：E – mail：bgu@ nwafu. edu. cn

2 主栽马铃薯品种抗病基因组成

由于马铃薯抗病育种过程中对抗病基因组成的认识有限，因此育成品种是否对变化的疫霉菌群体保持抗性，其遗传多样性和抗病持久性等都需要准确而有效的评价分析。借助基因对基因的关系，将国内现有的马铃薯主栽品种（品系）的抗病基因组成进行系统分析，保证抗病育种过程中实时追踪抗病基因，避免重复使用相同或同源抗病基因，实现多态性抗病基因聚合或构建人工抗病基因簇。

3 马铃薯抗病品种合理布局

马铃薯晚疫病菌含有的效应基因类型和表达水平直接决定其在马铃薯植株上的致病表型（Cooke et al.，2012）。借助高通量测序技术，实时定量监测晚疫病菌群体效应基因序列与表达模式，可快速鉴定病菌致病型的变异情况。同时，通过检测主栽马铃薯品种中的抗病基因构成，预测病害流行趋势，以便在晚疫病菌发生变异过程中及时、迅速地调整抗病基因布局，从而保证栽培品种对晚疫菌的抗病性。

结合致病疫霉菌群体遗传学研究，充分利用效应基因组资源辅助马铃薯抗病育种，从抗病基因快速鉴定和克隆、监测抗病基因组成和变异、指导抗病基因合理布局等方面入手，有望全面提高马铃薯晚疫病的防控水平。

参考文献

Vleeshouwers VG, Raffaele S, Vossen JH, Champouret N, Oliva R, Segretin ME, Rietman H, Cano LM, Lokossou A, Kessel G, Pel MA, Kamoun S. 2011. Understanding and exploiting late blight resistance in the age of effectors. Ann Rev Phytopathol, 49 (1)：507 – 531.

金黎平．2007. 我国马铃薯育种和品种应用. 农业技术与装备，9：14 – 15.

Fry W. 2008. Phytophthora infestans：the plant (and *R* gene) destroyer. Mol Plant Pathol, 9 (3)：385 – 402.

Stassen JHM, Van den Ackerveken G. 2011. How do oomycete effectors interfere with plant life? Curr Opin Plant Biol, 14 (4)：407 – 414.

Haas BJ, Kamoun S, Zody MC, Jiang RH, Handsaker RE, Cano LM, Grabherr M, Kodira CD, Raffaele S, Torto – Alalibo T, Bozkurt TO, Ah – Fong AM, Alvarado L, Anderson VL, Armstrong MR, Avrova A, Baxter L, Beynon J, Boevink PC, Bollmann SR, Bos JI, Bulone V, Cai G, Cakir C, Carrington JC, Chawner M, Conti L, Costanzo S, Ewan R, Fahlgren N, Fischbach MA, Fugelstad J, Gilroy EM, Gnerre S, Green PJ, Grenville – Briggs LJ, Griffith J, Grünwald NJ, Horn K, Horner NR, Hu CH, Huitema E, Jeong DH, Jones AM, Jones JD, Jones RW, Karlsson EK, Kunjeti SG, Lamour K, Liu Z, Ma L, Maclean D, Chibucos MC, McDonald H, McWalters J, Meijer HJ, Morgan W, Morris PF, Munro CA, O'Neill K, Ospina – Giraldo M, Pinzón A, Pritchard L, Ramsahoye B, Ren Q, Restrepo S, Roy S, Sadanandom A, Savidor A, Schornack S, Schwartz DC, Schumann UD, Schwessinger B, Seyer L, Sharpe T, Silvar C, Song J, Studholme DJ, Sykes S, Thines M, van de Vondervoort PJ, Phuntumart V, Wawra S, Weide R, Win J, Young C, Zhou S, Fry W, Meyers BC, van West P, Ristaino J, Govers F, Birch PR, Whisson SC, Judelson HS, Nusbaum C. 2009. Genome sequence and analysis of the Irish potato famine pathogen *Phytophthora infestans*. Nature. 2009, 461 (7262)：393 – 398.

Vleeshouwers VG, Oliver RP. 2014. Effectors as tools in disease resistance breeding against biotrophic, hemibiotrophic, and necrotrophic plant pathogens. Mol Plant Microbe Interact, 27 (3)：196 – 206.

Fedkenheuer K, Fedkenheuer M, Tyler BM, *et al.* 2014. Effector – directed breeding to improve resistance a-gainst *Phytophthora sojae* in soybean. Annual Oomycete Molecular Genetics Meeting, Norwich, United King-dom, July 2 – 4, 2014.

Crameri A, Raillard S A, Bermudez E, Stemmer WP. 1998. DNA shuffling of a family of genes from diverse spe-cies accelerates directed evolution. Nature, 391 (6664): 288 – 291.

Segretin ME, Pais M, Franceschetti M Chaparro – Garcia A, Bos JI, Banfield MJ, Kamoun S. 2014. Single ami-no acid mutations in the potato immune receptor R3a expand response to *Phytophthora*effectors. Mol Plant Mi-crobe Interact, 27 (7): 624 – 37.

Cooke DE, Cano LM, Raffaele S, Bain RA, Cooke LR, Etherington GJ, Deahl KL, Farrer RA, Gilroy EM, Goss EM, Grünwald NJ, Hein I, MacLean D, McNicol JW, Randall E, Oliva RF, Pel MA, Shaw DS, Squires JN, Taylor MC, Vleeshouwers VG, Birch PR, Lees AK, Kamoun S. 2012. Genome analyses of an aggressive and invasive lineage of the Irish potato famine pathogen. PLoS Pathog, 8 (10): e1002940.

基于新一代测序技术的小麦抗病基因定位研究策略
Gene Mapping Strategies for Wheat Disease Resistance Genes Using Next Generation Sequencing

徐晓丹　范洁茹　周益林

（中国农业科学院植物保护研究所，北京　100193）

摘要：小麦是重要的粮食作物，病害严重威胁着小麦生产。选育抗病品种是保障小麦生产的有效途径。随着分子生物学的发展，利用分子标记定位抗病基因辅助育种，加快了小麦抗病育种进程。但分子标记也存在标记数量有限、利用率低等不足。新一代测序技术以其高通量、遗传信息量大的特性，弥补了利用分子标记定位基因的缺陷，为小麦抗病基因定位带来新的技术手段。目前，小麦抗病基因定位有基于高通量测序技术的全基因组测序、简化基因组测序、转录组测序几种策略可供参考。

关键词：小麦；抗病基因定位；高通量测序；基因组测序

小麦是世界性的粮食作物，但其生产受到各种病害的严重威胁，选育抗病品种是解决该问题的有效途径之一。传统的小麦抗病育种工作主要是利用表型选择的方法获得理想的重组基因型。这一过程不仅费时费力，而且对抗性的选择存在一定难度，加上很多抗病性状是由数量基因控制的数量性状，易受环境影响，导致性状选择的准确性低。20世纪80年代，分子生物学的发展使分子标记辅助育种成为可能。分子标记具有快速、准确、不受环境影响的特点，利用分子标记与目的基因连锁的特性，通过检测分子标记即可找到目的基因。目前，研究人员利用分子标记已经在小麦上定位很多抗病基因。例如，针对小麦生产具有严重威胁的两种病害——小麦条锈病和小麦白粉病，已经分别定位了65个抗条锈病基因位点（王海，2008；Cheng et al.，2014）和53个抗白粉病基因位点（Hu et al.，1997；Petersen et al.，2015），这极大地促进了小麦抗病育种工作的进步。然而，利用分子标记进行基因定位也存在一些不足。如覆盖全基因组的多态性标记数量有限；受PCR、凝胶电泳等过程影响，检测个体基因型时部分标记无效；技术成本过高等，是限制抗病基因定位在小麦育种中深入应用的主要因素。新一代测序技术以其低成本、高通量的特性，弥补了利用分子标记基因定位的缺陷，为基因定位带来新的技术手段。目前，基于高通量测序技术对小麦抗病基因定位的研究还很少，但是对水稻、玉米等小麦近缘作物及其他作物的研究已经取得了一些研究成果，这为其在小麦抗病基因定位研究上的应用提供重要参考。

1　利用全基因组测序

小麦是由A、B、D3个染色体组构成的异源六倍体，基因组约17Gb。多倍体的特性且庞大的基因组使小麦基因组测序较其他生物难度大。高通量测序技术的出现，为小麦基因组测序带来新的研究手段和发展机遇。Brenchley等（2012）利用454测序平台，对小麦品种CS42的基因组测序，发现94 000～96 000个基因，并将其中2/3的基因分别归类到 3 个染色体组。Ling 等（2013）利用 Illumina HiSequation 平台，采用全基因组鸟枪法绘制出小麦 A 基因组祖先乌拉尔图小麦（*Triticum urartu*）的基因组序列草图。同一年，普通小麦 D 基因组的供体粗山羊草（*Aegilops tauschii*）的基因组草图也被破译（Jia *et al.*，2013）。Poursareban 等（2014）通过全基因组分析得到了小麦 6A 染色体的物理图谱。尽管目前仍未得到一张完整的小麦基因组草图，但从小麦基因组测序的进程可知，高通量测序技术已使完成小麦基因组的全测序指日可待。小麦基因组测序工作获得了大量序列信息，可用于开发分子标记，这些研究将利于获得高密度的小麦遗传图谱。

2 利用简化基因组测序

因对像小麦这种的多倍体且基因组庞大的物种全基因组测序难度大，根据研究需要，出现了基于高通量测序的简化基因组测序技术。简化基因组测序可以在全基因组范围内快速鉴定分子标记，增加遗传图谱的分子标记密度，有利于基因定位。目前，已有一些学者探索利用简化基因组测序手段开发分子标记定位基因。①基于 RAD - seq 简化基因组测序。RAD（Restriction - site Associated DNA）是与限制性核酸内切酶识别位点相关的 DNA，对酶切后的 RAD tag 进行高通量测序，可以获得 RAD tag 上的 SNP（Single Nucleotide Polymorphism）标记，从而应用于构建遗传图谱。Pfender 等（2011）利用 RAD - seq 技术定位 3 个黑麦草的抗杆锈病 QTL（Quantitative Trait Locus）。②基于 GBS 简化基因组测序。GBS（Genotyping by Sequencing）技术是指利用测序进行基因分型，通过选取合适的限制性内切酶结合高通量测序获得 SNP 分子标记，构建高密度遗传图谱。Chen 等（2014）利用 GBS 简化基因组测序技术对 708 株 F_2 玉米单株测序，获得一个含有 6 533 个分子标记、遗传图距为 1 396cM 的遗传图谱，并定位了 10 个 QTL。Poland 等（2012）利用这种技术构建了分别含有 34 000 个和 20 000 个 SNP 的大麦和小麦高密度遗传图谱。Li 等（2015）通过该技术定位一个主效抗小麦瘿蚊基因。③2b - RAD 简化基因组测序。2012 年推出基于 II B 型限制性内切酶的大规模 SNP 标记开发和分型的技术 2b - RAD（Shi *et al.*，2012）。该技术通过基因组酶切产生等长的 33～36bp 的酶切标签，标签富集后测序分析，实现全基因组范围高通量 SNP 筛查和分型分析。Guo 等（2014）改进了 2b - RAD 技术，改进后可以根据需求选择合适的酶和接头，被命名为 I2b - RAD。他们利用水稻 F_2 群体的基因分型证明改进 2b - RAD 可行，且通过 20 个物种的生物信息学分析发现 BsaXI 具有广泛的限制位点，说明其应用潜力很大。④SLAF - seq 简化基因组测序（Sun *et al.*，2013）。该技术的原理也是先酶切，对部分序列测序，开发 SNP 标记，通过计算重组率，得出连锁距离，绘制遗传图谱。陈士强等（2013）基于 SLAF - seq 技术开发了长穗偃麦草染色体特异分子标记，开发效率约为 60%。Zhang 等（2013）利用该法构建了高密度的芝麻遗传图谱。

3 利用转录组测序

转录组测序是对生物的特定组织或者细胞在特定条件下转录出的所有 mRNA 测序，可以研究已知基因也可以发掘未知基因。对于小麦这种只有部分参考基因组的物种，通过该技术可以开发分子标记，也可以分析不同条件下基因表达差异。Li 等（2013）通过转录组测序开发了 1 939 个芹菜的 SSR 分子标记。Zhang 等（2014）通过转录组测序分析了小麦在条锈菌和白粉菌的胁迫下激活的差异表达基因。这些差异表达基因可能与病害相关。通过这些差异表达基因可以开发分子标记用于小麦抗病基因定位。

小麦抗病基因定位的目标是希望遗传图谱分子标记密度尽可能大，遗传标记尽可能临近目标基因。新一代高通量测序技术提供的序列信息，可开发大量分子标记，加密遗传图谱，方便基因定位研究。当然，基于高通量测序技术的小麦抗病基因定位也有一些缺陷，在海量的序列信息中，如何有效筛选有利于抗病基因定位研究的信息，在开发的上千标记中如何简便地确定哪些标记与目标基因连锁关系近，还需小麦抗病基因定位研究人员继续深入探索、发现。另外，在小麦这种多倍体生物中，测序获得的很多序列片段不能定位，序列标签的有效率低也是急需改进的难题。充分利用前人宝贵的研究经验和研究成果，解决好新技术产生的新问题，是新一代高通量测序技术应用于小麦抗病基因定位研究的重要课题，这也将为小麦抗病育种奠定理论基础，推动小麦稳定增产发展。

参考文献

王海. 2008. Chinese166 抗条锈病基因 *Yr1* 分子标记建立及基因定位. 哈尔滨：东北农业大学.

Cheng P, Xu L S, Wang M N, See DR, Chen XM. 2014. Molecular mapping of genes *Yr64* and *Yr65* for stripe rust resistance in hexaploid derivatives of durum wheat accessions PI 331260 and PI 480016. Theor Appl Genet, 127（10）：2267 – 2277.

Hu XY, Ohm HW, Dweikat I. 1997. Identification of RAPD markers linked to the gene *PM1* for resistance to powdery mildew in wheat. Theor Appl Genet, 94（6 – 7）：832 – 840.

Petersen S, Lyerly JH, WorthingtonML, Parks WR, Cowger C, Marshall DS, Brown – Guedira G, Murphy JP. 2015. Mapping of powdery mildew resistance gene *Pm53* introgressed from *Aegilops speltoides* into soft red winter wheat. Theor Appl Genet, 128（2）：303 – 312.

Brenchley R1, Spannagl M, Pfeifer M, Barker GL, D'Amore R, Allen AM, McKenzie N, Kramer M, Kerhornou A, Bolser D, Kay S, Waite D, Trick M, Bancroft I, Gu Y, Huo N, Luo MC, Sehgal S, Gill B, Kianian S, Anderson O, Kersey P, Dvorak J, McCombie WR, Hall A, Mayer KF, Edwards KJ, Bevan MW, Hall N. 2012. Analysis of the bread wheat genome using whole genome shotgun sequencing. Nature, 491（7426）：705 – 710.

Ling HQ, Zhao S, Liu D, Wang J, Sun H, Zhang C, Fan H, Li D, Dong L, Tao Y, Gao C, Wu H, Li Y, Cui Y, Guo X, Zheng S, Wang B, Yu K, Liang Q, YangW, Lou X, Chen J, Feng M, Jian J, Zhang X, Luo G, Jiang Y, Liu J, Wang Z, Sha Y, Zhang B, Wu H, Tang D, Shen Q, Xue P, Zou S, Wang X, Liu X, Wang F, Yang Y, An X, Dong Z, Zhang K, Zhang X, Luo MC, Dvorak J, Tong Y, Wang J, Yang H, Li Z, Wang D, Zhang A, Wang J. 2013. Draft genome of the wheat A – genome progenitor *Triticum urartu*. Nature, 496：87 – 90.

Jia J, Zhao S, Kong X, Li Y, Zhao G, He W, Appels R, Pfeifer M, Tao Y, Zhang X, Jing R, Zhang C, Ma Y, Gao L, Gao C, Spannagl M, Mayer KF, Li D, Pan S, Zheng F, Hu Q, Xia X, Li J, Liang Q, Chen J, Wicker T, Gou C, Kuang H, He G, Luo Y, Keller B, Xia Q, Lu P, Wang J, Zou H, Zhang R, Xu J, Gao J, Middleton C, Quan Z, Liu G, Wang J; International Wheat Genome Sequencing Consortium, Yang H, Liu X, He Z, Mao L, Wang J. 2013. *Aegilops tauschii* draft genome sequence reveals a gene repertoire for wheat adaptation. Nature, 496：91 – 95.

Poursarebani N, Nussbaumer T, Simková H, Safár J, Witsenboer H, van Oeveren J, Doležel J, Mayer KF, Stein N, Schnurbusch T. 2014. Whole – genome profiling and shotgun sequencing delivers an anchored, gene – decorated, physical map assembly of bread wheat chromosome 6A. Plant J, 79: 334 – 347.

Pfender W F, Saha MC, Johnson EA, Slabaugh MB. 2011. Mapping with RAD (restriction – site associated DNA) markers to rapidly identify QTL for stem rust resistance in *Lolium perenne*. Theor Appl Genet, 122 (8): 1467 – 1480.

Chen ZL, Wang B B, Dong X M, *et al.* An ultra – high density bin – map for rapid QTL mapping for tassel and ear architecture in a large F$_2$ maize population [J]. BMC Genomics, 2014, DOI: 10. 1186/1471 – 2164 – 15 – 433.

Poland JA, Brown PJ, Sorrells ME, Jannink JL. 2012. Development of high – density genetic maps for barley and wheat using a novel two – enzyme genotyping – by – sequencing approach. PLoS ONE, e32253.

Li G, Wang Y, Chen MS, Edae E, Poland J, Akhunov E, Chao S, Bai G, Carver BF, Yan L. 2015. Precisely mapping a major gene conferring resistance to Hessian fly in bread wheat using genotyping – by – sequencing. BMC Genomics , 2015, doi: 10. 1186/s12864 – 015 – 1297 – 7.

Shi W, Meyer E, McKay JK, Matz MV. 2012. 2b – RAD: a simple and flexible method for genome – wide genotyping. Nat Methods , 9: 808 – 810.

Guo Y, Yuan H, Fang D, Song L, Liu Y, Liu Y, Wu L, Yu J, Li Z, Xu X, Zhang H. 2014. An improved 2b – RAD approach (I2b – RAD) offering genotyping tested by a rice (*Oryza sativa* L.) F$_2$ population. BMC Genomics, 2014, doi: 10. 1186/1471 – 2164 – 15 – 956.

Sun X, Liu D, Zhang X, Li W, Liu H, Hong W, Jiang C, Guan N, Ma C, Zeng H, Xu C, Song J, Huang L, Wang C, Shi J, Wang R, Zheng X, Lu C, Wang X, Zheng H. 2013. SLAF – seq: An efficient method of large – scale De Novo SNP discovery and genotyping using high – throughput sequencing [J]. PLoS ONE, e58700.

陈士强, 秦树文, 黄泽峰, 等. 2013. 基于 SLAF – seq 技术开发长穗偃麦草染色体特异分子标记. 作物学报, 39 (4): 727 – 734.

Zhang Y, Wang L, Xin H, Li D, Ma C, Ding X, Hong W, Zhang X. 2013. Construction of a high – density genetic map for sesame based on large scale marker development by specific length amplified fragment (SLAF) sequencing [J]. BMC Plant Biol, 13: 141.

Li MY, Wang F, Jiang Q, Ma J, Xiong AS. 2014. 8 Identification of SSRs and differentially expressed genes in two cultivars of celery (*Apium graveolens* L.) by deep transcriptome sequencing. Horticul Res, doi: 10. 1038/hortres. 2014. 10.

Zhang H, Yang Y, Wang C, Liu M, Li H, Fu Y, Wang Y, Nie Y, Liu X, Ji WL. 2014. Large – scale transcriptome comparison reveals distinct gene activations in wheat responding to stripe rust and powdery mildew. BMC Genomics, 15: 898.

日本山药花叶病毒在中国的发生及其分子变异
Occurrence and Molecular Variation of Japanese Yam Mosaic Virus in China

兰平秀 李 凡[*]

（云南农业大学，农业生物多样性与病虫害控制教育部重点实验室，
昆明 650201）

日本山药花叶病毒（Japanese yam mosaic virus，JYMV）是马铃薯 Y 病毒科（Potyviridae）马铃薯 Y 病毒属（Potyvirus）的成员，该病毒侵染植株后引起花叶、带状绿叶进而导致山药产量和质量的严重下降。

JYMV 于 1974 首次报道于日本，随后在日本各山药种植区普遍发生为害，但半个世纪以来未见其在其他国家和地区的发生。2013 年，笔者利用 Potyvirus 的通用引物 CIFor/CIRev 对来自云南 8 个县市的 86 个山药样品进行检测，发现文山州砚山县一个表现轻微花叶症状的样品中存在疑似 JYMV 的病原物，命名为 JYMV-CN。对 JYMV-CN 的全基因组结构的分析，显示了与 JYMV 日本分离物重症型代表株系 JYMV-J1 和轻症型代表株系 JYMV-M 的高度一致性，都含有相同的保守区域和相似的酶切位点，以及通过自身蛋白酶 CP、HC-Pro 和 NIa-Pro 切割产生的 10 个成熟蛋白，仅在 P3/6K1（V$\underline{S}$HQ/A，划线部分为差异点）和 NIa-Pro/NIb（VHP$\underline{Q}$/M）位点分别显示了与 J1 和 M 两个株系的差异。在 P3 的相似位置，也都出现由"GGAAAAAA"介导的 P3N-PIPO 开放阅读框。

但在核苷酸和氨基酸特征上，JYMV-CN 却显示了与日本分离物的较大差异。JYMV-CN 全长 9701 nt，比 JYMV-J1（9 757 nts）和 JYMV-M（9 760 nts）略短，与 JYMV-J1 和 JYMV-M 仅有 74.7% 和 74.8% 的核苷酸序列同源性，远低于两个日本分离物之间 83.5% 的同源性。对病毒编码的完整氨基酸序列的分析，也显示了该病毒与日本两个株系之间较低的同源性（81.2%）。按照国际病毒分类委员会制定的核苷酸序列同源性低于 76%，或氨基酸序列同源性低于 82.0% 即可定为 Potyvirus 的不同成员的分类标准，我们认为云南省文山州发现的山药病毒应该为不同于 JYMV 的 Potyvirus 新成员（Adams et al.，2005；Lan et al.，2014）。将 JYMV-CN 与 GenBank 上公布的 7 个 JYMV 日本株系 5'端 1110 nts 构建的核苷酸序列构建系统进化树，结果日本的 7 个株系聚在一起为一组，而 JYMV-CN 单独列出成为另一组。由于 JYMV-CN 与 JYMV-J1 和 JYMV-M 的变异主要发生在 P1 位置（同源性分别为 39.7% 和 43.5%），其他功能蛋白的同源性普遍较高，其中 CP 的达 88.0%～86.9%，超过了 82.0% 的分类标准。由于缺乏生物学特性等依据，该病毒分离物目前暂被划分为 JYMV 一个具有较大变异的株系。

山药种质资源的遗传多样性为侵染山药的病毒变异提供了便利。山药花叶病毒（Yam

＊ 通讯作者：E-mail：fanlikm@126.com

mosaic virus，YMV）和山药温型花叶病毒（Yam mild mosaic virus，YMMV）均在 CP 和 3'－NTR 区域存在不同程度的重组变异。利用 RDP4 重组序列分析软件，对 JYMV－CN、JYMV－J1、JYMV－M、YMV、YMMV 以及水仙黄条病毒（Narcissus yellow stripe virus，NYSV）和芜菁花叶病毒（Turnip mosaic virus，TuMV）等 *Potyvirus* 的全基因组序列的分析，也显示了 JYMV 的 3 个株系在 *P3* 区域存在着不同程度的重组位点，但却不能成为 JYMV－CN 发生较大变异的主要原因。

2014 年，邹承武通过 Deep sequencing 技术，在中国山东的日本长芋山药上检测到 JYMV，但未见后续的相关研究报道。关于 JYMV－CN 遗传变异及致病机理还有待进一步的调查研究，但上述研究显示 JYMV 可能在中国山药上发生较大变异甚至为侵染山药的又一新的 *Potyvirus* 成员。

参考文献

Ha C, Coombs S, Revill PA, Harding RM, Vu M, Dale JL. 2008. Design and application of two novel degenerate primer pairs for the detection and complete genomic characterization of potyviruses. Arch Virol, 153: 25 – 36.

Adams MJ, Antoniw JF, Fauquet CM. 2005. Molecular criteria for genus and species discrimination within the family Potyviridae. Arch Virol, 150: 459 – 479.

Lan PX, Li F, Wang MQ, Li RH. 2015. Complete genome sequence of a divergent strain of Japanese yam mosaic virus from China. Arch Virol, 160: 573 – 576.

水稻抗稻瘟病基础抗性遗传基础及分子机制研究[*]
Study on Genetic Basis and Molecular Mechanism for Rice Basal Resistance to Blast

陈在杰　陈松彪[**]

（福建省农业科学院生物技术研究所，福州　350003）

水稻是中国乃至世界上最重要的粮食作物之一。稻瘟病是为害水稻最严重的病害之一，每年可造成生产上 10% ~30% 巨大损失（Dean 等，2005）。长期生产实践表明，利用水稻自身抗病免疫系统，培育抗病水稻品种，是防治稻瘟病最经济有效、对环境安全的方法。因此，解析水稻抗稻瘟病遗传基础，挖掘优异抗性基因资源，对培育持久、广谱抗病品种，持续有效地控制稻瘟病有重要意义。

生产实践与基础理论研究均表明，水稻对稻瘟菌存在两个层次的抗性，包括基础抗性和主效抗性基因（Resistance Gene，R）介导的抗性。R 基因介导的抗性表现强烈，传统意义上称之为垂直抗性。在育种应用上，R 基因可操作性强、效果明显，因此人们在很早以前就开始 R 基因及其应用的研究工作。

迄今为止，已鉴定的水稻抗稻瘟 R 基因近 100 个，其中，有 23 个主效 R 基因已经被克隆（Liu 等，2010；Liu 等，2013）。研究还表明，R 基因与相应无毒基因（Avirulence，Avr）存在的"基因对基因"关系，其在生产上表现为品种对小种的专化抗性。因此，当稻瘟菌优势生理小种发生变化，出现新的不具有对应 Avr 功能基因的优势小种时，主效 R 基因的抗性便丧失。比如在福建省监测发现，从 1992—2006 年的 14 年间，福建省稻瘟病菌对 R 基因 $Piz-t$ 的毒性频率从 12.5% 上升到 100%。相应地，$Piz-t$ 抗性在福建稻区严重丧失，其中的原因就是田间稻瘟病菌无毒基因 $AvrPiz-t$ 发生变异，形成了新的生理小种。总体上，世界各国科学家已鉴定了为数较多的主效 R 基因。但由于稻瘟菌生理小种数量庞大，优势小种变化快，目前，已鉴定的绝大多数主效 R 基因难以达到广谱持久抗性效果。因此，单一利用主效 R 基因很难培育广谱持久抗病品种。

基础抗性属于第一层次的植物天然免疫，是由植物细胞表面的受体（PRRs）识别病原相关分子模式（PAMPs），激活一系列免疫机制引起的（Jones and Dang，2006）。水稻对稻瘟菌的基础抗性反应不如 R 基因介导的抗性反应强烈，往往仅表现中等抗性水平。生产实践表明，基础抗性虽不能阻止稻瘟菌对水稻的侵染，但可以限制病原菌在寄主体内的增殖，减轻病害。基础抗性对病原菌生理小种不形成定向选择压力，具有相对广谱、稳定和持久的特点。近年来，加速鉴定并充分利用基础抗性基因资源，已成为人们培育持久

　* 项目资助：国家自然科学基金委员会 - 福建省人民政府促进海峡两岸科技合作联合基金重点支持项目（U1405212）

　** 通讯作者：E - mail：songbiao_ chen@ hotmail.com

抗病水稻品种的一种共识。

在遗传上，基础抗性效应容易遗传背景影响，因此通过常规方法对水稻基础抗性基因进行鉴定难度很大。与数量众多已被鉴定的主效 *R* 基因相比，目前仅有不到 10 个可能控制基础抗性的非主效基因得到鉴定，包括 *Pi*21、*Pi*34、*Pi*35、*Pb*1、*Pif*、*Pikur*1、*Pikur*2、*Pi－se*1 以及 *Pikahei－*1（*t*）等（Liu *et al.*，2010）。其中，*pi*21（Fukuoka 等，2009）和 *Pb*1（Hayashi 等，2010）已经被克隆。*pi*21 是一个隐性的部分抗性基因，编码一个新类型蛋白，其 N 端具有重金属结合域（heavy metal associated domain），C 端具有富脯氨酸域（proline－rich region），并且该基因表现出一种持续广谱不完全抗性，其涉及的抗病信号途径可能与其他抗病基因信号途径不同（Fukuoka 等，2009）。*Pb*1 编码一个 coiled－coil NBS－LRR 蛋白，对穗茎瘟具有较好抗性。

传统鉴定水稻抗稻瘟基础抗性基因主要是通过 QTLs 定位的策略。但另一方面，传统 QTLs 定位存在着效率低、准确性差、周期长的局限性。近年来，基因芯片、全基因重测序和单核苷酸多态性（SNP）检测等高通量技术发展迅猛，不仅推动了 QTLs 定位过程中分子标记的开发、检测，同时也催生了新的研究策略，极大地促进了多基因控制复杂性状的遗传基础的鉴定。

全基因组关联分析（GWAS）策略：基于基因连锁不平衡（Linkage Disequilibrium）关联分析为基础的 GWAS（Genome－wide association study）方法，以多样性自然群体为材料，不需要构建分离群体，以覆盖全基因组数量巨大的 SNP 标记对群体进行分析，可以通过关联分析对复杂性状相关基因进行大规模鉴定。在水稻中，Huang 等（2010，2011）先后对 800 多份中国水稻地方品种和 300 多份国际品种进行全基因组重测序，构建了水稻高密度单体型图谱（HapMap），并对重要农艺性状进行 GWAS 分析，鉴定出与一系列重要农艺性状显著相关的遗传位点。Zhao 等（2011）以 44k SNP 高质量 Affymetrix 芯片，扫描了 82 个国家的 413 份水稻品系基因型，对水稻 34 个形态、发育和农艺性状进行 GWAS 分析，鉴定了与这些性状相关的位点。Famoso 等（2011）进一步对水稻耐铝性进行了 GWAS 分析，鉴定出 48 个与耐铝性相关的位点。这些结果显示了 GWAS 分析的可行性及高效性。

突变体筛选结合高通量全基因组扫描策略：利用突变体与其原始亲本配置遗传组合，由于二者在遗传背景上基本一致，因此，原本在普通遗传组合中呈现非主效基因遗传的位点，能够表现出单基因分离模式。进一步结合高通量全基因组突变位点扫描，有望快速鉴定出控制突变性状的基因。Abe 等（2012）通过对突变体与其野生型亲本的 F_2 群体中隐性表型分离株混合池进行深度测序，建立了 MutMap 方法，并成功鉴定了淡绿色叶片和半矮生表型的突变位点。Fekih 等（2013）进一步发展了 MutMap＋，利用 M_3 分离群体，同样成功鉴定了导致水稻苗期致死的突变基因。这些结果体现了创建突变体结合高通量全基因组扫描的方法能够快捷、高效地应用于主效基因以及数量性状基因的克隆。

我国水稻种植区，生态环境各异，尤其在一些高湿的丘陵、山区，稻瘟病常年严重发生。在这种生态环境下，一些传承下来的地方品种往往具有广谱持久抗病性。此外，水稻育种家们经过多年抗性筛选所选育的一些品种，如地谷、福伊（雷捷成等，2000）以及谷丰（游年顺等，2002）等，经过多年使用，在多个稻瘟重发区均表现出良好抗病性，说明这些水稻种质中存在着较优良的基础抗性基因资源。基于抗性优异的水稻种质资源，综合应用 QTL 定位及高通量基因组学策略，挖掘水稻抗稻瘟病基础抗性基因资源，同时结合分子生物学、生物化学及植物病理学手段，研究水稻稻瘟病基础抗病性分子机制，对水稻广谱抗病品种培育，以及持续有效地控制稻瘟病有着重要意义。

参考文献

Abe A, Kosugi S, Yoshida K, Natsume S, Takagi H, Kanzaki H, Matsumura H, Yoshida K, Mitsuoka C, Tamiru M, Innan H, Cano L, Kamoun S, Terauchi R. 2012. Genome sequencing reveals agronomically important loci in rice using MutMap. Nat Biotechnol, 30: 174 – 178.

Dean RA, Talbot NJ, Ebbole DJ, Farman ML, Mitchell TK, Orbach MJ, Thon M, Kulkarni R, Xu JR, Pan H, Read ND, Lee YH, Carbone I, Brown D, OhYY, Donofrio N, Jeong JS, Soanes DM, Djonovic S, Kolomiets E, Rehmeyer C, Li W, Harding M, Kim S, Lebrun MH, Bohnert H, Coughlan S, Butler J, Calvo S, Ma LJ, Nicol R, Purcell S, Nusbaum C, Galagan JE, Birren BW. 2005. The genome sequence of the rice blast fungus *Magnaporthe grisea*. Nature, 434: 980 – 986.

Famoso AN, Zhao K, Clark RT, Tung CW, Wright MH, Bustamante C, Kochian LV, McCouch SR. 2011. Genetic architecture of aluminum tolerance in rice (*Oryza sativa*) determined through genome – wide association analysis and QTL mapping. PLoS Genet, 7: e1002221.

Fekih R, Takagi H, Tamiru M, Abe A, Natsume S, Yaegashi H, Sharma S, Sharma S, Kanzaki H, Matsumura H, Saitoh H, Mitsuoka C, Utsushi H, Uemura A, Kanzaki E, Kosugi S, Yoshida K, Cano L, Kamoun S, Terauchi R. 2013. MutMap + : genetic mapping and mutant identification without crossing in rice. PLoS ONE, 8: e68529.

Fukuoka S, Saka N, Koga H, Ono K, Shimizu T, Ebana K, Hayashi N, Takahashi A, Hirochika H, Okuno K, Yano M. 2009. Loss of function of a proline – containing protein confers durable disease resistance in rice. Science, 325: 998 – 1001.

Hayashi N, Inoue H, Kato T, Funao T, Shirota M, Shimizu T, Kanamori H, Yamane H, Hayano – Saito Y, Matsumoto T, Yano M, Takatsuji H. 2010. Durable panicle blast resistance gene*Pb*1 encodes an atypical CC – NBS – LRR protein and was generated by acquiring a promoter through local genome duplication. Plant J, 64: 498 – 510.

Huang X, Wei X, Sang T, Zhao Q, Feng Q, Zhao Y, Li C, Zhu C, Lu T, Zhang Z, Li M, Fan D, Guo Y, Wang A, Wang L, Deng L, Li W, Lu Y, Weng Q, Liu K, Huang T, Zhou T, Jing Y, Li W, Lin Z, Buckler ES, Qian Q, Zhang QF, Li J, Han B. 2010. Genome – wide association studies of 14 agronomic traits in rice landraces. Nat Genet, 42: 961 – 967.

Huang X, Zhao Y, Wei X, Li C, Wang A, Zhao Q, Li W, Guo Y, Deng L, Zhu C, Fan D, Lu Y, Weng Q, Liu K, Zhou T, Jing Y, Si L, Dong G, Huang T, Lu T, Feng Q, Qian Q, Li J, Han B. 2011. Genome – wide association study of flowering time and grain yield traits in a worldwide collection of rice germplasm. Nat Genet, 44: 32 – 39.

Jones JD, Dang JL. 2006. The plant immune system. Nature, 444: 323 – 329.

Liu J, Wang X, Mitchell T, Hu Y, Liu X, Dai L, Wang GL. 2010. Recent progress and understanding of the molecular mechanisms of the rice – *Magnaporthe oryzae* interaction. Mol Plant Pathol, 11: 419 – 427.

Liu W, Liu J, Ning Y, Ding B, Wang X, Wang Z, Wang GL. 2013. Recent progress in understanding PAMP – and Effector – triggered immunity against the rice blast fungus *Magnaporthe oryzae*. Mol Plant, 6: 605 – 620.

Zhao K1, Tung CW, Eizenga GC, Wright MH, Ali ML, Price AH, Norton GJ, Islam MR, Reynolds A, Mezey J, McClung AM, Bustamante CD, McCouch SR. 2011. Genome – wide association mapping reveals a rich genetic architecture of complex traits in *Oryza sativa*. Nat Commun，2：467. doi：10. 1038/ncomms1467.

雷捷成，游年顺，黄利兴，等．2000. 籼型三系不育系选育的实践与理论，福建农业学报，15：136－140.

游年顺，黄利兴，雷捷成，等．2002. 四个野败新不育系的选育及其利用初报，福建稻麦科技，20：5－7.

水稻细条病和白叶枯基因组关联标记数据库的构建及应用

GMGM：a Database for Genomic – associated Markers and Comparative Genome Maps of *Xanthomonas oryzae* pv. *oryzae* and *X. oryzae* pv. *oryzicola*

王 毅 冯雯杰 储昭辉 丁新华 杨 龙*

（山东农业大学植保学院，泰安 271018）

水稻细菌性条斑病和白叶枯是目前水稻种子检疫中的两种主要病害。细菌性条斑病是一种主要分布在热带和亚热带地区的严重的水稻病害，它会导致水稻减产最高达50%（Mansfield *et al.*，2012）。而白叶枯主要发病于热带地区，其造成的损失一半为30%左右（Kang *et al.*，2008）。这两种病害在包括中国和美国在内的大多数国家均被视为重要的检疫病害。（Niño – Liu *et al.*，2006；Ryan *et al.*，2011；Lang *et al.*，2010）。这两种病害不仅对于人类的食品安全重要非凡，而且也是人类了解病原发生发展以及植物保护的重要的模式。传统手段中病院的鉴定主要是基于独立的菌株，采用生化鉴定或者致病力监测等手段，但是鱼油这两种病原的高近似性，这些方法均无法取得良好的结果（Kang *et al.*，2008）。

随着测序技术的兴起，大量相关的菌种测序已经完成，这使得利用生物信息学手段来进行种间，亚种间等等的鉴定变为可能。本研究基于4个相关病原基因组和一个病原CDS序列，利用比较基因组学的方法，对其中两组数据进行了重点分析，结果表明分属不同小组的两种病原其序列相似度高达91.39%（表1）。同时，利用比较基因组学分析结果，设计了862对引物，其中显性引物574对，共显性引物288对。对随机选取的120对标记利用分子生化手段在40个病原菌株中进行了验证，验证结果显示，所设计引物多态率较高，有良好的应用价值（图1）。

利用得到的数据，结合 MySQL、PHP、Apache 等技术，构建了水稻两种病原鉴定数据库（GMGM，http：//biodb. sdau. edu. cn/gmgm/）（图2）。该数据库实现了数据展示与图像展示相结合，对所搜索的引物进行了共线性分析，并将实验结果进行了同步展示（图3），有效的提升了其在农业病害领域的应用和科研价值。

---

* 通讯作者：E – mail：xhding@ sdau. edu. cn；lyang@ sdau. edu. cn

表1 两种病原的比较基因组学分析

Name	Species	Genome length（bp）	Match length（bp）	Match length（%）	Mismatch （%）	Gap （%）
MAFF 311018	*Xoo*	4 940 217	4 515 031	91. 39	8. 31	0. 3
BLS256	*Xoc*	4 831 739	4 335 399	89. 73	9. 91	0. 36

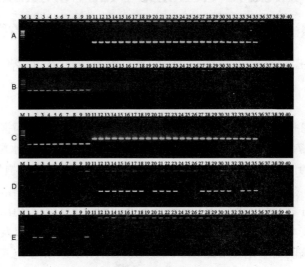

图1 随机选取引物的扩增结果

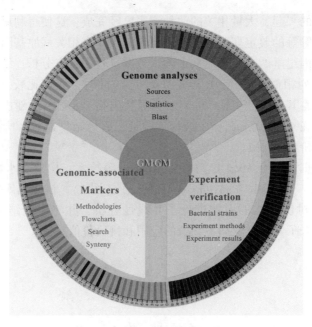

图2 GMGM 数据库的构架展示

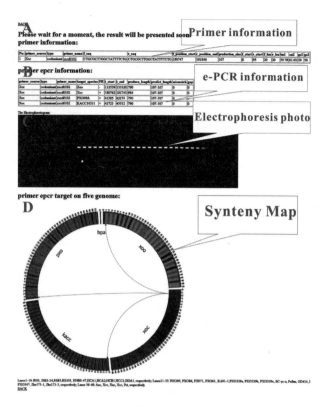

图3　GMGM 搜索结果各部分图表展示

参考文献

Lang JM，Hamilton JP，Diaz MGQ，Van Sluys MA，Burgos MRG，Vera Cruz CM，Buell CR，Tisserat N A，Leach JE. 2010. Genomics – based diagnostic marker development for *Xanthomonas oryzae* pv. *oryzae* and *X. oryzae* pv. *oryzicola*. Plant Disease，94：311 – 319

Mansfield J，Genin S，Magori S，Citovsky V，Sriariyanum M，Ronald P，Dow M，Verdier V，Beer SV，Machado MA，Toth I，Salmond G，Foster GD. 2012. Top 10 plant pathogenic bacteria in molecular plant pathology. Mol Plant Pathol，13：614 – 629

Niño – Liu DO，Ronald PC，Bogdanove AJ. 2006. *Xanthomonas oryzae* pathovars：model pathogensof a model crop. Mol plant pathol，7：303 – 324.

Kang MJ，Shim JK；Cho MS，Seol YJ，Hahn JH，Hwang DJ，Park DS. 2008. Specific detection of *Xanthomonas oryzae* pv. *oryzicola* in infected rice plant by use of PCR assay targeting a membrane fusion protein gene. J Microbiol Biotechnol，18：1492 – 1495.

Ryan RP，Vorhölter FJ，Potnis N，Jones JB，Van Sluys MA，Bogdanove AJ，Dow JM. 2011. Pathogenomics of *Xanthomonas*：understanding bacterium – plant interactions. Nat Rev Microbiol，9：344 – 355.

系统生物学在研究内生真菌群落中的作用
The Role of Systems Biology in Endophytic Fungi Microbial Communities

刘 政[*]

（新疆农垦科学院植物保护研究所，石河子 832000）

地球上可能有多达 1 500 000 种真菌，目前，只有不到 100 000 种真菌被发现（Hawksworth，1997；Fröhlich，1999）。近年来人们对内生真菌的认识和研究越来越得到重视，一些真菌学家认为，内生真菌是构成真菌种群多样性的重要组成部分（Arnold，2007；Rodriguez，2009）。内生真菌群落结构受到寄主植物、营养组分、环境条件以及其他因素的影响。目前，内生真菌的群落结构主要采用培养和非培养两种手段来进行研究。培养方法可以获得具体的菌株并加以鉴定，但缺点是有些不能在培养基上生长或生长速度非常缓慢的菌株容易被忽略，而有些生长迅速的菌株得到过多的关注；非培养方法采用表面灭菌的方法得到样品总 DNA，随后通过扩增测序得到大量的数据并进行真菌群落结构的分析方法，它可以避免培养方法存在的缺陷。

近年来，随着二代测序技术的发展和系统生物学研究的兴起，可以同时研究植物体所有内生菌群落结构和它们之间相互作用，而不仅仅是研究某一对生物体的相互作用。当前大多数研究主要集中在某种单一菌群（如内生真菌、菌根真菌、内生细菌或根际细菌）的群落结构上，而忽视了其他方面的研究，这些研究包括功能基因组学（Aravind，2008；Ikeda，2010）、内生真菌在寄主植物中的作用（Lee，2009）、内生真菌在植物群落及生态系统中的潜在功能（Roe，2010）等，所以系统生物学的研究方法是非常有必要的。

系统生物学是用多种方法研究生物体之间复杂的、多种相互的作用和关系，对植物群落在植物的适应、进化和对全球气候变化的响应的作用方面提供了一个新的视角，系统生物学方法也展示了植物群落怎样与食草动物及昆虫相互作用。这些通过基因、蛋白、细胞器、寄主植物和环境条件相互作用的结果可能导致新的特征出现，比如耐热性就是一个很好的例子，它由病毒、内生菌和植物的根相互作用引起的一个鲜明的特征。在美国黄石国家公园的柳枝稷草的内生菌被病毒感染后表现出较强的耐热性，单独的内生菌或柳枝稷草都不能在超过 38℃ 的温度下存活，但是合在一起他们会在间歇性 65℃ 的温度下存活 10 天（M'arquez，2007）。近年来发展的微生物传感器、量子点和微序列以及 RNAi 基因敲除等新技术的应用为我们深入了解微生物菌群的功能和响应机制提供了一个新的视野，这些技术提供的基本信息不仅仅用于模式系统，还可以用在植物 – 微生物菌群关系中。由这些技术衍生出来的比较基因组学、宏基因组学、转录组学和蛋白质组学在深入揭示内生菌群在

* 通讯作者：E – mail：lzh8200@126.com

寄主植物中的功能和作用、内生菌群的协同互作关系以及影响寄主对外界环境的响应机制等方面必将在植物微生态领域开辟新的研究途径。

参考文献

Aravind R, Kumar A, Eapen SJ, Ramana KV. 2008. Endophytic bacterial flora in root and stem tissues of black pepper (*Piper nigrum L.*) genotype: isolation, identification and evaluation against *Phytophthora capsici*. Lett. Appl. Microbiol. 48: 58 – 64.

Arnold AE. 2007. Understanding the diversity of foliar endophytic fungi: progress, challenges and frontiers. Fungal Biol. Rev. 21: 51 – 56.

Fröhlich J, Hyde KD. 1999. Biodiversity of palm fungi in the tropics: Are global fungal diversity estimates realistic? Biodivers. Conserv. 8: 977 – 1004.

Hallmann JA, Quadt – Hallmann A, Mahaffee WF, Kloepper JW. 1997. Bacterial endophytes in agricultural crops. Can J Microbiol. 43: 895 – 914.

Ikeda S1, Okubo T, Anda M, Nakashita H, Yasuda M, Sato S, Kaneko T, Tabata S, Eda S, Momiyama A, Terasawa K, Mitsui H, Minamisawa K. 2010. Community – and genome – based views of plant – associated bacteria: plant – bacterial interactions in soybean and rice. Plant Cell Physiol. 51: 1398 – 1410.

Lee K, Pan JJ, May G. 2009. Endophytic *Fusarium verticillioides* reduces disease severity caused by *Ustilago maydis* on maize. FEMS Microbiol Lett, 299: 31 – 37.

Márquez LM, Redman RS, Rodriguez RJ, Roossinck MJ. 2007. A virus in a fungus in a plant: three – way symbiosis required for thermal tolerance. Science, 315: 513 – 515.

Rodriguez RJ, White JF, Arnold AE, Redman RS. 2009. Fungal endophytes: diversity and functional roles. New Phytol, 182: 314 – 330.

Roe AD, Rice AV, Bromilow SE, Cooke JEK, Sperling FAH. 2010. Multilocus species identification and fungal DNA barcoding: insights from blue stain fungal symbionts of the mountain pine beetle. Mol Ecol Resour, 10: 946 – 959.

小麦锈病育种的成株抗病（*APR*）基因
Wheat Adult Plant Resistance Genes against
Puccinia strriformis

周新力　黄丽丽　王晓杰　康振生[*]

（西北农林科技大学旱区作物逆境生物学国家重点实验室；西北农林科技大学
植物保护学院，陕西杨凌712100）

用于培育小麦抗锈病的基因可分为两类。第一类叫作 *R*（for resistance）基因，对病原菌小种具有专化性，在小麦的整个生育期都可有效表达；此类基因可能主要编码核苷酸结合富含亮氨酸重复（NB–LRR）序列类的免疫受体。第二类叫作成株期抗病基因（*APR*），因为抗病性通常只能在成株期表达，且与大部分 *R* 基因相反；如果抗性水平由单个基因控制，通常表现部分抗病性，病害可以适当的发展。最近的报道表明，并不是所有的成株期抗病基因对所有的锈菌小种都表现抗病，其中部分成株抗病基因只对一些小种表现抗病。

成株抗性基因只在成株期表达部分抗病性（除在非常特殊的条件下），特点是产生病原菌孢子少或病原菌扩展缓慢，并且没有坏死反应（有时被称为"慢锈性"）。因此小麦育种家常在田间对 *APR* 进行选择而不是在温室。田间病害评价可有效选择抗病性，但必须在自然发病条件理想或容易诱发的田间进行。抗病性较强的 *R* 基因可能掩盖 *APR* 基因的抗病表型，影响对 *APR* 基因的选择，除非使用某个专化小种使 *R* 基因表现感病。所有这些因素使小麦育种利用 *APR* 基因比利用 *R* 基因更为复杂。虽然由个别的 *APR* 基因控制的抗病性表型表现不同的部分抗性的水平，但有报道称，当几个 *APR* 基因聚合在一起时，可以在成株期获得"近免疫"的表型（Singh *et al.*，2014）。

小麦中最有名的成株抗性（*APR*）基因是抗秆锈病基因 *Sr2*，抗叶锈、条锈病和白粉病基因 *Lr34*。这些基因已被用于商业小麦品种近100年。*Sr2* 和 *Lr34* 表现部分抗性，长期的病害选择压力下多年在大面积上仍然保持抗病性，因此，它们被证明是持久抗病性（Johnson，1984）。重要的是 *APR* 基因在很强的选择压力下提供了一定的抗性，但通常抗病性在田间的表达较晚，不能确保没有产量损失。其表型表现慢锈性和数量性状，导致在某些情况下错误地理解其抗病性，并且一些报道其已经失去了有效抗性（Yildirim *et al.*，2012；Krattinger *et al.*，2013）。但有些时候会过度描述这些基因的重要。

基于 *Lr34* 和 *Sr2* 的持久抗性经过时间的考验和表型鉴定，所以，一些育种家认为，所有的 APR 基因将是持久的这一观点具有潜在危险。相反，有证据表明，一些 *APR* 基因如 *Lr12*，*Lr13*，*Lr22b* 和 *Lr37* 是小种专化的（McIntosh *et al.*，1995），而其他的 *APR* 基因还没有被充分的测试证明。Johnson（1988）也报道说，在欧洲一些成株抗条锈基因被新小种所克服，因而这类抗病基因是小种专化的。类似不同的 *APR* 基因具有小种专化性也在北美的小麦中报道（Hao *et al.*，2011；Sthapit *et al.*，2012）；以及最近在欧洲小麦条锈

---

* 通讯作者：E – mail：kangzs@ nwsuaf. edu. cn

菌小种的毒性变异，发现成株抗病基因具有小种专化性（Sørensen *et al.*，2014）。因此，一些 *APR* 基因是小种专化抗性（或至少在特定的环境下），所以就像 *R* 基因一样，成株抗病基因不太可能是持久的。在这一领域的主要挑战是能够对新鉴定的 *APR* 基因是否持久做出准确的预测，就像长期测试 *Sr*2 和 *Lr*34 基因是持久的一样。

参考文献

Hao Y1, Chen Z, Wang Y, Bland D, Buck J, Brown‐Guedira G, Johnson J. 2011. Characterization of a major QTL for adult plant resistance to stripe rust in US soft red winter wheat. Theor Appl Genet, 123 (8): 1401–1411.

Johnson R. 1984. A critical analysis of durable resistance. Annu Rev Phytopathol, 22: 309–330.

Johnson R. 1988. Durable resistance to yellow (stripe) rust in wheat and its implications in plant breeding. In: Simmonds N. W. and Rajaram S. eds. Breeding Strategies for Resistance to the Rusts of Wheat, Mexico: CIMMYT.

Krattinger S, Keller B, Herrera‐Foessel S, Singh R P, Lagudah E. 2013. Letter to the editor. Comment on, in turkish wheat cultivars the resistance allele of Lr34 is ineffective against leaf rust. J Plant Dis Protect, 120: 3.

McIntosh RA, Wellings CR, Park RF. 1995. Wheat Rusts: An Atlas of Resistance Genes. Melbourne: CSIRO Publishing.

Singh RP, Herrera‐Foessel S, Huerta‐Espino J, Singh S, Bhavani S, Lan C, Basnet BR. 2014. Progress towards genetics and breeding for minor genes based resistance to Ug99 and other rusts in CIMMYT high‐yielding spring wheat. J Integr Agric 13 (2): 255–261.

Sørensen C, Hovmøller M, Leconte M, Dedryver F, de Vallavieille‐Pope C. 2014. New races of *Puccinia striiformis* found in Europe reveal race specificity of long‐term effective adult plant resistance in wheat. Phytopathology, 104: 1042–1051.

Sthapit J, Gbur EE, Brown‐Guedira G, Marshall DS, Milus EA 2012. Characterization of resistance to stripe rust in contemporary cultivars and lines of winter wheat from the eastern United States. Plant Dis, 96: 737–745.

Yildirim K, Boylu B, Atici E, Kahraman T, Akkaya MS. 2012. In turkish wheat cultivars the resistance allele of Lr34 is ineffective against leaf rust. J Plant Dis Protect, 119: 135–141.

烟草病原与寄主互作数据库的构建及应用
A Database Construction and Application of Tobacco Pathogen and Host Interactions

王　毅　于勇一　杨　龙[*]

（山东农业大学植保学院，泰安　271018）

烟草是我国重要的经济作物之一，病原种类较多，主要是真菌、细菌、病毒、线虫和寄生性植物等。据报道，世界上烟草病害有 116 种，我国已经报道的有 70 多种，其中，真菌性病害 30 种，细菌性病害 8 种，病毒病害 16 种，线虫病害 6 种，类菌原体 2 种，寄生性种子植物 2 种。其中，危害较重的有 20 种左右，如烟草病毒病、黑胫病、赤星病、根结线虫病等。据估计，烟草病害常年造成的产量损失达 8%～12%，病害是我国烟草生产发展的主要障碍之一。

控制病害流行的 3 个途径（图 1）：控制病原、控制发病（环境）、提高作物抗病性（寄主）。在这 3 个途径中，除了环境是外部发病因素外，病原和寄主都是有遗传物质来组成的，属于内部因素。按照基因对基因学说，针对寄主植物的每一个抗病基因，病原菌迟早会出现一个相对应的毒性基因；毒性基因只能克服其相应的抗性基因，而产生毒性（致病）效应。在寄主—病原体系中，任何一方的每个基因都只有在另一方相应基因的作用下，才能被鉴定出来。

目前，针对某种单一病原的研究较多，因此获得了大量的不同病原的致病作用途径和序列数据（表 1），其中专化性致病性病原研究居多，即对病原能克服某一专化抗病基因而侵染寄主的特殊能力研究较多，随着研究的深入数据量也会逐渐增加。即使是同一种病原，也有不同的生理小种、生态类型或变种，这些不同序列之间有着大量的相似区域和相同的致病功能区域（图 2）。本研究对所有这些病原的序列整理及功能分类和信息挖掘。

作为这些病原的主要寄主的基因组测序工作（表 2）也逐步完成，积累了大量的原始数据。另外，一些主要的抗性基因（尤其是垂直抗病性基因）的研究也比较深入，因此获得了海量的寄主遗传物质的信息数据。本研究对所有这些寄主的抗性基因及抗性靶位点，进行比较基因组学分析。

基于这些工作，本研究构建了烟草病原库、寄主库及烟草病原与寄主的互作数据库（http：//biodb. sdau. edu. cn/tpid/，图 3），进而对病原的分类和进化，新致病基因的发现，抗性靶位点的查找，致病机理以及抗性育种提供深入研究的平台。

＊ 通讯作者：E－mail：lyang@ sdau. edu. cn

图1 病害发生的三因素

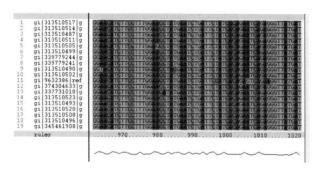

图2 番茄斑萎病毒已知序列的相似性分析

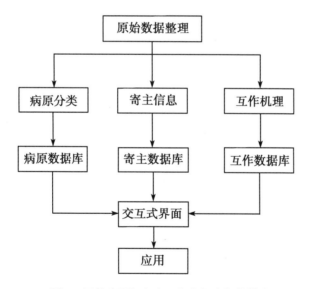

图3 烟草病原与寄主互作数据库架构模式

表 1　部分已测序烟草病原种类及数据量

病原	序列种类	数据总量（bp）
番茄斑萎病毒	74	331 817
番茄不孕病毒	11	29 964
黄瓜花叶病毒	149	398 422
马铃薯 X 病毒	20	127 819
马铃薯 Y 病毒	110	1 065 081
苜蓿花叶病毒	18	47 450
烟草丛顶病毒	8	26 472
烟草脆裂病毒	22	101 787
烟草花叶病毒	69	435 826
烟草脉带花叶病毒	13	124 410
烟草线条病毒	25	65 260
丁香假单胞菌烟草致病变种	88	38 478 682
胡萝卜软腐果胶杆菌胡萝卜软腐亚种	65	43 991 417
蜡状芽孢杆菌	222	510 466 128
青枯拉尔氏杆菌	8	28 271 016

表 2　已测序部分烟草病原寄主基因组大小

名称	拉丁名	基因组
番茄	*Solanum lycopersicum*	760Mb
马铃薯	*Solanum tuberosum*	727Mb
本生烟	*Nicotiana benthamiana*	3.0Gb
绒毛状烟草	*Nicotiana tomentosiformis*	3.2Gb
普通烟草	*Nicotiana tabacum*	4.5Gb

参考文献（略）

应用质谱技术检测农作物病害
The Detection of Crop Pathogen Using Mass Spectrometry Technology

陈 卓[1,2]*

（1. 浙江省农业科学院病毒学与生物技术研究所，杭州 310021；2. 贵州大学绿色农药与农业生物工程教育部重点实验室，贵阳 550025）

质谱技术广泛应用于蛋白质的研究中，特别是基质辅助激光解析离子化质谱（Matrix – assisted laser desorption/ionization time of flight mass spectrometry，MALDI – TOF – MS）和液相色谱—质谱联用（Liquid chromatograph mass spectrometer，LC – MS）。与 PCR 和 ELISA 相比，该技术的优势是不依赖于病原特异的诊断试剂，如病原特异引物或抗体等。其核心原理是基于蛋白质/肽段及其碎片离子的质荷比（mass of charge，m/z）的数据以及与现有数据库比对。该技术具有灵敏度高、样品用量少、分析速度快、鉴定和定量可同时进行的优点。

目前，采用 MALDI – TOF – MS 主要是根据特征性离子峰数据，获得肽指纹图谱（Peptide Mass Fingerprinting，PMF），通过 PMF 与现有物种的 PMF 库比对鉴定病原。MALDI – TOF – MS 可测定分子量高达 600 kDa 的蛋白质，其准确度可达 0.1% ~0.01%（Chen et al.，2012；Li et al.，2011；Ziegler et al.，2015）。采用 LC – MS/MS 鉴定病原，需要对样本蛋白酶解和纯化，采用液相色谱结合脱盐柱和反向色谱柱对酶解肽段进行脱盐和分离，最后根据 m/z 进行数据分析，该方法获得的肽段数多，方法灵敏度高于 MALDI – TOF – MS。目前，已采用 LC – MS – MS 对贵州、福建、江西、湖南等稻区栽培水稻品种进行病毒检测，获得 SRBSDV、RRSV 等多种病毒复合侵染的质谱指纹数据（Chen et al.，2014）。

随着质谱技术以及与质谱配套的分离技术（包括多维液相分离、一维电泳分离，又称 shotgun strategy、二维电泳分离、等电点分离）、多反应监控（Multiple Reaction Monitoring，MRM）、免标记（Label free proteomics）、iTraq 以及后端的质谱数据的生物信息学分析技术的完善，如 Blast2GO、DAVID、IPA 和 KEGG 分析，可利用质谱对植物病毒、真菌、细菌等多种病原同时检测，具有检测覆盖面广、检测效率高优点，并可进行生理小种、耐受菌种株系的进一步区分（下图）。此外，通过质谱数据获得的目的蛋白多肽片段丰度和序列数据，为设计更合理的抗原，制备高效的抗体提供数据参考（Chen et al.，2015）。通过分离技术和生物信息学的联合和协同应用，质谱技术在农作物病原检测中将会有更广阔的应用前景。

---

* 通讯作者：E – mail：gychenzhuo@ aliyun. com

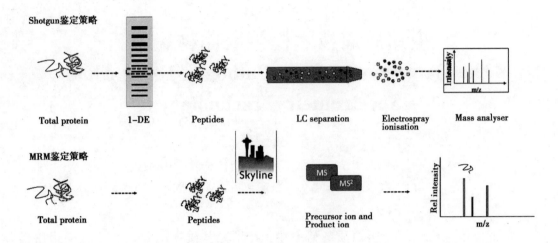

图 两种质谱鉴定农作物病原的策略

参考文献

Chen Z, Zeng M, Song B, Hou C, Hu D, Li X, Wang Z, Fan H, Bi L, Liu J, Yu D, Jin L, Yang S. 2012. Dufulin activates HrBP1 to produce antiviral responses in tobacco. PLoS ONE, 7: e37944.

Chen Z, Guo Q, Chen BH, Li XY, Wang ZC, He P, Yan F, Hu DY, Yang S. 2014. Development of proteomic technology of shotgun and label free combined with multiple reaction monitoring to simultaneously detect southern rice black - streaked dwarf virus and rice ragged stunt virus. Virus Disease, 25: 322 - 330.

Chen Z, Chen BH, Guo Q, Shi L, He M, Qin ZY, Li LH, He P, Wang ZC, Hu DY, Yang S. 2015. A time - course proteomic analysis of rice triggered by plant activator BTH. J. Plant Growth Regul. Doi: 10.1007/ s00344 - 015 - 9476 - y.

Li S, Xiong R, Wang X, Zhou Y. 2011. Five proteins of *Laodelphax striatellus* are potentially involved in the interactions between rice stripe virus and vector. PLoS ONE, 6: e26585.

Ziegler D, Pothier JF, Ardley J, Fossou RK, Pflüger V, de Meyer S, Vogel G, Tonolla M, Howieson J, Reeve W, Perret X. 2015. Ribosomal protein biomarkers provide root nodule bacterial identification by MALDI - TOF MS. Appl Microbiol Biot, Doi: 10.1007/s00253 - 015 - 6515 - 3.

植物中 MITE 元件与基因功能
Miniature Inverted Repeat Transposable Element and the Gene Functional in Plant

张　娜　周　颖　杨文香　刘大群*

（河北农业大学，保定　071001）

微型反向重复转座元件（miniature inverted repeat transposable element，MITE）是 20 世纪 90 年代在禾本科植物中发现的一类特殊的 DNA 转座子，也是基因组中的一种重要的功能基因，其在结构上与非自主 DNA 转座子相似，但具有反转录转座子的高拷贝数特点。它能够通过自身的位置转移、增加拷贝数等行为影响基因组的大小和基因的功能实现。

MITE 家族丰富而多样，具有许多一般特性，如长度短（<500 bp），有靶位点重复（target site duplication，TSD）和末端反向重复序列（terminal inverted repeat，TIR），缺乏编码能力，一般富含 A/T，在有些情况下，TIR 可以形成稳定的茎环结构。因此，可根据这些特点对某一物种全基因组数据进行 MITE 查找、鉴定。

MITE 在植物基因组中广泛大量存在，大多数植物的 MITE 归属于两类：Tourist-like MITE（具有 3 bp 的 TSD，通常为 TTA 或 TAA）和 Stowaway-like MITE（具有 2 bp 的 TSD，通常为 TA）。MITE 对研究植物，特别是多配体大基因组植物（如小麦等）的基因组进化具有重要意义；同时 MITE 具有高拷贝数、高多态性的特点，所以可以应用基于 MITE 的分子标记技术对基因组进行分析，还可以为遗传图谱的构建和标记辅助育种奠定基础。

大量研究表明 MITE 还时常与基因相伴，一些基因的调节区域来源于 MITE，其在生物或非生物胁迫下能够活跃转座。此外，由于 MITE 元件可以插入到基因的启动子区、非翻译区或内含子区，所以它不仅能改变启动子和终止子的序列，也能够改变基因的编码序列。某些情况下，MITE 还可提供基因表达所需的顺式作用元件，MITE 元件多插入在基因的附近，尤其是插入在基因的 5′端，这些 MITE 元件可能影响启动子活性、RNA 拼接、转录终止、RNA 的稳定性以及基因的编码能力和基因的时空表达特异性。而且 MITE 可能具有核基质附着区（matrix attachment regions，MAR）序列的功能。

MITE 元件是基因组中含量丰富的高度重复序列，目前对其研究与应用越来越深入，MITE 在遗传学与基因工程研究中呈现诱人前景。

---

*　通讯作者：E-mail：wenxiangyang2003@163.com，ldq@hebau.edu.cn

Bt 抗性机制的研究进展及展望
Research Progress and Expectation of Bt Resistance Mechanism

肖玉涛*

（中国农业科学院植物保护研究所，北京　100193）

转 *Bt* 基因作物的种植很好地控制了有关害虫，尤其是鳞翅目害虫。同时，大大降低了有毒化学农药的使用量，在生态环境的保护和食品安全等领域做出重要贡献。但是近年来越来越多的研究表明，植食性昆虫可以对 Bt 毒素产生抗性。利用实验室的抗性品系培育及大田的种群监测等方法，已经在包括烟蚜夜蛾（*Heliothis virescens*）、粉纹夜蛾（*Trichoplusia ni*）、小菜蛾（*Plutella xylostella*）、家蚕（*Bombyx mori*）、红铃虫（*Pectinophora gassypiella*）、甜菜夜蛾（*Spodoptera exigua*）及棉铃虫（*Helicoverpa armigera*）等昆虫种群中发现了 Bt 抗性的个体，这将对转 Bt 基因作物的持续种植及开发利用产生巨大威胁（Tabashnik *et al.*，2011）。

Bt 毒素晶体被昆虫取食后，首先在昆虫碱性环境的肠道内溶解为前毒素，接下来，前毒素在相关蛋白酶的催化作用下生成活化毒素；活化毒素与昆虫中肠的特定受体结合，导致昆虫中肠的穿孔，从而将昆虫致死或者抑制其生长。Bt 毒素从被靶标害虫取食进体内到发挥致死作用需要一系列的过程，害虫中肠中众多的酶类物质，受体类物质参与其中，因此，Bt 毒素抗性的产生也是多种多样的。目前研究认为 Bt 抗性的产生主要在 3 个方面：①前毒素活化过程受到抑制或者降解过程加速。②中肠受体结合位点变异。③免疫信号通路激活（Pardo – Lopez *et al.*，2013）。

Opport 等发现抗性品系的印度谷螟（*Plodia interpunctella*）取食 Cry1Ac 毒素后，不能将其活化成活化毒素。进一步研究表明，该活化过程的受阻与印度谷螟 Cry1Ac 抗性的产生紧密连锁。另一个研究表明，具有 47 倍 Bt 前毒素抗性的玉米螟（*Ostrinia nubilalis*）对活化毒素没有任何抗性，说明活化能力的下降是 Bt 抗性产生的原因。其他的研究也有类似的报道，但是我们不难从中发现，凡是活化过程受阻产生的抗性，其抗性水平都是维持在较低水平，一般不会超过 100 倍的抗性。所以，一般认为活化过程受阻不是抗性产生，尤其是高水平抗性产生的主要因素。而且活化过程受阻的机理一般为相关胰蛋白酶的表达下降，表达水平变异的方式引起较大的适合度代价，随着其他抗性机制的产生，活化过程受阻的变异可能会被逐步淘汰出相关抗性品系。免疫信号通路激活也有相关报道，笔者认为，该方式介导的 Bt 抗性将同时具有化学农药和病毒微生物等生物及非生物胁迫的抗性，该方式介导的抗性水平一般会在十几倍到几十倍之间。

当前的研究结果证明，Bt 抗性的产生主要是中肠受体结合位点的变异导致的。Ced-

---

*　通讯作者：E – mail：xiao20020757@163.com

herin，APN 及 ALP 一直是鳞翅目昆虫抗性研究的主要目标点。尤其是 Cedherin，已经在烟蚜夜蛾、棉铃虫、红铃虫等害虫中发现了其序列变异的个体，研究也证明其变异和抗性产生紧密连锁。众多的研究也表明 Cedherin，APN 及 ALP 的下调表达与抗性产生有关。比较有意思的是，有研究表明某些抗性品系中 ALP 的上调表达可能与抗性产生有关，这可能是 ALP 从中肠细胞 BBMV 上脱落导致的，也可能与可溶性及锚定性 ALP 的比例变化有关系（图）。

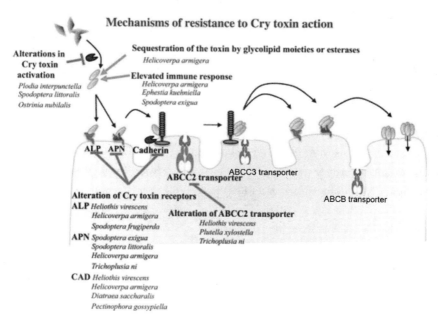

图　Bt 抗性机制的研究现状及可能的发现

ABCC2 是最新发现的一个重要 Bt 毒素受体，也是目前 Bt 抗性研究的热点。ABCC2 的变异已经在烟蚜夜蛾、粉纹夜蛾、小菜蛾、家蚕、甜菜夜蛾及棉铃虫中被发现，并被证实与 Bt 的高水平抗性紧密连锁。ABCC2 并非传统类型的受体，如 Cedherin，APN 及 ALP 等。ABCC2 与 Bt 毒素的结合可能只是瞬时行为，所以只能在活体细胞系或动物组织的样品中得到验证，并不能像传统受体 Cedherin，APN 及 ALP 那样，在体外表达并与毒素结合。Bt 毒素与受体结合并导致昆虫中肠穿孔应该是这样一个过程：首先活化的 Bt 毒素与 Cedherin 结合发生寡聚化反应，寡聚化的 Bt 毒素被 APN 及 ALP 等固定在 BBMV 表面，此时 ABCC2 利用其瞬时结合及穿梭的特性携带寡聚化的 Bt 毒素穿过中肠表面细胞的磷脂双分子层，导致中肠穿孔。ABCC2 胞外结构域的变异应该会引起 Bt 毒素结合能力的下降，而胞内结构域的变异不会显著影响 Bt 毒素结合能力下降，但是会导致穿孔的失败。ABCC2 与传统受体 Cedherin，APN 及 ALP 是协同作用的，但是 ABCC2 在穿孔的过程中起到主要作用。APN 及 ALP 的变异可能会引起 ABCC2 捕获毒素的效率降低，而 Cedherin 变异将会使与 ABCC2 结合的适合毒素发生变化，而 ABCC2 的变异将直接导致穿孔的失败。

ABCC2 隶属于 ABC transporter 这个巨大的家族，而且其与 ABCC1，ABCC3，以及 ABCB 及 ABCG 等亚家族基因具有较高的同源性，由此我们认为其他 ABC 家族的基因可能在 Bt 毒素穿孔过程中也会发挥功能，未来的研究可能将会扩展 ABC 家族基因在 Bt 毒素抗性产生中的作用。目前，与 Bt 抗性产生相关的 ABC 变异都发生在 ABCC2 上，笔者认为这可能跟 Bt 毒素的种类有关，不同的 Bt 毒素可能具有特异性结合的 ABC 穿孔受体，同样不同的 ABC transporter 可能仅仅识别一种或者近缘的几种 Bt 毒素。由此个推断 Bt 毒素的更新换代可以克服诸如 ABCC2 变异产生的抗性，但随着时间推移同样会产生抗性，相关其他 ABC transporter 种类基因的变异将会在新的 Bt 毒素抗性产生过程中发挥重要作用。

鳞翅目昆虫 Bt 毒素抗性产生另一个尚未发掘的机制可能是糖基化的变异。糖基化变异不仅仅针对一种 Bt 毒素受体，可能会同时影响几种重要的结合受体。相关糖基转移酶的变异已经在线虫中被发现并证实与抗性产生有关系。在昆虫中，糖基转移酶具有很大的类群，相关变异的发生具有很大的不确定性。随着新技术和方法的发展，相信有关的障碍将会得到克服，Bt 抗性机制的研究将会得到很大的推动，并应用于抗性害虫的监测和防治上。

参考文献

Pardo – Lopez L, Soberon M, Bravo A. 2013. *Bacillus thuringiensis* insecticidal three – domain Cry toxins：mode of action, insect resistance and consequences for crop protection. Fems Microbiol Rev, 1：3 – 22.

Tabashnik BE, Huang FN, Ghimire MN, Leonard BR, Siegfried BD, Rangasamy M, Yang YJ, Wu YD, Gahan LJ, Heckel DG, Bravo A, Soberon M. 2011. Efficacy of genetically modified Bt toxins against insects with different genetic mechanisms of resistance. Nat Biotechnol. 12：1128 – 1198.

Bt 营养期杀虫蛋白 Vip3 的杀虫机理与作用
受体的研究进展*

Research Progress of *Bacillus thuringiensis* Vegetative
Insecticidal Protein Vip3 and Its Receptors

姜 昆 蔡 峻**

（南开大学生命科学学院分子微生物学与技术教育部重点实验室，天津　300071）

苏云金芽孢杆菌（*Bacillus thuringiensis*，Bt）能在其对数生长期向胞外分泌一类具有广谱杀虫活性的毒蛋白，即营养期杀虫蛋白（vegetative insecticidal proteins，Vip）（Estruch *et al.*，1996）。

现在已发现的 Vip 蛋白分为 Vip1、Vip2、Vip3 和 Vip4 共 4 类，其中以 Vip3 的研究最为深入。1996 年，Estruch 等首次从 Bt 发酵液中发现了 Vip3 蛋白（Estruch *et al.*，1996），该蛋白与杀虫晶体蛋白没有同源性，杀虫机理也不相同，被誉为第二代杀虫蛋白。与 Cry 蛋白相比，Vip3 的主要特点：①具有广谱杀虫活性，尤其对小地老虎 *Agrotis ipsilon* 等 Cry 蛋白不敏感的夜蛾科害虫有特效（Estruch *et al.*，1996）；②理化性质不同，Cry 蛋白是胞内晶体蛋白，只在高酸、高碱或还原条件下才可溶，而 Vip3 是胞外的分泌蛋白，在 pH5.0~10.0 的范围内都是可溶的（Lee *et al.*，2003）；③虽然 Vip3 引起昆虫中肠细胞损伤的症状与 Cry 蛋白类似，但 Vip3 起效较慢；④结合的受体不同，Vip3 蛋白能特异的结合在昆虫中肠的柱状细胞上，而在杯状细胞上并没有检测到（Yu *et al.*，1997）。经敏感昆虫中肠液消化后的 62 kDa 的核心蛋白 Vip3A - G 可与烟草天蛾 BBMV 的 80kDa 和 100 kDa 的未知蛋白结合，但不与 Cry1Ab 的两个特异受体（120 kDa 的氨肽酶 N 和 250 kDa 的类钙黏蛋白）结合（Lee *et al.*，2003）。还有文章报道 Vip3 不与 Cry 蛋白竞争结合敏感昆虫的 BBMV（Lee *et al.*，2003；Sena *et al.*，2009）。一般认为，Cry1A 蛋白先与第一受体——类钙黏蛋白结合形成寡聚体后，在细胞膜上第二受体氨肽酶 N 的辅助下富集于脂筏区，随后插入膜内后形成孔洞，进而造成昆虫死亡（Gómez *et al.*，2002；Bravo *et al.*，2004）。而研究表明 Vip3 毒素大部分存在于非脂筏区（Liu *et al.*，2011）。⑤实验证实 Vip3 和 Cry 蛋白之间并无交叉抗性（Jackson *et al.*，2007），进一步说明 Vip3A 与 Cry 类毒素有不同的作用机制。

结构生物学、蛋白质组学、细胞生物学等技术方法的发展和综合运用有助于 Vip3 的杀虫机理与作用受体的阐明。未来 Vip3 蛋白的研究有望在以下几个方面获得突破。①晶体结构获得解析，这将有利于阐明 Vip3 的杀虫机理，推动其定向改造。②明确其特异受体。Singh 等在 2010 年通过酵母双杂交的方法发现 Sf 21 细胞的核糖体 S2 蛋白能与 Vip3A 相互作用（Singh *et al.*，2010）。由于核糖体 S2 蛋白为胞内蛋白，它是 Vip3 的膜受体蛋白

* 基金项目：国家自然科学基金（31371979）

** 通讯作者：E - mail：caijun@ nankai. edu. cn

的可能性不大，估计是 Vip3 发挥效用过程中的一个伴侣蛋白。我们应用蛋白质组学技术"钓取"能与 Vip3 结合的 sf 9 细胞膜蛋白，除了发现核糖体 S2 等多种核糖体蛋白外，还首次发现了 G 蛋白等一些跨膜受体蛋白，目前正在进一步鉴定中。③建立 Vip3 的作用模型。有文章报道 Vip3 蛋白活化后可在靶标昆虫的 BBMV 或人工脂质体上形成通道（Lee *et al.*，2003；Liu *et al.*，2011），所以推测其杀虫机理也符合 Cry 蛋白的"穿孔"模型。不过，Estruch 等的专利中推测 Vip3A 可诱发细胞凋亡（Estruch *et al.*，2000），但是尚未见正式文章报道。我们的近期实验结果表明 Vip3Aa18 可诱发 sf9 细胞凋亡（待发表），支持"凋亡"假说。

参考文献

Estruch J J, Warren G W, Mullins M A, *et al.* 1996. Vip3A, a novel *Bacillus thuringiensis* vegetative insecticidal protein with a wide spectrum of activities against Lepidopteran insects. Proc Nat Acad Sci USA, 93: 5389 – 5394.

Lee M K, Walters F S, Hart H, *et al.* 2003. The mode of action of the *Bacillus thuringiensis* vegetative insecticidal protein Vip3A differs from that of Cry1Abδ – endotoxin. Appl Environ Microbiol, 69（8）: 4648 – 4657.

Yu C G, Mullins M A, Warren G W, *et al.* 1997. The *Bacillus thuringiensis* vegetative insecticidal protein Vip3A lyses midgut epithelium cells of susceptible insects. Appl Environ Microbiol, 63（2）: 532 – 536.

Sena JA, Hernández – Rodríguez CS, Ferré J. 2009. Interaction of *Bacillus thuringiensis* Cry1 and Vip3A proteins with *Spodoptera frugiperda* midgut binding sites. Appl Environ Microbiol 75: 2236 – 2237.

Gómez I, Sánchez J, Miranda R, *et al.* 2002. Cadherin – like receptor binding facilitates proteolytic cleavage of helix α – 1 in domain I and oligomer pre – pore formation of *Bacillus thuringiensis* Cry1Ab toxin. FEBS Lett, 513: 242 – 246.

Bravo A, G ómez I, Conde J, *et al.* 2004. Oligomerization triggers binding of a *Bacillus thuringiensis* Cry1Ab pore – forming toxin to aminopeptidase N receptor leading to insertion into membrane microdomains. Biochim Biophy Acta, 1667（1）: 38 – 46.

Liu J G, Yang A Z, Shen X H, *et al.* 2011. Specific binding of activated Vip3Aa10 to *Helicoverpa armigera* brush border membrane vesicles results in pore formation. J Inverteb Pathol, 108（2）: 92 – 97.

Jackson R E, Marcus M A, Gould F, Bradley J. R., *et al.* 2007. Cross – resistance response of Cry1Ac – selected *Heliothis virescens*（Lepidoptera: Noctuidae）to the *Bacillus thuringiensis* protein vip3A, J Econ Entomol, 100（1）: 180 – 186.

Singh G, Sachdev B, Sharma N, *et al.* 2010. Interaction of *Bacillus thuringiensis* vegetative insecticidal protein with ribosomal S2 protein triggers larvicidal activity in *Spodoptera frugiperda*. Appl Environ Microbiol, 76（21）: 7202 – 7209.

Estruch J J, Yu C G, Warren G W, *et al.* 2000. Class of proteins for the control of plant pests. United States Patent, US 6107279.

DNA 分子检测技术在节肢动物食物关系分析中的应用现状及前景

The Application Prospect and Status of DNA – based Molecular Detection Techniques in the Analysis of Arthropod Food Relationships

杨　帆　陆宴辉*

（中国农业科学院植物保护研究所，植物病虫害生物学国家重点实验室，北京　100193）

近年来，农田生态系统中节肢动物食物链关系与食物网结构的研究引起人们的极大关注。这方面研究将有助于对农田生态系统结构与功能的深入认识，从而在制定害虫防治策略和保障农田生态系统稳定之间找到平衡点，达到促进农作物安全生产、农业可持续发展的目的。

长期以来，人们发展了多种用来鉴定或推断自然条件下节肢动物的寄生和捕食情况的方法。首先是直接观察法，即通过肉眼或者借助于显微镜、望远镜、摄相机等对田间或室内天敌的捕食与寄生行为进行直接观察。由于时间和空间等因素限制，难免有因不易观察而被忽视的食物营养关系。另外一种是解剖法，其优点是可以避免人为干扰，对田间采集的样本进行直接解剖观察，但由于受消化作用的影响，天敌体内发现的很多猎物碎片很难进行形态学鉴定（Traugott et al. , 2013）。

20 世纪后期，同工酶电泳（Isoenzyme electrophoresis）（Traugott, 2003；Walton et al. , 1990）和酶联免疫吸附测定（Enzyme linked immunosorbent assay, ELISA）（Fournier et al. , 2006；Moser et al. , 2008）方法以猎物和寄生蜂的特异性蛋白为靶标，用来研究无脊椎动物的食物联系。但是，同工酶电泳特异性和灵敏度不高，ELISA 抗体制备昂贵且耗时。此外，多克隆抗体技术特异性存在问题且重复性差（Blackwell et al. , 1994；Greenstone, 2006），单克隆抗体技术针对特定的某一种猎物或寄生蜂，只能追踪单独成对的捕食者—猎物或寄主—寄生蜂关系（Traugott et al. , 2013），无法对复杂多变的农田节肢动物食物网进行全面解析。

得益于聚合酶链式反应（Polymerase chain reaction, PCR）技术的发展，可以从食物和寄主样品中特异性扩增微量的目标 DNA 片段。在此基础之上，发展了 DNA 分子检测技术（DNA – based techniques），已广泛应用于检测残留在捕食者中肠、粪便和呕吐物中的猎物及寄主体内的寄生蜂（King et al. , 2008）。这一技术的应用范围从水生生态系统扩张到陆地生态系统，从对植物、动物取食关系的追溯再到寄主—寄生蜂联系的研究，为深入研究和全面理解节肢动物食物网结构和营养级关系开辟了新途径。

---

* 通讯作者：E – mail：yhlu@ ippcaas. cn

1 特异性 PCR 检测技术（Diagnostic PCR）

特异性 PCR 检测技术是根据 PCR 产物电泳特定大小条带来判断物种是否存在及其种类，如果电泳后出现目标大小条带，即认为扩增模板中存在该物种。进行特异性 PCR 检测之前，根据检测目的不同，可以设计物种特异性引物（species – specific primers）或类属特异性引物（group – specific primers）。该引物只能对目标物种或类属扩增出特定大小的片段，考虑到检测的 DNA 模板基本为已降解或不完整的 DNA 片段，引物扩增片段最好小于 300 bp（King *et al.*，2008）。

1.1 单一 PCR（Singleplex PCR）

当 PCR 体系中只有一对物种或类属特异性引物，叫作单一 PCR。单一 PCR 特异性强、灵敏度高，如茶足柄瘤蚜茧蜂（*Lysiphlebus testaceipes*）在寄生蚕豆蚜（*Aphis fabae*）5min 后，即可通过特异性引物在寄主体内检测到该茧蜂的存在（Traugott & Symondson，2008）。根据 COII 基因设计的特异性引物进行单一 PCR 检测，可以有效检测和区分集栖瓢虫（*Hippodamia convergens*）和泣通草蛉（*Chrysoperla plorabunda*）取食的 6 种美国大平原谷物蚜虫（Chen *et al.*，2000）。两种寄生蜂 *Lydella thompsoni* 和 *Pseudoperichaeta nigrolineata* 在欧洲玉米螟（*Ostrinia nubilalis*）中的寄生率可以通过两对 COI 特异性引物检测，单一 PCR 检出的寄生率几乎是传统饲养方法获得的寄生率的 3 倍（Agustí *et al.*，2005）。利用 COI 特异性引物不仅能评估小花蝽（*Orius insidiosus*）对大豆蚜（*Aphis glycines*）和大豆蓟马（*Neohydatothrips variabilis*）的捕食控制作用，还能检测小花蝽对异色瓢虫（*Harmonia axyridis*）的集团内捕食作用（Intraguild predation）（Harwood *et al.*，2007）。值得注意的是，单一 PCR 每次只能检测或鉴定一个物种或类属，如果研究对象是物种多样的生态系统，仅用单一 PCR 相当耗时且费用昂贵，而利用多重 PCR 可以完美克服这一问题。

1.2 多重 PCR（Multiplex PCR）

在进行多重 PCR 之前，同样也需要针对目标物种设计特异性引物。与单一 PCR 不同的是，多重 PCR 体系可以包含多对特异性引物，一次反应可以检测多个物种或类群，大大节省检测时间和费用。如已报道的一个多重 PCR 体系中含有 8 对引物：1 对蚜茧蜂属（*Aphidius*）特异性引物，6 对寄生蜂物种特异性引物及 1 对蚜虫寄主引物；该体系不仅可以研究蚜虫—多种寄生蜂食物网关系，还可以了解寄生蜂—重寄生蜂之间的营养级联系，同时蚜虫寄主引物的存在还可以验证样品的有效性（Traugott *et al.*，2008）。在棉蚜（*Aphis gossypii*）—初寄生蜂—重寄生蜂关系的研究中，选择 3 个不同基因位点设计特异性引物，分为两个多重 PCR 程序对该食物网关系进行解析，发现在饲养方法中重寄生蜂（*Pachyneuron siphonophorae*）只会单独出现，而用多重 PCR 却检测到该重寄生蜂与 *Aphelinus certus*、*Aphidius colemani* 的重寄生关系及其与 *Syrphophagus aphidivorus* 的多重寄生关系，此外还发现了 *Syrphophagus aphidivorus* 和 *Aphelinus certus* 的重寄生关系，说明多重 PCR 分子检测技术可以检测先前未知或未证实的食物链关系，使得研究系统的食物网结构更加完整（Gariepy & Messing，2012）。同时，该技术的出现也使根据不同实验目的设计不同的检测方案成为可能，比如，利用单一 PCR 特异性强、多重 PCR 多位点特异性引物设计的特点，将单一 PCR 和多重 PCR 技术相结合，最大限度提高检测的检出率和准确性。在检测土壤昆虫取食的植物种类时，虫体 DNA 先进行含有编码 *rbc*L 的 cpDNA 基因以

及扩增 *trn*L（chloroplast tRNA for leucine）内含子两对通用引物的多重 PCR，再单独用玉米和小麦的特异性引物扩增，分析取食量、虫体初始重量对植物 DNA 检出率的影响，这为动物—植物取食关系的研究提供了有益的探索（Staudacher *et al.*，2011）。

特异性 PCR 检测技术有上述众多优点，在农田生态系统食物链、食物网关系的研究中可充分发挥其简单便捷的特异性检测功能，然而实施该技术需建立在对研究对象了解的基础之上，即明确目标物种或类属有哪些，这样才能有的放矢地设计特异性引物完成后续实验。但面对一个新的研究系统，在对其中物种组成和营养级分层知之甚少的情况下，很难着手设计特异性引物并展开相应的 PCR 检测技术。

2　DNA 条形码测序技术（DNA barcoding/sequencing）

DNA 条形码测序技术是指利用 PCR 技术扩增出标准 DNA 区域，扩增产物测序后与公共数据库（NCBIhttp：//www. ncbi. nlm. nih. gov/；BOLDhttp：//www. boldsystems. org/）或自己建立的数据库进行比对，从而得出物种鉴定结果（Pompanon *et al.*，2012）。该技术是在不了解物种组成的情况下，通过通用引物扩增片段长度相同的序列来测序鉴定物种种类。比如，用通用引物扩增鉴定欧洲西北部蚜茧蜂亚科（Aphidiinae）寄生蜂种类，研究发现仅凭 COI 一个基因位点无法完全区分所有目标物种，所以引入另外一对 *LWRh* 核基因通用引物，两个基因位点相结合才能准确鉴定蚜茧蜂亚科物种（Derocles *et al.*，2012a）。之后还有利用 16SrRNA 线粒体基因和 LWRh 核基因设计蚜茧蜂亚科通用引物，研究了寄生蜂寄生多长时间可以在寄主体内检出以及作物和非作物生境中蚜虫和寄生蜂关系（Derocles *et al.*，2012b；2014）。需要注意的是，如果测序样品非单一序列，Sanger 测序法无法准确读取序列信息。以上寄生蜂—寄主关系研究情况特殊，在同一寄主体内多重寄生情况和重寄生率都比较低，所检测的产物基本只含有一个物种序列。但用 DNA 条形码非特异性通用引物扩增含有多物种 DNA 样品时，扩增产物是个混合物而无法通过 Sanger 测序法测序，这时候就需要将扩增的不同 DNA 序列片段克隆，该方法已经成功用于检测燕雀（Sutherland *et al.*，2000）和蝙蝠（Zeale *et al.*，2011）对多种节肢动物的捕食情况研究、鹅取食的植物种类鉴定（Stech *et al.*，2011）以及大猩猩的粪便样品中昆虫种类鉴定（Hamad *et al.*，2014）。但是，这往往需要选择成百上千的单克隆菌液测序才有可能反应完整的物种组成情况，特别是对从农田采集的大量节肢动物样品进行分析时，无疑是极其耗时费钱的过程，因此这限制了 DNA 条形码测序技术在农田节肢动物食物关系研究中的大规模应用（Valentini *et al.*，2009）。

3　新一代测序技术（Next generation sequencing，NGS）

最近发展的新一代测序技术可以显著优化根据序列鉴定生物种类的方法，直接对 PCR 产物中多个样品几千个序列进行描述，同时检测大量物种，使 DNA 片段混合物测序成为可能（Pompanon *et al.*，2012）。该测序技术在哺乳动物粪便样品分析中应用较多。人们通过对蝙蝠粪便样品扩增测序，分析了 *Chaerephon pumilus* 和 *Mops condylurus* 食物谱中的昆虫的种类（Bohman *et al.*，2011），研究了 *Eptesicus fuscus* 对昆虫的取食随季节的变化规律（Clare *et al.*，2014），根据同域两种蝙蝠的捕食情况阐明了不同种类的微生境利用策略（Krüger *et al.*，2014）。NGS 测序技术对引物的选择和公共数据库参考序列的依赖性很强（Boyer et al.，2012；Purdy et al.，2010），在有些情况下对食物中物种不能完全鉴定到种。如从棕熊粪便中分析植物、脊椎动物和无脊椎动物种类，只有部分鉴定到种（de Barba et al.，2014）。在对蜘蛛食物谱的分析中，具体鉴定到物种的猎物有 5 种，其他都只鉴定到属甚至属以上分类阶元（Piñol et al.，2014）。在研究鼠鼩的存在是否会对一种珍稀小蜥蜴（Leiolopisma telfairii）产生威胁的评估研究中，食物物种几乎完全鉴定不到种（Brown et al.，2014）。此外，在测序时每个样品都需要加上特有的标签引物，费用昂贵且会改变 PCR 的灵敏度，因此 NGS 测序技术不适合大量单个田间样品的检测（Deagle et al.，2013；Pompanon et al.，2012）。

在对农田节肢动物食物关系的研究中，分子检测方法已广泛应用。如在有机管理模式的农田中，采用单一 PCR 检测捕食性天敌体内的南瓜缘蝽（Anasa tristis），发现了之前未曾描述的关键天敌种类，为后期天敌的保护与利用奠定了必要基础（Schmidt et al.，2014）。在用 DNA 条形码测序技术研究农田系统中寄生蜂 – 蚜虫食物网关系时，发现作物与非作物生境中共有的寄生蜂种类非常少，这表明农田周围非作物生境提供的生物防治资源比预想的要有限，改变了对非作物生境天敌保护功能的传统认识（Derocles et al.，2014）。用 NGS 测序技术研究了香蕉种植园中覆盖作物对节肢动物捕食关系的影响，发现因为有替代性猎物的存在，捕食性天敌对主要害虫香蕉象甲（Cosmopolites sordidus）的控制作用明显减弱（Mollot et al.，2014）。值得强调的是，选择何种方法建立生态学网络关系对其结构和功能有很大影响，因此需要因地制宜根据不同的实验目的采用合适的研究方法，建议结合多种方法解析食物网结构（Wirta et al.，2014）。

4 展望

越来越多的生态学家开始采用 DNA 条形码技术开展研究，这是当前最简单的鉴定物种方法，且随着公共数据库信息的不断完善，基于 DNA 条形码技术的物种鉴定方法将更加多样（Valentini et al.，2009）。NGS 测序技术能为具有复杂食物关系的物种提供精确的分类鉴定，随着测序费用的下降和参考数据库的迅猛发展，NGS 测序技术同样快速发展（Pompanon et al.，2012），同时在营养级关系分析中的作用将日益重要（Purdy et al.，2010）。

NGS 测序技术也存在局限性，比如，目前还没有完美的通用引物覆盖大范围的物种分类单元，一个基因位点因为基因渗入无法提供足够的信息用于区分不同物种（Ballard et al.，2004）。在某些情况下，引物对还会选择偏好性扩增（Zhang et al.，1996），使测序结果产生偏差，对食物网关系分析产生影响。面对这样的问题，除了继续筛选物种覆盖范围广、功能强大的通用引物外，在实际研究中，根据研究对象，需要选择多个基因位点的通用引物进行扩增。在研究棕熊食物谱时，针对不同检测对象选择不同基因位点的通用引物，植物 trnL 基因、脊椎动物 12S rRNA 基因、无脊椎动物 12S rRNA 基因；再针对不同类属的植物设计特异性引物，菊科、莎草科和禾本科植物选择 ITS1 基因，蔷薇科选用 ITS2 基因。在此基础上，鉴定到植物 71 个、脊椎动物 9 个、无脊椎动物 20 个类属；植物中，菊科 11 个、莎草科 4 个、禾本科 25 个和蔷薇科 22 个类属。这一研究充分说明了利用多个采用基因位点进行检测能够提供足够多的物种信息（de Barba et al.，2014）。对于引物的偏好性扩增，比如引物更容易与捕食者的 DNA 相结合，可以利用阻断寡核苷酸

（Blocking oligonucleotides）保证目标的 DNA 的有效扩增（Vestheim & Jarman，2008）。分子检测方法灵敏度高，检出结果物种范围远远大于传统检测方法，所以在样品采集、DNA 提取和 PCR 扩增过程中要十分严谨，避免样品受污染（Pompanon et al.，2012）。

许多关于食物网的研究不仅仅是分析物种的多样性，还希望获得物种对不同食物取食的定量数据。通常用 qPCR（quantitative PCR）技术计算目标物种 DNA 的拷贝数，以此估算样品中各物种的比例。比如，首先计算出烟粉虱（Bemisia tabaci）卵、若虫或者成虫的 DNA 拷贝数，再检测田间捕食者中肠内含物，根据 DNA 拷贝数推测捕食者取食的烟粉虱若虫头数（Zhang et al.，2007）。考虑到物种间、甚至同一物种不同世代的种群 DNA 拷贝数都有差异（Nejstgaard et al.，2008），引物扩增效率不同，这样的定量方法需要矫正，所以 qPCR 只能对分析时样品中未消化的猎物进行半定量，而不能准确计算出取食量特别是具体取食的猎物头数。但是高度特异性的 qPCR 仪器可以同时检测许多不同的荧光标记，这为未来用多重 qPCR 开展捕食关系研究工作提供了可能（King et al.，2008）。NGS 测序技术对食物网进行定量，食物生物量比例会通过获得的 DNA 序列比例来反映。然而扩增效率即使存在非常小的差异，通过 PCR 循环扩增差异会成指数上升，造成结果的偏差。除此之外，偏差还会出现在 DNA 提取（Martin - Laurent et al.，2001）、DNA pooling（Harris et al.，2010）、测序（Porazinska et al.，2010）和生物学信息筛选（Amend et al.，2010）过程中。因此，为确保 NGS 测序数据的准确性，最好同时选用另外一种分析方法使数据更为可靠（Pompanon et al.，2012）。

另外一个问题是，如果在一个捕食者体内检测到目标猎物的 DNA，这 DNA 的来源有可能是腐食（scavenging）或者是二次捕食（secondary predation）。有研究表明，步甲对蛞蝓（Deroceras reticulatum）和麦长管蚜（Sitobion avenae）的腐食会造成对捕食行为的错误判断（Foltan et al.，2005）。步甲（Pterostichus melanarius）在取食初级捕食者蜘蛛（Tenuiphantes tenuis）4h 之后检测到麦长管蚜，而蜘蛛在被捕食之前已取食麦长管蚜 4h，此时被检测到的二次捕食数据不能反映真实的捕食情况（Sheppard et al.，2005）。到目前为止，腐食和二次捕食对捕食情况分析的影响问题还未解决，但这两种特殊情况对田间所有的捕食研究都会产生影响，或许可以忽略不计。

尽管 DNA 分子检测方法还有待发展完善，但其无疑是目前定性、定量研究食物网营养级关系最为有效的手段，对深入认识农田生态系统物种组成、食物网结构和营养级互作关系有重要意义。

参考文献

Agustí N, Bourguet D, Spataro T, Delos M, Eychenne N, Folcher L, Arditi R. 2005. Detection, identification, and geographical distribution of European corn borer larval parasitoids using molecular markers. Mol Ecol, 14: 3267 - 3274.

Amend A S, Seifert K A, Bruns T D. 2010. Quantifying microbial communities with 454 pyrosequencing: does read abundance count? Mol Ecol, 19: 5555 - 5565.

Ballard J W O, Whitlock, M C. 2004. The incomplete natural history of mitochondria. Mol Ecol, 13: 729 - 744.

Blackwell A, Mordue (Luntz) A J, Mordue W. 1994. Identification of bloodmeals of the Scottish biting midge, Culicoides impunctatus, by indirect enzyme - linked immunosorbent assay (ELISA). Med Vet Entomol, 8:

20 – 24.

Bohmann K, Monadjem A, Noer C L, Rasmussen M, Zeale M R K, Clare E, Jones G, Willerslev E, Gilbert M T P. 2011. Molecular Diet Analysis of Two African Free – Tailed Bats (Molossidae) Using High Throughput Sequencing. PLoS ONE, 6: e21441.

Boyer S, Brown S D, Collins R A, Cruickshank R H, Lefort M C, Malumbres – Olarte J, Wratten S D. 2012. Slidingwindow analyses for optimal selection of mini – barcodes, and application to 454 – pyrosequencing for specimen identification from degraded DNA. PLoS One, 7: e38215.

Brown D S, Burger R, Cole N, Vencatasamy D, Clare E L, Montazam A, Symondson W O C. 2014. Dietary competition between the alien Asian Musk Shrew (*Suncus murinus*) and a re – introduced population of Telfair's Skink (*Leiolopisma telfairii*) . Mol Ecol, 23: 3695 – 3705.

Chen Y, Giles K L, Payton M E, Greenstone M H. 2000. Identifying key cereal aphid predators by molecular gut analysis. Mol Ecol, 9: 1887 – 1898.

Clare E L, Symondson W O C, Fenton M B. 2014. An inordinate fondness for beetles? Variation in seasonal dietary preferences of night – roosting big brown bats (*Eptesicus fuscus*) . Mol Ecol, 23: 3633 – 3647.

De Barba M, Miquel C, Boyer F, Mercier C, Rioux D, Coissac E, Taberlet P. 2014. DNA metabarcoding multiplexing and validation of data accuracy for diet assessment: application to omnivorous diet. Mol Ecol Res, 14: 306 – 323.

Deagle B E, Thomas A C, Shaffer A K, Trites A W, Jarman S N. 2013. Quantifying sequence proportions in a DNA – based diet study using Ion Torrent amplicon sequencing: which counts count? Mol Ecol Res, 13: 620 – 633.

Derocles S A P, Le Ralec A, Besson M M, Maret M, Walton A, Evans D M, Plantegenest, M. 2014. Molecular analysis reveals high compartmentalization in aphid – primary parasitoid networks and low parasitoid sharing between crop and noncrop habitats. Mol Ecol, 23: 3900 – 3911.

Derocles S A P, Le Ralec A, Plantegenest M, Chaubet B, Cruaud C, Cruaud A, Rasplus J Y. 2012a. Identification of molecular markers for DNA barcoding in the Aphidiinae (Hym. Braconidae) . Mol Ecol Res, 12: 197 – 208.

Derocles S A P, Plantegenest M, Simon J C, Taberlet P, Le Ralec A. 2012b. A universal method for the detection and identification of Aphidiinae parasitoids within their aphid hosts. Mol Ecol Res, 12: 634 – 645.

Foltan P, Sheppard S, Konvicka M, Symondson WOC. 2005. The significance of facultative scavenging in generalist predator nutrition: detecting decayed prey in the guts of predators using PCR. Mol Ecol, 14: 4147 – 4158.

Fournier V, Hagler J R, Daane K M, de León J H, Groves R L, Costa H S, Henneberry T J. 2006. Development and application of a glassy – winged and smoke – tree sharpshooter egg – specific predator gut content ELISA. Biol Control, 37: 108 – 118.

Gariepy T D, Messing R H. 2012. Development and use of molecular diagnostic tools to determine trophic links and interspecific interactions in aphid – parasitoid communities in Hawaii. Biol Control, 60: 26 – 38.

Greenstone M H. 2006. Molecular methods for assessing insect parasitism. Bull Entomol Res, 96: 1 – 13.

Hamad I, Delaporte E, Raoult D, Bittar F. 2014. Detection of termites and other insects consumed by African great apes using molecular fecal analysis. Sci Rep, 4: 04478.

Harris J K, Sahl J W, Castoe T A, Wagner B D, Pollock D D, Spear J R. 2010. Comparison of normalization methods for construction of large, multiplex amplicon pools for next – generation sequencing. Appl Envir Microbiol, 76: 3863 – 3868.

Harwood J D, Desneux N, Yoo H J S, Rowley D L, Greenstone M H, Obrycki J J, O' Neil R J, 2007. Tracking the role of alternative prey in soybean aphid predation by *Orius insidiosus*: a molecular approach. Mol Ecol, 16:

4390 – 4400.

King R A, Read D S, Traugott M, Symondson W O C. 2008. Molecular analysis of predation: a review of best practice for DNA – based approaches. Mol Ecol, 17: 947 – 963.

Krüger F, Clare E L, Greif S, Siemers B M, Symondson W O C, Sommer R S. 2014. An integrative approach to detect subtle trophic niche differentiation in the sympatric trawling bat species *Myotis dasycneme* and *Myotis daubentonii*. Mol Ecol, 23, 3657 – 3671.

Martin – Laurent F, Philippot L, Hallet S, Chaussod R, Germon J C, Soulas G, Catroux G. 2001. DNA extraction from soils: old bias for new microbial diversity analysis methods. Appl Environ Microbiol, 67: 2354 – 2359.

Mollot G, Duyck PF, Lefeuvre P, Lescourret F, Martin J – F, Piry S, Canard E, Tixier P. 2014. Cover cropping alters the diet of arthropods in a banana plantation: A Metabarcoding Approach. PLoS One, 9: e93740.

Moser S E, Harwood J D, Obrycki J J. 2008. Interaction pathways between Diptera and coccinellid larvae: evidence from an antibody – based detection system. Entomol Soc Am Ann Meeting.

Nejstgaard J C, Frischer M E, Simonelli P, Troedsson C, Brakel M, Adiyaman F, Sazhin A F, Artigas F. Quantitaive PCR to estimate copepod feeding. Marine Biology, 153: 565 – 577.

Piñol J, Andrés V S, Clare E L, Mir G, Symondson W O C. 2014. A pragmatic approach to the analysis of diets of generalist predators: the use of next – generation sequencing with no blocking probes. Mol Ecol Res, 14: 18 – 26.

Pompanon F, Deagle B E, Symondson W O C, Brown D S, Jarman S N, Taberlet P. 2012. Who is eating what: diet assessment using next generation sequencing. Mol Ecol, 21: 1931 – 1950.

Porazinska D L, Giblin – Davis R M, Faller L, Farmerie W, Kanzaki N, Morris K, Powers T O, Tucker A, Sung W, Thomas K. 2009. Evaluating high – throughput sequencing as a method for metagenomic analysis of nematode diversity. Mol Ecol Res, 9: 1439 – 1450.

Purdy K J, Hurd P J, Moya – Larano J, Trimmer M, Oakley B B, Woodward G. 2010. Systems biology for ecology: from molecules to ecosystems. Adv Ecol Res, 43: 87 – 149.

Schmidt J M, Barney J D, Williams M A, Bessin R T, Coolong T W, Harwood J D. 2014. Predator – prey trophic relationships in response to organic management practices. Mol Ecol, 23, 3777 – 3789.

Sheppard S K, Bell J, Sunderland K D, Fenlon J, Skervin D, Symondson W O C. 2005. Detection of secondary predation by PCR analyses of the gut contents of invertebrate generalist predators. Mol Ecol, 14: 4461 – 4468.

Staudacher K, Wallinger C, Schallhart N, Traugott M. 2011. Detecting ingested plant DNA in soil – living insect larvae. Soil Biol Biochem, 43: 346 – 350.

Stech M, Kolvoort E, Loonen M J J E, Vrieling K, Kruijer J D. 2011. Bryophyte DNA sequences from faeces of an arctic herbivore, barnacle goose (*Branta leucopsis*). Mol Ecol Res, 11: 404 – 408.

Sutherland RM. 2000. Molecular Analysis of Avian Diets. Ph. D. Thesis. University of Oxford, UK.

Traugott M. 2003. The prey spectrum of larval and adult Cantharis species in arable land: an electrophoretic approach. Pedobiologia, 47: 161 – 169.

Traugott M, Bell J R. , Broad G R, Powell W, Van Veen J F, Vollhardt I M G, Symondson W O C. 2008. Endoparasitism incereal aphids: molecular analysis of a whole community. Mol Ecol, 17: 3928 – 3938.

Traugott M, Kamenova S, Ruess L, Seeber J, Plantegenest M. 2013. Empirically characterising trophic networks: what emerging dnabased methods, stable isotope and fatty acid analyses can offer [M]. Adv Ecol Res Amsterdam, The Netherlands: Academic Press, 49: 177 – 224.

Traugott M, Symondson W O C. 2008. Molecular analysis of predation on parasitized hosts. Bulletin of Entomological Research, 98: 223 – 231.

Valentini A, Pompanon F, Tarberlet P. 2009. Barcoding for ecologist. Trend Ecol Evol, 24: 110 – 117.

Vestheim H, Jarman S N. 2008. Blocking primers to enhance PCR amplification of rare sequences in mixed samples—a case study on prey DNA in Antarctic krill stomachs. Fronti Zool, 5: 12.

Walton M P, Powell W, Loxdale H D, Allenwilliams L. 1990. Electrophoresis as a tool for estimating levels of Hymenopterous parasistism in field populations of the cereal aphid, *Sitobion avenae*. Entomol Exp et Appl, 54: 271 – 279.

Wirta H K, Hebert P D N, Kaartinen R, Prosser S W, Várkonyic G, Roslin T. 2014. Complementary molecular information changes our perception of food web structure. Proc Nat Aca Sci USA, 111: 1885 – 1990.

Zeale M R K, Butlin R K, Barker G L A, Lees D C, Jones G. 2011. Taxon – specific PCR for DNA barcoding arthropod prey in bat faeces. Mol Ecol Res, 11: 236 – 244.

Zhang D X, Hewitt G M. 1996. Highly conserved nuclear copies of the mitochondrial control region in the desert locust *Schistocerca gregaria*: some implications for population studies. Mol Ecol, 5: 295 – 300.

Zhang G F, Lü Z C, Wan F H, Lövei G L. 2007. Real – time PCR quantification of *Bemisia tabaci* (Homoptera: Aleyrodidae) B – biotype remains in predator guts. Mol Ecol Note, 7: 947 – 954.

病虫测报技术创新与发展的几点思考
Innovation and Development of Monitoring and Forecasting Technologies Applied on Crop Pests

曾 娟*

（全国农业技术推广服务中心，北京 100125）

农作物病虫害监测预报是一门源于实践、服务实践的应用科学。始于 1977 年全国农作物病虫害预测预报进修培训班中使用的基本教材《害虫测报原理和方法》（张孝羲等，1979），到 2006 年集大成者《农作物有害生物预测学》（张孝羲和张跃进，2006）、《农作物有害生物测报技术手册》（张跃进，2006），从侧重阐述昆虫种群生态学和病害流行学等病虫害预测预报原理的大学教材（张孝羲，2008；屈西峰，1992），到各有千秋的分区域、分种类的预测预报技术方法（屈西峰，1992；郭向东和邸贵田，1993；刘家成，1995；冯殿英，1996；屈西峰和姜玉英，2000；刁春友和朱叶芹，2006；冯晓东和吕国强，2011）在经历了与新中国共同成长的 60 多年发展历程，特别是汲取了改革开放 30 多年以来的建设成果之后，这门学科已经初具规模、日臻成熟，并成功应用于农作物病虫害监测预警和综合防控工作中，为保障国家粮食安全和农业可持续发展做出了应有贡献（刘万才等，2010）。

尽管传统的病虫害监测预报理论详实、方法多样、体系完善（姜玉英，2013），但田间调查方法主要依赖手查目测、预测预报方法主要依赖简单推算和经验判断，仍处于技术发展的初级阶段。面对病虫害多发重发频发的严峻形势、测报体系技术人员短缺的现实困境，病虫害监测预报势必要顺应新时期科学技术和社会经济发展的迅猛潮流，在重大病虫害的消长规律和灾变机制研究，自动化、智能化、信息化监测工具技术的开发应用，跨学科、跨部门、跨行业联合监测等方面进行理论创新、技术创新和机制创新，从而开启一个规律明晰化、调查轻简化、预测科学化、预报精准化的新的发展时代。

1 拓展病虫害消长规律与灾变机制研究的深度和广度

基于植物保护学科发展，形成了一系列关于农作物病虫害生物学特性、生态学地位、发生规律、成灾机制的研究方法和重大成果，为病虫害监测预报奠定了坚实的理论基础。然而，随着全球气候变化、耕作制度和栽培方式变革，重大病虫害的发生规律亟待明晰，新发和上升危害的病虫害灾变机制亟待阐释，这需要在很大程度上改变以往就事论事、孤立零散的研究方式，将病虫害影响因素研究的立题角度向纵深微观和广阔宏观双向延伸。

一是要加强病虫害灾变触发条件的深层次研究。针对具有重大成灾隐患的迁飞性害虫和流行性病害，如稻飞虱、稻纵卷叶螟、黏虫、草地螟、稻瘟病、小麦赤霉病、马铃薯晚

---

* 通讯作者：E - mail：zengjuan@ agri. gov. cn

疫病、玉米大斑病等，不应该仅仅停留在有利条件和不利影响的分析上，更应该站在生态系统的角度，研究其暴发成灾、打破生态系统平衡的成因，明确灾变触发条件。如迁飞性害虫和气传性病害的越冬基地勘定（境内与境外）、区域性虫（菌）源关系、迁入区种群暴发或传入区病害流行机制，气候型病害的气象流行因素（诱发致病日、侵染曲线），害虫优势种群更迭和病害小种变异规律等。

二是要加强病虫害消长动态的长周期研究。对待重大病虫害发生规律研究的长期任务，要树立一种居安思危、防患未然、持之以恒、淡泊致远的大局观，建立政策长期支持、研究持续维系的制度。特别是对于具有重大灾害历史、间歇性暴发特点、年际间发生波动大的稻飞虱、黏虫、草地螟、棉铃虫、小麦条锈病、赤霉病等病虫害，尤其要注意在轻发年份持续监测、不懈研究，并继续努力找寻和验证影响其历史消长动态的宏观因素，如东亚季风之于稻飞虱（汤金仪等，1996）、太阳黑子（黄绍哲等，2008）和气候变暖（曾娟，2015）之于草地螟，从而对重大病虫害发生的时空变化规律形成普遍性结论和宏观性判断。

2 开发简便实用先进有效的监测工具和手段

目前，我国农作物病虫害田间调查手段比较落后，绝大部分方法依赖人工手查目测，耗工耗时、效率低下，监测范围局限于一个小生境甚至一块田，且由于基层测报技术人员青黄不接、专业水平参差不齐，仅能应付当地常规性病虫害的监测和预报，很难保障重大迁飞性害虫和流行性病害的大范围及时监测，急需开发一系列操作简便、实用性强、监测范围广的先进工具。

一是开发以快捷易用为特点的病虫田间调查工具。病虫田间调查之辛苦、测报技术发展之瓶颈，在于太过依赖人工劳动和专业技能、缺乏快捷易用的病虫数据采集终端。为此，有必要引进融合机械设计、物理自动化、显微摄影、图像识别、数据库与信息检索、数据传输与移动通信等跨学科技术，开发出一系列简化操作、易学易用的病虫田间调查工具，如解决广发密布型害虫（如蚜虫、蜘蛛、飞虱、粉虱）数量估算的小虫体自动计数系统（姚青等，2011），解决害虫分类与计数的基于性诱特异性的自动计数系统（病虫害测报处，2013a；姜玉英等，2015），解决病害孢子取样与种类识别的远程控制孢子捕捉仪（姜玉英等，2015），解决种类识别和数据录入的病虫害综合知识库移动终端（武宁忠等，2015），解决大量重复劳动的农用害虫透视仪（病虫害测报处，2013b）和小麦吸浆虫自动淘土机等。

二是建立以高空观测为手段的迁飞性害虫联合监测网络。由于稻飞虱、黏虫、草地螟等重大迁飞性害虫广泛的适生性、暴发区域和暴发时间的不确定性，仅仅依靠分散的地面监测数据，做出中长期、大范围的准确预报非常困难。因此，有必要在迁飞性害虫的主要迁飞路径和关键发生区域布置高空观测站，建立以昆虫雷达、高空测报灯为主要手段的跨区域联合监测网，跟踪其迁飞动向、种群数量和发育状态，从而在全国范围内及时做出发生区域和发生时间的准确预报。迁飞性害虫高空观测网络的建立健全，需要解决设备投入、人员配置、技术培训等基础设施和工作运转问题，而重中之重则是提高监测设备的可操作性，开发出可学可用、简单易行的应用方法（如昆虫雷达回波图像的种类识别与种群数量分析、高空测报灯诱集种类的分类和计数等），使其从"高不可攀"的科研利器变为"平易近人"的监测工具。

3 集成病虫害智能化预测系统和预报发布体系

长期以来，病虫害预测预报基于田间基础数据调查和经验分析预测。要进一步提高预测预报水平，调查手段改进迫在眉睫，分析预测的科学化、智能化以及提高预报发布的及时性、普及率同样刻不容缓。

一是建立以气象关联为重点的流行性病害预警系统。基于关键气象条件与病菌侵染进程的紧密联系，集成田间自动气象站数据采集、病害侵染循环模型计算和流行程度预测技术，建立流行性病害的智能化预警系统，从而为田间早期侵染症状的调查发现和及时控制提供依据。目前，以比利时 CARAH 马铃薯晚疫病预警系统模型为技术核心的马铃薯晚疫病监测预警系统（全国农业技术推广中心），已在全国 10 个省份的 260 多个监测点推广应用（张斌等，2011；谭监润等，2011；谢成君等，2014），并实现了全国联网和信息共享；以此为先导，有必要开发稻瘟病、小麦赤霉病、玉米大斑病等气候型病害流行程度预测的智能化预警系统，开发重点在于致病关键气象因子或组合的理论筛选和田间自动采集、依据气象变化的病害侵染曲线模型的组建和适应性训练。

二是完善农作物病虫害数字化预测模型平台。目前，涵盖水稻、小麦、玉米、油菜、棉花、马铃薯等主要作物的农作物重大病虫害数字化监测预警系统已经建成并实现了贯穿国家—省—县的信息共享，山东、安徽、上海等 22 个省级数字化系统也陆续建成、各有千秋，构建了比较完备的、可供功能挖掘的病虫发生信息数据库（全国农业技术推广服务中心）。将病虫预测模型引入数字化系统平台，可以分为两个层次。第一层次是充分利用前期研究所获得的数理模型。尽管此类模型多是针对单一地理生态区域、参数简单、基于历史数据的回验型模型，但由于涉及病虫种类多、研究区域典型、代表性强，仍不失为地方性数理化预测预报的有效尝试；同时，通过利用系统的数据库资源和自动化处理功能，可在固化模型机理的基础上将其简化为用户输入或调用参数、系统自动计算结果的操作过程，如安徽省农作物病虫监测预警平台（安徽省植保总站；陈海中等，2013）。第二层次是耦联病虫发生信息数据库和环境因子数据库，建成全国范围内的迁飞性害虫、大区流行病害预测模型平台。此类模型对数据精度和广度、数理计算模型、硬件配置均有很高要求，需要提取影响病虫发生流行和扩散传播的关键因子，拟合寄主抗性布局、地理、气象等环境因子，集成病虫害发生模型、中尺度粒子传播轨迹模型、气象条件作用模型等多学科模型，进行深入的试验模拟和效果验证研究，方能实现对未来发生趋势的实质性预测。在模拟试验阶段，可通过在系统中定期滚动做出预测，验证其准确性和实用性；在满足硬件配置的前提下，逐步实现模型的在线运行。

三是健全多形式多渠道到位率高的病虫预报发布体系。随着新时期政府履职问责制度不断强化，作为防虫减灾的首要环节，病虫害测报的任务更加艰巨，要求预报时效性更强、信息量更大、覆盖面更广。就国家级预报发布形式而言，自 2010 年以来充分利用现代媒体的传播渠道和受众群体，建立了电视—手机—网络"三位一体"的现代病虫预报发布新模式（刘万才，2013），并且加强了与中央人民广播电台农业频道的病虫信息发布合作，实现了全国性重大病虫害预警信息在 CCTV - 1 黄金时段播出，重要病虫害阶段动态和中短期预报通过预警平台、专业网站、手机彩信和电台广播向行政领导、技术人员和种植大户、专业合作社发布。今后要进一步促进这种具有影响力和关注度的预报发布体系在省、市、县、乡的推广应用，充分激发各级植保机构预报发布和信息宣传的创新能力，因地制宜地采用基层农技推广机构技术人员和农民喜闻乐见的传播形式，并进一步在预报的可视化、图形化、趣味化方面进行改进，使其通俗易懂、简便可行，从而打通病虫预报进村入户的"最后一公里"。

4　建立健全产学研结合的全社会联合监测长效机制

目前，我国农作物病虫害监测预报技术的开发和应用，还基本停留在各自为战的状态。一方面，科学创新与技术研发主要以农业教学科研部门执行科研项目的形式来完成，但以发表论文或获得成果为项目考核指标的评价机制，使得科研单位缺乏成果转化和推广应用的动力；另一方面，我国尽管成立了国家—省—市—县四级较为完整的农业技术推广机构，但植保业务部门只能起到技术指导作用，既无人事调配权，又不能保障运转，对先进工具配备和技术推广的统领作用受到限制；同时，由于病虫害监测工作的公益性，产品采购和技术服务需要财政投入、市场需求有限，相关生产企业只能利用有限渠道引进或自行研制，缺乏有力的科技支撑和顺畅的销售环境。

随着农作物病虫害监测预报技术的不断革新、实用新型监测工具的不断涌现，有必要建立健全科研、教学、企业和生产部门的长效合作机制，以改进监测手段、提高监测水平为导向进行技术和产品研发，加大病虫监测技术应用研究项目的资助力度，提高推广应用程度在科研项目评审中的考核地位，加快科研成果转化、产品开发和市场培育，加强植保业务部门在植保工程等基础建设项目上的引导作用，推动创新性技术产品"落地生根"、广泛应用，从而促使农作物病虫害监测预报实现跨学科、跨部门、跨行业的多方联合、和谐发展。

参考文献

张孝羲，程遐年，耿济国．1979．害虫测报原理和方法．北京：农业出版社．

张孝羲，张跃进．2006．农作物有害生物预测学．北京：中国农业出版社．

张跃进．2006．农作物有害生物测报技术手册．北京：中国农业出版社．

张孝羲．2008．昆虫生态及预测预报（第3版）．北京：中国农业出版社．

王海光，马占鸿主译．2008．植物病害流行学．北京：科学出版社．

屈西峰．1992．中国棉花害虫预测预报标准、区划和方法．北京：中国科学技术出版社．

郭向东，邸贵田．1993．河北农作物病虫鼠测报技术．北京：农业出版社．

刘家成．1995．农作物病虫预测预报办法与技术．北京：中国职工出版社．

冯殿英．1996．主要农作物病虫鼠害测报与防治．北京：中国农业出版社．

屈西峰，姜玉英，邵振润．2000．棉铃虫预测预报新技术．北京：中国科学技术出版社．

刁春友，朱叶芹．2006．农作物主要病虫害预测预报与防治．南京：江苏科学技术出版社．

冯晓东，吕国强，2011．中国蝗虫预测预报与综合防治．北京：中国农业出版社．

刘万才，姜玉英，张跃进，等．2010．我国农业有害生物监测预警30年发展成就．中国植保导刊，30
　（9）：35－38，39．

姜玉英．2013．我国农作物害虫测报技术规范制定与应用．应用昆虫学报，50（3）：868－873．

汤金仪，胡伯海，王建强．1996．我国水稻迁飞性害虫猖獗成因及其治理对策建议．生态学报，16（2）：

167 – 173.

黄绍哲，江幸福，雷朝亮，等．2008．草地螟（*Loxostege sticticalis*）周期性大发生与太阳黑子活动的相关性．生态学报，28（10）：4823 – 4829．

曾娟．2015．我国草地螟轻发年份时空特征及其气候背景．生态学报，35（6）：1899 – 1909．

姚青，吕军，杨保军，等．2011．基于图像的昆虫自动识别与计数研究进展．中国农业科学，44（14）：2886 – 2899．

病虫测报处．2013．小虫体自动计数系统田间检测在河北廊坊进行．［EB/OL］．（2013 – 11 – 29）［2015 – 02 – 13］．http：//cb. natesc. gov. cn/Html/2013_11_29/28092_28790_2013_11_29_317725. html．

姜玉英，曾娟，高永健，等．2015．新式诱捕器及其自动计数系统在棉铃虫监测中的应用［J］．中国植保导刊，35（4）：56 – 59．

姜玉英，罗金燕，罗德平，等．2015．远程控制病菌孢子捕捉仪对小麦气传病害的监测效果．植物保护，2015. 1. 9 已投稿．

武守忠，高灵旺，施大钊，等．2007．基于 PDA 的草原鼠害数据采集系统的开发．草地学报，15（6）：550 – 555．

病虫测报处．农用害虫透视仪在北京进行螟虫扫描检测．［EB/OL］．（2013 – 09 – 16）［2015 – 02 – 13］．http：//cb. natesc. gov. cn/Html/2013_09_16/28092_28790_2013_09_16_314725. html

全国农业技术推广服务中心主办．中国马铃薯晚疫病监测预警系统．http：//218. 70. 37. 104：7002/IndexPLB. htm．

张斌，耿坤，余杰颖．2011．比利时马铃薯晚疫病预警系统的应用．中国马铃薯，25（1）：42 – 46．

谭监润，袁文斌，武海燕，等．2011．马铃薯晚疫病预警系统引进与应用．南方农业，5（5）：61 – 63．

谢成君，刘普明，王颖，等．2014．马铃薯晚疫病预警系统在西吉县的应用．中国马铃薯，28（2）：106 – 110．

全国农业技术推广服务中心主办．农作物重大病虫害数字化监测预警系统．http：//202. 127. 42. 217/login. jsp

安徽省植保总站．安徽省农作物病虫监测预警平台．http：//ahzb. ahau. edu. cn/ahzb/?_h = 768&_w = 1303

陈海中，张友华，刘家成，等．2013．安徽省农作物病虫监测预警平台的研制．中国植保导刊，33（11）：54 – 58．

刘万才，姜玉英，曾娟，等．2013．电视—手机—网络三位一体现代病虫预报发布新模式的创新与应用．中国植保导刊，33（6）：47 – 49．

肠道共生菌调控橘小实蝇抗药性
Gut Symbiotic Bacteria Mediate Insecticide Resistance of Oriental Fruit Fly, *Bactrocera dorsalis* (Hendel)

许益镌[*]

(华南农业大学, 广州 430070)

迄今为止, 化学防治仍然是控制农业害虫的最重要有效的方法。然而, 害虫往往通过微进化获得强大的抗药性。害虫以不同药剂种类的的抗药性机制具有多样化的特点, 如药剂靶标位点敏感性降低、降解酶的上调以及增加对药剂的排泄作用等方式均有助于抗药性的出现 (Roush and McKenzie, 1987; Denholm and Rowland, 1992; Mian, 2008; Whalon *et al.*, 2008)。随着化学防治失败案例的不断出现, 抗药性的治理逐渐引起人们的注意。同时, 微生物对农药的降解作用也开始被人们所关注 (Robertson and Alexander, 2006; Rodriguez Cruz *et al.*, 2006)。虽然不少学者认为共生菌可能调控害虫对药剂的抗性 (Kikuchi, 2012), 但却缺少具体的科学证据。

我们比较分析了敏感和抗性品系橘小实蝇肠道内的微生物结构差异, 发现抗性品系橘小实蝇的肠道内所含柠檬酸杆菌 *Citrobacter* (与 *C. freundii* 有高度一致性, 本研究中称为 CF – BD) 的丰富度远大于敏感品系。进一步生测发现 CF – BD 可将敌百虫降解成三氯乙醛水合物和亚磷酸二甲酯。如果用 CF – BD 进行喂饲, 敏感品系的橘小实蝇将显著提高对敌百虫的抗药性; 而通过喂饲链霉素去除抗性品系肠道内的 CF – BD 后, 这些实蝇对敌百虫的抗性也同时下降。我们的研究结果证实了橘小实蝇抗药性的新机制: 肠道共生菌可有效提高橘小实蝇对药剂的抗药性。

参考文献

Roush RT, McKenzie JA. 1987. Ecological genetics of insecticide and acaricide resistance. Annu Rev Entomol, 32: 361 – 380.

Denholm I, Rowland MW. 1992. Tactics for managing pesticide resistance in arthropods: theory and practice. Annu Rev Entomol, 37: 91 – 112.

Whalon M, MotaSanchez D, Hollingworth R. 2008. Global pesticide resistance in arthropods. Centre Agric Biosci Intl, Oxfordshire, UK.

Mian LS. 2008. Global Pesticide Resistance in Arthropods. J Am Mosq Control Assoc, 24: 620 – 621.

Robertson BK, Alexander M. 2006. Growth – linked and cometabolic biodegradation: Possible reason for occurrence or absence of accelerated pesticide biodegradation. Pestic Sci, 41: 311 – 318.

Rodriguez Cruz MS, Jones JE, Bending GD. 2006. Field – scale study of the variability in pesticide biodegradation with soil depth and its relationship with soil characteristics. Soil Biol Biochem, 38: 2910 – 2918.

Kikuchi Y. 2012. Symbiont – mediated insecticide resistance. Proc Natl Acad Sci, 109: 8618 – 8622.

---

* 通讯作者: E – mail: xuyijuan@ yahoo. com

虫菌共生入侵

Symbiotic Invasions of Exotic Insects and the Associated Microbes

鲁　敏* 孙江华

（中国科学院动物研究所，北京　100101）

随着全球贸易化进程的加快，外来种入侵带来的环境、经济、生物安全等问题日益突出。生物入侵已被公认为是导致生物多样性丧失最主要原因之一，生物入侵不仅对入侵地的生态环境和生态系统具有破坏作用，从而影响生态系统服务功能的发挥，而且也直接地和间接地对入侵地区经济造成重大损失，影响到当地乃至国家的进出口贸易。入侵种的入侵机制是入侵生物学的核心科学问题。已有假说主要从天敌、资源和生态位几方面阐述了入侵种的入侵机制。现有的入侵理论主要关注入侵植物的入侵机制，而关于入侵昆虫的入侵理论较少。

红脂大小蠹（*Dendroctonus valens* LeConte），又名强大小蠹，英文名称：Red turpentine beetle。它是近来入侵我国的重大外来入侵林业害虫。该虫为蛀干、蛀根毁灭性害虫，入侵后危害特别严重。1998 年在山西首次发现，随后迅速爆发蔓延，目前已扩展到河南、河北、陕西等省。红脂大小蠹的蔓延，已对华北及中原地区大面积松树构成直接威胁，严重为害被入侵地区生态环境和野生动植物的安全，造成了巨大的经济损失，对华北地区的林业生态建设工程将带来灾难性的影响。

近十年，我们通过对红脂大小蠹—共生微生物体系的系统研究，取得以下进展：①揭示了红脂大小蠹及其伴生真菌的共生入侵假说（Lu *et al.*，2010）；②提出了伴生真菌独特单倍型促进虫菌共生入侵和"返入侵"假说（Lu *et al.*，2011）；③解析了红脂大小蠹—伴生真菌—寄主互作机制（Sun *et al.*，2013）；④创建了红脂大小蠹—伴生真菌—细菌—寄主油松跨四界互作模型。进而提出了关于入侵昆虫的"虫菌共生入侵"理论。在烟粉虱、松树蜂、松材线虫等重大入侵害虫研究中这一理论不断被丰富和拓展。因此，获得 Annual Review of Ecology，Evolution and Systematics 邀请撰写关于"虫菌共生入侵"的综述。

共生入侵的概念不仅能够揭示入侵共生体的入侵机制，还对入侵种的风险评估、预测预报和检验检疫以及入侵种的综合防治提供新的思路。对于入侵种的风险评估和预测预报，我们就不能只局限在某个单一的入侵物种，还要综合考虑它是否携带共生物种入侵，或者它同入侵地的某些物种是否能形成新的共生关系等一系列的问题。对于入侵种的检验检疫，我们就不能只针对单一的入侵物种进行检验检疫，还要考虑到它可能存在的共生体也需要检验检疫。对于入侵种的综合防治，我们可以通过调控入侵种与其共生体的共生关

---

* 通讯作者：E - mail：lumin@ ioz. ac. cn

系来防治入侵种。

参考文献

Lu M, Wingfield MJ, Gillette NE, Mori SR, Sun JH. 2010. Complex interactions among host pines and fungi vectored by an invasive bark beetle. New Phytol, 187: 859 – 866.

Lu M, Wingfield MJ, Gillette NE, Sun JH. 2011. Do novel genotypes drive the success of an invasive bark beetle/fungus complex? Implications for potential reinvasion. Ecology, 92: 2013 – 2019.

Sun J, Lu M, Gillette NE, Wingfield MJ. 2013. Red turpentine beetle: innocuous native becomes invasive tree killer in China. Ann Rev Entomol, 58: 293 – 311.

大气 CO_2 浓度升高对植物—蚜虫互作关系的影响
The Effect of Elevated CO_2 on Plant – Aphid Interaction

郭慧娟　孙玉诚[*]

（中国科学院动物研究所，北京　100101）

近年来，随着人类活动的加剧，全球极端气候频繁发生，温室气体增加特别是大气 CO_2 浓度上升成为国内外关注的焦点。全球大气 CO_2 浓度由工业革命前的 280 μL/L 上升到目前约 400 μL/L（http：//co2now.org/），并且预计在本世纪末达到 540 ~ 970 μL/L（IPCC，2013）。大气 CO_2 浓度升高不仅加剧了全球变暖，还通过影响光合作用，改变植物的生长与代谢，进而级联作用于植食性昆虫。研究表明，大气 CO_2 浓度升高将会降低作物品质，使得氮含量降低，导致虫害为害加重（DeLucia et al.，2008；Myers et al.，2014）。特别是刺吸式口器昆虫中的蚜虫类群，在未来 CO_2 浓度升高环境中，有爆发为害的可能。因此，阐明植物—蚜虫互作的分子机制及其对环境变化的响应，将为气候变化背景下有害生物的生态调控提供理论和依据。本文综述了以蒺藜苜蓿—豌豆蚜为研究系统的昆植互作关系，从蚜虫取食行为的不同阶段入手，分别阐明其与寄主植物营养、抗性和水分代谢等方面的互作关系，及其对 CO_2 浓度升高的响应机制。

1　抗性作用机制

在进入植物韧皮部取食之前，蚜虫需克服植物一系列的物理阻碍和化学抗性（Smith and Boyko，2007）。首先，蚜虫到达植物叶片准备选取取食位点前，需要规避和适应叶表面的物理结构抗性，如植毛体（trichomes）、蜡质分泌物等（Wang et al.，2004）；当蚜虫开始尝试刺探植物表皮时，会激发植物产生过氧化反应（ROS），激活植物激素介导的诱导抗性反应（Giordanengo et al.，2010）。其中，以水杨酸、茉莉酸和乙烯信号介导的诱导抗性途径研究的最为广泛。植物的抗性水平将会直接影响蚜虫的取食行为和效率，Guo 等（2014b）将植物不同的抗性类型与蚜虫取食行为的不同阶段相联系，发现 CO_2 浓度升高增加了苜蓿叶片非腺体型和腺体型植毛体密度，导致蚜虫的刺探时间增加；与此同时，CO_2 浓度升高增强了植物对于蚜虫的叶肉组织抗性，却降低了最为有效的韧皮部抗性，从而导致蚜虫的刺探时间缩短，取食时间延长，有利于增加取食效率。

2　营养作用机制

当蚜虫克服了一系列的植物防御进入韧皮部取食时，植物的氮素水平对蚜虫的取食效

---

　*　通讯作者：E – mail：sunyc@ ioz. ac. cn

率尤为关键。研究发现，CO_2浓度升高可导致豆科植物的固氮能力平均增加38%，这不仅减缓了CO_2浓度升高环境中作物品质的降低，还增加了可用氮源，从而改变与蚜虫的营养作用关系（Lam et al.，2012；Guo et al.，2013a）。CO_2浓度升高环境中，蚜虫为害诱导豆科植物叶片和韧皮部的氨基酸浓度增加，且增加的大部分是非必需氨基酸；与此同时，蚜虫体内非必需氨基酸与必需氨基酸同时增加，这种寄主植物与蚜虫体内氨基酸组分的不对称增加预示着蚜虫体内共生菌 Buchnera 参与其中。进一步研究表明，蚜虫通过调控体内 Buchnera 菌胞体的氨基酸代谢将非必需氨基酸转化为必需氨基酸供自身发育所用，有利于种群发生（Guo et al.，2013a）。此研究证明了CO_2浓度升高环境下，豌豆蚜可同时调控寄主植物的氮代谢和自身 Buchnera 菌胞体的氨基酸代谢满足自身的生长发育。

3 抗性和营养的协同效应

研究发现豆科植物通过根瘤菌菌根超侵染，增加生物固氮作用适应CO_2浓度升高环境，这背后的调控机制是什么，是否会对地上的蚜虫为害产生影响？Guo 等（2014a）发现乙烯信号途径参与了CO_2浓度升高调节植物结瘤和固氮过程。CO_2浓度升高可以抑制乙烯信号途径，增加植物的结瘤能力和固氮作用，从而满足植物自身对氮的需求；另一方面，降低的乙烯信号途径还直接降低了地上部分对蚜虫取食为害的抗性。此研究通过地上、地下互作，从抗性、营养两个方面系统的阐明了昆植互作对气候变化因子的响应机制（Guo et al.，2014a）。

4 水分作用机制

与咀嚼式口器昆虫不同，蚜虫主要取食植物的韧皮部汁液。植物的韧皮部中主要成分是碳水化合物，相对于蚜虫的血淋巴和体液具有更高的渗透压，持续取食会导致蚜虫体内失水（Douglas，2006）。研究发现，蚜虫需要间歇性取食植物木质部的汁液（主要成分是水分），稀释体内渗透压，有利于降低蚜虫自身失水（Pompon et al.，2010；2011）。此外，蚜虫在刺探和取食植物韧皮部过程中，植物细胞需要维持一定的含水量与膨压，一旦植物失水，细胞膨压降低，蚜虫的取食效率将受到抑制。由此可见，植物的水分含量与水势直接影响蚜虫的取食行为和生长发育。研究表明，受到蚜虫取食为害后，植物上调了ABA 含量和 ABA 信号途径关键基因的表达。ABA 信号途径的激活通过关闭气孔降低了植物的气孔导度，从而减少蒸腾作用，有利于寄主植物保持较高的水分状态，有利于蚜虫的木质部取食；相比而言，气孔对 ABA 不敏感型突变体（$sta-1$）在蚜虫为害后，无法诱导气孔闭合，使得植物蒸腾作用增加，水势降低，不利于蚜虫的木质部取食。进一步发现，大气 CO_2浓度升高没有改变 ABA 信号途径，但通过调控碳酸酐酶信号途径，进一步闭合气孔并且降低气孔导度。由于CO_2浓度升高条件下寄主植物水分含量的提高，蚜虫取食木质部的时间延长，有利于蚜虫自身获取更多水分，降低血淋巴的渗透势，有利于持续进行韧皮部取食（Sun et al.，2015）。

有关植物与蚜虫互作对大气 CO_2浓度升高的研究已经比较深入，从前期现象的摸索到生理层次的验证，到如今运用模式植物与昆虫，结合不同信号途径的功能缺失型突变体，阐明昆植互作对气候变化因子响应的生态学效应。这些研究阐明了蚜虫在取食行为、种群调节、与内共生菌互作关系等方面对CO_2浓度升高的适应性策略，解析了多营养级"固氮根瘤菌—蒺藜苜蓿—豌豆蚜—内共生菌 *Buchnera*" 中 "植物—昆虫—微生物" 的互作模式对环境变化的响应特征，为未来大气 CO_2 浓度升高条件下蚜虫的生态调控提供重要的理论基础（图）。未来研究将深入挖掘 CO_2 浓度升高对寄主植物抗性、营养、水分等代谢途径的影响，分析级联效应对蚜虫取食、发育、繁殖的影响。由于不同的植物—蚜虫互作系统对 CO_2 浓度升高的响应具有物种特异性。许多研究发现，CO_2 浓度升高环境中，不具有生物固氮作用的非豆科植物上蚜虫种群数目也上升。现有相关机制并不具备广泛解释 CO_2 浓度升高环境中蚜虫暴发的原因。同时，CO_2 浓度升高对植物与蚜虫的影响通过食物链（food chains）进一步影响天敌昆虫的机制目前尚不清楚。在全球气候变化背景下，CO_2 浓度升高的同时伴随着温度的升高、不规则降雨、氮沉降等因素。在不同环境因子的交互驱动下，植物与蚜虫的互作关系又是如何改变的也不得而知。因此，未来还需要结合模式研究系统，扩展相关研究，利用组学、分子生物学等微观技术手段，应用宏微观结合的思路，全面揭示昆植互作对气候变化的响应机制。

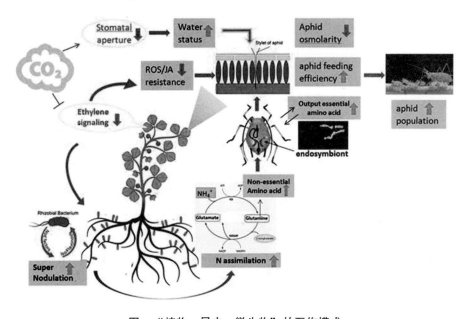

图 "植物—昆虫—微生物" 的互作模式

参考文献

DeLucia EH, Casteel CL, Nabity PD, O'Neill BF. 2008. Insects take a bigger bite out of plants in a warmer, higher carbon dioxide world. Proc Natl Acad Sci USA, 105 (6): 1781 – 1782.

Douglas AE. 2006. Phloem – sap feeding by animals: problems and solutions. J Exp Bot, 57: 747 – 754.

Giordanengo P, Brunissen L, Rusterucci C, Vincent C, Van Bel A, Dinant S, Bonnemain JL. 2010. Compatible plant – aphid interactions: how aphids manipulate plant responses. Comptes Rendus Biologies, 333: 516 – 523.

Guo H, Sun Y, Li Y, Liu X, Ren Q, Zhu – Salzman K, Ge F. 2013a. Elevated CO_2 modifies N acquisition of *Medicago truncatula* by enhancing N fixation and reducing nitrate uptake from soil. PLoS ONE, 8 (12): e81373.

Guo H, Sun Y, Li Y, Liu X, Wang P, Zhu – Salzman K, Ge F. 2014b. Elevated CO_2 alters the feeding behavior of the pea aphid by modifying the physical and chemical resistance of *Medicago truncatula*. Plant Cell Envir, 37: 2158 – 2168.

Guo H, Sun Y, Li Y, Liu X, Zhang W, Ge F. 2014a. Elevated CO_2 decreases the response of the ethylene signaling pathway in *Medicago truncatula* and increases the abundance of the pea aphid. New Phytol, 201 (1): 279 – 291.

Guo H, Sun Y, Li Y, Tong B, Harris M, Zhu – Salzman K, Ge F. 2013b. Pea aphid promotes amino acid metabolism both in *Medicago truncatula* and bacteriocytes to favor aphid population growth under elevated CO_2. Global Change Biol, 19: 3210 – 3223.

Kim TH, Maik BĆ. 2010. Guard cell signal transduction network: advances in understanding abscisic acid, CO_2, and Ca^{2+} signaling. Ann Rev Plant Biol, 61: 561 – 591.

Myers SS, Zanobetti A, Kloog I, Huybers P, Leakey AD, Bloom AJ, Carlisle E, Dietterich LH, Fitzgerald G, Hasegawa T, Holbrook NM, Nelson RL, Ottman MJ, Raboy V, Sakai H, Sartor KA, Schwartz J, Seneweera S, Tausz M, Usui Y. 2014. Increasing CO_2 threatens human nutrition. Nature, 510 (7503): 139 – 142.

Pompon J, Quiring D, Giordanengo P *et al.* 2010. Role of xylem consumption on osmoregulation in *Macrosiphum euphorbiae* (Thomas). J Insect Physiol, 56, 610 – 615.

Pompon J, Quiring D, Goyer C *et al.* 2011. A phloem – sap feeder mixes phloem and xylem sap to regulate osmotic potential. J Insect Physiol, 57: 1317 – 1322.

Smith CM, Clement SL. 2012. Molecular bases of plant resistance to arthropods. Ann Rev Entomol, 57, 309 – 328.

Sun Y, Guo H, Yuan L, Wei J, Zhang W, Ge F. 2015. Plant stomatal closure improves aphid feeding under elevated CO_2. Global Change Biol, DOI: 10. 1111/gcb. 12858.

Wang E, Hall JT, Wagner GJ. 2004. Transgenic *Nicotiana tabacum* L. with enhanced trichome exudate cembratrieneols has reduced aphid infestation in the field. Mol Breeding, 13: 49 – 57.

昆虫表皮蛋白与新型杀虫剂创制
Insect Cuticle Protein and Development of New Insecticides

徐 鹿[*]

（江苏省农业科学院植物保护研究所，南京 210014）

昆虫的表皮主要由多种与几丁质结合的表皮蛋白组成，几丁质是均匀的 N – 乙酰氨基葡糖聚合物，而昆虫表皮蛋白的数量与特征具有多样性。昆虫表皮蛋白与其他分泌的组成成份互相交联致使无法萃取，同时昆虫表皮蛋白基因的氨基酸序列不完全保守，所以以往探讨表皮在杀虫剂穿透抗性的作用仅检测同位素碳 14 标记的杀虫剂在单位时间内穿过表皮的总量，即穿透速率，无法解析表皮在延缓杀虫剂接近靶标的转运及作用方式，现在许多证据表明表皮结构蛋白参与虫体代谢，可以贮存或排除外源化合物。目前，随着昆虫注释基因组的出现，昆虫表皮蛋白基因被鉴定，有助于认识昆虫表皮的生理功能及在杀虫剂抗性中的作用，研究实例发现在温带臭虫、桃蚜的抗性种群中有多个表皮蛋白基因过量表达，推测过表达表皮蛋白基因导致表皮增厚或重塑，因此可以认为昆虫表皮蛋白能够作为一类杀虫剂的分子靶标位点，研究发现通过抑制几丁质阻碍表皮生长的杀虫剂噻嗪酮已产生严重抗性，无法发挥原有的靶标效应，因此多位点杀虫剂的创制是克服抗药性的有效途径。

目前害虫抗药性和环境不相容性驱动着新型杀虫剂的开发研制，有四种途径解决杀虫剂的需求，但存在技术难题。随机筛选先导化合物速度慢，成本高；先导结构优化法在成熟的结构中寻求新化合物的难度大；天然活性物质化学结构复杂及分离提纯繁琐，进行模拟合成和结构优化难度大；生物合理设计基于靶标生物的生理生化特点筛选并优化化合物难度大。然而生物合理设计是发展前景广阔的方法，此法采用逆向思维，基于靶标生物的基因组信息，找到已知靶标以外的成千上百种新的靶标，可以拓宽新杀虫剂的设计空间，同时结合组合化学的方法，一次性同步合成成千上万种结构不同的分子，利用靶标同步筛选。生物合理设计仅仅筛选出基于靶标的化合物，是否符合避免抗药性的要求，因此需要通过抗性风险评估及抗性机理的研究，分析新型杀虫剂的应用潜能，再通过化学物质耦合的手段创制基于害虫多作用位点的新型杀虫剂，这样可以扩大杀虫作用谱，改变农业操作，避免抗性风险。

探讨昆虫表皮蛋白基因，不仅仅是提供新的作用位点，更重要的是由此揭示单一位点杀虫剂易产生抗性威胁使用寿命，为新型杀虫剂的研制提供重要的策略和思路。目前新型杀虫剂的开发正经历从分子合成到形成商品到登记使用的速度变缓的阶段，因此杀虫剂克服多抗性延长使用寿命在 IPM 中具有必要性。

---

* 通讯作者：E – mail：luxu@ jaas. ac. cn

参考文献

Futahashi R, Okamoto S, Kawasaki H, Zhong YS, Iwanaga M, Mita K, Fujiwara H. 2008. Genome – wide identification of cuticular protein genes in the silkworm, *Bombyx mori*. Insect Biochem Mol Biol, 38: 1138 – 1146.

Sparks TC. 2013. Insecticide discovery: An evaluation and analysis. Pestic Biochem Physiol, 107: 8 – 17.

Zhang YL, Guo HF, Yang Q, Li BS and Wang LH. 2012. Overexpression of a P450 gene (CYP6CW1) in buprofezin – resistant *Laodelphax striatellus* (Fallén). Pestic Biochem Physiol, 104: 277 – 282.

昆虫免疫系统的研究
Research of the Insect Immune System

饶相君[*]

（安徽农业大学植物保护学院，合肥 230061）

与高等脊椎动物不同，昆虫没有获得性免疫系统（无 B 和 T 淋巴细胞，无抗体—抗原反应），完全依靠先天免疫系统抵御病原微生物（Iwanaga et al.，2005）。在复杂恶劣的环境中，昆虫依靠自身高效的先天免疫系统为生存和繁衍提供保障。昆虫的免疫反应包括：血细胞对入侵的病原微生物的吞噬和包囊；由血细胞、脂肪体、表皮等组织分泌产生抗菌肽；以及激活血淋巴中的酚氧化酶导致的黑化反应等。昆虫通过各种模式识别受体（Pattern Recognition Receptor，PRR）识别只存在于微生物表面而动物体自身没有的病原分子模式（Pathogen – associated Molecular Pattern，PAMP），如脂多糖、肽聚糖等。

对于昆虫免疫的研究在果蝇（双翅目模式昆虫）中开展的最为广泛和深入（Sabin et al.，2010；Pal and Wu，2009）。随着基因组、转录组和 RNA 测序技术的普及，越来越多的其他目昆虫正在开展或者已经完成了基因组测序，正在进行基因注释和功能的研究。包括鞘翅目（赤拟谷盗和松甲虫）、双翅目（蚊、蝇和罗蛉等）、鳞翅目（烟草天蛾、家蚕、二化螟、大螟、小菜蛾、稻纵卷叶螟等）、膜翅目（蚂蚁、寄生蜂）、半翅目（蜻、蚜虫）、虱目（体虱）和直翅目（蝗虫）等（He et al.，2015；Gunaratna and Jiang，2013；Zhang et al.，2012；Xia et al.，2013；Tanaka et al.，2008）。

目前，超过半数的林、果、菜、粮、棉害虫是鳞翅目害虫，常见的有茶毛虫、苹果卷蛾、水稻螟虫、黄地老虎、斜纹夜蛾、毒刺蛾、麦蛾、印度谷螟、黑米虫、一点谷螟、菜青虫、菜蛾、菜螟等。使用传统的化学农药治理害虫会造成环境污染、农药残留危害和害虫耐药性。尤其是有的害虫经过长期的杀虫剂筛选已经对许多的杀虫剂产生了很强的耐药性，这种耐药性是由于害虫基因组对农药产生了适应性进化。比如，小菜蛾基因组中与昆虫异型生物质解毒有关的 4 个基因家族存在明显的基因扩增现象（You et al.，2013）。因此，未来理想的害虫防治措施是利用生物农药进行生物防治。而生防措施的发展离不开对害虫免疫系统的深入了解。如果能人为地破坏害虫的免疫系统，则害虫的抗病能力将大大降低，从而干扰其正常的生长发育。

另一方面可以通过增强经济昆虫的免疫系统进行保护。家蚕的抗病性是决定蚕丝产量和品质的重要性状之一。细菌、真菌和病毒导致的蚕病每年造成蚕农的损失高达 25%。通过研究家蚕的免疫系统能够为培育具有优良抗病特性的品系提供理论支持。

基于以上分析，以基因组已经测序的鳞翅目昆虫为模式生物（包括家蚕、小菜蛾等），阐明其免疫通路的特异基因和功能，就能够从益虫或害虫自身的特点入手，研究保

---

* 通讯作者：Email：rxjxyz@163.com

护或防治的新理论、新方法。

参考文献

Iwanaga S, Lee BL. 2005. Recent advances in the innate immunity of invertebrate animals. J Biochem Mol Biol, 38 (2): 128 – 150.

Sabin LR, Hanna SL, Cherry S. 2010. Innate antiviral immunity in Drosophila. Curr Opin Immunol, 22 (1): 4 – 9.

Pal S, Wu LP. 2009. Pattern recognition receptors in the fly: lessons we can learn from the *Drosophila melanogaster* immune system. Fly (Austin), 3 (2): 121 – 129.

He Y, Cao X, Li K, Hu Y, Chen YR, Blissard G, Kanost MR, Jiang H. 2015. A genome – wide analysis of antimicrobial effector genes and their transcription patterns in *Manduca sexta*. Insect Biochemistry and Molecular Biology, doi: 10. 1016/j. ibmb. 2015. 01. 015.

Gunaratna RT, Jiang H. 2013. A comprehensive analysis of the *Manduca sexta* immunotranscriptome. Dev Comp Immunol, 39 (4): 388 – 398.

Zhang X, Zheng Y, Jagadeeswaran G, Ren R, Sunkar R, Jiang H. 2012. Identification and developmental profiling of conserved and novel microRNAs in *Manduca sexta*. Insect Biochem Mol Biol, 42 (6): 381 – 395.

Xia Q, Li S, Feng Q. 2013. Advances in silkworm studies accelerated by the genome sequencing of *Bombyx mori*. Ann Rev Entomol, 59: 513 – 536.

Tanaka H, Ishibashi J, Fujita K, Nakajima Y, Sagisaka A, Tomimoto K, Suzuki N, Yoshiyama M, Kaneko Y, Iwasaki T, Sunagawa T, Yamaji K, Asaoka A, Mita K, Yamakawa M. 2008. A genome – wide analysis of genes and gene families involved in innate immunity of *Bombyx mori*. Insect Biochem Mol Biol, 38 (12): 1087 – 1110.

You M, Yue Z, He W, Yang X, Yang G, Xie M, Zhan D, Baxter SW, Vasseur L, Gurr GM, Douglas CJ, Bai J, Wang P, Cui K, Huang S, Li X, Zhou Q, Wu Z, Chen Q, Liu C, Wang B, Li X, Xu X, Lu C, Hu M, Davey JW, Smith SM, Chen M, Xia X, Tang W, Ke F, Zheng D, Hu Y, Song F, You Y, Ma X, Peng L, Zheng Y, Liang Y, Chen Y, Yu L, Zhang Y, Liu Y, Li G, Fang L, Li J, Zhou X, Luo Y, Gou C, Wang J, Wang J, Yang H, Wang J. 2013. A heterozygous moth genome provides insights into herbivory and detoxification. Nat Genet, 45 (2): p. 220 – 5.

昆虫滞育的研究与害虫综合治理[*]
Development of Studies on Diapause and Pest Management

肖海军[**]　吴月坤　邹　超　付道猛

（江西农业大学农学院，昆虫研究所，南昌　330045）

昆虫是变温动物，通常利用滞育（Diapause）或迁飞（Migration）的策略，分别从时间或空间上来逃避不利环境条件对种群的不利影响（Danks，2007）。滞育（Diapause）是由遗传和环境共同作用导致的昆虫生长、发育、繁殖的停滞状态（Danks，1987；Tauber et al.，1986）。对昆虫滞育调控机制的解析，一方面有利于加深认识生物发育模式调控基础，另一方面滞育生物学基础研究也可为防治害虫提供新技术，具有重要的理论价值和实践意义，无论是害虫的综合治理还是益虫的合理利用，均离不开对滞育调控机制的系统研究（Denlinger，2008；Denlinger and Armbruster，2014）。

近10多年来，国内外针对昆虫滞育的研究取得了系列明显的进展。主要体现在以下几个方面：昆虫滞育的环境调控基础（Danks，2007）、不同滞育时期滞育反应生理生态（Hahn and Denlinger，2011；Koštál，2006）；促前胸腺激素 PTTH、滞育激素 DH、性信息素合成激活合成肽 PBAN 对滞育的调节（Chang and Ramasamy，2014）；热休克蛋白 *Hsps* 在滞育进程中的作用（King and MacRae，2015）；滞育关联差异基因的筛选、功能鉴定与相关代谢通路功能分析（Xu *et al.*，2012）、滞育与非滞育之间的比较转录组（Poelchau *et al.*，2014；Poelchau *et al.*，2013）、差异蛋白组（Chen *et al.*，2010；Lu and Xu，2010）和代谢组学分析（Lu *et al.*，2014）。

随着生态学研究的深入、微观分子生物学和组学手段的发展，昆虫滞育研究的思路将会进一步体现滞育研究的应用基础价值。进一步将滞育研究与害虫预测预报、滞育的种群调控、农业景观生态服务功能对滞育种群的影响等宏观体系研究服务于害虫综合治理。如何操控昆虫滞育用以害虫防治是人们孜孜以求的发展方向，通过研究滞育环境调控、化学物理因素、激素、RNAi 等手段调控昆虫滞育的诱导、维持与解除。通过滞育生物学的系统研究，建立起精确的种群发生动态预测模型用于害虫盛发期的预测预报，以及增加寄生蜂和捕食螨等生物防治天敌的贮藏寿命来提高生物防治的效用。微观研究将滞育差异基因功能分析，以及比较转录组、差异蛋白组和代谢组学分析等组学手段深入揭示滞育调控基础用于揭示生物发育调控机制。

---

　*　基金项目：国家自然科学基金（31360461）和江西省高等学校科技落地计划项目（KJLD14030）

**　通讯作者：E-mail：haijunxiao@ hotmail. com

参考文献

Chang JC, Ramasamy S. 2014. Identification and expression analysis of diapause hormone and pheromone biosynthesis activating Neuropeptide (DH – PBAN) in the Legume Pod Borer, *Maruca vitrata* Fabricius. PLoS ONE. 9: e84916.

Chen L, Ma W, Wang X, Niu C, Lei C. 2010. Analysis of pupal head proteome and its alteration in diapausing pupae of *Helicoverpa armigera*. J Insect Physiol, 56: 247 – 252.

Danks HV. 1987. Insect dormancy: an ecological perspective. Biological Survey of Canada. Monograph Series No. 1 Ottawa.

Danks HV. 2007. The elements of seasonal adaptations in insects. Can Entomol, 139: 1 – 44.

Denlinger D. 2008. Why study diapause? Entomol Res, 38: 1 – 9.

Denlinger DL, Armbruster PA. 2014. Mosquito diapause. Ann Rev Entomol, 59: 73 – 93.

Hahn DA, Denlinger DL. 2011. Energetics of Insect diapause. Ann Rev Entomol, 56: 103 – 121.

King AM, MacRae TH. 2015. Insect heat shock proteins during stress and diapause. Ann Rev Entomol, 60: 59 – 75.

Koštál V, 2006. Eco – physiological phases of insect diapause. J Insect Physiol, 52: 113 – 127.

Lu YX, Xu WH. 2010. Proteomic and phosphoproteomic analysis at diapause initiation in the cotton bollworm, *Helicoverpa armigera*. J Proteome Res, 9: 5053 – 5064.

Lu YX, Zhang Q, Xu WH, 2014. Global metabolomic analyses of the hemolymph and brain during the initiation, maintenance, and termination of pupal diapause in the cotton bollworm, *Helicoverpa armigera*. PLoS ONE, 9: e99948.

Poelchau MF, Huang X, Goff A, Reynolds J, Armbruster P. 2014. An experimental and bioinformatics protocol for RNA – seq analyses of photoperiodic diapause in the Asian tiger mosquito, *Aedes albopictus*. J Vis Exp: e51961.

Poelchau MF, Reynolds JA, Elsik CG, Denlinger DL, Armbruster PA. 2013. RNA – Seq reveals early distinctions and late convergence of gene expression between diapause and quiescence in the Asian tiger mosquito, *Aedes albopictus*. J Exp Biol, 216: 4082 – 4090.

Tauber MJ, Tauber CA, Masaki S. 1986. Seasonal adaptions of insect. Oxford University Press, New York and Oxford.

Xu W, Lu Y, Denlinger D. 2012. Cross – talk between the fat body and brain regulates insect developmental arrest. Proc Natl Acad Sci USA, 109 : 14687 – 14692.

社会性昆虫的社会免疫[*]
Social Immunity of the Social Insects

王 磊 曾 玲 陆永跃[**]

（华南农业大学红火蚁研究中心，广州 510642）

免疫反应是生物在面对寄生物和病原物侵扰时，经过长期进化，演化出来的的保护机制。例如，当被病原菌感染后，昆虫体内会发生吞噬、包囊、凝集等作用，从而降低病原物的侵染率（Rolff and Reynolds，2009）。防御机制可根据寄生物的位置分为体内防御和体外防御。昆虫的免疫反应还可以按照受益者分为个体免疫和社会免疫。免疫反应的受益者主要是受到病原菌侵染的个体，这种免疫反应称为个体免疫。在个体水平上的体外防御包括自我清洁、避免接触寄生物和腺体分泌的抗菌物质等。同时，研究发现免疫反应系统不仅对发生免疫反应的个体有益，还可以让其他个体受益，称之为社会免疫（Cotter and Kilner，2010）。例如，家蝇雌虫在卵的表面涂上一层细菌以抑制真菌生长，从而保证卵的正常发育（Lam et al.，2009）。

集体生活为社会性昆虫个体提供大量益处，如高效率的觅食、照看幼体和防卫等（Wilson，1975）。这也被认为是蚂蚁在自然界中如此成功的原因之一（Hölldobler and Wilson，1990）。集体生活也存在一些缺点，如共居一巢、频繁接触等提高了疾病传播和个体患病的风险，交哺、相互清洁、建巢、照看幼虫等社会行为更有利于病原物的传播（Schmid-Hempel，1998；Lawniczak et al.，2007）。蚁巢内稳定的环境有利于蚁群的生存和发展，同时也可能有利于病原物的生长（Hölldobler and Wilson，1990），而且高度相似的基因也会导致同一社会性昆虫群体中不同个体易于感染同一种病原（Tarpy，2003）。因此，为应对这一不利因素，社会性昆虫进化出了高效的病原物抵御机制（Schlüns and Crozier，2009）。

与非社会性昆虫一样，社会性昆虫个体体内防御同样也包括体液免疫（哌啶碱和溶菌酵素）和细胞免疫（吞噬和包囊作用）（Rolff and Reynolds，2009），而在群体水平上的免疫被称为"社会性免疫"（social immunity）（Cremer et al.，2007；Cotter and Kilner，2010）。这种免疫形式在社会性昆虫中是普遍存在的。病原物入侵社会性昆虫过程分为5个阶段：从环境中获得病原物，将病原物带入巢，病原物在巢定殖，病原物在巢内传播和将病原物向其他群体扩散；作为社会性免疫中重要组成部分，抗菌物质被应用于病原物入侵过程中的定殖、传播和扩散三个阶段中（Cremer et al.，2007）。这些抗菌物质可以来自于环境（Christe et al.，2003；Lenoir et al.，1999）、腺体（Baracchi et al.，2012；Ortius-Lechner et al.，2000；Hölldobler and Engel-Siegel，1984；Brown，1968）和体液

---

* 基金项目：国家重点基础研究发展计划项目（2009CB119206）

** 通讯作者：E-mail：luyongyue@scau.edu.cn

（Rosengaus，1998）。

社会免疫同样可以分为体内和体外免疫。以体外社会性免疫为例，蜜蜂可以通过提高蜂巢内的温度来杀死巢内对温度敏感的病原细菌（Starks *et al.*，2000）。而以体内社会性免疫为例，熊蜂 *Bombus terrestris* 通过向生殖后代里转移免疫成分来提高后代的免疫反应（Moret and Schmid – Hempel，2001）。社会性免疫可以是预防性的。例如，蚂蚁将树脂搬入蚁巢内以抑制病原物的生长（Christe *et al.*，2003）。社会性免疫也可以是根据需要进行的，例如上述的蜜蜂的例子（Starks *et al.*，2000）。

社会性昆虫进化出高度复杂的社会免疫系统，且其社会免疫行为甚至与人类社会的相媲美（Fernandez – Marin *et al.*，2009）。社会性免疫的主要特征就是高度的合作，个体表现出利他行为。研究显示，昆虫的社会性的进化程度与个体的抗菌物质使用强度正相关（Stow *et al.*，2007）。社会免疫为我们研究社会性昆虫进化提供了新的道路。我们可以评估不同社会型的群体里的个体如何平衡社会免疫和个体免疫，研究社会性昆虫的社会性免疫或许可以帮助我们找到社会性动物新的衍生特征，而这些特质是我们对另外一种社会性动物——人类的研究中没有发现的（Babayan and Schneider，2012）。

参考文献

Babayan SA, Schneider DS. 2012. Immunity in society：diverse solutions to common problems. PLoS Biol, 10：2237 – 2246.

Baracchi D, Mazza G, Turillazzi S. 2012. From individual to collective immunity：The role of the venom as anti-microbial agent in the Stenogastrinae wasp societies. J Insect Physiol, 58：188 – 193.

Beattie A. 2007. Antimicrobial defenses increase with sociality in bees. Biol Let, 3：422 – 424.

Brown Jr. WL. 1968. An hypothesis concerning the function of the metapleural glands in ants. Am Nat, 102：188 – 191.

Christe P, Oppliger A, Bancala F, Castella G, Chapuisat M. 2003. Evidence for collective medication in ants. Ecol Let, 6：19 – 22.

Cotter SC, Kilner RM. 2010. Personal immunity versus social immunity. Behav Ecol, 21：663 – 668.

Cremer S, Armitage SAO, Schmid – Hempel P. 2007. Social immunity. Cur Biol, 17：693 – 702.

Fernandez – Marin H, Zimmerman JK, Nash DR, Boomsma JJ, Wcislo WT. 2009. Reduced biological control and enhanced chemical pest management in the evolution of fungus farming in ants. Proc Royal Soc B：Biol Sci, 276：2263 – 2269.

Hölldobler B, Engel – Siegel H. 1984. On the metapleural gland of ants. Psyche, 91：201 – 224.

Hölldobler B, Wilson EO. 1990. The ants. Cambridge, MA：Belknap Press.

Lam K, Thu K, Tsang M, Moore M, Gries G. 2009. Bacteria on housefly eggs, Musca domestica, suppress fungal growth in chicken manure through nutrient depletion or antifungal metabolites. Naturwissenschaften, 96：1127 – 1132.

Lawniczak MKN, Barnes AI, Linklater JR, Boone JM, Wigby S, Chapman T. 2007. Mating and immunity in invertebrates. Trend Ecol Evol, 22：48 – 55.

Lenoir L, Bengtsson J, Persson T. 1999. Effects of coniferous resin on fungal biomass and mineralisation processes in wood ant nest materials. Biol Fert Soils, 30：251 – 257.

Moret Y, Schmid – Hempel P. 2001. Entomology：Immune defence in bumble – bee offspring. Nature, 414：506 – 506.

Ortius – Lechner D, Maile R, Morgan ED, Boomsma JJ. 2000. Metapleural gland secretion of the leaf – cutter ant *Acromyrmex octospinosus*: New compounds and their functional significance. J Chem Ecol, 26: 1667 – 1683.

Rolff J, Reynolds SE. 2009. Insect infection and immunity: evolution, ecology, and mechanisms. Oxford, UK: Oxford University Press.

Rosengaus RB, Maxmen AB, Coates LE, Traniello JFA. 1998. Disease resistance: A benefit of sociality in the dampwood termite *Zootermopsis angusticollis* (Isoptera: Termopsidae). Behav Ecol Sociobiol, 44: 125 – 134.

Schlüns H, Crozier RH. 2009. Molecular and chemical immune defenses in ants (Hymenoptera: Formicidae). Myrmecol News, 12: 237 – 249.

Schmid – Hempel P. 1998. Parasites in social insects. Princeton, NJ: Princeton University Press.

Starks PT, Blackie CA, Seeley TD. 2000. Fever in honeybee colonies. Naturwissenschaften, 87: 229 – 231.

Stow A, Briscoe D, Gillings M, Holley M, Smith S, Leys R, Silberbauer T, Turnbull C, Beattie A. 2007. Anti-microbial defences increase with sociality in bees. Biol Let, 3: 422 – 424.

Tarpy DR. 2003. Genetic diversity within honey bee colonies prevents severe infections and promotes colony growth. Proc Royal Soc B: Biol Sci, 270: 99 – 103.

Wilson EO. 1975. Sociobiology. Cambridge, MA: Belknap Press.

外来入侵植物化感作用的验证方法
Testing Methods for Allelopathie Potential of Alien Invasive Plants

杨国庆[*]

（扬州大学园艺与植物保护学院，扬州　225009）

　　化感作用是指植物（或微生物）通过释放次生化学物质对自身或其他植物（或微生物）产生的有利（或不利）的效应。近年来，一些研究指出，不利的化感作用是推动外来入侵植物"排挤"本地植物而迅速扩张的主要原因之一。一般来说，外来入侵植物的化感作用验证主要从两个方面开展，即它对本地伴生植物不利的化感作用是否存在？以及入侵后它的化感作用是否增强？现分别简介外来入侵植物化感作用的验证方法。

1　对入侵地伴生植物有无化感作用

　　外来植物对入侵地伴生植物化感作用的证实，主要通过验证它是否对伴生植物不利的抑制效应。这些研究主要从室内化感作用的模拟生测和野外试验两个方面开展，在室内生测中主要采用水提液法，以本地的伴生植物为受体对象，初步评估、推测入侵野外淋溶物的化感潜力，这为野外试验的开展提供了一定的理论依据。但室内试验容易有上述总结存在的方法上的问题，因此需要特别注意水提液制备的方法，受体植物对象的选择，以及必须结合野外观察和小区试验的结果。野外试验则能为某种入侵植物的化感作用存在与否提供直接的证据。如马缨丹，地表土壤混有马缨丹新鲜或焚烧后的植株都对本地植物幼苗生长具有抑制作用，类似的还有艾蒿和紫茎泽兰等，而用活性炭处理根际土壤后，这种抑制效应明显降低，这基本说明两种外来植物对本地植物存在化感作用。

　　上述方法能基本证实外来植物在入侵地对伴生植物的化感抑制作用，但不能说明化感作用是促进其入侵扩张的主要因素。因为如果某个入侵植物在"老家"对"邻居"植物也存在这种化感作用，就不能说明化感作用是推动它在入侵地形成优势种群的主要原因。

2　入侵后化感作用是否增强

　　明确了外来入侵植物对本地植物是否存在化感抑制作用，我们还要知道这种化感作用是否比它在"老家"对"邻居"植物的化感作用增强了？这方面的证实，国内外主要采用与近缘植物化感作用比较和与源发地同种植物化感作用比较两种方法。

2.1　与本地近缘植物化感作用比较

　　这一方法是指在入侵地，选择和入侵植物近缘的本地植物，即它在本地的"近亲"，比较它们对本地植物的化感作用大小。如果入侵植物比本地"近亲"对伴生植物具有更大

---

　　* 通讯作者：gqyang@ yzu. edu. cn

的化感抑制作用，那么化感作用就是推动该入侵植物扩张的主要因素。如马缨丹和印度本地的近缘植物（*L. indica*），前者较后者具有对本地植物具有显著的化感抑制作用，进一步的分析发现马缨丹根际土壤中的酚酸含量明显比本地近缘植物高。

近缘植物比较法一方面证实了入侵植物存在对本地植物的化感作用，另一方面初步说明化感在入侵植物扩张中具有一定的作用，但这一结论需要比较更多的本地近缘植物。此外，这种化感作用差异存在的原因是什么呢？可能存在 3 个原因：①本地植物对外来植物的化感物质更加敏感，易受到负面影响；②入侵植物产生的化感物质的量比本地近缘植物大；③入侵植物产生的化感物质在本地降解比较慢。对于①和③，可能是由于外来植物与本地植物之间的非协同进化关系所致。而对于②，可能是异地不同种植物之间的生物生态学特性差异，但如果是外来植物从源发地到入侵地出现化感物质种类或分泌量的变化，则这就涉及了该外来植物入侵后产生的适应性进化方面的问题。如果比较入侵植物在源发地和入侵地的化感作用，将能很好证实化感作用在其入侵扩张中的贡献。

2.2　与源发地同种植物化感作用比较

针对上述与入侵地近缘植物化感作用比较的问题，近年来一些研究将外来入侵植物的化感作用与其源发地同种植物相比较，我们可以理解为"照历史的镜子"，即在入侵地和源发地，以两地的伴生近缘植物为受体对象，比较外来植物在两地的化感作用。近年来，很多研究采用此法揭示入侵植物成功入侵的机制。这方面的例子以北美入侵植物矢车菊最为典型，还如北美另一个入侵植物葱芥，通过生物地理比较法的研究发现这些植物在北美对伴生植物的化感抑制作用要明显强于对其源发地欧洲的伴生植物。这种方法基本解答了入侵植物化感作用的两个基本问题，即在入侵地化感作用是否存在，及化感作用是否是促进外来植物入侵扩张的主要因素。但是，此方法主要以同质种植园试验（将不同地区的植物移植到同一地点进行试验）为基础，这时有可能因为不同地区的环境因子差异导致供体或受体植物生长发育受影响，而给化感作用检测的结果带来误差。此外，该方法还需要更多的伴生植物为受体对象进行对比检验研究，因为在入侵植物实际的入侵地，是有多种伴生植物与之共存的。因此，生物地理法还需要结合传统的化感研究方法，综合比较评估入侵植物的化感作用机制。

参考文献（略）

以神经肽信号传递系统为靶标创制新型昆虫控制剂
Targeting Neuropeptide Signaling Systems for the Development of Novel Insect Control Agents

蒋红波*

（西南大学，重庆 400715）

昆虫的神经肽是一类由昆虫神经系统分泌的微量高效能小分子蛋白质（多肽），是多细胞生物体内重要的信使。它们通常由神经分泌细胞合成、贮存和分泌，大致可分为两类：一类沿轴突传递而在某些特化区域释放，承担着神经递质的作用；另一类则是进入血液通过体液循环输送到较远的效应细胞，承担着神经激素的功能（Bendena 2010）。昆虫神经肽控制和调节着昆虫某些器官（或腺体）的活动或昆虫许多重要而关键的生理过程，如生长、发育、行为、蜕皮、变态、代谢、生殖、遗传等。例如，促前胸腺激素（PTTH）可以刺激昆虫前胸腺分泌蜕皮激素调控昆虫蜕皮，羽化激素（eclosion hormone，EH）可刺激幼虫、蛹和成虫蜕皮，滞育激素（diapause hormone，DH）通过其受体调控多种昆虫的滞育行为，性信息素合成激活肽（pheromonebio synthe sis activating neuropeptide，PBAN）控制鳞翅目昆虫性外激素的生物合成从而调控它们的交配行为，利尿激素（diuretic hormone，DH）和抗利尿激素（anti－diuretic hormone，ADH）共同负责调控昆虫体内的水平衡、废物排泄和离子平衡，在不断变换的条件下维持体内环境的稳定。由于昆虫神经肽的重要作用，因此，以昆虫神经肽信号传递系统作为潜在靶标创制害虫特异的、新型控制剂来达到控制害虫的新思路、新方法越来越引起人们的注意（Van Hiel et al.，2010）。尤其是神经肽分子的理化性质决定它们对人、畜和环境均更加安全，具有良好的环境友好性。此外，包含在神经肽分子中的结构信息，使得我们可以对有活性的神经肽进行合成、加工、修饰，使之可以作用于靶组织（Nachman et al.，2009a；Nachman et al.，2009b）。通过阻断或扰乱昆虫神经肽的合成、贮存、释放以及与靶细胞的膜受体结合等过程，使得昆虫神经系统功能紊乱、内分泌系统失衡，体内激素水平严重失调，导致其生理机能障碍以至中断正常的昆虫活动，从而达到控制害虫的目的。

近年来，多个研究表明这一新理论和方法具有实践操作性。经过化学改造的昆虫 Kinin 类似物混入人工饲料后对豌豆蚜有拒食活性并导致其较高的死亡率（Smagghe et al.，2010）。采用类似方法合成的昆虫 Tachykinin 类似物也对豌豆蚜具有较高的胃毒活性（Nachman et al.，2011）。人工合成的棉铃虫滞育激素拮抗剂或激发剂均能有效地打破棉铃虫蛹期滞育而扰乱其正常的生命活动（Zhang et al.，2011）。Sulfakinin 类似物能够有效减少赤拟谷盗食物摄入量，而其拮抗剂能够增加赤拟谷盗对食物的消耗（Yu et al.，2013）。目前，有研究人员在哺乳动物细胞中异源表达昆虫重要神经肽受体（G蛋白偶联

---

* 通讯作者：E－mail：jhb8342@swu.edu.cn

受体），并通过功能测定探索建立其离体激活剂、拮抗剂筛选平台，目前也取得了较好的进展（Jiang *et al*.，2014a；Jiang *et al*.，2014b）。此外，随着相关研究的深入，越来越多对昆虫具有重要作用的神经肽信号传递系统也被发掘。例如，Natalisin 信号传递系统就是一个全新的神经肽信号传递系统，它与 Tachykinin 高度相似却又明显不同，该神经肽及受体是由蒋红波等于 2013 年首次从昆虫中发现并鉴定的。根据 Natalisin 和 Tachykinin 的相似性，研究人员推断其受体也具有较高相似性，据此他们成功鉴定了 Natalisin 受体；进一步通过 RNAi 等技术明确了 Natalisin 信号传递系统调控着昆虫的交配行为和生殖力（Jiang *et al*.，2013）。因此，Natalisin 受体具有极大的杀虫剂靶标潜力。

相信随着昆虫神经肽功能研究的不断深入以及神经肽受体拮抗剂、激活剂离体筛选体系的不断完善，未来我们可以有效利用昆虫神经肽信号传递系统开发高度特异的害虫控制方法，相关研究为新型农药创制开辟了一个很有前途的领域，如下图所示。

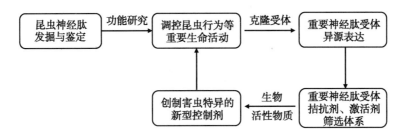

图　以昆虫神经肽信号传递系统为靶标创制新型害虫
控制剂的研究思路

参考文献

Bendena WG. 2010. Neuropeptide physiology in insects. Adv Exp Med Biol, 692：166 – 91.

Jiang H，Lkhagva A，Daubnerová I，Chae HS，Šimo L，Jung SH，Yoon YK，Lee NR，Seong JY，Žitňan D，Park Y，Kim YJ. 2013. Natalisin, a tachykinin – like signaling system, regulates sexual activity and fecundity in insects. Proc Natl Acad Sci USA，110：E3526 – E3534.

Jiang H，Wei Z，Nachman RJ，Kaczmarek K，Zabrocki J，Park，Y. 2014a. Functional characterization of five different PRXamide receptors ofthe red flour beetle *Tribolium castaneum* with peptidomimetics and identification of agonists and antagonists. Peptides，doi：10. 1016/ j. peptides. 2014. 11. 004

Jiang H，Wei Z，Nachman RJ，Park，Y. 2014b. Molecular cloning and functional characterization of the diapause hormone receptor in the corn earworm *Helicoverpa zea*. Peptides，53：243 – 249.

Nachman RJ，Ben Aziz O，Davidovitch M，Zubrzak P，Isaac RE，Strey A，Reyes – Rangel G，Juaristi E，Williams HJ，Altstein M. 2009a. Biostable beta – amino acid PK/PBAN analogs：Agonist and antagonist properties. Peptides，30：608 – 615.

Nachman RJ，Mahdian K，Nassel DR，Isaac RE，Pryor N，Smagghe，G. 2011. Biostable multi – Aib analogs of tachykinin – related peptides demonstrate potent oral aphicidal activity in the pea aphid *Acyrthosiphon pisum* （Hemiptera：Aphidae）. Peptides，32：587 – 594.

Nachman RJ，Teal PEA，Aziz OB，Davidovitch M，Zubrzak P，Altstein M. 2009b. An amphiphilic, PK/PBAN analog is a selective pheromonotropic antagonist that penetrates the cuticle of a heliothine insect. Peptides，30：616 – 621.

Smagghe G, Mahdian K, Zubrzak P, Nachman, RJ. 2010. Antifeedant activity and high mortality in the pea a-phid *Acyrthosiphon pisum* (Hemiptera: Aphidae) induced by biostable insect kinin analogs. Peptides, 31: 498 – 505.

Van Hiel M, Van Loy T, Poels J, Vandersmissen H, Verlinden H, Badisco L, Vanden Broeck J. 2010. Neu-ropeptide Receptors as Possible Targets for Development of Insect Pest Control Agents. In: Neuropeptide Sys-tems as Targets for Parasite and Pest Control (Geary, T and Maule, A, eds.) . Vol. 692, pp. 211 – 226. Springer US.

Yu N, Benzi V, Zotti MJ, Staljanssens D, Kaczmarek K, Zabrocki J, Nachman RJ, Smagghe G. 2013. Analogs of sulfakinin – related peptides demonstrate reduction in food intake in the red flour beetle, *Tribolium castane-um*, while putative antagonists increase consumption. Peptides, 41: 107 – 112.

Zhang Q, Nachman RJ, Kaczmarek K, Zabrocki J, Denlinger, DL. 2011. Disruption of insect diapause using ag-onists and an antagonist of diapause hormone. Proc Natl Acad Sci USA, 108: 16922 – 16926.

植物—害虫—天敌互作机制

Chemical Mediated Tritrophic Interaction among Plant – Herbivore – Natural Enemy：the Role of Transgenic Plants in Different Signaling Pathways

魏佳宁*

（中国科学院动物研究所，农业虫害鼠害综合治理研究国家重点实验室，北京　100101）

　　植物—害虫—天敌三营养级之间互作关系是当今化学生态学和进化生态学领域的研究前沿课题，也是寻找可持续控制害虫途径的重要基础。近些年的国际发展态势：综合运用分子生物学、基因组学、化学生态学、转基因植物、感觉生理学、神经生物学等多学科的研究技术与方法，研究信息化合物介导的3个营养级间相互作用的分子机制和演化特征，以明确在其中起关键作用的挥发性信息化合物，揭示植物在调节自身直接防御和间接防御的机制，阐明昆虫多通道信号识别的行为、神经和分子机制，揭示全球气候变化下3个营养级间互作关系的新规律，发展通过行为、生态和遗传调控害虫的新理念、新方法和新技术。本文将主要综述转基因植物在研究植物—害虫—天敌三营养级互作中的进展。

　　植物是害虫和天敌互作的介质和信息流产生的中心和重要环节，在调控三营养级互作中起到了核心的作用。随着植物各种组学的长足发展，以模式植物拟南芥、烟草、水稻和番茄为材料，以植物的茉莉酸（JA）、水杨酸（SA）和乙烯（SA）等代谢通路的关键基因为操作靶点，构建了大量的转基因植物和突变体材料。通过测定害虫及天敌在这些材料及它们野生型上的表现，可以了解单基因或通路控制的信息化合物在三营养级互作中的生态学功能。如通过对茉莉酸（JA）代谢通路中关键酶（如茉莉酸路径的 LOX、AOS、HPL等基因）的基因沉默和过量表达，以及在实验室和田间昆虫和天敌在转基因植物及野生型上的对比调查研究（昆虫的选择性及在不同植物上的寄生率或捕食率等作为指标），进一步证明该信号分子，在植物—害虫—天敌三营养级之间互作用的直接防御（产生有毒次生代谢物抑制植食性昆虫的策略）和间接防御（释放信息化合物招引天敌间接防御害虫的策略）中起到了核心调控作用（Thaler *et al.*，2002；Beale *et al.*，2006；Halitschke *et al.*，2008；Kessler *et al.*，2008；Wei *et al.*，2011，2013；Xiao *et al.*，2012；Yan *et al.*，2013）。最近对不同取食类型害虫同时为害植物诱导间接防御机制的研究显示，烟粉虱和二点叶螨同时为害，能够明显上调水杨酸途径上相关基因（PR – 1）的表达，同时抑制了茉莉酸途径相关基因（*Lox*2 等）的表达进而影响植物对捕食性天敌的吸引性（Zhang *et al.*，2009）。尽管烟粉虱为害诱导的水杨酸表达降低了植物对其的抗性，但它同时也诱导了 TPS10 基因相关的植物挥发物 b – myrcene 的上调，该挥发物可以显著吸寄生蜂提高植物的间接防御能力（Zhang *et al.*，2013）。另外，人们已经在拟南芥、烟草、水稻和玉米

* 通讯作者：E – mail：weijn@ ioz. ac. cn

等植物中成功地将植物挥发物 DMNT、linalool、（E）- α - bergamotene 和 β - caryo-phyllene 的转录酶基因过表达，并得到了挥发物释放量明显增加的转基因植物，它们也对天敌有更强的吸引作用（Kappers *et al.*，2005；Schnee *et al.*，2006；Degenhardt *et al.*，2009；Xiao *et al.*，2012）。

可见，利用转基因植物研究三营养级互作关系已经受到人们广泛的关注，并且取得了长足的进展。随着植物基因组和基因编辑技术的飞速发展，相信未来会有更多的植物及相关的害虫和天敌系统被广泛研究，取得的成果也会在更真实的农业生态系统中得到检证，为害虫的持续控制提供科学依据和创新技术。

参考文献

Beale MH, Birkett MA, Bruce TJ, Chamberlain, K, Field, LM, Huttly, AK *et al.* 2006. Aphid alarm phero-mone produced by transgenic plants affects aphid and parasitoid behavior. Proc Natl Acad Sci USA, 103, 10509 – 10513.

Degenhardt J, Hiltpold I, Köllner TG, *et al.* 2009. Restoring a maize root signal that attracts insect – killing nem-atodes to control a major pest. Proc Natl Acad Sci USA, 106：13213 – 13218.

Kappers IF, Aharoni A, van Herpen TWJM, Lückerhoff LLP, Dicke M, Bouwmeester HJ. 2005. Genetic engi-neering of terpenoid metabolism attracts bodyguards to Arabidopsis. Science，309：2070 – 2072.

Kessler D, Gase K, Baldwin IT. 2008. Field experiments with transformed plants reveal the sense of floral scents. Science, 321：1200 – 1202.

Halitschke R, Stenberg JA, Kessler D, Kessler A, Baldwin IT. 2008. Shared signals – alarm callsfrom plants in-crease apparency to herbivores and their enemies in nature. Ecol Lett, 11：24 – 34.

Schnee C, Köllner TG, Held M, *et al.*，2006. The products of a single maize sesquiterpene synthase form a vola-tile defense signal that attracts natural enemies of maize herbivores. Proc Natl Acad Sci USA, 103：1129 – 1134

Thaler JS, Farag MA, Paré PW, Dicke M. 2002. Jasmonate – deficient plants have reduced direct and indirect de-fences against herbivores. Ecol Lett, 5：764 – 774.

Wei JN, Wang LH, Zhao JH, Li CY, Ge F, Kang L. 2011. Ecological trade – offs between jasmonic acid – de-pendent direct and indirect plant defences in tritrophic interactions. New Phytol, 189：557 – 567.

Wei JN, Yang LH, Ren Q, Li CY, Ge F, Kang L. 2013. Antagonism between herbivore – induced plant volatile-sand trichomes affects tritrophic interactions. Plant Cell & Environ, 36：315 – 327.

Xiao Y, Wang Q, Erb M, Turlings TC, Ge L, Hu L, Li J, Han X, Zhang T, Lu J, *et al.* 2012. Specific herbi-vore – induced volatiles defend plants and determine insect community composition in the field. Ecol Lett, 15：1130 – 1139.

Yan L, Zhai Q, Wei JN, Li S, Wang B, Huang T, Du M, Sun J, Kang L, Li CB, Li C. 2013. Role of Tomato *Lipoxygenase D* in wound – Induced jasmonate biosynthesis and plant immunity to insect herbivores. PLoS Gen-et, 9：e1003964.

Zhang PJ, Zhen SJ, vanLoon JJA, *et al.* 2009. Whiteflies interfere with indirect plant defense against spider mites in Lima bean. Proc Natl Acad Sci USA, 106：21202 – 21207.

Zhang PJ, Xu CX, Zhang JM, Lu YB, Wei JN, Liu YQ, David A, Boland W, Turlings TCJ. 2013. Phloem – feeding whiteflies can fool their host plants, but not their parasitoids. Func Ecol, 27：1304 – 1312.

中国昆虫雷达的发展概况与展望
Development of Entomological Radar in China and Related Proposals

张　智[1,2]　张云慧[1]*　姜玉英[3]　程登发[1]

(1. 中国农业科学院植物保护研究所，植物病虫害生物学国家重点实验室，北京　100193；
2. 北京市植物保护站，北京　100029；3. 全国农业技术推广服务中心，北京　100026)

雷达（radar）为无线电探测和测距（radio detection and ranging）的缩写，是指利用电磁波进行空中目标探测的一个系统。根据工作方式，雷达可分为扫描雷达、垂直监测雷达和谐波雷达；按照波长可以分为毫米波和厘米波雷达；根据调制方式可以分为脉冲雷达和调频连续波雷达等。雷达可探测的目标不仅有金属物品，还包括雨滴、雪花、鸟类和昆虫等。在人类与迁飞害虫的长期斗争中，雷达的出现，为定量开展昆虫迁飞研究提供了一种卓越的、无可替代且强有力的工具，它可以远距离、大范围且快速地对迁飞昆虫进行监测，并获得迁飞时间、高度、速度、方向和数量等重要参数。1968 年，英国建造了世界上首台真正意义上的昆虫雷达，成功监测蝗群以后，昆虫雷达在迁飞害虫监测中的优势逐步得以凸现。经过几十年的发展，雷达昆虫学（radar entomology）已经成为一门新的学科分支。

1　中国昆虫雷达发展概况

首台昆虫雷达诞生以后，各国昆虫学家也纷纷建立了各自的昆虫雷达。我国第一台昆虫雷达建立于 1984 年。截至目前，已累计建造昆虫雷达 11 台，其中，厘米波扫描昆虫雷达 3 台，毫米波扫描昆虫雷达 2 台，厘米波垂直监测昆虫雷达 4 台，多普勒垂直监测雷达 1 台，谐波昆虫雷达 1 台（表）。从事雷达昆虫学研究的团队有中国农业科学院植物保护研究所、南京农业大学、吉林省农业科学院植物保护所、河南省农业科学院植物保护所、北京市农林科学院植保环保研究所、长江大学等单位。

北方地区是重大迁飞性害虫的迁入地，草地螟（*Loxostege sticticalis* Linne）、黏虫（*Mythimna separata* Walker）、棉铃虫（*Helicoverpa armigera* Hubner）等多次暴发成灾。面对重大迁飞性害虫监测预警的迫切需求，北方多家研究单位都非常重视雷达监测技术的研发与应用。1984 年，吉林省农业科学院植物保护所陈瑞鹿先生与无锡海星雷达厂合作，组装了中国第一台厘米波扫描昆虫雷达，在山西应县观测草地螟迁飞，揭开了中国雷达昆虫学研究的序幕。此后，该台雷达在多地对草地螟和黏虫等重大迁飞性害虫开展了监测，初步明确了几种害虫的空中迁飞行为参数。1998 年，中国农业科学院植物保护研究所与无锡海星雷达厂合作，组建了我国第二台厘米波扫描昆虫雷达。该台雷达先后被安放在河

＊ 通讯作者：E－mail：yhzhang@ippcaas.cn

北廊坊、山东长岛等地对北方重大害虫开展长期监测，获得了草地螟、棉铃虫、甜菜夜蛾 (*Spodoptera exigua* Hubner) 等害虫的迁飞规律。面对扫描昆虫雷达在信息处理技术方面的难题，2001 年，中国农业科学院植物保护研究所程登发研究员，创新利用 "三色图" 计算出监测目标的飞行方向和速度，并开发了扫描昆虫雷达数据的实时采集和分析系统，实现了扫描昆虫雷达回波的自动化采集与分析。自 2003 年起，该台雷达被安放在渤海湾的北隍城岛，开始对昆虫跨海迁飞开展长期监测。中国农业科学院植物保护研究所的研究团队除在扫描昆虫雷达信息采集及害虫迁飞规律取得重大突破以外，自 2004 年以来，程登发研究员引入国外垂直监测昆虫雷达的设计理念，与成都锦江电子系统工程有限公司合作，开始建造垂直监测昆虫雷达并开展野外监测。目前，中国农业科学院植物保护研究所、河南省农业科学院植物保护研究所、北京市农林科学院植保环保研究所等多家单位累计建成 4 台垂直监测昆虫雷达，在四川、内蒙古、山东、北京、吉林、河南等地开展迁飞害虫监测。2008 年草地螟大暴发和 2012 年黏虫大暴发时，该团队及时为农业部提供了非常重要且准确的害虫监测预警信息，奠定了草地螟和黏虫的综合防控基础，保证了 "虫口夺粮" 战役的胜利。

长江以南，水稻 "两迁" 害虫给水稻安全生产构成了严重威胁。20 世纪 80 年代，程遐年、张孝羲等老一辈迁飞昆虫研究专家与英国洛桑实验站开展国际合作，开展了稻飞虱的秋季迁飞监测，首次获得了我国稻飞虱迁飞时的雷达图像，明确了稻飞虱迁飞时的行为特征。为了获得害虫在低空中的飞行参数，扩大雷达的监测范围，增强雷达的监测能力，2006 年，南京农业大学与南京信息工程大学合作，研制了世界上第一台双基多普勒垂直监测昆虫雷达。该台雷达在南京农业大学江浦试验农场的测试结果表明，双基多普勒垂直监测昆虫雷达可监测目标的高度最低约 50m，部分压缩了其他类型昆虫雷达在近地（150m 以下）的盲区。但是，由于该雷达的软件系统可解算的参数还非常有限，在应用过程中尚待进一步完善，以便对雷达数据深入挖掘，提取更多的迁飞参数。

在华南和西南地区，2006 年，中国农业科学院植物保护研究所与成都锦江电子系统工程有限公司合作研制了我国第一台毫米波扫描昆虫雷达，安放在广西壮族自治区兴安县，开展稻飞虱等小型害虫的迁飞规律研究。目前，已经获得稻飞虱、稻纵卷叶螟 (*Cnaphalocrocis medinalis* Guenee) 等迁飞害虫的空中种群参数。2014 年，中国农业科学院植物保护研究所再次与成都锦江电子系统工程有限公司合作，又新建一台毫米波扫描昆虫雷达，安置于四川农业大学实验基地进行测试研究。

表　中国昆虫雷达建设情况

年代	建设单位及部分研究成果	现状
1984	吉林省农业科学院植物保护研究所陈瑞鹿先生与无锡海星雷达厂合作，组装了中国第 1 台扫描雷达，在山西应县观测草地螟迁飞，揭开了中国雷达昆虫学研究的序幕	已停止工作
1998	中国农业科学院植物保护研究与无锡海星雷达厂合作，组建我国第 2 台扫描雷达，先后在河北廊坊、山东长岛等地对北方重大害虫的迁飞行为开展研究。2001 年，中国农业科学院植物保护研究成功开发了扫描昆虫雷达数据的实时采集、分析系统，实现了扫描昆虫雷达回波的自动化采集与分析	累计服役 16 年，目前，安放在渤海湾的北隍城岛（山东省长岛县），对重大害虫的越海迁飞行为开展研究

（续表）

年代	建设单位及部分研究成果	现状
2004	中国农业科学院植物保护研究组建第一台垂直监测雷达，先后在四川、内蒙古、吉林、北京、广西等地开展迁飞昆虫的自动监测	广西兴安县，与毫米波雷达协同监测
2006	南京农业大学与南京信息大学合作建立世界上第一台双基多普勒垂直监测昆虫雷达	安放南京信息工程大学院内，探索开发相关程序
2006	中国农业科学院植物保护研究组建国内第一台毫米波扫描雷达，安放在广西兴安，开展水稻"两迁"害虫的迁飞行为研究	广西兴安县
2008	北京市农林科学院建立一台垂直昆虫监测雷达，对小菜蛾、黏虫和草地螟等开展监测	安放于北京延庆
2010	中国农业科学院植物保护研究、河南省农业科学院植物保护研究所分别与成都锦江电子系统工程有限公司合作，建立了二台天线旋转速度为300rpm的垂直监测昆虫雷达，分别安放在山东长岛和河南农科院新乡基地开展测试	分别在山东长岛和河南郑州进行运转测试
2012	长江大学桂连友教授引入了谐波雷达技术，对柑橘大食蝇的各种行为开展定量观察	湖北省进行移动侦测
2014	中国农业科学院植物保护研究与成都锦江电子系统工程有限公司合作组建第二台毫米波扫描昆虫雷达，目前安放在四川开展初步测试	四川农业大学测试
2014	吉林省农业科学院植物保护研究所与南京信息工程大学，合作建立一台厘米波的扫描雷达，雷达设计引入自动伺服和数据自动采集分析功能	安放在吉林公主岭测试

近年来，随着各级政府对害虫监测预警工作的重视，一些曾经在昆虫雷达做出过开创性工作的科研院所又逐渐活跃。2014 年，经过多方努力，吉林省农科院植保所的高月波博士与南京信息工程大学合作新建了一台厘米波扫描雷达。该雷达设计时，引入自动伺服和信息自动采集功能，大大简化了扫描昆虫雷达的操作复杂程度，提升了扫描昆虫雷达在害虫监测预警中的实用性。在昆虫个体行为研究方面，2012 年，长江大学桂连友教授引入了谐波雷达技术，针对重大害虫的各种行为开展定量观察，以期为害虫综合防治提供参考依据。除了自主研发昆虫雷达以外，中国农业科学院植物保护研究所张云慧博士还与北京市气象局、北京市植保站等多家单位合作，正在探索利用天气雷达数据大范围分析迁飞害虫的迁飞规律，以期为相关害虫的监测预警提供更加及时准确的虫情信息。

2　中国昆虫雷达发展面临的难题

2.1　多学科专家的合作不够深入

雷达昆虫学是利用雷达研究昆虫迁飞的科学和技术，它在迁飞性昆虫特别是害虫的研究中具有重要意义。国外的成功经验表明，组建一支集昆虫学家、雷达专家、气象专家和计算机工程师为一体的专业团队是推动昆虫雷达不断向前发展的重要保证。在中国，受待遇、体制等诸多方面的限制，雷达昆虫学领域很难吸引雷达、气象和计算机方面的专业人才。相关领域的交叉仅限于一些简单的交流与协作，难以开展深入攻关，例如，雷达制造企业对昆虫缺乏了解，很难根据害虫监测需要来设计与优化昆虫雷达。受此影响，昆虫学家许多设计构想并不能很好地在雷达产品上得以实现。在组建垂直监测昆虫雷达时，正是由于缺少专业团队，所建的垂直监测昆虫雷达并未达到国外第2代标准，导致后期数据解算能力弱，获取的参数比较有限。目前，缺少来自昆虫学、气象学、雷达学和计算机专业组建的专业研究团队是困扰中国昆虫雷达进一步快速发展的最大瓶颈。

2.2　雷达制造和使用技术缺少标准

从目前已经建成运行的昆虫雷达来看，同一类型建设时，还缺少具体统一的建设标准。标准的缺失，导致同一类型的雷达在硬件规格、软件系统、操作规程方面存在较大差异，这些差异会给今后雷达数据共享与雷达网建设带来诸多不便。除上述问题之外，在经费投入方面，决策部门常常关注支持大暴发害虫，一旦进入潜伏期或平缓期，很少再持续投入。类似的决策方式，导致昆虫雷达监测缺少运行维护费用，不利于有关监测预警资料的长期积累和监测预警水平的提升。

2.3　雷达应用技术研究缺乏统一规划

目前，多家昆虫雷达建设单位开展的害虫监测仅限于研究水平，存在监测对象少、监测范围有限、监测时间片段化等不足。我国迁飞性害虫发生地域广阔、发生时间与空间高度复杂，现有的雷达监测由于缺少统一规划，各个雷达未形成有效的监测网络，数据共享程度较低，监测水平远远不能满足我国现代农业发展对迁飞性害虫的预测预报需求。

3　展望

中国地处东亚季风区，多种重大害虫如黏虫、草地螟、稻纵卷叶螟等都具有大区域迁飞性、暴发性和毁灭性的特点。受迁飞性害虫自身特点、复杂农业生态系统及耕作方式的影响，同一种迁飞害虫在特定地区的发生情况常常存在较大差异。迁飞性害虫突发和不均衡发生的特点给相关的预测预报带来很大困难，在防治决策上往往处于被动地位。在害虫迁入和迁出区安置昆虫雷达，可及时准确获大范围的虫情信息，进而估测迁飞害虫在特定季节、特定时间、特定迁飞方向与特定环境下的发生情况，进一步提高预测预报的准确性。随着电子技术的进步和综合国力的提升，预计昆虫雷达在今后迁飞性害虫监测中将发挥越来越大的作用。

当前，中国昆虫雷达发展遭遇的瓶颈，只有政府部门、企业和科研人员共同努力，才能扫除困难，推动监测预警事业的发展与进步。技术方面，建议国家有关部门在充分论证的基础上，一方面要与国外团队合作，大胆引进、消化吸收国外先进的垂直监测雷达建设技术；另一方面，农业主管部门要支持科研单位加强与雷达企业的合作，开展联合创新攻关，提升雷达建设技术。人才队伍方面，可考虑建立一支国家给予运行经费保障、人员相对稳定、专业背景符合雷达昆虫学各领域要求的害虫雷达监测网络管理队伍。队伍直接隶属于农业部测报主管部门，主要针对重大迁飞性害虫专门开展联网监测与管理，一方面为测报部门提供虫情信息，另一方面为科研部门提供宝贵的科研数据。规划方面，急需根据迁飞路径布局雷达监测网，从空中和地面对重大迁飞性害虫开展长期系统监测，明确迁飞害虫的大区域迁飞规律和发生特点，为最终攻克迁飞性害虫的监测预警提供有效的设备保障。经费方面，国家有关决策部门可考虑长期小额持续支持，让真正从事雷达监测研究的队伍不再为运行经费东奔西走。在建设标准方面，通过一定阶段的摸索以后，要及时组织行业专家起草雷达组建标准（软件和硬件），统一设计思路，统一组建技术，统一数据分析处理软件，真正实现数据共享，奠定雷达组网的基础，提升监测预警水平。

参考文献

Chapman JW, Smith A, Woiwod IP, Reynolds DR, Riley JR. 2002. Development of vertical – looking radar technology for monitoring insect migration. Comput Electron Agr, 35 (2 – 3): 95 – 110.

Chapman JW, Drake VA, Reynolds DR, 2011. Recent insights from radar studies of insect flight. An Rev Entomol, 56: 337 – 356.

Chapman JW, Reynolds DR, Smith AD. 2003. Vertical – looking radar: a new tool for monitoring high – altitude insect migration. Bioscience, 53 (5): 503 – 511.

Chen RL, Bao XZ, Drake VA, Farrow RA, Wang SY, Sun YJ, Zhai BP. 1989. Radar observations of the spring migration into northeastern China of the oriental armyworm moth, *Mythimna separata*, and other insects. Ecol Entomol, 14 (2): 149 – 162.

Cheng DF, Wu KM, Tian Z, Wen LP, Shen ZR. 2002. Acquisition and analysis of migration data from the digitised display of a scanning entomological radar. Comput Electron, 35 (2 – 3): 63 – 75.

Drake VA. 2002. Automatically operating radars formonitoring insect pest migrations. Insect Science, 9 (4): 27 – 39.

Drake VA. 1993. Insect – monitoring radar: a new source of information for migration research and operational pest forecasting. Pest Contr Sustain Agr, 452 – 455.

Feng HQ, Wu KM, Cheng DF, Guo YY. 2003. Radar observations of the autumn migration of the beet armyworm *Spodoptera exigua* (Lepidoptera: Noctuidae) and other moths in northern China. Bull Entomol Res, 93 (2): 115 – 124.

Feng HQ, Wu KM, Ni YX, Cheng DF, Guo YY. 2005. High – altitude windborne transport of *Helicoverpa armigera* (Lepidoptera: Noctuidae) in mid – summer in northern China. J Insect Behav, 18 (3): 335 – 349.

Smith AD, Riley JR, 1996. Signal processing in a novel radar system for monitoring insect migration. Comp Electron Agr, 15 (4): 267 – 278.

Zhang YH, Zhang Z, Li C, Jiang YY, Cheng DF. 2013. Seasonal migratory behavior of *Mythimna separata* (Lepidoptera: Noctuidae) in Northeast China. Acta Entomol Sinica, 56 (12): 1418 – 1429.

陈瑞鹿, 暴祥致, 王素云, 等. 1992. 草地螟迁飞活动的雷达观测. 植物保护学报, 19 (2): 171 – 174.

程登发, 封洪强, 吴孔明. 2005. 扫描昆虫雷达与昆虫迁飞监测. 北京: 科学出版社.

程登发, 张云慧, 陈林, 等. 2014. 农作物重大生物灾害监测与预警技术. 重庆: 重庆出版社.

高月波, 陈晓, 陈钟荣, 等. 2008. 稻纵卷叶螟（*Cnaphalocrocis medinalis*）迁飞的多普勒昆虫雷达观测及动态. 生态学报, 28 (11): 5238 – 5246.

封洪强. 2009. 雷达昆虫学 40 年研究的回顾与展望. 河南农业科学, 9: 121 – 126.

姜玉英. 2006. 雷达监测农作物迁飞性害虫研究与应用前景. 中国植保导刊, 26 (4): 17 – 18.

翟保平. 1999. 追踪天使——雷达昆虫学 30 年. 昆虫学报, 42 (3): 315 – 326.

翟保平. 2001. 昆虫雷达: 从研究型到实用型. 遥感学报, 5 (3): 231 – 240.

张智, 张云慧, 石保才, 等. 2012. 垂直监测昆虫雷达的研究进展. 昆虫学报, 55 (7): 849 – 859.

张云慧, 陈林, 程登发, 等. 2008. 草地螟 2007 年越冬代成虫迁飞行为研究与虫源分析. 昆虫学报, 2008, 51 (7): 720 – 727.

张云慧, 程登发. 2013. 突发性暴发性害虫监测预警研究进展. 植物保护, 39 (5): 55 – 61.

寄主植物是寄生杂草菟丝子的第二基因组吗？
Is Host Plant a Secondary Genome for Parasitic Weed Dodder（*Cuscuta* spp.）？

姜临建*

（中国农业大学农学与生物技术学院杂草研究室，北京 100193）

菟丝子是在世界范围内广泛分布的茎寄生杂草。菟丝子叶片及叶绿体高度退化，无根，需要从寄主获取同化产物，水及矿物质才能完成从种子到种子的生活周期。长期与寄主的协同进化赋予了菟丝子超级强的库拉力，使得菟丝子能够攫取寄主叶片绝大部分的光合产物，因此给寄生作物造成巨大损失。大豆、甜菜、油菜、洋葱、番茄、烟草、胡萝卜等一年生作物以及多年生果树及景观树等都有受到菟丝子严重危害的报道。

长期以来，菟丝子与寄主的关系被认为是捕食与猎物的关系；但是最近的研究揭示了菟丝子与寄主之间存在着更为复杂的关系。Westwood 课题组在菟丝子中检测到了很高比例的寄主植物的 mRNA：当以拟南芥为寄主时，在拟南芥所表达的基因中，在菟丝子中能够检测到的比例高达 45%（Kim 等，2014）。同时，寄主中也能够检测到菟丝子基因所表达的 mRNA，进一步深化了 Roney 等（2007）和 David – Schwartz 等（2008）所观察到的菟丝子获取寄主 mRNA 的现象。但是，菟丝子与寄主之间这种遗传物质（mRNA）的大规模交流是否具有生物学意义，目前尚无答案。

不过，目前已有明确证据表明，寄主基因的表达产物能够赋予菟丝子新的生物学性状。寄主产生的小 RNA 能够移动到菟丝子中，并在菟丝子中下调或关闭相关基因的表达，从而降低了菟丝子的生长势，据此，Alakonya 等（2012）提出了利用 RNA 干扰的办法提高对菟丝子的防控效果。此外，寄主基因所表达的功能蛋白也能够移动到菟丝子中并赋予菟丝子新的农艺性状。利用转基因抗除草剂作物为寄主，我们（Jiang 等，2013）证明了降解草铵膦的转基因 PAT 酶能够移动到菟丝子中，使得寄生在转基因抗除草剂作物上的菟丝子具有了抗除草剂特性。据此，我们提出了通过降低 PAT 酶的移动性来提高菟丝子防效的方案。

综上所述，菟丝子和寄主之间存在广泛的基因表达产物（mRNA，小 RNA，蛋白质等）的交流，为各种抗逆性状的转移奠定了物质基础。既然菟丝子可以通过此途径获得寄主特有的抗除草剂性状，我们有理由相信，其他寄主所具有抗逆性状也有可能通过此种方式转移到菟丝子上。因此，从某种意义上讲，寄主植物是菟丝子的第二基因组。

参考文献

Alakonya A, Kumar R, Koenig D, Kimura S, Townsley B, Runo S, Garces HM, Kang J, Yanez A, David –

---

* 通讯作者：E – mail：jianglinjian@ cau. edu. edu. cn

Schwartz R, Machuka J, Sinba N. 2012. Interspecific RNA interference of SHOOT MERISTEMLESS – like disrupts *Cuscuta pentagona* plant parasitism. Plant Cell, 24: 3153 – 3166.

David – Schwartz R, Runo S, Townsley B, Machuka J, Sinha N. 2008. Long – distance transport of mRNA via parenchyma cells and phloem across the host – parasite junction in *Cuscuta*. New Phytol, 179: 1133 – 1141.

Jiang L, Qu F, Li Z, Doohan D. 2013. Inter – species protein trafficking endows dodder (*Cuscuta pentagona*) with a host – specific herbicide – tolerant trait. New Phytol, 198: 1017 – 1022.

Kim G, LeBlanc ML, Wafula EK, dePamphilis CW, Westwood JH. 2014. Genomic – scale exchange of mRNA between a parasitic plant and its hosts. Science, 345: 808 – 811.

Roney JK, Khatibi PA, Westwood JH. 2007. Cross – species translocation of mRNA from host plants into the parasitic plant dodder. Plant Physiol, 143: 1037 – 1043.

杂草对草甘膦抗性机制及抗性治理
Weed Glyphosate – resistance Mechanisms and Management

黄兆峰　陈景超　黄红娟　魏守辉　张朝贤*

（中国农业科学院植物保护研究所，北京　100193）

草甘膦是一种广谱、内吸传导、灭生性除草剂，是全世界使用量最大的除草剂。草甘膦简便高效的除草方式给人类带来了巨大经济效益的同时，也使得抗草甘膦杂草不断产生与发展，截止到 2015 年 1 月，全球共发现 31 种抗草甘膦杂草（Heap，2015）。抗草甘膦杂草的出现与发展严重威胁到草甘膦的使用和农业生产，其抗性机制与防除已经成为全球关注的重要问题。

1　抗性机制

目前，针对杂草抗草甘膦机制的研究可分为靶标抗性和非靶标抗性两方面。

1.1　靶标抗性机制

靶标基因发生改变。草甘膦的靶标 EPSPS 基因关键的核苷酸被取代，导致氨基酸类型改变，从而引起 EPSPS 活性发生变化，最终导致草甘膦的药效降低。到目前为止，抗草甘膦杂草已证明的 EPSPS 有效突变均位于 106 位，如：马来西亚的牛筋草、智利的多花黑麦草在 EPSPS 106 位氨基酸由脯氨酸变为丝氨酸或苏氨酸（Baerson *et al.*，2002；Fidel *et al.*，2012）。部分抗草甘膦杂草也伴随其他位点的突变，如在澳大利亚发现的抗草甘膦瑞士黑麦草 EPSPS 同时存在 2 个突变位点，一是 106 位脯氨酸突变为苏氨酸，二是 301 位脯氨酸突变为丝氨酸（Simarmata *et al.*，2008）。

靶标酶的过量表达。杂草 *EPSPS* mRNA 表达量升高，植株体内产生过量的 EPSPS 酶能缓解草甘膦对其限制，从而对草甘膦产生抗药性。Yuan 等研究发现，抗草甘膦的狗甘草经草甘膦处理后，*EPSPS* 在转录水平上迅速增加，过量的 EPSPS 解除了草甘膦对其限制并提供足够的酶活性来满足代谢的需要，从而增加了对草甘膦的抗药性（Yuan *et al.*，2002）。但是有些抗草甘膦杂草是由于 *EPSPS* 基因在染色体上成倍复增导致的。Gaines 等对抗草甘膦长芒苋（*Amaranthus palmeri*）进行了抗性机理的研究，发现由于 *EPSPS* 基因在多个染色体上成倍扩增，在转录时增加了 *EPSPS* 的表达，从而导致长芒苋对草甘膦的抗药性（Gaines *et al.*，2010）。这一新的抗性机制在《PNAS》杂志刊登后，研究者将目光转移到除草剂靶标基因复增上，在意大利黑麦草（*Lolium perenne* ssp. *multiflorum*）、地肤（*Kochia scoparia*）也发现了 *EPSPS* 基因大量复增导致对草甘膦抗药性（Salas *et al.*，2012；Wiersma *et al.*，2015）。

---

*　通讯作者：E – mail：cxzhang@ wssc. org. cn

1.2 非靶标抗性机制

草甘膦的输导与分布。在对小蓬草的草甘膦抗性机制研究中发现，减少草甘膦向分生组织输导是其抗草甘膦的主要原因（Feng et al.，2004）。随后在黑麦草中也发现了同样的抗性机制（Wakelin et al.，2004）。Culpepper 等用高浓度的草甘膦对抗性长芒苋茎叶喷雾处理后发现，叶腋处的生长点可以继续生长（Culpepper et al.，2006）。Fidel 在研究抗草甘膦多花黑麦草（Lolium multiflorum Lam.）时发现，抗性生物型不仅在 EPSPS106 位发生突变，并且抗性生物型比敏感型在植株根和叶片积累的草甘膦更少（Fidel et al.，2012）。

草甘膦的隔离。部分抗草甘膦杂草可以通过将吸收到的草甘膦迅速在液泡中封存，从而明显降低草甘膦的毒副作用。Ge 等通过^{31}P 核磁共振在小飞蓬上观察到了草甘膦的快速封存化，这说明杂草可以通过隔离的办法来实现一种在生物化学层面的抗性（Ge et al.，2010）。

2 抗草甘膦杂草的防除

2.1 除草剂混用

轮换或混合使用不同作用方式的除草剂是防除抗性杂草的有效方法。对于草甘膦防除效果不佳或产生抗性的杂草如苣荬菜、小飞蓬等，可以与苯氧羧酸类除草剂 2，4 - D 丁酯等混用来提高防除效果。也可以与其他类型的灭生性除草剂如百草枯、草铵膦等轮换使用这样既可以提高防除效果，也可以降低抗性杂草产生的速度。草甘膦也可以与一些土壤处理活性较高的除草剂混用，如酰胺类、磺酰脲类等，这样既能延长除草持效期又能降低重复施药成本。

2.2 改良草甘膦剂型

改良现有的剂型，添加适合助剂，有利于提高杂草防效。可针对不同的靶标植物和使用目的而应用不同的剂型以有效防除杂草。有机硅 L - 77、HASTEN、APSA - 80 等都是可提高草甘膦防效的助剂。

2.3 提高施药技术

现在生产上仍然存在一些不科学的施药行为，如错施、误施、漏施、滥施等。如何能够真正做到因草施药，见草施药；如何落实因草情而确定施药剂量，考虑生态和经济阈值而不盲目追求高防效是目前生产上亟待解决的重要课题。开发推广高性能喷雾器械，提高喷雾质量等提高施药相关技术对草甘膦的施用年限具有重要意义。

3 小结

综上所述，抗草甘膦杂草的发展形势日趋严峻。尽管目前研究者将杂草抗草甘膦机制分为靶标抗性和非靶标抗药，但不少研究者坚持认为 EPSPS 活性增高是产生抗性的主要原因。同时 EPSPS 其他位点的突变以及这些突变位点与抗性的关系有待于进一步挖掘和验证。相信随着研究的深入，人们将揭示出更加深入合理的抗性机制。

草甘膦在我国已使用 40 余年，长期使用草甘膦，抗性杂草产生与发展的风险在迅速增加。抗草甘膦的小蓬草已在我国浙江宁波发现（Song et al.，2005）。此外，本实验室发现了对草甘膦抗性很高的牛筋草种群，相关的研究正在进行中。为防止抗草甘膦杂草的产生与发展，我们在杂草的治理中，应重视除草剂使用的多样性，倡导不同作用方式除草剂的轮用和交替使用，以延缓抗性杂草的发生；引入多样性理念——重视耕作方式和作物品种的多样性，充分发挥农艺措施、生态调控等手段对杂草的控制作用；同时应加强对抗草甘膦杂草的监测，建立高效、系统的抗性杂草治理策略。

参考文献

Baerson SR1, Rodriguez DJ, Tran M, Feng Y, Biest NA, Dill GM. 2002. Glyphosate – resistant Goosegrass. I-dentification of a Mutation in the Target Enzyme 5 – Enolpymvyishikimate – 3 – phosphate Synthase. Plant Physiol, 129: 1265 – 1275.

Culpepper AS, Grey TL, Vengill W. 2006. Glyphosate – resistant Palmer Amaranth (*Amaranthus palmeri*) Confirmed in Georgia. Weed Sci, 54: 620 – 626.

Feng PC, Tran M, Chiu T. 2004. Investigations into glyphosate – resistant horseweed (*Conyza canadensis*) Retention, uptake, translocation, and metabolism. Weed Sci, 52: 498 – 505.

Fidel González – Torralva, Javier Gil – Humanes, Francisco Barro, Ivo Brants, Rafael De Prado. 2012. Target site mutation and reduced translocation are present in a glyphosate – resistant *Lolium multiflorum* Lam. biotype from Spain. Plant Physiol Biochem, 58: 16 – 22.

Ge X, d'Avignon DA, Ackerman JJH, Sammons RD. 2010. Rapid vacuolar sequestration: the horseweed glyphosate resistance mechanism. Pest Manag Sci, 66: 345 – 348.

Gaines TA, Zhang W, Wang D, Bukun B, Chisholm ST, Shaner DL, Nissen SJ, Patzoldt WL. 2010. Gene amplification confers glyphosate resistance in *Amaranthus palmeri*. Proc Natl Acad Sci, 107: 1029 – 1034.

Heap I. 2015. The international survey of herbicide resistant weeds. Available on – line: www. weedscience. com. Accessed January 20, 2015.

Salas RA1, Dayan FE, Pan Z, Watson SB, Dickson JW, Scott RC, Burgos NR. 2012. *EPSPS* gene amplification in glyphosate – resistant Italian ryegrass (*Lolium perenne* ssp. *multiflorum*) from Arkansas. Pest Manag Sci, 68: 1223 – 1230.

Simarmata M, Penner D. 2008. The basis for glyphosate resistance in rigid ryegrass (*Lolium rigidum*) from California. Weed Sci, 56: 181 – 188.

Song XL, Wu JJ, Qiang S. 2005. Establishment of a Test Method of Glyphosate – resistant *Conyza canadensis* in China [C]. The 20th Asian – Pacific Weed Science Society Conference. Agriculture Publishing House, Ho Chi Ming City, 2005: 499 – 504.

Wakelin AM, Lorraine – Colwill DF, Preston C. 2004. Glyphosate resistance in four different populations of *Lolium rigidum* is associated with reduced translocation of glyphosate to meristematic zones. Weed Res, 44: 453 – 459.

Wiersma AT, Gaines TA, Preston C, Hamilton JP, Giacomini D, Buell CR. 2015. Gene amplification of 5 – enol – pyruvylshikimate – 3 – phosphate synthase in glyphosate – resistant *Kochia scoparia*. Planta, 241 (2): 463 – 474.

Yuan CI, Chaing MY, Chen YM. 2002. Triple mechanisms of glyphosate – resistance in a naturally occurring glyphosate – resistant plant *Dicliptera chinensis*. Plant Sci, 163: 543 – 554.

杂草抗性进化机制研究
Study on the Evolution of Herbicide Resistance Mechanisms in Weeds

周凤艳*

（安徽省农科院植物保护与农产品质量安全研究所，合肥　230031）

农田杂草是农业生产中的一大类生物灾害，据统计，世界每年因杂草危害造成的农作物产量损失为 10%～15%（张朝贤和李香菊，2008）。为节省人力和成本，过去 40 年间，农田化学除草已成为全球现代农业生产的重要组成部分（Powles and Yu，2010）。然而，由于过度依赖和长期使用相对有限的化学除草剂，导致了抗药性杂草的发生和发展，且杂草抗药性问题越来越突出。截至 2015 年 2 月 24 日，全球范围内已有 66 个国家在 85 种作物田中发现了 244 种（142 种双子叶和 102 种单子叶）抗性杂草，这些杂草对 156 个不同除草剂的 25 个已知作用位点中的 22 个位点产生了抗性（www. weedscience. org）。

杂草抗药性产生的机理在过去 20 年间已经得到了深入的研究，归结为至少由以下 3 种不同机制所构成：①靶位点的改变；②除草剂的封闭或易位；③除草剂代谢率的改变（Xu et al.，2013；Yu et al.，2009；Shaner et al.，2012）。但是这些机制却常难以从进化和生态学角度解释除草剂抗性的发展（Neve，2007）。而着重关注环境、非靶标抗性基因（NTSR）等对抗性植物在当前和未来种植模式下适合度的影响，将有助于降低抗性等位基因的遗传和发生频率（Vila－Aiub et al.，2013）。同时，理解环境和人类活动产生的进化因子在植物除草剂抗性进化中的影响，对于了解抗性机制也是至关重要的（Busi et al.，2013）。

在杂草的抗性进化研究中发现，禾草灵和唑啉草酯的应用增强了非靶标（NTS）抗性机制中的解毒作用（Matzrafi et al.，2014）。乙酰辅酶 A 羧化酶（ACCase）抑制剂类除草剂，如精噁唑禾草灵、炔草酯等常用于包括棒头草在内的小麦、油菜田禾本科杂草的防除。且此类除草剂中的一种药剂若对杂草产生了抗性，往往其他药剂也会表现出抗性，尽管这些药剂并未在该区域施用（Tang et al.，2012）。

若要阻止或延缓杂草抗药性的形成，更好地制定安全、合理的草害防治策略和抗药性杂草治理措施，就必须深入了解和研究杂草抗药性的发生和形成机理。而杂草的抗性进化研究将是未来杂草防治研究领域的一个新方向和研究热点。

参考文献

张朝贤，李香菊．2008．杂草学学科发展．2007—2008 年植物保护学学科发展报告．北京：中国科学技术出版社．

＊ 通讯作者：E－mail：zhoufy1982@163. com

Powles SB, Yu Q. 2010. Evolution in action: plants resistant to herbicides. Ann Rev Plant Biol, 61: 317 – 347.

Xu HL, Zhu XD, Wang HC, Li J, Dong LY. 2013. Mechanism of resistance to fenoxaprop in Japanese foxtail (*Alopecurus japonicus*) from China. Pestic Biochem Physiol, 107: 25 – 31.

Yu Q, Abdallah I, Han H, Owen M, Powles S. 2009. Distinct non – target site mechanisms endow resistance to glyphosate, ACCase and ALS – inhibiting herbicides in multiple herbicide – resistant *Lolium rigidum*. Planta, 230: 713 – 723.

Shaner DL, Lindenmeyer RB, Ostlie MH. 2012. What have the mechanisms of resistance to glyphosate taught us? Pest Manag Sci, 68: 3 – 9.

Neve P. 2007. Challenges for herbicide resistance evolution and management: 50 years after Harper. Weed Res, 47: 365 – 369.

Vila – Aiub MM, Gundel P, Yu Q, Powles SB. 2013. Glyphosate resistance in *Sorghum halepense* and *Lolium rigidum* is reduced at suboptimal growing temperatures. Pest Manag Sci, 69: 228 – 232.

Busi R, Vila – Aiub MM, Beckie HJ, Gaines TA, Goggin DE, Kaundun SS, Lacoste M, Neve P, Nissen SJ, Norsworthy JK, Renton M, Shaner DL, Trane PJ, Wright T, Yu Q, Powles SB. 2013. Herbicide – resistant weeds: from research and knowledge to future needs. Evol Appl, 6: 1218 – 1221.

Matzrafi M, Gadri Y, Frenkel E, Rubin B, Peleg Z. 2014. Evolution of herbicide resistance mechanisms in grass weeds. Plant Sci, 229: 43 – 52.

Tang HW, Li J, Dong LY, Dong AB, LÜ B, Zhu XD. 2012. Molecular bases for resistance to acetyl – coenzyme A carboxylase inhibitor in Japanese foxtail (*Alopecurus japonicus*). Pest Manag Sci, 68: 1241 – 1247.

利用 HIGS 技术提高作物抗病性
Improving the Disease Resistance of Crop Plants Through HIGS

郭　维　戴小枫[*]

（中国农业科学院农产品加工研究所，北京　100193）

寄主诱导的基因沉默（Host Induced Gene Silencing，HIGS）技术是在利用 RNA 沉默技术防治植物病毒病害的基础上发展起来的一种防控除植物病毒以外的其他病原物（真菌、细菌和线虫等）所引起病害的新方法（Michelmore *et al.*，2012）。它通过将来源于病原物的目的基因片段导入寄主植物中，通过寄主植物的 RNA 沉默途径中的关键蛋白 Dicer – Like（DCL）切割病原物特定序列的双链 RNA 产生病原物特异的小 RNA。当病原物侵染寄主植物的时候，寄主中表达的小 RNA 就会在一种尚不清楚的机制下跨物种转移到相应的病原物体内，并激活病原物体内自身的 RNA 沉默系统，导致病原物体内与该小 RNA 互补的同源基因的 mRNA 表达水平下降（图），从而达到防治病害的目的。

目前利用该技术在降低植物真菌病害提高植物抗病性等方面取得了一些重要进展。例如，Nowara 等（2010）首次利用大麦花叶病毒诱导基因沉默载体在大麦与大麦白粉病病原菌 *Blumeria gra*minis 之间建立了 HIGS 技术体系，证明了 Avra10 与吸器的形成和菌丝的伸长有关；Koch 等（2013）发现在拟南芥和大麦中稳定表达禾谷镰刀菌的 *CYP*51 家族基因的发夹结构可以抑制病菌的生长和毒素的产生，导致了转基因的拟南芥和大麦对禾谷镰刀菌具有高度抗性；Ghag 等（2014）在香蕉中转基因表达了尖孢镰刀菌两个关键基因的发夹结构（ihpRNA – VEL 和 ihpRNA – FTF1）提高了香蕉对枯萎病的抗性；Govindarajulu 等（2014）利用 HIGS 技术沉默莴苣盘梗霉（*Bremia lactucae*）中的关键基因培育出了抗霜霉病的转基因莴苣，并获得了国际专利。

虽然 HIGS 作为一种有效的改善作物抗病性手段已经在一些作物上取得了一定的成功，显示了其在培育抗病转基因作物方面广阔的应用前景，但是仍然需要不断的改进优化现有的技术体系，开发快速高通量的靶基因筛选方法以及针对不同类型病害进行共同防治的措施等，为培育遗传稳定且环境友好的转基因作物奠定基础。

用于 HIGS 的基因片段可能会在寄主细胞核内转录并形成 dsRNA，dsRNA 然后可能通过 HST 穿过核膜到达细胞质后被 DCL 识别并切割成 siRNA，经过 siRNA 扩增途径放大后在一种目前未知的情况下进入真菌细胞中并激活真菌体内的 RNA 沉默途径，导致靶标真菌 mRNA 的降解。dsRNA：double strand RNA；HST：HASTY；DCL：Dicer – Like；RdRp：RNA dependent RNA polymerase；EHM：extrahaustorial matrix。

＊ 通讯作者：E – mail：guowei01@ cass. cn；daixiaofeng@ caas. cn

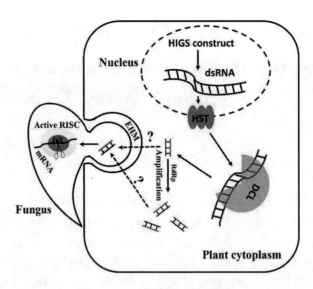

图　HIGS 防治真菌病害示意图

参考文献

Ghag SB, Shekhawat UKS, Ganapathi TR 2014. Host – induced post – transcriptional hairpin RNA – mediated gene silencing of vital fungal genes confers efficient resistance against Fusarium wilt in banana. Plant Biotechnol J, 12: 541 – 553.

Govindarajulu M, Epstein L, Wroblewski T, Michelmore RW. 2014. Host – induced gene silencing inhibits the biotrophic pathogen causing downy mildew of lettuce. Plant Biotechnol J, online

Koch A, Kumar N, Weber L, Keller H, Imani J, Kogel KH. 2013. Host – induced gene silencing of cytochrome P450 lanosterol C14α – demethylase – encoding genes confers strong resistance to Fusarium species. Proc Nat Acad Sci, 110: 19324 – 19329.

Michelmore RW, Govindarajulu 2012. Host – induced gene silencing in vegetable species to provide durable disease resistance   International Application No. : PCT/US2012/037651.

Nowara D, Gay A, Lacomme C, Shaw J, Ridout C, Douchkov D, Hensel G, Kumlehn J, Schweizer P. 2010. HIGS: Host – induced gene silencing in the obligate biotrophic fungal pathogen *Blumeria graminis*. The Plant Cell, 22: 3130 – 3141.

利用病毒载体研究植物 microRNA 的功能
Dissecting microRNA Function With Virus Vectors in Plants

赵晋平*

（浙江省农业科学院病毒学与生物技术研究所，杭州　310021）

根据 microRNA（miRNA）数据库 miRBase 最新数据（miRBase release 21, June 2014），植物中共有 71 个物种的 7057 个内源 miRNA 基因座位被鉴定，其中，绝大多数 miRNA 的表达模式、靶标、功能及调节机制等尚未得到鉴定。

传统分析内源 miRNA 功能的方法大多通过转基因过量和/或异位表达 miRNA 前体或人工 miRNA（artificial microRNA, amiRNA）分子，或表达识别位点突变的靶 mRNA 或 miRNA 的模拟靶标分子，抑制 miRNA 对靶 mRNA 的降解等，来分析 miRNA 潜在的功能。

由于多数植物的基因转化和获得纯合体的周期较长，而对于转基因不敏感的植物更难以对 miRNA 功能进行有效地研究。利用植物病毒载体表达 miRNA 或其模拟靶标分子，不仅可以省略转基因步骤，而且可以用于分析具有胚胎发育阶段致死效应的 miRNA/靶 mRNA 功能，可以作为研究 miRNA/靶 mRNA 的有效工具。目前，我国科研人员在利用病毒进行植物 miRNA 功能研究方面处于世界前列。

双生病毒（Geminivirus）卷心菜曲叶病毒（Cabbage leaf curl virus, CaLCuV）具有双组份单链环装 DNA 基因组，在寄主细胞核内完成复制和转录。将植物内源 miRNA 前体或人工 miRNA 前体的 DNA 片段插入 CaLCuV 载体，置换 CaLCuV *AR*1 基因，通过农杆菌介导，可以在寄主产生高水平的 miRNA。利用病毒载体进行 miRNA 的过量表达，通过 miRNA 实现了病毒诱导的基因沉默（VIGS with miRNA, MIR VIGS），也称为病毒介导 miRNA 表达系统（Virus – based microRNA expression, VbME）。运用 MIR VIGS 系统在本生烟草内表达内源 miR156、miR165，可以有效降低靶 mRNA 的表达水平（Tang *et al*., 2010）。该系统既可用于 miRNA 靶标的鉴定，又可以用于 miRNA 过表达功能研究。

基于病毒载体的植物内源 miRNA 沉默系统（Virus based microRNA silencing/suppression, VbMS）也陆续获得报道。将来源于豌豆早褐病毒（Pea early – browning virus, PEBV）的衣壳蛋白亚基组启动子（sub – genomic promoter, sgP）插入烟草脆裂病毒（Tobacco rattle virus, TRV）载体，可以利用 sgP 启动外源基因的表达。利用该系统在本生烟草内表达 miR172、miR165/166 的模拟靶标，在番茄内表达 miR165/166 的模拟靶标，均可以有效降低寄主内源 miRNA 的积累，提高靶 mRNA 的表达水平，使寄主植株表现出相应表型（Sha *et al*., 2014）。利用 TRV 载体在拟南芥内表达 miR156、miR319、miR164 的模拟靶标，有效的抑制了相应内源 miRNA 的功能（Yan *et al*., 2014）。利用黄瓜花叶病毒（Cucumber mosaic virus, CMV）LS 株系表达拟南芥内源 miR159 的模拟靶标，寄主植株表

＊通讯作者：E – mail：jinpingzhao@ sina. cn

现出 miR59 功能缺失的表型（Du *et al.*，2014）。

　　将 MIR VIGS（VbME）技术和 VbMS 技术相结合，可以针对性的在正反两方面对寄主内源 miRNA／靶 mRNA 功能进行分析：①既可以作为筛选工具，对 miRNA 的功能进行初步，为深入研究提供有力支持；②又可以作为转基因、突变体等技术的补充，如分析胚胎发育阶段具有致死效应的 miRNA／靶 mRNA 功能。例如，利用棉花皱叶病毒（Cotton leaf crumple virus，CLCrV）载体在棉花内既可以介导 miR156 的过表达，又可以表达模拟靶标抑制 miR165／166 的功能，是一个多功能的病毒载体系统（Gu *et al.*，2014）。

　　病毒载体系统具有快速高效、应用简便、适用广泛等优点，并可以不断开发出新的载体系统以满足科研和生产工作需要。例如，单子叶植物的大麦条纹花叶病毒（Barley stripe mosaic virus，BSMV）载体、雀麦花叶病毒（Brome mosaic virus，BMV）载体，木本植物的苹果潜隐球状病毒（Apple latent spherical virus，ALSV）载体等均可以改造为 miRNA 功能研究的载体，对相应寄主植物的内源 miRNA／靶 mRNA 进行功能分析，可以应用于包括重要粮食作物、蔬菜、果树、花卉在内的更为广泛的植物种类。

参考文献

Du Z, Chen A, Chen W, Westwood JH, Baulcombe DC, Carr JP. 2014. Using a viral vector to reveal the role of microRNA159 in disease symptom induction by a severe strain of cucumber mosaic virus. Plant Physiol, 164: 1378 – 1388.

Gu Z, Huang C, Li F, Zhou X. 2014. A versatile system for functional analysis of genes and microRNAs in cotton. Plant Biotechnol J, 12: 638 – 649.

Sha A, Zhao J, Yin K, Tang Y, Wang Y, Wei X, Hong Y, Liu Y. 2014. Virus – based microRNA silencing in plants. Plant Physiol, 164: 36 – 47.

Tang Y, Wang F, Zhao J, Xie K, Hong Y, Liu Y. 2010. Virus – based microRNA expression for gene functional analysis in plants. Plant Physiol, 153: 632 – 641.

Yan F, Guo W, Wu G, Lu Y, Peng J, Zheng H, Lin L, Chen J. 2014. A virus – based miRNA Suppression (VbMS) system for miRNA loss – of – function analysis in plants. Biotechnol J, 9 (5): 702 – 708.

囊泡病毒的利用前景与生态调控
Applied Prospect of Ascoviruses and Ecological Regulation

黄国华*

（湖南农业大学植物保护学院，长沙　410128）

囊泡病毒于 1976 年首次分离自美国加利福利亚州的甜菜藜夜蛾 *Scotogramma trifolii*（Rottemberg）幼虫体内（Federici，1978），并于 20 世纪 80 年代初被命名（Federici，1983），为环状双链 DNA 病毒（Cheng *et al.*，1999），病毒粒子为杆状或卵圆形（图1，

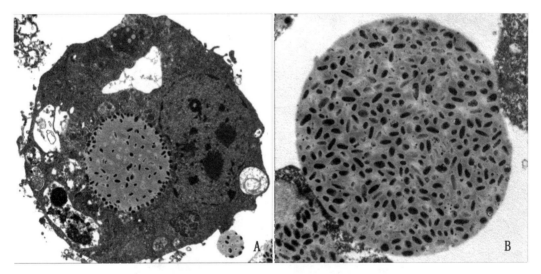

图1　HvAV－3h 病毒粒子形态
（A. 细胞中包涵体形成；B. 释放的病毒包涵体）

Bigot *et al.*，2011），基因组大小为 100～199kb（图2，Wei *et al.*，2014）。其宿主范围较广，主要有草地贪夜蛾（*Spodoptera frugiperda*）、棉铃虫（*Helicoverpa armigera*）、甜菜夜蛾（*Spodoptera exigua*）、斜纹夜蛾（*Spodoptera litura*）等夜蛾科重要农业害虫和葱邻菜蛾（*Acrolepiopsis assectella*）等邻菜蛾科害虫（Bigot *et al.*，1997；Hamm *et al.*，1998），宿主感染病毒后明显特征表现为行动迟缓、生长缓慢乃至停滞、血淋巴呈乳白色浑浊状（图3，Huang *et al.*，2012a）。

＊ 通讯作者：E－mail：ghhuang@ hunau. edu. cn

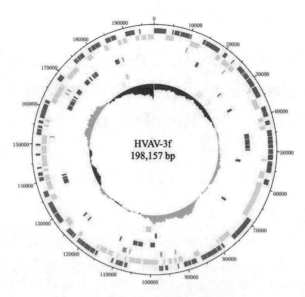

图 2　HvAV－3f 基因组注释图谱
（Wei *et al.*，2014）

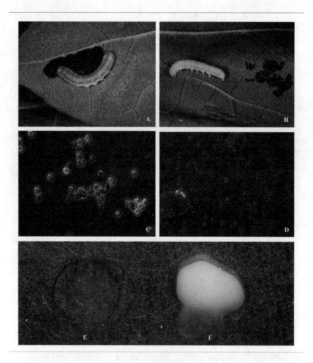

图 3　囊泡病毒感染宿主幼虫及其血淋巴显微形态学和颜色
（A、C、E 为健康个体，B、D、F 为感病个体；Huang *et al.*，2012a）

目前，囊泡病毒科（Ascoviridae）全世界尚仅记录 1 属（囊泡病毒属 *Ascovirus*）5 种
（草地贪夜蛾囊泡病毒 *Spodoptera frugiperda ascovirus 1a*、粉纹夜蛾囊泡病毒 *Trichoplusia ni ascovirus 2a*、烟芽夜蛾囊泡病毒 *Heliothis virescens ascovirus 3a*、双缘姬蜂囊泡病毒 *Diadro-*

mus pulchellus ascovirus 4a 和拟粉纹夜蛾囊泡病毒 *Trichoplusia ni ascovirus 6a*）18 毒株（SfAV - 1a、……、SfAV - 1d、TnAV - 2a、……、TnAV - 2d、HvAV - 3a、……、HvAV - 3h、DpAV - 4a、TnAV - 6a）（Xue and Cheng, 2011；Wei *et al.*, 2014），主要分布在美国、澳大利亚、法国、印度尼西亚、中国等国家（Bigot *et al.*, 2011；Huang *et al.*, 2012b），与无脊椎动物虹彩病毒 6 型 Invertebrate iridescent virus 6 和无脊椎动物虹彩病毒 31 型 Invertebrate iridescent virus 31 具有较近的亲缘关系（Piégu *et al.*, 2015）。

在野外环境下，作为依赖寄生蜂传播的鳞翅目幼虫专性寄生的慢性致死性病毒，囊泡病毒通常由雌性寄生蜂携带，通过产卵行为在鳞翅目幼虫个体间传播，传毒寄生蜂大多属于膜翅目茧蜂科和姬蜂科（Bigot *et al.*, 2011）。黑头折脉茧蜂（*Cardiochiles nigriceps*）、红足侧沟茧蜂（*Microplitis croceipes*）、黑唇姬蜂（*Campoletis sonorensis*）等能在烟芽夜蛾（*Heliothis viresecens*）幼虫个体间传播 HvAV - 3b 毒株，其中，黑头折脉茧蜂与黑唇姬蜂的传毒效率略大于红足侧沟茧蜂（分别为 94.7%、97.8% 及 80.8%），寄生蜂在该感病幼虫体内产卵，产卵管被病毒污染，随后寄生蜂在健康幼虫体内产卵，后者的感染率高达 94% ~ 100%（Tillman *et al.*, 2004）。DpAV - 4a 毒株在美双缘姬蜂（*Diadromus pulchellus*）体内扩增并可在子代中垂直传播，但不影响幼蜂的生长发育被分离出来（Bigot *et al.*, 1997），病毒粒子一旦由雌蜂传播至鳞翅目宿主葱邻菜蛾（*Acrolepiopsis assectella*），即大量复制繁殖并导致宿主死亡（Bigot *et al.*, 2009），其与媒介宿主寄生蜂间为互利关系（Bigot *et al.*, 1997）。毁侧沟茧蜂（*Microplitis demolitor*）作为 HvAV - 3e 毒株的媒介宿主在棉铃虫（*Helicoverpa armigera*）种群中传播病毒（Newton, 2004），缘腹绒茧蜂（*Cotesia marginiventris*）传播 SfAV - 1a 毒株（Hamm *et al.*, 1985）。寄生蜂的寄生行为导致高的病毒传播效率，为病毒在害虫种群中的流行创造了较好的条件，更为通过利用寄生蜂携带病毒调控害虫种群发展趋势奠定了坚实的基础。

囊泡病毒 HvAV - 3h 毒株由采自湖南长沙的甜菜夜蛾幼虫体内分离获得（Huang *et al.*, 2012b），对棉铃虫、甜菜夜蛾、斜纹夜蛾的感染致死效率分别为（94.4 ±3.7）%、（88.9 ±3.7）%、（94.4 ±1.5）%，害虫在感染病毒后的第 1 ~ 2 天即明显表现出体重增量降低、取食量减少（Li *et al.*, 2013），对作物不再产生破坏性的取食，表现出对当代害虫的强抑制性。作为实际生产中较容易被接受的害虫天敌，其依赖于单寄生性斯氏侧沟茧蜂（*Microplitis similis*），在甜菜夜蛾、斜纹夜蛾等重要农业害虫间广泛传播，效率高达（80.85 ±6.32）%（Li *et al.*, 2015；Li *et al.*, submitted），为重要蔬菜害虫防控的生态调控技术提供较好的题材。应用物种多样性的生态调控早于 20 世纪 60 年代提出（Connell & Orias, 1964），曾也被广泛重视，几经周折，在当前我国的农业产业体系深入改革之际，利用物种间的相互作用关系进行生态调控，将会成为有害生物防控的一个重要手段。

参考文献

Bigot Y, Rabouille A, Doury G, Sizaret PY, Delbost F, Hamelin MH, Periquet G. 1997. Biological and molecular features of the relationships between *Diadromus pulchellus* ascovirus, a parasitoid hymenopteran wasp (*Diadromus pulchellus*) and its Lepidopteran host, *Acrolepiopsis assectella*. J Gen Virol, 78 (5): 1149 –1163.

Bigot Y, Renault S, Nicolas J, Moundras C, Demattei MV, Samain S, Bideshi DK, Federici BA. 2009. Symbiotic virus at the evolutionary intersection of three types of large DNA viruses; iridoviruses, ascoviruses, and ichnoviruses. PLoS ONE, 4: e6397.

Bigot Y, Asgari S, Bideshi DK, Cheng XW, Federici BA, Renault S. 2011. *Family Ascoviridae.* In: Andrew MQ King, *et al.* (editors). Virus Taxonomy: Ninth Report of the International Committee on Taxonomy of Viruses: Elsevier Inc. pp. 147 – 152. 8 136A635

Cheng XW, Carner GR, Brown TM. 1999. Circular configuration of the genome of ascoviruses. *J Gen Virol*, 80 (6): 1537 – 1540.

Connell JH, Orias E. 1964. The ecological regulation of species diversity. *Am Nat*, 98 (903): 399 – 414.

Federici BA. 1978. Baculovirus epizootic in a larval population of the clover cutworm, *Scotogramma trifolii* in southern California. Environ Entomol, 7: 423 – 427.

Federici BA. 1983. Enveloped double – stranded DNA insect virus with novel structure and cytopathology. Proc Natl Acad Sci USA, 80: 7664 – 7668.

Hamm JJ, Nordlung DA, Marti OG. 1985. Effects of a nonoccluded virus of*Spodoptera frugiperda* (Lepidoptera: Noctuidae) on the development of a parasitoid, *Cotesia marginiventris* (Hymenoptera: Braconidae). Environ Entomol, 14: 258 – 261.

Hamm JJ, Styer EL, Federici BA. 1998. Comparison of field – collected ascovirus isolates by DNA hybridization, host range, and histopathology. J Invert Pathol, 72: 138 – 146.

Huang GH, Garretson TA, Cheng XH, Holztrager MS, Li SJ, Wang X, Cheng XW. 2012a. Phylogenetic position and replication kinetics of Heliothis virescens Ascovirus 3h (HvAV – 3h) isolated from *Spodoptera exigua*. PLoS ONE, 7 (7): e40225.

Huang GH, Wang YS, Wang X, Garretson TA, Dai LY, Zhang CX, Cheng XW. 2012b. Genomic sequence of *Heliothis virescens Ascovirus* 3g isolated from *Spodoptera exigua*. J Virol, 86 (22): 12467 – 12468.

Li SJ, Wang X, Zhou ZS, Zhu J, Hu J, Zhao YP, Zhou GW, Huang GH. 2013. A comparison of growth and development of three major agricultural insect pests infected with heliothis virescens ascovirus 3h (HvAV – 3h). PLoS ONE, 8 (12): e85704.

Li SJ, Huang JP, Chang YY, Quan SY, Yi WT, Chen ZS, Liu SQ, Cheng XW, Huang GH. 2015. Development of*Microplitis similis* (Hymenoptera: Braconidae) on two candidate host species, *Spodoptera litura* and *Spodoptera exigua* (Lepidoptera: Noctuidae). Florida Entomol, (in press).

Li SJ, Zhang YX, Zhao YP, Hu J, Chen XY, Xu Z, Cheng XW, Huang GH. 2014. Transmission of Heliothis virescens ascovirus 3h between the individuals of *Spodoptera exigua* (Lepidoptera: Noctuidae) larvae by *Microplitis similis* (Hymenoptera: Braconidae). *Sci Rep*, (submitted)

Newton IR. 2004. The biology and characterisation of the ascoviruses (Ascoviridae: Ascovirus) of*Helicoverpa armigera* Hubner and *Helicoverpa punctigera* Wallengren (Lepidoptera: Noctuidae) in Australia [Dissertation]. Queensland: The University of Queensland. 197 pp.

Piégu B, Asgari S, Bideshi D, Federici BA, Bigot Y. 2015. Evolutionary relationships of iridoviruses and divergence of ascoviruses from invertebrate iridoviruses in the superfamily Megavirales. Mol Phylogenet Evol, 84: 44 – 52.

Tillman PG, Hamm JJ, Styer EL, Mullinix JBG. 2004. Transmission of an ascovirus of *Heliothis virescens* (Lepidoptera: Noctuidae) and effects of the pathogen on the survival of a parasitoid, *Cardiochiles nigriceps* (Hymenoptera: Braconidae). Environ Entomol, 33: 633 – 643.

Wei YL, Hu J, Li SJ, Chen ZS, Cheng XW, Huang GH. 2014. Genome sequence and organization analysis of*Heliothis virescens* ascovirus 3f isolated from a *Helicoverpa zea* larva. J Invert Pathol, 122: 40 – 43.

Xue JL, Cheng XW. 2011. Comparative analysis of a highly variable region within the genomes of *Spodoptera frugiperda* ascovirus 1d (SfAV – 1d) and SfAV – 1a. J Gen Virol, 92: 2797 – 2802.

小分子 RNA 对植物免疫受体的调控作用
Small RNA Mediated Regulation of Plant Immune Receptors

李 峰

（华中农业大学，武汉 430070）

植物在与微生物的长期共进化过程中形成了至少两个层次的先天免疫机制。首先是一些病原微生物的特征性分子被植物细胞表面模式受体（PRR）识别所触发的基础免疫反应 PTI（PAMP triggered Immunity），帮助植物抵御了日常所遭遇的绝大部分微生物。而一些导致疾病发生的病原微生物则进化产生了效应子（effector）来克制 PTI 帮助病原微生物在植物体内繁殖和扩散。在自然界存在的对某些病原有特异性抗性的植物家系，则是由于植物进化出了另一个层次的抗病反应，由抗病基因（主要包括 NBS – LRR 类型的 R 基因）识别病原的效应子而触发，被称为 ETI（effector triggered immunity），以迅速的诱发过敏反应为特征（Jones JD & Dangl，2006）。R 基因在不同的植物基因组中有成百上千个拷贝，这一方面可以提供对不同病原的防御作用，另一方面也给植物的发育带来潜在的威胁。有研究表明基因突变或杂交后代中如果抗病基因异常表达，会导致在没有病原入侵的情况下植物发育的异常（Bomblies *et al.*，2007），因此抗病基因的表达必须受到严格的控制。

过去几年中小分子 RNA 对 R 基因的调控作用越来越受到研究人员的关注。在对烟草小分子 RNA 的分析中，我们发现了调控抗烟草花叶病毒（TMV）的 R 基因 *N* 的 miRNA，miR6019/6020。通过剪切实验，miR6019 和 miR6020 被证明对 *N* 基因 mRNA 的剪切作用。在本氏烟草上的瞬时表达实验证明了这两个 miRNA 对 *N* 基因的抗病功能有负调控作用。这些结果表明 miRNA 对 R 基因的表达有重要的调控作用。为了进一步研究这一作用的影响，我们结合小 RNA 及降解组测序和生物信息学分析，在茄科植物基因组中发掘出来 10 个新的 miRNA 家族，它们调控了茄科植物中具有已知功能的大部分 R 基因，包括 *N*，*Rx*，*Ry*，*R*1 – 3 和 *Cf*9 等（Li *et al.*，2012a，b）。

由于病毒，真菌和细菌等病原微生物一般都编码一些效应子来抑制小 RNA 通路，因此小 RNA 对 R 基因的调控既能在没有病原微生物入侵时使 R 基因表达水平保持在较低的水平，又能使 R 基因在微生物入侵的情况下因效应子对小 RNA 功能的抑制而诱导表达。这一机制巧妙的解决了 R 基因在植物基因组进化中的适应度代价（fitness cost）和表达调控问题（Tian *et al.*，2003）。我们的研究及同一时期其他实验室的研究结果（Zhai *et al.*，2011；Shivaprasad *et al.*，2012；He *et al.*，2008）表明，miRNA 对 R 基因的沉默机制是具有普遍意义。

参考文献

Bomblies K, Lempe J, Epple P, Warthmann N, Lanz C, Dangl JL, Weigel D. 2007. Autoimmune response as a mechanism for a Dobzhansky – Muller – type incompatibility syndrome in plants. PLoS Biol, 5, e236.

He XF, Fang YY, Feng L, Guo HS. 2008. Characterization of conserved and novel microRNAs and their targets, including a TuMV – induced TIR – NBS – LRR class R gene – derived novel miRNA in Brassica. FEBS Lett, 582: 2445 – 2452.

Jones JD, Dangl JL. 2006. The plant immune system. Nature, 444, 323 – 329.

Li F, Orban R, Baker B. 2012. SoMART: a web server for plant miRNA, tasiRNA and target gene analysis. Plant J, 70: 891 – 901.

Li F, Pignatta D, Bendix C, Brunkard JO, Cohn MM, Tung J, Sun H, Kumar P, Baker B. 2012. MicroRNA regulation of plant innate immune receptors. Proc Natl Acad Sci, 109: 1790 – 1795.

Shivaprasad PV, Chen HM, Patel K, Bond DM, Santos BA, Baulcombe DC. 2012. A microRNA superfamily regulates nucleotide bindingsite – leucine – rich repeats and other mRNAs. Plant Cell, 24: 859 – 874.

Tian D, Traw MB, Chen JQ, Kreitman M, Bergelson J. 2003. Fitness costs of R – gene – mediated resistance in-*Arabidopsis thaliana*. Nature, 423: 74 – 77.

Zhai J, Jeong DH, De Paoli E, Park S, Rosen BD, Li Y, Gonzalez AJ, Yan Z, Kitto SL, Grusak MA, Jackson S A, Stacey G, Cook DR, Green PJ, Sherrier DJ, Meyers BC. 2011. MicroRNAs as master regulators of the plant NB – LRR defense gene family via the production of phased, trans – acting siRNAs. Genes Dev, 25: 2540 – 2553.

代谢组学在毒理研究中的应用
The Development of Metabolomics in Pesticide Toxicology

许明圆　李　莉*

（中国科学院动物研究所，农业虫害鼠害综合治理国家重点实验室，北京　100101）

代谢组学是继基因组学和蛋白质组学之后发展起来的一种研究生物系统的组学方法。它可以定量检测机体对病理生理刺激或遗传变异的多参数代谢应答（Nicholson et al.，1999），在新陈代谢的动态过程中，代谢组学系统研究代谢产物的变化规律，揭示机体生命活动代谢本质的科学。根据研究的对象和目的的不同，代谢组学分为 4 个层次：代谢物靶标分析，代谢轮廓分析，代谢组学和代谢指纹分析（许国旺和杨军，2003）。代谢组学已经被应用到功能基因组学、疾病诊断、营养科学、药理学、毒理学、植物学、微生物学、昆虫/动物等诸多领域（Brindle et al.，2002；Tsang et al.，2006）。

在代谢组学的研究中最常见的分析手段主要包括核磁共振、色谱、质谱等，其中 1H – 核磁共振能够实现对样品的非破坏性和非选择性分析，而色谱质谱联用灵敏度较高（Spratlin et al.，2009）。代谢组学中对于数据的分析通常包括数据预处理、多元数据分析、差异分析、聚类分析以及 ROC 诊断曲线等方法来进行筛选（Zheng et al.，2013）。

代谢组学具有损伤小、信息量大、高通量、检测容易等优点。近年来，通过代谢组学方法将体液或组织提取液中的代谢物的指纹图谱中所包含丰富的生物标志物信息来从全局的整体角度评价环境中各式各样的化学污染物对机体的影响，发掘出相应生物标志物用于风险评估，研究药物或环境污染物进行毒理学机制（Aliferis and Chrysayi – Tokousbalides，2011）。例如，通过代谢组学的方法发现克百威引起蚯蚓的代谢紊乱，敏感反映出土壤中的克百威对蚯蚓的毒性作用（Mudiam et al.，2013）；毒死蜱对淡水鲤的代谢组的毒性影响（Kokushi et al.，2013）；基于代谢组学的方法来研究慢性低剂量的高灭磷暴露对大鼠的毒性作用等等（Hao et al.，2012）。

现今，代谢组学的迅速发展，它在毒理学研究中发挥着越来越重大作用，它通过某种代谢物变化的特征作为一种特定指纹来判断毒物作用机制，弥补传统毒理学试验既耗时又难以确定毒性作用机制的不足，因此，将代谢组学这一新方法同传统毒理学方法相联系，更容易揭示药物的毒性作用机制。

参考文献

Nicholson J K，Lindon JC，Holmes E. 1999. 'Metabonomics'：Understanding the metabolic responses of living systems to patho – physiological stimuli via multivariate statistical analysis of biological NMR spectroscopic data.

　＊　通讯作者：E – mail：lili2008@ ioz. ac. cn

Xenobiotica, 29, 1181 – 1189.

许国旺, 杨军. 2003. 代谢组学及其研究进展. 色谱, 21 (4): 316 – 320.

Brindle JT, Antti H, Holmes E, Tranter G, Nicholson JK, Bethell HW, Clarke S, Schofield PM, McKilligin E, Mosedale DE, Grainger DJ. 2002. Rapid and noninvasive diagnosis of the presence and severity of coronary heart disease using H – NMR – based metabonomics. Nat Med, 8 (12): 1439 – 1444.

Tsang TA, Woodman B, Mcloughkin GA, Griffin JL, Tabrizi SJ, Bates GP, Holmes E. 2006. Metabolic characterization of the R6/2 transgenic mouse model of Huntington's disease by high – resolution MAS H – 1 NMR spectroscopy. J Proteome Res, 5 (3): 483 – 492.

Spratlin JL, Serkova NJ, Eckhardt SG. 2009. Clinical applications of metabolomics in oncology: a review. Clin Cancer Res, 15 (2): 431 – 440.

Zheng P, Wang Y, Chen L, Yang D, Meng H, Zhou D, Zhong J, Lei Y, Melgiri ND, Xie P. 2013. Identification and validation of urinary metabolite biomarkers for major depressive disorder. Mol Cell Proteomics, 12 (1): 207 – 214.

Aliferis KA, Chrysayi – Tokousbalides M. 2011. Metabolomics in pesticide research and development: review and future perspectives. Metabolomics, 7 (1): 35 – 53.

Mudiam MK, Ch R. Saxena PN. 2013. Gas chromatography – mass spectrometry based metabolomic approach for optimization and toxicity evaluation of earthworm sub – lethal responses to carbofuran. PLoS One, 8 (12): e81077.

Kokushi E, Uno S, Pal S, Koyama J. 2013. Effects of chlorpyrifos on the metabolome of the freshwater carp, Cyprinus Carpio. Environ Toxicol. 30 (3): 253 – 260.

Hao DF, Xu W, Wang H, Du LF, Yang JD, Zhao XJ, Sun CH. 2012. Metabolomic analysis of the toxic effect of chronic low – dose exposure to acephate on rats using ultra – performance liquid chromatography/mass spectrometry. Ecotoxicol Environ Saf, 83: 25 – 33.

害虫抗药性的研究现状与展望
Research Progress and Prospect of Insecticide Resistance in Pest Insects

梁 沛*

（中国农业大学农学与生物技术学院昆虫学系，北京 100193）

长期以来，人类对害虫的防治主要以化学杀虫药剂为主。随着人们健康意识和环保意识的增强，生物防治、物理防治等非化学防治技术有了较大发展，但在可预见的未来，化学防治因其快速、高效，在农业害虫尤其是暴发性害虫的防治中，仍将是不可或缺的重要手段。

但由于杀虫药剂的不合理使用，导致害虫对杀虫药剂的抗性问题日益严重。一是抗药性害虫的种类在不断增加，目前已有近 600 种害虫对几乎所有田间使用的杀虫药剂产生了抗性，包括 Bt 制剂及转 Bt 基因抗虫植物（APRD，2015）。二是害虫对新药剂产生抗性的速度也在加快，田间使用平均 2 年即可产生明显抗性。另外，杀虫药剂新品种的开发也越来越难。据统计，研发一个新的杀虫剂品种平均需 6~8 年甚至更长，远长于害虫产生抗性的时间；而且研发的成本也从 20 世纪 80 年代的不到 3 千万美元剧增到 2010 年的超过 2 亿 5 千万美元；开发难度同样也在增加，1980 年前后发现一个可商品化的杀虫剂只需筛选不到 2 万个化合物，现在则需要筛选近 14 万个化合物。由于开发新的杀虫药剂成本越来越高、难度越来越大，因此，有能力从事新药开发的农药公司也从高峰时 1960 年的 51 家锐减到 2000 年的 12 家，到 2010 年则仅剩 BASF、Bayer 等 6 家了（Sparks，2013）。

因此，进一步加强害虫抗药性研究，尤其是害虫抗药性分子机理的研究，对于有效治理害虫抗药性、延长杀虫药剂使用寿命，充分发挥现有杀虫药剂的作用，以及开发新的杀虫药剂作用靶标都具有重要意义。

对于害虫抗药性机理的研究，一直以来认为主要有 3 个方面：①药剂对害虫体壁的穿透能力下降；②害虫解毒代谢能力增强（代谢抗性）；③药剂靶标蛋白的突变（靶标抗性）。其中以代谢抗性和靶标抗性为主。在代谢抗性机制研究方面，目前仍有很多研究只是通过增效剂实验及解毒酶（主要包括细胞色素 P450、羧酸酯酶 CarEs 和谷胱甘肽 S - 转移酶 GSTs）活性测定等确定是哪些解毒酶参与了抗药性。但这些酶都是以家族或超家族的形式存在，一种昆虫中同一种解毒酶可能有几十甚至上百个异构体，不同异构体可能在害虫不同组织部位、不同发育阶段发挥着不同的功能，因此具体是哪些异构体真正参与了对杀虫药剂的代谢、具有真正的毒理学意义往往都不清楚。这就要求我们深入、细致的研究同一解毒酶不同基因的表达规律及其功能，明确其与抗药性的关系，鉴定出真正参与杀虫药剂代谢的解毒酶异构体。

---

* 通讯作者：E - mail：liangcau@ cau. edu. cn

靠标抗性方面，除了大量报道的靠标蛋白点突变导致的抗性外，部分碱基的缺失、插入和反转等不同形式的突变均可导致害虫抗药性的产生（高希武等，2012），这在今后的研究中不应被忽视。除了基因突变，靠标蛋白 mRNA 表达的下调（Markussen and Kristensen，2010）或上调表达（Sun et al.，2012）也可能导致害虫产生抗药性，但具体机制仍缺乏研究。

另外，虽然已经明确了害虫主要解毒酶基因的过量表达及靠标基因的表达量变化与抗药性相关，但对这些基因的表达调控机制尚不完全清楚。除了应用经典遗传学的方法研究鉴定相关基因的启动子、转录因子等并明确其在基因表达调控中的功能，同时也要重视从表观遗传学角度对 microRNA（miRNA）和长链非编码 RNA（lncRNA）等非编码 RNA 的研究，因为这些非编码 RNA 在基因组中占有很大的比例，在调控各种生物过程（包括害虫对逆境的适应）中发挥着重要作用。

随着组学时代的快速发展，在上述传统研究的基础上，将经典遗传学与表观遗传学相结合，综合应用比较基因组学、转录组学、蛋白质组学及代谢组学等的理论和方法以及技术和方法，将大幅度促进从不同水平系统揭示害虫对杀虫药剂抗性的分子机理。同时也能使我们更深入的理解昆虫不同生理代谢过程中的重要功能蛋白的结构及功能，从而促进发现与现有作用靠标完全不同的杀虫药剂新靠标，如 Hill 等．（2013）通过对基因组数据的挖掘，建立了以 G 蛋白耦联受体（G protein – coupled receptors，GPCR）为靠标的"genome – to – lead"的下一代杀虫剂发现新模式，从而为开发具有全新作用机制的杀虫剂奠定了基础。

参考文献

APRD. 2015. Arthropod Pesticide Resistance Database. East Lansing：Michigan State Univ. http：// www. pesticideresistance. com/index. php5a. 2015.

Hill CA, Meyer JM, Karin Ejendal KFK, Echeverry DF, Lang EG, Avramova LV, Conley JM, Watts VJ. 2013. Re – invigorating the insecticide discovery pipeline for vector control：GPCRs as targets for the identification of next gen insecticides. Pesticide Biochem Physiol, 106：141 – 148

Markussen MDK, Kristensen M. 2010. Low expression of nicotinic acetylcholine receptor subunit Md alpha 2 in neonicotinoid – resistant strains of *Musca domestica* L. Pest Manag Sci. 66（11）：1257 – 1262.

Sparks TC. 2013. Insecticide discovery：An evaluation and analysis. Pesticide Biochem Physiol, 107：8 – 17.

Sun LN, Cui L, Rui CH, Yan XJ, Yang DB, Yuan HZ. 2012. Modulation of the expression of ryanodine receptor mRNA from *Plutella xylostella* as a result of diamide insecticide application. Gene, 511（2）：265 – 273.

高希武．2012. 害虫抗药性分子机制与治理策略．北京：科学出版社．

农药残留及其在植物体内的代谢与调控
Pesticides Residue and Its Detoxification in Plants

余向阳[*]

（江苏省农业科学院食品质量安全与检测研究所，南京 210014）

在农业生产实践中，化学农药的使用在未来很长一段时期内仍然是有效控制农作物有害生物为害的重要措施之一。然而，由于生产上施用的农药只有不到1%作用于靶标，大部分农药最终沉积于土壤环境或植物上，并通过作物根系或叶面吸收，转移、富集于植物组织中，带来对农产品的残留污染风险。如何有效发挥农药的控害效果，同时保证农产品中农药残留量不超标，是农药使用中面临的重要问题。除通过政策管理及提高农药有效利用率等技术减少农药投入外，加速植物体内农药的代谢与解毒，是降低农药对农产品污染风险的有效途径之一。

农药在植物体内酶代谢及其调控研究。外源污染物（包括农药）进入到植物体内，会激活植物体内相应的酶系，通过一些列反应将其降解或脱毒。首先，污染物在一些特定酶的作用下被氨酰（$R-NH_2$）或羟基化（$R-OH$），增强其化学反应活性；并进一步与谷胱甘肽（GSH）、葡萄糖等进行轭合反应，形成对植物低毒或无毒、水溶性强的轭合物；这些可溶性轭合物通过运输载体进入液泡或质外体进行最后的分解代谢。植物体内一系列酶系统在农药代谢中起着重要作用，包括过氧化物酶、多酚氧化酶、氧化还原酶、硝基还原酶、酯酶、酰胺酶、水解酶、谷胱甘肽–S–转移酶、细胞色素 P450 酶等。研究表明，油菜素内酯、水杨酸等外源植物激素有可能通过调控代谢酶活性，加速植物体内农药代谢与降解。

内生菌增强农药在植物体内的代谢。植物内生菌是指一生或至少一生中的某个阶段能进入活体植物组织内，而且不引起植物明显病理变化的真菌或细菌。研究表明，内生菌能够增强宿主植株对环境污染物（包括农药）的耐受能力，有些可利用这些污染物作为其生长所需的碳氮源和能源，起到代谢和降解植物体内污染物的作用。目前，国内外学者已分离获得了对包括毒死蜱、DDT 等多种农药及环境持久性污染物（TCE、PCB、苯酚）等有代谢活性的植物内生菌，并通过回接植物明显提高植物代谢污染物活性。植物内生菌降解农药有酶促反应与非酶促反应两种，以酶促反应为主，内生菌酶促降解有主要分为以下3 种类型：① 矿化作用，内生菌分泌农药降解酶系，将农药降解生成无机物、二氧化碳和水，作为内生菌营养源；② 共代谢作用，内生菌本身不能利用化学农药为营养物质来分解利用，但当存在其他营养物质的条件下，内生菌可以部分的降解农药；③ 去毒代谢作用，内生菌不是从农药中获取营养或能源，而是发展了为保护自身生存的解毒作用。目前，植物内生菌已逐渐成为生命科学研究热点之一，除提高植物耐受环境污染，增强植物

* 通讯作者：E – mail：Yu981190@ hotmail. com

代谢污染物外，在促进植物生长、提高植物抗病虫性、植物次生代谢物合成等方面均有巨大的应用潜力。

参考文献

Lu YC, Zhang S, Yang H. 2015. Acceleration of the herbicide isoproturon degradation in wheat byglycosyltransferases and salicylic acid. J Hazard Mater, 283: 806 – 814.

Zhu X, Ni X, Liu J, Gao Y. 2014. Application of Endophytic Bacteria to Reduce Persistent Organic Pollutants Contamination in Plants. CLEAN – Soil, Air, Water, 42: 306 – 310.

Afzal M, Khan QM, Sessitsch A. 2014. Endophytic bacteria: Prospects and applications for the phytoremediation of organic pollutants. Chemosphere, 117: 232 – 242.

Barac T, Taghavi S, Borremans B, Provoost A, Oeyen L, Colpaert JV, Vangronsveld J, van der Lelie D. 2004. Engineered endophytic bacteria improve phytoremediation of water – soluble, volatile, organic pollutants. Nat Biotech, 22: 583 – 588.

Xia XJ, Zhang Y, Wu JX, Wang JT, Zhou YH, Shi K, Yu YL, Yu JQ. 2009. Brassinosteroids promote metabolisms of pesticides in cucumber. J Agri Food Chem, 57: 8406 – 8413.

农药复合污染联合毒性风险评估
Combincd Toxicity Assessment of Co – contamination by Pesticide Mixtures

宋卫国* 王 坦 董茂锋

（上海市农业科学院农产品质量标准与检测技术研究所，上海 201403）

农药的施用正趋于多元化和复杂化，由于利用率低及使用不当，农药多以低浓度混合物形式存在于实际环境体系中，因而可能产生累积或联合毒性作用，导致潜在环境与健康风险。化学物的联合毒性指在生产和生活活动中，当两种或两种以上毒物同时或前后相继作用与机体，各物质仍保留或改变各自毒性作用，联合作用下测得的毒性。

联合毒性理论最早于 1929 年由 Bliss 提出。世界卫生组织（WHO）将联合毒性作用分为 3 类：①独立作用（Independent effect），②协同作用（Synergistic effect），③拮抗作用（Antagonistic effect）。例如，11 种外源雌激素的混合物总效应是 17β – 甾二醇的二倍、农药复合污染与土壤中残留量和淋出量呈正相关、三嗪类农药的混合物对斜生栅藻呈现加和毒性、有机磷农药混合物高浓度呈现协同毒性、有机磷与三嗪类农药混合物在低浓度和高浓度分别表现加和毒性和协同毒性、氧化乐果和毒死蜱混合物染毒 8h 后对血清中 ChE 活力产生协同抑制作用、氧化乐果和毒死蜱混合物染毒 SD 大鼠后能产生雄性生殖毒性协同作用。

复合污染毒性的机理通常表现：①位点竞争；②改变与代谢污染物有关的酶（系）的活性而相互影响污染物在生物体内的扩散、转化和代谢方式；③干扰生物体的正常生理活动而发生相互作用；④螯合（或络合）改变污染物的形态分布干Ⅱ其生物有效性。

如何进行化学混合物的联合毒性研究与潜在风险评价已成为环境化学和健康学领域的研究热点和急需解决的重要前沿科学问题之一。除了混合物本身毒作用机制的复杂性之外，缺乏方法学与数据分析平台的研究是阻碍其快速发展的重要原因之一。复合污染对环境和健康的威胁不仅要考虑单一农药的作用，由于化合物之间相互作用的复杂性，多种农药复合污染的累积与联合毒性取决于构成组分的毒性以及这些组分之间的相互作用，不能简单的根据其单一毒性来估计联合效应的结果。目前大多采用等毒性浓度比法或固定浓度比法即射线设计（Ray design）研究某些特殊混合物的联合毒性。等毒性浓度比法选择 EC_{50} 一个等毒性浓度点，射线设计建议选择相对食谱暴露估计量代替等毒性浓度点。这两种方法都只考虑了大量混合物中的 1 个或几个特殊混合物，因而对多样性混合物没有预测意义。目前用于研究化学混合物联合毒性的应用软件仅有 CombiTool 和 BioMol。美国 EPA 建立了混合毒物资料库以及混合毒物风险评价大纲，化学混合物风险评价流程图见图 1。欧盟食品安全局（EFSA）推荐使用 PBTK/TD（physiologically based toxicokinetic/toxicody-

---

* 通讯作者：E – mail：sunvegous@ hotmail. com

namic）方法来对混合物污染进行风险评。但总体来讲，当前的复合污染物联合毒性风险评估因缺乏毒理动力学部分以及大量的基础数据从而没有形成更加成熟的化学物复合污染风险评价体系。

我国这方面的研究较少，需要政府及相关部门高度重视，需要从战略高度来认识和加强农药复合污染研究，深入研究混合污染机理，积累充足的基础数据，尽快建立农药复合污染的风险评价体系，为准确的进行风险评价奠定基础，从而系统和长效的保护人类健康（图）。

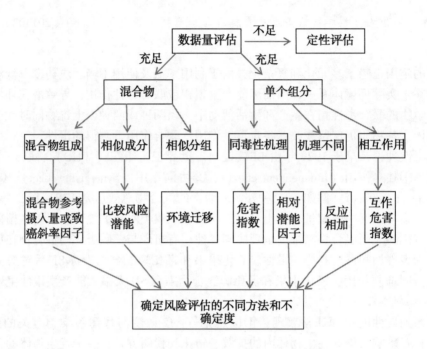

图　风险评估方法流程（U. S. EPA，2000）

参考文献

B1 iss CI. 1939. The toxicity of poisons applied jointly. Ann Appl Biol, 26（5）：585 – 561.

US EPA. 2000. Supplementary Guidance for Conducting Health Risk Assessment of Chemical Mixtures. US Environmental Protection Agency. Risk Assessment Forum Technical Panel. Office of EPA/630/R – 00/002.

SCHER, SCCS, SCENIHR. 2012. Opinion on theToxicity and Assessment of Chemical Mixtures.

WHO. 1981. Technical report series, 662：8 – 9.

刘树森，张瑾，张亚辉，等. 2012. APTox：化学混合物毒性评估与预测. 化学学报，70：1511 – 1517.

EFSA. 2007. EFSA scientific colloquium. 28 – 29 November 2006—Parma, Italy. Summary report. Cumulative risk assessment of pesticides to human health：the way forward.

农药环境行为及生物有效性研究新动向
Development of Pesticide Environmental Fate and Bioavailability

刘新刚[*]

（中国农业科学院植物保护研究所，北京　100193）

农业生态系统中农药的生物有效性和吸附、降解等行为研究是农产品、环境安全评价的重要环节。因此，通过环境中农药的行为过程阐述农药生物有效性的机制，是揭示农药污染物归趋控制和降解消除机理的基础。我国化学农药的使用量已经超过美国成为世界农药第一生产和使用大国；每年约有100多万吨农药流失和残留在环境中。农药残留毒性、环境污染和生态平衡破坏等一系列问题，严重威胁着我国农产品质量安全和农业生态环境安全。如何对农药污染进行调控和修复成为保证农产品和环境安全的关键科学问题。

有机化合物在土壤中的吸附因土壤的理化特性及颗粒组成的不同而不同，很大程度上控制着农药在环境中的归趋及其生物有效性。农药在土壤中吸附会导致生物体对有机污染物吸收的减少。所有的土壤因素都是直接或间接影响吸附作用导致有效性变化。腐殖酸、生物炭等也将影响残留农药在环境中的行为或生物有效性。因此，如果能根据土壤成分或性质预测不同土壤中污染物生物有效性的变化，土壤中污染物的风险评价将会简单化、标准化。

传统的农药残留分析方法是测定的农产品、土壤、水体中的总浓度，而长期以来农药的环境风险评价大都是基于其总浓度而进行的，却忽视了环境介质中农药总浓度与可被生物吸收程度的相关性，导致用这些方法所测定的农药的总浓度往往过高地估计了农药的环境风险。因此，生物有效性逐渐成为影响环境中农药环境生态风险评估的关键因子。而传统的生物法评价生物有效性费时费力，因此发展化学模拟方法就变得尤为重要。

笔者研究发现了原位孔隙水浓度和 Tenax 吸附萃取等主动采样方法可以较为准确地预测噻虫啉对蚯蚓的生物有效性。通过研究对比不同涂层的纤维、吸附动力学模型、吸附等温线以及纤维的耗损率等，建立了测定自由溶解态的氟虫腈和乙虫腈的微耗损固相微萃取（nd – SPME）被动采样方法。这些生物有效性分析方法的建立为科学、客观、准确评价农药对生物和环境的风险提供了方法基础。

但生物有效性分析方法的建立仅仅是为要实现环境风险评价和污染治理的关键方法前提，要污染治理还需进一步探索研究。研究土壤中添加生物炭对噻虫啉在土壤中的吸附能力、线性以及降解速率的影响关系。分别利用建立的被动采样方法研究了生物炭和活性炭对沉积物中自由溶解态的农药的影响。进一步证明了黑炭类物质增加对农药污染物的吸附，进一步降低它们的生物富集从而降低环境风险。

---

[*] 通讯作者：E – mail：xgliu@ ippcaas. cn

但仍需重点开展的研究工作包括：①加强对土壤农药同系物及立体异构体的分析方法研究，特别应对一些未知的农药的代谢物引起关注，这些潜在的而未被人们发现的农药对环境的危害可能更大，所以应该逐步从研究传统的农药转移到农药的代谢物及未知农药。②农药的归趋研究，通过对农药在各种环境介质中的分布及迁移转化规律研究，建立适合不同环境介质的数学模型，计算农药在不同环境介质中的残留量及衰减趋势。③光降解土壤农药的研究，土壤农药光降解的过程非常复杂，目前的研究过多地用测定光降解的最终产物来认识降解机理，含有推测和设想的成分，应该加强对土壤农药光解过程中产生的中间产物的研究，从而探明其分解过程。④生物降解行为着重加强对微生物降解农药的研究，探明降解菌与土壤理化性质之间的相互关系，研究提高降解菌活性的手段，并协调好土著微生物与外源降解菌的关系，为土壤农药的微生物修复技术提供理论基础。⑤生物炭影响农药在环境中的生物有效性的微观机制研究，结合微生物固化降解，研究污染环境中生物炭等外源添加物暴露条件下农药的降解去除过程，为农药的降解和修复提供新的研究思路。

参考文献

Xu C, Liu WP, Sheng GD. 2008. Burned rice straw reduces the availability of clomazone to bamyardgrass. Sci Total Envir, 392: 284 – 289.

Yang YN, Sheng GY, Huang MS. 2006. Bioavailability of diuron in soil containing wheat – straw – derived char. Sci Total Envir, 354: 170 – 178.

Yu YL, Wu XM, Li SN, Fang H, Zhan HY, Yu JQ. 2006. An exploration of the relationship between adsorption and bioavailability of pesticides in soil to earthworm. Envir Pollut, 141: 428 – 433.

Cernansky R. 2015. Agriculture: State – of – the – art soil. Nature, 517: 258 – 260.

Sohi SP. 2012. Carbon storage with benefits. Science, 338: 1034 – 1035.

世界农药产品登记及其应用新趋势
The Recently Development of Pesticide in Registration and Application

张宏军　季　颖

（农业部农药检定所，国际食品法典农药残留委员会秘书处办公室，北京　100125）

在全球耕地不断减少、人口快速增长、气候异常、病虫害发生频发的情况下，粮食生产和农产品有效供给面临严峻挑战。作为农业必要投入品的农药，在防除有害生物、保障全球粮食安全和食品安全等方面发挥了重要作用。但是随着社会的日益进步和和科技的不断革新，公众对食品安全和环境安全及农药登记管理的要求也不断提高。世界各国为顺应时代发展，不断调整其农药登记管理重点，由过去重视审查农药产品的有效性和安全性，逐步向鼓励高效安全环境友好方向发展；近年来，世界主要发达国家开始在农药登记管理中引入风险评估，高效低风险农药成为当前产品登记发展的方向。综合比较联合国粮农组织和世界卫生组织（FAO/WHO）、国际食品法典农药残留委员会（CCPR）等国际组织和欧美发达国家在农药产品登记及其应用方面的新动向，可以发现以下主要特征：

高效低风险农药是产品登记热点，杀虫剂、杀菌剂、除草剂和调节剂及卫生用药等以用量低、新作用机制、低抗性风险、低交互抗性风险、低环境风险等为登记发展方向；植物生长调节剂由原来促进或抑制作物的某一组织或器官，而向抗逆境胁迫和促进植物健康协同作用方向发展。

生物农药与化学农药的搭配使用是产品登记的又一热点。如性诱剂只是作用于某类或某一害虫的成虫，而对其他虫龄或其他害虫需要结合更有效的化学农药来防除。生物活体生物的防治效果一般作用较慢，且需要有适宜的繁殖条件才能持续发挥作用，也需要结合化学农药来协同作用，但化学农药的品种需要进行筛选，与生物农药联合需有增效或加成作用，不能选有拮抗作用的化学农药，不能将作为农药使用的生物活体生物也防除掉。

随着农药施药装备的技术性能不断改善，农药产品登记剂型和桶混助剂呈现多元化发展。如种子处理剂、设施农业中土壤消毒设备配套的缓释颗粒剂、微胶囊悬浮剂，无人机配备的低容量喷雾油剂，水稻田施用的药肥颗粒剂及各类桶混助剂等为当前产品登记热点，不但显著降低农药使用量和施药频次，还可充分提高防治效果。

抗性转基因作物（GMC）与化学农药的有机结合为化学农药拓展使用空间和范围提供条件。如抗灭生性除草剂草甘膦和草铵膦等转基因作物商品化种植，可以将作物田杂草全部清除，不但解决了草害问题，也消除了病害和虫害的田间寄主。

来自主要工业国的新农药品种不断创制和登记，迅速占领主要发展中国家的农业市场，并以大宗农作物为登记基础，逐步向特色小宗农作物拓展。在CCPR大会上，美国和加拿大等提出的作物分类和制定农药组限量标准为各成员国所接受，并作为解决特色小宗农作物安全用药登记管理的一个有效便捷途径。

国际食品法典委员会（CAC）农药残留标准的制定与修订及 15 年淘汰老药 CAC 农药残留标准的优先列表制，是发达工业国以推动农药创制和登记为口号，突破发展中国家的贸易技术壁垒，迅速占领国际农资市场的惯用且有效技术手段。

由国际跨国农药公司组成的植保协会（CROP LIFE INTERNATIONAL）推动的全球农药登记联合评审，旨在加快新农药登记，迅速替代老药，加快新农药占领国际农药市场的步伐；其强强联合，将各自各类并非完美的农药产品，进行科学合理的排列组合，并进行合作登记和市场分割；并根据作物的有害生物发生次序和危害特点，来提供作物植保解决方案是今后进一步垄断市场的重要技术措施。

参考文献（略）

手性农药的立体选择性体外代谢组学研究
Stereoselective Metabolism of Chiral Pesticides *in Vitro* Based on the Metabolomics Strategies

朱文涛*

（中国农业大学理学院应用化学系，北京 100193）

手性农药的立体选择性代谢所产生的代谢物可能会带来比手性农药本身更大的风险。如果一个对映体所产生的代谢物比另一个对映体生成的更多，代谢物降解比另一个对映体更慢以及代谢物毒性比另一个对映体更高，那么这种立体选择性的代谢对人和其他非靶标生物带来的风险则更大。因此通过非手性分析得到的农药及其代谢物浓度所指示的毒理学效应可能与实际并不相符。我们只有把手性农药对映体分别作为农药，在对映体水平上研究其立体选择性代谢问题，才能更准确地评价它对人体健康和生态系统的风险性。

体外研究手性农药的选择性代谢起步较早，研究方法也要相对成熟。目前主要用于体外研究的模型为人和动物的肝微粒体、S9、原代肝细胞等等。其中肝微粒体是体外代谢研究最流行的模型之一，微粒体中包含大量的代谢酶，如细胞色素 P450、黄素单加氧酶、羧酸酯酶、环氧水解酶等，因此它可以作为研究外源性污染物代谢归趋的体外模型。它的的优势在于：经济，使用方便，易于贮存，可以比较方便的进行物种之间的异同研究，是研究外源化合物代谢的最好模型之一（Asha and Vidyavathi，2010）。另一个比较常用的体外模型就是原代肝细胞。它的优点：①与体内情况保持高度一致，酶量和辅助因子的水平都是正常的生理浓度，可以在接近生理状态的情况下研究药物的代谢及毒性；②较好保留和维持了肝细胞的完整形态和肝细胞体外代谢活性，真实反映了体内的代谢情况；③排除了其他器官和组织的影响。可以应用到研究药物代谢途径，寻找药物在体内的代谢物，阐明药物对细胞色素 P450 酶的作用极其机制，解决种属差异的困扰，了解药物的细胞毒性和遗传毒性等领域。但是和微粒体类似，主要研究还是集中在非手性领域（Dasa *et al.*，2006；Choi *et al.*，2006；Mcmullina *et al.*，2007；Iyer *et al.*，2010；El–Shenawy，2010）。

无论是利用肝微粒体还是利用肝细胞作为模型来研究手性农药的立体选择行为，都存在着很大的缺陷。第一，对映体单体代谢途径的确认，目前，大部分的研究都没有考察单体的代谢途径。第二，缺少对映体单体整个代谢途径的所有代谢物的定量分析及其浓度随时间的变化研究。目前，大部分实验都局限于定量分析母体化合物的选择性行为，而对其代谢物的定量分析很少，尤其是对整个代谢通路的定量分析。而要准确的描述手性农药对映体之间的代谢或毒性差异，必须精确地对比对映体之间代谢物量的变化以及单体代谢物的浓度随着时间的变化。将代谢组学研究策略应用到手性农药研究领域，结合体外肝微粒体和肝细胞研究模型，则可以很好地解决以上存在的两个问题。代谢组学（metabolomics）

---

* 通讯作者：E–mail：wtzhu@cau.edu.cn

是在后基因组学时代兴起的一门跨领域学科，他是对一个生物系统内的所有代谢物进行鉴别和定量分析。代谢组学的研究方法主要有两种（Dettmer et al.，2007）：一种方法是代谢轮廓分析（metabolic profiling），研究人员假定了一条特定的代谢途径，确认整个代谢通路的主要代谢物并对其进行精确的定量分析；另一种方法称作代谢物指纹谱分析（metabolomic fingerprinting），是对一个生物系统如细胞、组织或器官内的所有代谢物进行定量分析。

可以借助代谢轮廓分析这个研究方法，将其应用到手性农药体外立体选择性代谢研究之中。代谢组学轮廓分析目前存在着两个巨大的挑战，第一个是代谢物的确认，因为在很多情况下代谢物无法从商业渠道或者实验室合成获得。在代谢组学研究中，合成代谢物标准品来对未知物进行阳性验证将是最后的一步。如果我们可以通过其他渠道确证代谢物的结构将会加速实验的进程，并且节约大量的时间和人力。第二个挑战就是同时对所选定的代谢物进行定量分析，由于一个代谢途径上的各个代谢物的物理化学性质的不同，很难用一个简单的方法同时提取各种性质不同的化合物，并获得很好的回收率以及准确度和精密度。体外模型研究的策略可以很好地弥补以上缺陷，我们可以利用人和其他物种的肝微粒或者肝细胞去代谢外源性化合物比如手性农药单体来确认主要的代谢物同时还可以发现一些新的代谢物。一旦确认，这些代谢物就可以作为标准品来研究这个外源性化合物在更复杂生物样本里的代谢情况。2011年，加拿大阿尔伯塔大学的利用人肝微粒体体外孵育技术研究了5个底物在其中的代谢情况，发现了9个可能的代谢物，并将它们作为标准品应用到人尿液的代谢物检测当中（Clements and Li，2011）。但是该实验存在一个很大的缺陷：利用低分辨的MS/MS来推测可能代谢物的结构，对于浓度较低的代谢物则无法确认。这里笔者提出一个准确确证代谢物的新方法，那就是以商业可以获得的外源性化合物稳定同位素标记物作为底物（如碳13或者氘代底物），通过体外代谢来获取其稳定同位素标记代谢物。利用色质联用技术将获得的稳定同位素标记代谢物与未被同位素标记的代谢物相比较来二次确认可能的代谢物，然后将所获得的稳定同位素标记代谢物作为定量分析内标，来绝对或相对定量分析更为复杂样品（如血浆、尿液、细胞等）中的代谢物。与传统方法相比较，我们不仅应用质谱来确认可能的代谢物，而且还利用相同条件下稳定同位素标记底物的代谢物加以确证。这样我们就多了另外3个确认条件：同位素标记代谢物的保留时间，质荷比和碎片离子峰，只要这三者和未标记的代谢物完全吻合，我们就可以很方便的确认这个代谢物。另外有了稳定的同位素标记内标，我们就可以精确地绝对或相对定量分析对映体及其代谢物轮廓的变化，以为进一步定量评估其对人和其他生物体的风险打下基础。

笔者首次将代谢组学定量代谢轮廓分析的策略引入到手性农药对映体立体选择性代谢研究领域不仅可以解决以往研究所遇到的两个问题，而且对今后手性农药代谢物的定性和定量分析的研究具有重要的指导意义。

参考文献

Asha S, Vidyavathi M. 2010. Role of human liver microsomes in *in vitro* metabolism of drugs: a review. Appl Biochem Biotechnol, 160: 1699 – 1722.

Dasa PC, Caoa Y, Cherringtonb N, Hodgsona E, Rosea RL. 2006. Fipronil induces CYP isoforms and cytotoxicity in human hepatocytes. Chem – Biol Interact, 164 (3): 200 – 214.

Choi K, Joo H, Rose RL, Hodgso E. 2006. Metabolism of chlorpyrifos and chlorpyrifos oxon by human hepatocytes. J Biochem Mol Toxicol, 20 (6): 279 – 291.

McMullina TS, Andersenb ME, Tessaria JD, Cranmera B, Hanneman WH. 2007. Estimating constants for metabolism of atrazine in freshly isolated rat hepatocytes by kinetic modeling. Toxicol in Vitro. 21 (3): 492 – 501.

Iyer VV, Androulakis IP, Roth CM, Ierapetritou MG. 2010. IEEE International Conference on Bioinformatics and Bioengineering. Effects of triadimefon on the metabolismof cultured hepatocytes. 118 – 123.

El – Shenawy NS. 2010. Effects of insecticides fenitrothion, endosulfan and abamectin on antioxidant parameters of isolated rat hepatocytes. Toxicol in Vitro. 24 (4): 1148 – 1157.

Dettmer K, Aronov PA, Hammock BD. 2007. Mass spectrometry – based metabolomics. Mass Spectrom Rev, 26: 51 – 78.

Clements M, Li L. 2011. Strategy of using microsome – based metabolite production to facilitate the identification of endogenous metabolites by liquid chromatography mass spectrometry. Anal Chim Acta, 685 (1): 36 – 44.

我国生物源农药存在的主要问题与关键技术需求
Main Problems and Key Technique Requirements in the Development of Biological Pesticides in China

刘泽文　叶永浩　李　俊

（南京农业大学植物保护学院，南京　210095）

近年来，世界各国都在大力推广使用生物源农药。据统计，2000 年生物农药占全球农药市场份额的 0.2%，2009 年增长到 3.7%。2010 年全球生物农药的产值超过 20 亿美元，市场占有率达到 4% 左右。据 Markets & Markets 发布的《2012—2017 年全球生物农药市场趋势与预测》报告显示，2017 年全球生物农药市场价值有望达到 32 亿美元。从 2012 年到 2017 年期间将以 15.8% 的复合年增长率增长。

我国生物源农药的发展起步较早，基本与国际生物源农药发展同轨。经过 50 多年的发展，目前我国已经掌握了许多生物源农药的关键技术与产品研制的技术路线，其中在植物线虫的生防制剂、人工扩繁赤眼蜂技术、虫生真菌的工业化生产与应用技术、捕食螨商品化、植物免疫生物诱抗药物研制等领域处于国际领先，而在微生物杀菌剂、农用抗生素等生物源农药主流产品的研发水平与发达国家相比仍有较大差距。

1　存在的主要问题

1.1　生物源农药创制缺乏关键技术和有效策略，限制其在生产上的大规模推广应用

在我国，近年来生物农药得到了较大发展，已初步形成 30 余家研究机构大约 200 家生产企业。主要类型包括微生物制剂、农用抗生素、植物源农药、植物生长调节剂等。但这些生物农药企业规模小、产能低，生物农药产量不到总量的 1%。生物农药资源和产业化关键技术缺乏系统的研究，应用技术落后，无法有效发挥生物农药的防治效果，导致生物农药产品缺乏整体竞争力。

1.2　生物源农药剂型加工与应用技术多数模仿化学农药，导致其实际防效不稳，限制产业化进程

目前，生物源农药的剂型加工多数模仿化学农药开展，这些剂型在田间的应用也是模仿化学农药开展的，在施药时间、用药次数、施药方法上没有充分发挥生物源农药的特点。由此可见，我国生物源农药剂型和相应的应用技术缺乏符合生物源特性的加工和应用技术体系，在实际应用中常导致生物农药活性降低快、防治效果不佳等现象出现，限制了生物农药的产业化进程。

1.3　我国缺少符合生物源农药特征的环境评价技术体系

化学农药对环境的评价技术体系已经比较成熟，主要包括非靶标生物毒性、环境毒理、残留、降解和代谢等方面研究。但是，我国目前还缺少符合生物源特征的环境评价技术体系。如微生物农药需要在寄主或环境中定殖到一定数量才能发挥其效用，其对非靶标

生物、微生态环境会产生何种影响，有效成分在环境中残留、降解和代谢有什么规律，环境生物延缓抗药性的效应和机理是什么等，都是需要探索和解决的重要科学问题。

2 急需解决的关键技术

2.1 多学科交叉的生物源新农药创制技术

将高通量筛选、计算机辅助筛选、基因重组、仿生合成等先进技术进行有效组合，应用到生物源农药研究开发中，建立基于分子靶标的生物源农药的定向快速筛选技术，发展基于生物源农药、靶标、环境三者相互作用规律的整体优化策略，创制广谱、高效、低毒、持效的生物源农药。

2.2 适用于生物源农药的加工和应用技术

开发适用于生物源农药生产、包装、贮存、运输的安全新助剂、新剂型及加工技术；研究生物源农药定殖规律和寄主范围，及其与寄主、有害生物、环境间相互关系，建立适用于生物源农药的高效、精准农药应用技术。

2.3 符合生物源农药特征的环境评价技术

研究生物源农药对动植物寄主、非靶标生物、微生态环境影响，以及有效成分在环境中的残留、降解、代谢等行为特点，发展符合生物源农药特点的评价技术，建立合适的评价标准。

参考文献（略）

液相微萃取技术在农药残留分析中应用与展望
Application Liquid Phase Microextraction in Pesticide Residue Analysis：an Overview

赵尔成

（北京市农林科学院植物保护环境保护研究所，北京　100097）

　　液相微萃取技术（也叫溶剂微萃取技术）是过去 10 年农药残留分析领域最为活跃的技术之一。自从 20 世纪 90 年代，Jeannot、HanKee Lee 等人开发液相微萃取技术（liquid‑phase microextraction，LPME）开始（Jeannot，2010；Sarafraz‑Yazdi，2010），这一技术在过去 10 多年取得了长足的进步，具体表现在 SCI 论文的数量逐年增加，图 1 和图 2 分别显示了过去 10 年单滴微萃取技术和分散液液微萃取技术发表的 SCI 文章大致趋势。这其中，农药残留分析液相微萃取技术主要的应用之一，以分散液液微萃取技术为例，2006—2014 年发表的 SCI 论文约为 1 100 篇，其中涉及农药类的文章大约有 350 篇，约占 1/3。

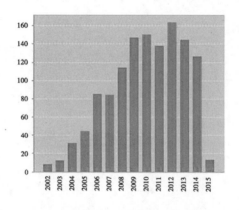

图 1　2002—2015 年发表的有关 SDME 的 SCI 论文

　　早期的 LPME 技术主要集中在单液滴型，主要的方式有两种：单滴微萃取技术（single drop microextraction，SDME）、基于纤维膜的液相微萃取技术（hollow fiber liquid‑phase microextraction，HF‑LPME）。单滴型微萃取技术主要采用在注射器针头悬挂一微小有机溶剂液滴，然后将其置于水相中进行液液萃取，将分析物逐渐富集到有机相中。单滴型的液相微萃取技术具有操作简单、节省溶剂的优点，缺点是富集倍数和萃取效率低。因此，分析化学家围绕 SDME 技术做了诸多改进，先后有 10 多种单滴型的溶剂微萃取技术出现，在此不一一介绍，具体见 Jeannot 等人发表的关于单滴微萃取技术的综述（Jeannot，2010）。此外，单滴微萃取技术最大的问题适于分析液体样本，对于固体样品没有很好的办法，从 2009 年以后，SDME 为代表的液相微萃取技术趋于稳定，每年发表的 SCI 论文在

2012 年后略有下降。

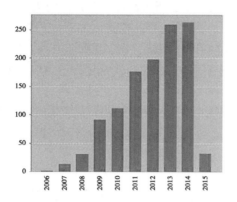

图2　2006—2015 年发表的有关 DLLME 的 SCI 论文

2006 年，Rezaee 等在 Journal of Chromatography A 杂志上介绍了一种水中有机污染物的萃取方法（Rezaee，2006；Rezaee，2010），并将其命名为分散液液微萃取（dispersive liquid – liquid microextraction，DLLME），操作见图 3，这是第一篇介绍 DLLME 的方法。

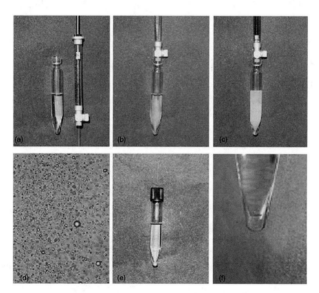

图3　分散液液微萃取技术的操作流程

用注射器将几微升的萃取溶剂四氯乙烯和 1mL 分散剂丙酮快速的加到 5mL 水样中，在水样中形成了一种雾状溶液，四氯乙烯以一种非常小的液滴形式分散到了水中，小液滴的形成，极大的提高了萃取溶剂和样本的接触面积，提高了萃取效率，缩短了萃取时间。萃取结束后，通过离心的方式可以将小液滴离心到离心管的底端。使用该方法最大的特点是操作简单，许多极性弱的有机污染物都可以达到很高的富集倍数（603 ~ 1 113 倍），这极大的提高了微萃取的绝对回收率，绝对回收率大于 60%，远远高于 SPME 和 SDME 等微萃取方法的回收率。其操作简单、富集倍数高、回收率高，可以满足农药残留分析对回收率的要求。更为重要的一点是在分散液液微萃取技术中，用于分散剂的是丙酮、乙腈等溶剂，可以先使用丙酮、乙腈农药残留分析方法作为萃取溶剂，然后再通过分散液液微萃取的方法进行富集，可以大大提高分析方法的灵敏度。有效的解决了单滴微萃取不能用于固体样本的缺点。DLLME 技术还可以可以和其他的前处理技术联用，因此在将来的研究可能会比 SDME 具有更广泛的应用。因此，从 2006 年开始，DLLME 技术发表的 SCI 论文逐年增加，应用范围也越来越广泛，在农药残留分析中也取得了长足的进步，覆盖的样品包括固体、液体等，从农药种类来看，包括有机磷农药、有机氯农药、拟除虫菊酯类等目前大部分农药。目前，DLLME 技术研究的热点在于与其他前处理技术联用，如固相萃取技术、分散固相萃取技术等，利用其他前处理技术作为净化手段，DLLME 技术作为富集方法，提供农药残留分析方法的净化效果和方法的灵敏度。

　　液相微萃取技术本质是一种液液萃取，只不过在其实践方式上与传统的液液萃取不一致。与传统的液液萃取相比，具有一定的优越性。在农药残留分析中的应用在得到 10 年的发展后，目前进入了一个相对稳定的阶段。具体表现在发表的论文数量趋于稳定，突破性的进展的文章逐年减少。作为分析技术应用性重要表征是标准方法的应用，目前国内外有关微萃取技术的标准方法相对较少，与之相对应的 10 年前美国农业部 Lehotay 博士等介绍的 QuEChERs 方法目前已被应用到美国 AOAC、欧洲标准化委员会的多个标准分析方法。究其原因是农药的种类很多，有近千种化合物，理化性质有很大的差异。目前的研究表明，LPME 技术对于萃取一些极性比较弱的化合物，效果较好，而对于一些极性比较强的化合物则较差。我们的研究结果也表明，大部分水溶性高的农药，如甲胺磷、敌敌畏等农药的萃取效果较差。即使对于新烟碱类杀虫剂，如吡虫啉、噻虫嗪等农药回收率也仅在 60% ~ 70%。下一步研究的难点在于提高水溶剂比较大的化合物的回收率，提高液相微萃取技术的应用范围。如果不能在这方面取得突破性进展，将会限制液相微萃取技术的应用范围，导致其仅限于发表文章的尴尬境地。

参考文献

Jeannot MA, Przyjazny A, Kokosa JM. 2010. Single drop microextraction – Development, applications and future trends, J Chromatog A, 1217 (16): 2326 – 2336.

Rezaee M, Assadi Y, Milani Hosseini MR, Aghaee E, Ahmadi F, Berijani S. 2006. Determination of organic compounds in water using dispersive liquid – liquid microextraction. J Chromatog A, 1116 (1 – 2): 1 – 9.

Rezaee M, Yamini Y, Faraji M. 2010. Evolution of dispersive liquid – liquid microextraction method. J Chromatog A, 1217 (16): 2342 – 2357.

Sarafraz – Yazdi A, Amiri A. 2010. Liquid – phase microextraction. Trac – trend Anal Chem, 29 (1): 1 – 14.

源于天然产物"优势结构"或"药效团"的新农药化学实体的创制

Design of Novel Agrochemicals from Natural Product – based Pharmacophore or Privileged Structural Motif

刘映前* 吴小兵 成丕乐 杨茜茹 陈海乐 张 健 张 娜

(兰州大学药学院药物化学研究所，兰州 730000)

天然产物骨架的复杂性和丰富的官能团化赋予了其独特的生物学活性，成为寻找农用活性化合物的最佳向导，已经引导了许多重要的新农药发明。据统计，目前业已成功的商业化农药化学实体，几乎50%以上是源于对天然产物随机筛选、仿生合成、生物合理性设计或天然产物赋予的灵感。尽管近年来多个结构新颖、机制独特的天然源先导分子不断涌现，但大多数活性天然产物因资源有限、含量少，或结构复杂、含多个手性中心，合成步骤繁琐、或研发成本高等诸多问题，其开发效率极，成为目前天然源农药创制的主要瓶颈之一。而目前开发的天然源仿生农药仍多是以现有商业化农药分子结构为基础，经改良探索合成新的"me too"类农药，利用其全新先导结构进行新农药的创制近来鲜有成功实例。

众所周知，近年来随着现代生物技术、有机合成新技术、组合化学、高通量筛选技术的快速发展及其在药物研发中的渗透和应用，大大提高了人们对于"天然源药物开发"的理性认识和分子设计水平，扩大了天然产物作为先导化合物的成药可能性，加速了新药创制过程。特别是药物设计策略和新药研发理念（如"以药效团和优势结构为导向的药物设计"、"基于配体和受体结构的药物设计"、"基于片段的药物发现"以及"基于骨架跃迁的计算机辅助药物设计"等方法）的发展，为天然源药物的创制开辟了新途径，天然产物的研究重心开始逐渐从"源于单个天然产物为先导"的目标性开发转移到"基于药效团或优势结构为基础的类天然产物化合物库"的高效构建上，即通过对天然产物结构的系统剖析，凝练其药效团或优势结构，在保留天然产物"优势结构"或"药效团"所具有的生物相容性和类药性基础上，构建结构简单、易于合成的"类天然产物化合物库"，拓展其"化学空间"或"生物空间"，大大加快了天然产物的合理利用，对解决天然资源短缺问题和避免对天然资源掠夺性开发产生了深远的意义，已成为目前医药领域研究天然源药物的热点课题之一，与此同时也为天然源农药的创制的提供了方向和理论依据。

据此，借鉴其医药领域的成功实践，以药效团或优势结构作为一类理想的先导化合物来源，综合运用分子模拟、组合化学、生物等排原理与构效关系分析相结合的研究手段开展结构简单、易于合成的类天然产物农药小分子化合物库的构建与系统的结构优化研究，

* 通讯作者：E – mail：yqliu@ lzu. edu. cn

将会突破传统意义上的天然产物农药研究的瓶颈问题，提高以天然产物为先导的新农药开发效率，大大降低和缩短寻找新农药的成本与周期，将会成为今后天然产物农药研发领域的重要课题。

参考文献

Walter MW. 2002. Structure – based design of agrochemicals. Nat Prod Rep, 19：278 – 291.

Baker M. 2013. Fragment – based lead discovery grows up. Nat Rev Drug Discov, 12（1）：5 – 7.

Blundell TL. 1996. Structure – based drug design. Nature, 384：2326.

Zhao HY. 2007. Scaffold selection and scaffold hopping in lead generation：a medicinal chemistry perspective. Drug Discov Today, 12（3/4）：149 – 155.

转基因 *Bt* 作物靶标害虫抗性监测策略
Strategies for Monitoring Target Pest Resistance to Transgenic *Bt* Crops

赵 景*

（华中农业大学植物科学技术学院，武汉 430070）

作为一种世界性广泛应用和持续性争议的生物技术，转基因 *Bt* 抗虫作物已经由全球 1996 年种植的 110 万 hm² 发展到 2013 年的 7 600 万 hm²，其种植在减少化学农药施用、主要靶标害虫控制、害虫天敌保护及提高作物产量和农民经济效益等方面发挥了巨大作用（James，2013）。*Bt* 作物中转入的 *Bt* 杀虫蛋白基因可以在整个生育期持续表达以控制害虫种群发生，但鉴于害虫可抗性进化以适应杀虫剂的先例，长期暴露在 *Bt* 杀虫蛋白高压选择下，靶标害虫同样存在对 *Bt* 作物产生抗性的风险，一旦害虫对 *Bt* 作物产生抗性，将严重影响 *Bt* 作物的使用寿命（Gould，1998）。*Bt* 作物推广种植将近 20 年来，目前，已至少有 5 例田间防治靶标害虫失效或即将失效的报道（Tabashnik et al.，2013）。因此，及早了解靶标害虫可能对 Bt 作物产生的抗性进化及动态监测害虫田间种群抗性发展过程，发展有效的抗性监测策略，将规避害虫抗性进化风险，并对开展合理的抗性治理策略具有重要参考意义。

作为抗性治理重要环节，切实有效的抗性监测方法，对于评估害虫田间种群抗性基因起始频率，了解抗性基因频率的动态变化具有重要意义。因此，采用何种抗性检测方法，以真实地反映害虫抗性进化的实际情况，是抗性监测工作的主要任务。本文中，通过结合目前已报到的相关 *Bt* 抗性检测方法和作者的抗性监测工作经验，逐一介绍各种检测方法及其优缺点，同时根据目前抗性检测数据和靶标害虫对 *Bt* 作物抗性现状探讨如何有效的开展抗性监测工作。

1 抗性检测方法

生物测定方法：

生物测定方法作为传统的抗药性检测方法同样在 *Bt* 抗性检测中适用，其方法主要为从采集田间害虫种群，通过室内生物测定方法计算其致死中浓度（LC_{50}）等数据，与敏感品系或历史数据比较，确定抗性变化。一般当抗性倍数超过 10 倍时可以确定田间出现了对 Cry 杀虫蛋白抗性可稳定遗传的不敏感种群（Tabashnik，1994）。Zhang 等（2011）通过比较我国华北棉区 13 个和新疆维吾尔自治区棉区 2 个田间棉铃虫种群的 LC_{50} 数据发现，部分华北地区种群对 Cry1Ac 原杀虫蛋白和活化杀虫蛋白抗性是室内敏感品系和新疆种群的 10 倍左右，鉴于没有田间防治失效的报道，提出了华北棉区棉铃虫种群早期抗性

---

* 通讯作者：E－mail：tanghezj@163.com

进化的预警。

在 *Bt* 作物推广前，生物测定技术在建立田间敏感性基线时非常有用，但此方法并不能在抗性基因频率较低时有效监测抗性进化，同时该方法具有滞后性，检测到田间种群抗性很高时田间防治可能已经失效。

区分剂量法：

区分剂量法是通过检测害虫田间个体在诊断剂量下的存活率以检测田间抗性情况，诊断剂量一般为可以几乎全部杀死敏感种群的剂量，通常用敏感种群的 LC_{99} 值。存活的抗性个体与室内敏感个体杂交后检测 F_1 代在区分剂量下的存活率，可以判断抗性基因的显隐性，从而全面检测田间种群的抗性进化。Jin 等（2014）在 2010—2013 年连续四年用区分剂量法检测我国华北棉区棉铃虫种群的抗性发展情况，不仅首次验证了自然庇护所策略可以有效延缓害虫抗性进化，同时利用模型预测了田间种群的抗性进化趋势。

在田间抗性个体 >1% 时，区分剂量法将会非常有效。但当田间抗性基因频率较低时，同时隐性基因比重更大时，此方法将很难检测到抗性个体，另一个缺陷是该方法不能检测到隐性杂合子个体，无法直接预测抗性基因频率。

F_1 单雌系检测法：

该方法通过改进区分剂量法，直接采集田间交配后雌虫建立单雌系，检测在区分剂量下单雌系 F_1 代的存活率，从而可以准确地估算田间抗性基因频率（Burd *et al.*，2013）。Li 等（2010）通过该方法检测 2005—2009 年我国新疆棉区两个种群的抗性基因频率，发现两地的抗性基因频率远低于 0.001 的水平，同时通过相对发育速率（RADRs）法检测到库尔勒种群 F_1 个体在 *Bt* 饲料上发育速度存在增长趋势。

该方法和区分剂量法相比估算田间抗性基因频率将更为准确，同时在检测非隐性抗性基因是将更有优势。缺点是除非检测大量的 F_1 单雌系，否则，该方法仅适合检测非隐性基因。

F_1 单对杂交法：

在抗性基因频率较低的情况下，隐性抗性基因很难检测到，针对此 Gould 等（1997）建立了一种通过收集田间虫子与室内抗性虫子杂交检测其 F_1 代个体在区分剂量下存活率以估算田间抗性基因频率的 F_1 检测方法。该方法前提需：室内需获得一个稳定的隐性常染色体遗传抗性品系，田间抗性基因必须和室内抗性品系抗性基因一致。Downes 等（2010）在澳大利亚推广转 *Cry1Ac* 和 *Cry2Ab* 双价棉花后的抗性监测研究中，其中，使用了 F_1 检测方法，发现澳洲棉铃虫对 Cry2Ab 的抗性基因频率逐年增长。

F_1 检测方法在田间抗性基因频率较低时，检测与室内抗性品系互补的隐性抗性基因和预测抗性基因频率非常有效，但如果田间存在非隐性抗性基因时，无法准确区分两者。Zhang 等（2012）年的研究中，通过将 F_1 单对杂交检测后存活的阳性个体进一步与室内敏感品系个体杂交检测其后代，检测到田间抗性基因除与室内抗性品系互补的隐性抗性基因外，同时存在非隐性的抗性基因。

F_2 代检测方法：

该方法包括以下几个步骤：从田间采集交配过的雌虫，把单个雌虫产生的 F_1 后代单独饲养至成虫建立单雌系并让每个单雌系 F_1 代自交，用区分剂量检测每个单雌系 F_2 后代的抗性情况（Andow and Alstad，1998）。此方法理论依据在于：如果田间母本携带一个隐性抗性基因，那么 F_2 后代中将有 1/16 的个体在区分剂量下存活。由于每个田间交配过雌虫至少携带 4 个等位基因，在田间抗性基因频率在 0.001 左右时，仅需检测 250 个单雌系即可检测到抗性基因。所以，F_2 在检测田间携带隐性基因的杂合子时将非常有效，同时也可以有效检测非隐性抗性基因。在澳大利亚转 Cry1Ac 和 Cry2Ab 双价棉花推广前，利用 F2 检测发现棉铃虫种群对 Cry1Ac 的抗性基因频率 < 0.0003，而对 Cry2Ab 的抗性基因频率为 0.0033，尔后发现检测到的 Cry2Ab 抗性基因属于同一类型（Mahon $et\ al.$, 2007, 2008）。

F_2 检测方法的缺点在于，需要检测大量的单雌系，饲养虫子需要耗费大量的人力和物力，成本上花费太多，同时从田间收集雌虫后直到 F_2 代才能检测，需要花费较长的时间。在抗性基因频率低于 0.001 时，该方法的有效性将降低。

DNA 分子标记检测法：

在靶标害虫 Bt 杀虫蛋白受体基因突变等基因突变 Bt 抗性中，抗性基因突变位点的基因组序列克隆鉴定后，可以设计等位基因特异性 PCR 引物来检测田间个体的突变基因。和传统的检测方法相比，DNA 分子检测方法有以下几个优点：抗性基因的显隐性不影响检测；可以很好的区分抗性杂合子和敏感纯合子；分子检测可以有效检测到分子差异，从而可以避免生物测定或生化分析时由于其他因素影响而导致的差异；可以检测不同发育时期的田间虫子甚至死虫。所以，分子检测方法与传统方法相比具有更高的灵活性和稳定性（Morin 等，2004）。

害虫田间种群抗性基因的多样性是制约分子检测的一个重要瓶颈，抗性基因种类越多，检测难度越大。在 Zhao 等（2010）的 F_1 单对杂交检测研究中，室内抗性品系的抗性基因为钙黏蛋白缺失突变基因，通过分子鉴定 F_1 单对杂交检测获得到与室内抗性品系基因互补的田间抗性基因，发现最低 5 种以上的钙黏蛋白基因突变类型，包括同一基因不同位置的插入、缺失及点突变等。因此，分子检测法仅局限在检测某一特殊位点的抗性基因。

2 关于抗性监测策略的思考

通过比较上一部分的抗性检测方法可以发现，每种方法具有自己无可比拟的优势，同时在全面检测 Bt 抗性或工作量上都存在一定的缺陷。靶标害虫对 Bt 作物的抗性进化主要取决于以下几个因素：田间抗性个体初始频率、抗性基因的遗传方式、抗性种群的地理分布及其他控制途径的有效性等（Tabashnik $et\ al.$, 2009）。合理的抗性监测策略应以全面了解到田间抗性情况，基本回答田间抗性基因的初始频率、田间抗性基因的抗性遗传方式及田间抗性如何发展为目的的，从而为合理的抗性治理策略提供理论依据。因此，制定合理的抗性监测策略时，应全面考虑到田间种群可能出现的抗性，优化组合各种抗性检测方法。

参考目前已报道的抗性监测数据将对完善后续的抗性监测策略具有重大意义。以我国棉铃虫种群对转 $Cry1Ac$ 棉花抗性监测为例，室内抗性筛选获得的抗性品系经鉴定为钙黏蛋白基因突变引起的隐性抗性（Xu $et\ al.$, 2005），通过 F_1 单对杂交法检测发现田间种群同样存在类似抗性基因，同时田间钙黏蛋白突变基因具有突变位点多样性（Yang $et\ al.$, 2007, Zhao $et\ al.$, 2010）。但后续的改进 F_1 单对杂交（加上鉴定田间抗性基因的显隐性）和 F_2 检测同时检测发现，田间不仅存在隐性的钙黏蛋白突变抗性基因，同时存在钙黏蛋白突变引起的非隐性抗性和其他位点的非隐性抗性基因（Zhang *et al.*，2012）。2010—2013 年连续用区分剂量法检测我国华北棉区棉铃虫 Cry1Ac 抗性个体频率，同时鉴定抗性个体抗性遗传方式发现，非隐性抗性个体在所有抗性个体中比重由 2010 年的 37% 增长到 2013 年的 84%，非隐性抗性基因在抗性进化中作用更大，同时田间抗性个体由 2010 年的 0.93% 增长到 2013 年的 5.5%，表明华北棉区棉铃虫种群处于抗性早期进化阶段。另外，在本研究中通过结合获得的田间抗性个体在不同棉花上的存活和我国自然庇护所的种植数据进行模型预测，发现观测数据与预测数据基本一致，首次验证了自然庇护所策略延缓 *Bt* 进化的有效性（Jin *et al.*，2014）。

总结目前的抗性监测数据，可以把抗性监测分为转 *Bt* 作物推广前抗性监测和推广后动态监测两个部分。在转 *Bt* 作物推广前，确定抗性检测的区分剂量、有效的预测靶标害虫的抗性基因初始频率及评估田间个体可能的抗性遗传类型等非常重要。区分剂量可以通过生物测定获得田间种群的敏感基线获得，抗性基因初始频率和抗性遗传类型利用 F_2 检测比较可行，室内筛选田间种群获得抗性品系以明确可能的抗性机理也是一种重要途径。在转 *Bt* 作物推广后，动态的连续监测非常必要，初期可以采用 F_2 检测或在获得抗性品系后的利用 F_1 单对杂交检测比较可行，后期抗性个体 >1% 时，区分剂量法检测加上抗性遗传鉴定是首选途径，初期后期检测获得田间抗性个体后，一定要通过与敏感品系杂交确定其抗性遗传方式。

我国是世界上 *Bt* 抗虫作物的种植大国之一，转 *Bt* 棉花的大量种植现状及转 *Bt* 水稻等作物的潜在应用，要求我们必须动态的进行抗性监测，为抗性治理策略提供系统的数据支撑，以确保转 *Bt* 作物的持续利用。

参考文献

Andow DA, Alstad DN. 1998. F (2) screen for rare resistance alleles. J Econ Entomol, 91 (3): 572 – 578

Burd AD, Gould F, Bradley JR, Van Duyn JW, Moar WJ. 2003. Estimated frequency of nonrecessive Bt resistance genes in bollworm, *Helicoverpa zea* (Boddie) (Lepidoptera: Noctuidae) in eastern North Carolina. J Econ Entomol, 96 (1): 137 – 142

Downes S, Parker T, Mahon R. 2010. Incipient resistance of *Helicoverpa punctigera* to the Cry2Ab Bt toxin in Bollgard II cotton. PloS ONE, 5 (9): e12567.

Gould F. 1998. Sustainability of transgenic insecticidal cultivars: integrating pest genetics and ecology. Ann Rev Entomol, 43: 701 – 726.

Gould F, Anderson A, Jones A, Sumerford D, Heckel DG, Lopez J, Micinski S, Leonard R, Laster M. 1997. Initial frequency of alleles for resistance to *Bacillus thuringiensis* toxins in field populations of *Heliothis virescens*. Proc Natl Acad Sci USA, 94 (8): 3519 – 3523.

James C. 2013. Global status of commercialized biotech/GM Crops: 2013. *ISAAA Briefs* 46 (ISAAA, Ithaca, NY, 2013).

Jin L, Zhang H, Lu Y, Yang Y, Wu K, Tabashnik BE, Wu Y. 2015. Large – scale test of the natural refuge strategy for delaying insect resistance to transgenic *Bt* crops. Nat Biotechnol, 33 (2): 169 – 174.

Li G, Feng H, Gao Y, Wyckhuys KA, Wu K. 2010. Frequency of Bt resistance alleles in *Helicoverpa armigera* in the Xinjiang cotton – planting region of China. Environ Entomol, 39 (5): 1698 – 1704.

Mahon RJ, Olsen KM, Downes S. 2008. Isolations of Cry2Ab resistance in Australian populations of *Helicoverpa armigera* (Lepidoptera: Noctuidae) are allelic. J Econ Entomol, 101 (3): 909 – 914.

10. Mahon RJ, Olsen KM, Downes S, Addison S. 2007. Frequency of alleles conferring resistance to the Bt toxins Cry1Ac and Cry2Ab in Australian populations of *Helicoverpa armigera* (Lepidoptera: Noctuidae). J Econ Entomol, 100 (6): 1844 – 1853.

Morin S, Henderson S, Fabrick JA, Carrière Y, Dennehy TJ, Brown JK, Tabashnik BE. 2004. DNA – based detection of Bt resistance alleles in pink bollworm. Insect Biochem Mol Biol, 34 (11): 1225 – 1233.

Tabashnik BE. 1994. Evolution of Resistance to *Bacillus thuringiensis*. Ann Review Entomol, 39: 47 – 79.

Tabashnik BE, Brevault T, Carriere Y. 2013. Insect resistance to *Bt* crops: lessons from the first billion acres. Nat Biotechnol, 31 (6): 510 – 521.

Tabashnik BE, Van Rensburg JB, Carriere Y. 2009. Field – evolved insect resistance to *Bt* crops: definition, theory, and data. J Econ Entomol, 102 (6): 2011 – 2025.

Xu X, Yu L, Wu Y. 2005. Disruption of a cadherin gene associated with resistance to Cry1Ac {delta} – endotoxin of *Bacillus thuringiensis* in *Helicoverpa armigera*. Appl Environ microbiol, 71 (2): 948 – 954.

Yang Y, Chen H, Wu Y, Yang Y, Wu S. 2007. Mutated cadherin alleles from a field population of *Helicoverpa armigera* confer resistance to *Bacillus thuringiensis* toxin Cry1Ac. Appl Environ microbiol, 73 (21): 6939 – 6944.

Zhang H, Yin W, Zhao J, Jin L, Yang Y, Wu S, Tabashnik BE, Wu Y. 2011. Early warning of cotton bollworm resistance associated with intensive planting of Bt cotton in China. PloS ONE, 6 (8): e22874.

Zhao J, Jin L, Yang Y, Wu Y. 2010. Diverse cadherin mutations conferring resistance to *Bacillus thuringiensis* toxin Cry1Ac in *Helicoverpa armigera*. Insect Biochem Mol Biol, 40 (2): 113 – 118.

转基因抗虫作物的非靶标效应研究
Non – target Risk Assessment of Insect – resistant Genetically Engineered Crops

李云河*

（中国农业科学院植物保护研究所，植物病虫害生物学国家重点实验室，
北京　100193）

自转基因作物的研制开始，其安全性问题一直受到各国政府、专家及普通民众的持续关注。在转基因作物可能带来的潜在风险中，其对农田非靶标生物可能带来的潜在负面影响是公众关注的一个焦点问题。评价转基因植物对非靶标生物的潜在风险，一般通过以下3 个步骤：①确立可能的风险问题；②筛选合适的代表性生物；③开展相关试验研究（Romeis *et al.*，2008）。

1　风险问题的确立

转基因抗虫植物的非靶标效应研究属于环境风险评价（Environmental risk assessment，ERA）的范畴，评价工作起始于潜在风险问题的分析与确立，即通过对相关因素的分析，明确潜在的风险及所需要保护的目标（Protection goal），提出相应的风险假设（USEPA，1998；EFSA，2010；Romeis *et al.*，2008）。在确立风险问题的过程中，一般首先要通过文献检索和查阅转基因作物品种培育者向管理部门提供的相关档案文件等资料，弄清所要评价的转基因品种除了所表达的外源基因外与其受体植物是否具有实质等同性（Substantial – equivalent），主要考虑转基因植物和受体植物在生理生态、外源蛋白外其他营养物质成分等方面的异同。这种实质等同性一旦确立，风险评价工作将可局限于对转基因抗虫植物所产生的外源杀虫化合物（如 Bt 蛋白）的潜在风险进行评价。为了进一步缩小评价范围，使评价工作更具针对性和具体化，还需要考虑外源杀虫蛋白的分子特征、作用方式、潜在杀虫谱及杀虫蛋白的时空表达等特性。另外，还要考虑转基因植物潜在释放的环境、种植规模及可能对环境造成影响的程度及相应的生态后果。然后，根据这些基础信息和风险管理目标提出相应风险假设，开展相应试验研究工作（USEPA，1998；EFSA，2010；Romeis *et al.*，2008）。

风险假设确立后，将可制定相应的评价方案。目前，为风险评价工作者和相关转基因植物管理部门广泛接受的是分层次评价体系（Romeis *et al.*，2008；USEPA，2007；EFSA，2010）。简单的说，就是选择合适的代表性生物种，首先在可控的实验室或温室条件下开展相关评价试验（Lower – tier tests）。如果实验室或温室试验评价中得到确切的"无负面影响"的结论，将可终止评价工作，不需要开展进一步的试验。但如果发现"负面影

＊　通讯作者：E – mail：*yunheli2012@126. com*

响"，或者试验结论不十分确定，需要进一步在田间实际条件下开展评价工作，即田间调查试验（Higher – tier tests）。大量研究证实，在可控的实验室或温室条件下开展的评价工作更为严谨，数据更具说服力（Romeis *et al.*，2008）。一般认为，如果在实验室或半田间条件下开展的评价试验中没有检测到负面影响，田间调查试验一般不可能检测到负面影响，或者即使检测到了负面影响，也难以明确所检测到的影响是源于转基因抗虫作物还是其他环境因素造成的（Romeis *et al.*，2006；Marvier *et al.*，2007）。因此，目前该类评价工作主要集中在实验室评价，如在美国申请一例转基因抗虫植物材料解除监管时，如果所提供的实验室评价数据证实转基因抗虫作物不会对非靶标节肢动物产生负面影响，一般不需要提供田间评价数据。因此，下文只阐述实验室评价工作。

2 节肢动物代表种的选择

由于农田有益节肢动物种类繁多，在实验室或温室条件下评价转基因抗虫作物对非靶标生物潜在影响，不可能对每个生物物种进行逐一评价，因此，一般通过选择合适的、具有代表性的节肢动物物种作为指示生物（Indicator species），通过对指示物种的评价来预测转基因植物对其他被代表物种的潜在生态风险。因此，选择合适的代表性节肢动物种是评价转基因植物非靶标生物影响的重要环节。目前，国际上已经制定了选择指示性生物应遵循的标准：①在作物田发挥重要生态功能的节肢动物种，如捕食性天敌普通草蛉和瓢虫等；②在转基因抗虫作物田，较高地暴露于外源杀虫化合物，最有可能受到影响的节肢动物种；③与转基因抗虫植物靶标昆虫亲缘关系较近，最可能对植物所表达杀虫蛋白敏感的节肢动物种，例如，当评价以鞘翅目害虫为靶标的转基因抗虫作物环境风险时，应该把鞘翅目非靶标昆虫作为重点评价对象；④还需要考虑试验操作上的便利性和可行性。一般来说，易于在试验室饲养，在试验中易于处理和观察的非靶标节肢动物应该被优先考虑作为指示性物种（Romeis *et al.*，2013；Carstens *et al.*，2014）。

3 试验室评价方法

根据所选指示生物的生物学特点及其在实际条件下暴露于转基因抗虫作物表达的外源杀虫蛋白的途径和方式，常常开展以下 3 类试验：①纯蛋白直接饲喂试验，即所谓的Tier – 1 试验；②二级营养试验（Bi – trophic experiment）；③三级营养试验（Tri – trophic experiment）。

3.1 纯蛋白直接饲喂试验

一般通过发展合适的人工饲料，通过把高剂量的纯杀虫蛋白（一般为由大肠杆菌表达，分离、纯化获得）加入人工饲料，直接饲喂给受试生物，观察受试生物生长发育或其他生命参数，明确杀虫蛋白对受试生物的潜在毒性。为了最大可能地检测到杀虫蛋白对受试生物的潜在毒性，试验采取保守设计。一般要求，试验中受试生物被暴露于比其在田间实际环境中接触的杀虫化合物高 10 倍，甚至 100 倍以上的浓度（USEPA，2001，2007；Li *et al.*，2014a）。

开展这类试验，需要具备以下条件和要求：①所采用的人工饲料能满足受试生物的正常生长发育，一般要求对照处理组受试生物死亡率 <20%；②受试化合物能均匀地混入饲料，并在生物测定试验期间保持一定的生物活性；③试验中要设立合适的阳性对照处理，

用于明确受试生物是否取食到受试化合物及验证试验体系的敏感性；④受试杀虫蛋白必须保证与转基因植物表达的杀虫蛋白具有实质等同性（Romeis *et al.*，2011a；Li *et al.*，2014a）。

3.2 二级营养试验

对于某些可以直接取食植物组织的受试节肢动物，可开展二级营养试验，即建立合适的试验体系，通过把转基因植物组织直接饲喂给受试生物，观察受试生物的生长发育或其他生命参数，明确取食转基因植物组织对受试生物的潜在影响，如评价 Bt 作物花粉对草蛉成虫的影响（Li *et al.*，2008，2014b；Wang *et al.*，2012）。该类试验检测的影响可能来源于转基因抗虫植物表达的外源蛋白对受试生物的直接毒性，或者来源于外源基因转入植物导致的非预期效应，如植物产生的次生代谢物等。因此，如果在该类试验中检测到对受试生物的负面影响，需要通过 Tier－1 试验明确所检测的影响是否来源于转基因外源杀虫蛋白。在该类试验中，如果仅取食植物组织不能满足受试生物的正常生长发育，还需要在饲喂受试生物植物组织的同时提供其他食物，以满足受试生物的正常需求。如当研究取食 Bt 植物花粉对龟纹瓢虫影响时，需要在饲喂龟纹瓢虫 Bt 植物花粉同时提供其他食物，如蚜虫（Zhang *et al.*，2014）。在该类试验中，由于无法人为提高受试动物食物中杀虫化合物的含量，一般通过延长生测试验时间来提供受试生物暴露于杀虫化合物的水平，提高"无风险"结论的可靠性。

3.3 三级营养试验

对于昆虫天敌，如昆虫捕食者或寄生蜂，可以开展三级营养试验，即首先把纯杀虫蛋白或转基因植物组织饲喂给受试天敌昆虫的猎物或寄主，再把体内含有转基因杀虫蛋白的猎物或寄主饲喂给天敌昆虫（Li *et al.*，2010，2013）。开展此类试验，需要注意以下两点：①如果以植物组织为食物，尽量选择取食转基因植物后体内含有较高杀虫蛋白的猎物或寄主。一些天敌猎物或寄主，如蚜虫取食 Bt 玉米或 Bt 棉花后，体内基本不含 Bt 蛋白（Romeis *et al.*，2011b），这样的猎物或寄主不能有效地把转基因杀虫蛋白传递给天敌昆虫，因此，不宜用于该类试验（Li *et al.*，2010）；②要选择对受试杀虫蛋白不敏感的昆虫或对受试化合物产生抗性的实验室种群作为猎物或寄主。如果所选择猎物或寄主对杀虫蛋白敏感，其取食杀虫蛋白后，可能死亡，影响试验的开展，或者生长发育受到影响，导致其作为猎物或寄主营养质量下降而导致对上一营养层的间接影响，以致难以明确杀虫蛋白是否对受试天敌具有毒性（Li *et al.*，2011）。

在实验室条件下评价转基因抗虫植物对非靶标生物的潜在影响，主要目的是弄清转基因抗虫植物产生的外源杀虫蛋白是否对受试非靶标生物具有毒性。因此，在该类试验中，需要明确受试生物是否取食到杀虫蛋白？暴露于杀虫蛋白的浓度有多高？及所取食的杀虫蛋白是否具有杀虫活性？这些问题直接影响风险结论的可靠性。因此，开展此类试验，一般要采用酶联免疫测定法（ELISA）或 Western－blot 技术检测试验中转基因杀虫蛋白在受试生物食物（饲料或猎物）及其体内杀虫蛋白的浓度，并开展敏感昆虫生物测定检测受试生物所取食杀虫蛋白的生物活性，即把杀虫蛋白从受试食物中提取出来，加入对受试蛋白敏感的靶标昆虫饲料，观察靶标昆虫的生命参数，鉴定杀虫蛋白的生物活性（Romeis *et al.*，2011a；Li *et al.*，2010，2011，2014a，b）。

参考文献

Carstens K, Cayabyab B, De Schrijver A, Gadaleta PG, Hellmich RL, Romeis J, Storer N, Valicente FH, Wach M. 2014. Surrogate species selection for assessing potential adverse environmental impacts of genetically engineered insect – resistant plants onnon – target organisms. GM Crops Food, 5: 11 – 15.

EFSA. 2010. Guidance on the environmental risk assessment of genetically modified plants. The EFSA Journal 8: 1879.

Li Y, Meissle M, Romeis J. 2008. Consumption of *Bt* maize pollen expressing Cry1Ab or Cry3Bb1 does not harm adult green Lacewings, *Chrysoperla carnea* (Neuroptera: Chrysopidae). PLoS ONE, 3: e2909.

Li Y, Romeis J. 2010. *Bt* maize expressing Cry3Bb1 does not harm the spider mite, *Tetranychus urticae*, or its ladybird beetle predator, *Stethorus punctillum*. Biolog Contr, 53: 337 – 344.

Li YH, Chen XP, Hu L, Romeis J, Peng YF. 2014b. Bt rice producing Cry1C protein does not have direct detrimental effects on the green lacewing *Chrysoperla sinica* (Tjeder). Environmental Toxicology and Chemistry 33 (6): 1391 – 1397.

Li YH, Romeis J, Wang P, Peng YF, Shelton AM. 2011. A comprehensive assessment of the effects of *Bt* cotton on *Coleomegilla maculata* demonstrates no detrimental effects by Cry1Ac and Cry2Ab. PLoS ONE, 6 (7): e22185.

Li YH, Romeis J, Wu KM, Peng YF. 2014a. Tier – 1 assays for assessing the toxicity of insecticidal proteins produced by genetically engineered plants to non – target arthropods. Insect Sci, 21: 125 – 134.

Li YH, Wang YY, Romeis J, Liu QS, Lin KJ, Chen XP, Peng YF. 2013. Bt rice expressing Cry2Aa does not cause direct detrimental effects on larvae of Chrysoperla sinica. Ecotoxicol, 22: 1413 – 1421.

Marvier M, McCreedy C, Regetz J, Kareiva. 2007. A meta – analysis of effects of Bt cotton and maize on nontarget invertebrates. Science, 316: 1475 – 1477.

Romeis J, Bartsch D, Bigler F, Candolfi MP, Gielkens MM, Hartley SE, Hellmich RL, Huesing JE, Jepson PC, Layton R, Quemada H, Raybould A, Rose RI, Schiemann J, Sears MK, Shelton AM, Sweet J, Vaituzis Z, Wolt JD. 2008. Assessment of risk of insect – resistant transgenic crops to nontarget arthropods. Nat Biotechnol, 26: 203 – 208.

Romeis J, Hellmich RL, Candolfi MP, Carstens K, De Schrijver A, Gatehouse AM, Herman RA, Huesing JE, McLean MA, Raybould A, Shelton AM, Waggoner A. 2011a. Recommendations for the design of laboratory studies on non – target arthropods for risk assessment of genetically engineered plants. Transgenic Res, 20: 1 – 22.

Romeis J, Meissle M. 2011b. Non – target risk assessment of *Bt* crops ‐ Cry protein uptake by aphids. J Appl Entomol, 135: 1 – 6.

RomeisJ, Meissle M, Bigler F. 2006. Transgenic crops expressing Bacillus thuringiensis toxins and biological control. Nat Biotechnology 24: 63 – 71.

Romeis J, Raybould A, Bigler F, Candolfi MP, Hellmich RL, Huesing JE, Shelton AM. 2013. Deriving criteria to select arthropod species for laboratory tests to assess the ecological risks from cultivating arthropod – resistant transgenic crops. Chemosphere, 90: 901 – 909.

USEPA (U. S. Environmental Protection Agency). 1998. Guidelines for ecological risk assessment. U. S. Environmental Protection Agency, Risk Assessment Forum, Washington, DC.

USEPA (U. S. Environmental Protection Agency). 2007. White Paper on tier – based testing for the effects of proteinaceous insecticidal plant – incorporated protectants on non – target arthropods for regulatory risk rssessments. http: //www. epa. gov/oppbppd1/biopesticides/pips/non – target – arthropods. pdf.

USEPA（U. S. Environmental Protection Agency）. 2001. Biopesticide registration action document. *Bacillus thuringiensis*（*Bt*）plant – incorporated protectants. 15 October 2001. http：//www. epa. gov/oppbppd1/bio-pesticides/pips/bt_ brad. htm.

Wang YY, Li YH, Romeis J, Chen XP, Zhang J, Chen HY, Peng YF. 2012. Consumption of *Bt* rice pollen expressing Cry2Aa does not cause adverse effects on adult *Chrysoperla sinica* Tjeder（Neuroptera：Chrysopidae）. Biolog Contr, 61：246 – 251.

Zhang XJ, Li YH, Romeis J, Yin XM, Wu KM, Peng YF. 2014. Use of a pollen – based diet to expose the ladybird beetle *Propylea japonica* to insecticidal proteins. PLoS ONE, 9（1）：e85395.

新实践与新进展

F-box 蛋白 MoGrr1 调控稻瘟病菌生长发育的分子机制
The Molecular Mechanism of F-box Protein MoGrr1 in Regulating Fungal Growth and Development of *Magnaporthe oryzae*

郭 敏*

（安徽农业大学，合肥 230036）

水稻是世界范围内重要的粮食作物，每年约有 55% 的人口依赖其解决温饱问题。在水稻生育期内，稻瘟病是威胁水稻产量和品质的重要因素，平均每年由该病害引发的稻谷产量损失达 20% 左右（Valent and Chumley，1991）。研究表明，稻瘟病的发生及流行程度取决于田间分生孢子的数量，因此，深入解析稻瘟病菌分生孢子发育的分子机制对有效控制该病害的发生及提高稻米品质具有重要的理论与实践意义。

F-box 蛋白是真菌生长发育过程中的重要调控因子，参与多种不同的生物学过程（Han *et al.*，2007；Duyvesteijn *et al.*，2005；Jonkers *et al.*，2011）。本研究根据酿酒酵母 F-box 蛋白 Grr1 的氨基酸序列，对稻瘟病菌全基因组数据库进行 Blast_p 比对分析，找到一个与之高度同源的 F-box 蛋白 MoGrr1。该蛋白在 N 端（第 102~143 位）存在一个典型的 F-box 结构域，C 端存在 10 个连续的 LRR 序列（第 193~497 位）。将该蛋白编码基因导入酵母 *Grr1* 突变体中，可互补酵母 *Grr1* 缺失所致的表型缺陷。根据同源重组原理，对稻瘟病菌中的 F-box 蛋白编码基因 *Mogrr1* 进行敲除，获得 2 个缺失突变体（*Mogrr1-2* 和 *Mogrr1-7*）。研究发现 *Mogrr1* 缺失突变体菌株在营养生长、黑色素沉着、产孢及对外源胁迫因子耐受性等方面存在缺陷，同时，*Mogrr1* 突变体对四棱大麦和水稻（CO-39）的致病性也显著降低。进一步观察发现，*Mogrr1* 突变体不能形成分生孢子梗，其菌丝顶端形成的附着胞较野生型菌株显著减少，胞内膨压也明显下降，且无法侵入寄主细胞。此外，突变体原生质体释放速率较野生型也显著提高。qRT-PCR 试验表明，突变体中几丁质合成酶编码基因 *CHS*1、*CHS*3、*CHS*4、*CHS*5、*CHS*6 和 *CHS*7 的转录水平较野生型显著降低，同时，在突变体中，参与附着胞分化的 cAMP 信号转导途径及 MAPK 信号转导途径的相关基因（*Pth*11、*Mac*1、*Pmk*1、*Mst*11、*Mst*50 等）的转录水平亦显著降低。

综上所述，MoGrr1 是稻瘟病菌生长发育的重要调控因子，参与调节生长、产孢、附着胞分化及对寄主致病性等多个重要生物学过程。

参考文献

Duyvesteijn RG, van Wijk R, Boer Y, Rep M, Cornelissen BJ, Haring MA. 2005. Frp1 is a *Fusarium oxysporum* F-box protein required for pathogenicity on tomato. Mol Microbiol, 57: 1051-1063.

---

* 通讯作者：E-mail：kandylemon@163.com

Han YK, Kim MD, Lee SH, Yun SH, Lee YW. 2007. A novel F – box protein involved in sexual development and pathogenesis in *Gibberella zeae*. Mol Microbiol, 63: 768 – 779.

Jonkers W, VAN Kan JA, Tijm P, Lee YW, Tudzynski P, Rep M, Michielse CB. 2011. The FRP1 F – box gene has different functions in sexuality, pathogenicity and metabolism in three fungal pathogens. Mol Plant Pathol, 12: 548 – 563.

Valent B, Chumley FG. 1991. Molecular genetic analysis of the rice blast fungus, *Magnaporthe grisea*. Annu Rev Phytopathol, 29: 443 – 467.

Sec 分泌蛋白转运系统中 SecG 的研究新进展
Novel Insights into SecG，Belonging to the Sec Protein Translocation System

刘邮洲 *

（江苏省农业科学院植物保护研究所，南京 210014）

Gram negative bacteria possess a large variety of protein transport systems by which proteins that are synthesized in the cytosol are exported to destinations in the cell envelope or entirely secreted into the extracellular environment. The inner membrane of the cell envelope contains three major transport systems for the translocation and insertion of signal sequence – containing proteins：the Sec translocon，the YidC insertase，and the Tat system（Kudva *et al.*，2013）. Among them，the Sec pathway was the first secretion pathway to be discovered in bacteria（Beckwith *et al.*，2013）. Previous studies have demonstrated that the Sec system is involved in secretion of antimicrobial peptides produced by bacteria，such as enterocin P（Herranz *et al.*，2005）and weissellicins（Masuda *et al.*，2012）. Many *Pseudomonas* strains such as *P. putida* F1（GenBank Accession No. CP000712），*P. syringae* pv. tomato str. DC3000（GenBank Accession No. AE016853），and *P. fluorescens* Pf0 – 1（GenBank Accession No. CP000094）possess the Sec system. Other *Pseudomonas* spp. such as *P. fluorescens* SBW25（GenBank Accession No. AM181176），*P. putida* KT2440（GenBank Accession No. AE015451），and *P. protegens* （*fluorescens*）Pf – 5（GenBank Accession No. CP000076）do not have the Sec system. Nevertheless，the Sec system is much conserved in the *Pseudomonas* bacteria despite some exception and variation.

In the Sec system，translocation of proteins across the cytoplasmic membrane of bacteria occurs via an integral membrane protein complex composed of the three proteins：SecY，SecE，and SecG. SecY，a 10 – transmembrane segment protein with inverted symmetry，forms the protein – conducting channel. SecE is an essential protein with three transmembrane segments and is suggested to be responsible for helping maintain the quantity of stable SecY complex. SecG，a protein with two transmembrane segments，stimulates the activity of SecYE. The three proteins form a stable complex in the cytoplasmic membrane. Interactions of the SecYEG complex with a nascent chain bound to SecA，for instance，triggers the opening of the gate and the ATP – dependent translocation of a protein（Beckwith *et al.*，2013）.

Strain YL23 was isolated from soybean root tips and identified to be *Pseudomonas* sp. This strain showed broad – spectrum antibacterial activity against bacterial pathogens that are economi-

---

* 通讯作者：E – mail：shitouren88888@163.com

cally important in agriculture. In order to characterize the genes dedicated to antibacterial activities against microbial phytopathogens, a Tn5 – mutation library of YL23 was constructed. Plate bioassays revealed that the mutant YL23 – 93 lost its antibacterial activities against *Erwinia amylovora* and *Dickeya chrysanthemi* as compared with its wild type strain. Genetic and sequencing analyses localized the transposon in a homolog of the *secG* gene in the mutant YL23 – 93. Constitutive expression plasmid pUCP26 – *secG* was constructed and electroporated into the mutant YL23 – 93. Introduction of the plasmid pUCP26 – *secG* restored antibacterial activities of the mutant YL23 – 93 to *E. amylovora* and *D. chrysanthemi*. As expected, empty plasmid pUCP26 could not complement the phenotype of the antibacterial activity in the mutant. Thus the *secG* gene, belonging to the Sec protein translocation system, is required for antibacterial activity of strain YL23 against *E. amylovora* and *D. chrysanthemi*.

It is well known that some *Pseudomonas* strains can produce different cyclic lipopeptides (CLPs) such as viscosinamide, tensin, and amphisin that were shown to be antagonistic to *Pythium ultimum* and *Rhizoctonia solani* (Fernando *et al.*, 2005). These antimicrobial CLPs are usually synthesized via a nonribosomal peptide synthesis mechanism (Schwarzer *et al.*, 2003). This study demonstrated that *secG* gene is essential for expression of antibacterial activity of strain YL23, suggesting that the antibacterial compound produced by the bacterium YL23 is probably a peptide. However, the Sec system is involved in the secretion of unfolded peptides, which possess signal peptide sequences at the N termini, across the cytoplasmic membrane (Beckwith *et al.*, 2013). The results indicate that the unknown antibacterial compound produced by strain YL23 may be a ribosomal – dependent peptide. Therefore, this finding has provided an important clue for further characterization of the antibacterial activity of strain YL23.

In this study, disruption of the *secG* gene eliminated antibacterial activity of strain YL23 and the phenotype was complemented when expression plasmid pUCP26 – *secG* was introduced into the mutant YL23 – 93 cells, suggesting SecG is crucial for the function of the translocon. However, some studies showed that this translocon is still partly functional *in vivo* in the complete absence of SecG (Beckwith *et al.*, 2013). Therefore, the role of SecG in the translocation complex in different bacteria may vary on a case – by – case basis. More extensive research is needed to fully understand composition and functions of the Sec system in strain YL23.

参考文献

Beckwith J. 2013. The Sec – dependent pathway. Res Microbiol, 164: 497 – 504.

Fernando WGD, Nakkeeran S, Zhang Y. 2005. Biosynthesis of antibiotics by PGPR and its relation in biocontrol of plant diseases. In: Siddiqui, Z. A. (Ed.), PGPR: Biocontrol and Biofertilization. Springer Science, Dordrecht, pp. 67 – 109.

Herranz C, Driessen AJ. 2005. Sec – mediated secretion of bacteriocin enterocin P by *Lactococcus lactis*. Appl Environ Microbiol, 71: 1959 – 1963.

Kudva R, Denks K, Kuhn P, Vogt A, Müller M, Koch HG. 2013. Protein translocation across the inner membrane of Gram – negative bacteria: the Sec and Tat dependent protein transport pathways. Res Microbiol, 164: 505 – 534.

Masuda Y, Zendo T, Sawa N, Perez RH, Nakayama J, Sonomoto K. 2012. Characterization and identification of weissellicin Y and weissellicin M, novel bacteriocins produced by *Weissella hellenica* QU 13. J Appl Microbiol, 112: 99 – 108.

Schwarzer D, Finking R, Marahiel MA. 2003. Nonribosomal peptides: from genes to products. Nat Product Rep, 20: 275 – 287.

不同作物间种对小麦条锈病和白粉病发生流行的影响
Novel Insights into Method for Evaluating Virulence of the *Fusarium oxysporum* f. sp. *cubense* Strains

曹世勤[1,2]　骆惠生[1]　金明安[1]　金社林[1*]　段霞瑜[3*]　周益林[3]　陈万权[3]

贾秋珍[1]　张　勃[1]　黄　瑾[1]　王晓明[1]　尚勋武[2]　孙振宇[1]

(1. 甘肃省农业科学院植物保护研究所，兰州　730070；

2. 甘肃农业大学农学院，兰州　730070；

3. 中国农业科学院植物保护研究所，植物病虫害生物学国家重点实验室，北京　100193)

摘　要：2007—2009 年，在甘肃省天水市的不同生态区，开展了马铃薯、辣椒、玉米、油葵、胡麻、大豆等不同作物与感病小麦生产品种间种控制田间小麦条锈病、白粉病发生流行及对产量影响试验，结果发现：在各试验点、各年度，与对照单种小麦处理相比较，小麦与玉米间种处理对条锈病和白粉病的相对防效分别在 16.73% ~ 45.69% 和 14.74% ~ 36.99%，产量相对增加率在 52.41% ~ 139.99%。小麦与油葵间种处理，对条锈病和白粉病的相对防效分别在 5.89% ~ 28.86% 和 11.74% ~ 18.37%，产量相对增加率在 -1.4% ~ 24.81%。经方差分析，两组合处理相对防效、产量相对增加率与单种小麦处理间差异显著，在甘肃陇南值得推广利用。小麦与马铃薯、小麦与辣椒间种处理，对条锈病和白粉病的相对防效在 -4.51% ~ 11.68% 和 -15.38% ~ 5.23%，与单种小麦处理相比较，差异不显著，两组合处理产量相对增加率在 150% 以上，对其利用尚需进一步研究。小麦与大豆、小麦与胡麻间种处理，对条锈病和白粉病的相对防效均较低，且与小麦单种处理间差异不显著，总体产量表现显著减产作用，没有利用价值。

关键词：小麦；作物间种；小麦条锈病；小麦白粉病；流行；产量

由专性寄生菌小麦条锈菌（*Puccinia striiformis* f. sp. *tritici*）和白粉菌（*Blumeria graminis*（DC.）f. sp. *tritici* Speer）引起的小麦条锈病和小麦白粉病是发生于甘肃省乃至我国小麦上的最主要病害。利用生物多样性的原理和方法进行小麦病虫害与寄主关系问题研究已成为当前病虫害持续控制的热点。目前国内外诸多学者利用该方法已在水稻、小麦、玉米等作物上开展了相关病虫害持续控制技术研究，并得到了成功实践（Cox *et al.*，2004；Smithson and Lenne，1996；Zhu *et al.*，2000；郭世保等，2007；刘二明等，2003；孙雁等，2006）。笔者于 2007—2009 年在甘肃陇南不同生态区开展了利用不同作物间种控制小麦白粉病、锈病的该项研究工作。

1 材料与方法

1.1 供试材料

小麦品种兰天13号成株期对接种及自然诱发的条锈病均表现中感（田间病情3/20/60反应型/严重度/普遍率），兰天6号和天94-3表现高感（HS，田间病情4/100/100）。3品种对接种及自然诱发的白粉病，成株期均表现高感（HS，田间病级7~8级）。其他作物及品种名称为马铃薯：克薯1号、辣椒：线椒3号、大豆：中黄13、玉米：豫玉22、胡麻：陇亚9号、葵花：新葵杂6号。

1.2 试验方法

各年度试验各处理3次重复，随机区组排列。试验小区小麦播量15.0kg/亩，其他作物播量依照大田。小麦分别于上年9月下旬至10月下旬在各试验点播种，其他作物于翌年3月下旬到4月上旬播种。

1.3 调查方法

从4月下旬（甘谷试验点（A））和5月上旬（白家湾试验点（B）、汪川试验点（C））开始，每小区采用对角线法五点取样，每点调查10株（30~40片叶），查计全部叶片发病情况。每7天调查一次，直到小麦黄熟为止。

小麦及其他作物成熟后，每小区对角线进行大5点取样进行测产。其中，小麦、胡麻每点取样面积0.25m^2，马铃薯、油葵、玉米、大豆、辣椒每点2.0m^2，分别测定每点产量，并折合总产量。同时测定各处理小区小麦千粒重。

1.4 数据分析

病情指数 = $100 \times \Sigma$ ［（各级病叶数×相对级数值）/（调查总叶片数×9）］

病害流行曲线下面积（AUDPC）= Σ ［$(X_{i+1} + X_i)$/2］［$T_{i+1} - T_i$］

式中：X_i，X_{i+1}分别表示调查时间T_i和T_{i+1}时的病情指数，n为调查次数。

病害相对防效（%）=［（理论值A_1-观测值A_2）/理论值A_1］×100

相对增加率（%）=［（观测值A_2-理论值A_1）/理论值A_1］×100

式中：A_2为各组合单种处理的AUDPC、千粒重和产量，A_1是各组合间种处理的AUDPC、千粒重和产量。计算为正值时，表示产量、千粒重或防病有效果。得负值时，表示产量、千粒重减少或防病没有效果。

2 结果与分析

2.1 对终期AUDPC值的影响

2.1.1 对条锈病的影响

2006—2007年调查结果。在甘谷试验点，小麦—辣椒组合终期AUDPC值最高，其次是单种小麦处理，终期AUDPC值与其余各组合处理在$P=0.01$水平下差异显著。与单种处理相比较，处理各组合的相对防效值在-11.73%~45.69%，其中小麦—玉米组合相对防效值最高，为45.69%，小麦—辣椒组合相对防效值最低，为-11.73%（图1）。在汪川试验点，小麦—辣椒组合终期AUDPC值最高，为1093.61。小麦—油葵组合相对防效值最高，为24.10%，小麦—辣椒组合最低，为-2.46%。

2007—2008年调查结果。在甘谷试验点，小麦—玉米组合终期AUDPC值最低，为

1 012.62。各组合处理具有一定的控病效果，其中小麦—玉米组合效果最好，为 30.63%，小麦—辣椒组合最低，为 3.33%。在汪川试验点，小麦—玉米组合终期 AUDPC 值最低，为 549.81。小麦—玉米组合相对防效值最高，为 16.73%，与其余各组合处理在 $P = 0.01$ 水平下差异显著。在白家湾试验点，小麦—玉米组合终期 AUDPC 值为 1 652.17。小麦—玉米组合最高，为 22.13%，与其余各组合处理相对防效值在 $P = 0.01$ 水平下差异显著。

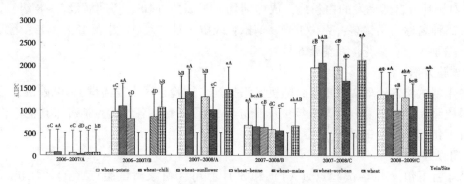

图 1 对条锈病 AUDPC 的影响

2008—2009 年调查结果。在山区汪川良种场，小麦—油葵、小麦—玉米组合终期 AUDPC 值最低，分别为 991.85 和 1 100.75，与单种小麦处理在 $P = 0.01$ 水平下差异显著。相对防效值供试各组合在 2.63% ~28.86%，其中小麦—油葵、小麦—玉米组合控病相对防效值分别为 28.86% 和 21.05%，与其余各组合在 $P = 0.01$ 水平下差异显著。

2.1.2 对白粉病的影响

2006—2007 年调查结果。在甘谷试验点，小麦—玉米组合终期 AUDPC 值最低，且差异显著。各组合相对防效值在 -39.15% ~26.86%。其中，小麦—玉米、小麦–大豆组合相对防效值大于 0，具有一定防治效果（图 2）。在汪川试验点，小麦—油葵组合终期 AUDPC 值最低，为 969.2。小麦—油葵组合相对防效值最高，为 16.72%，与其余各组合相对防效间差异显著。

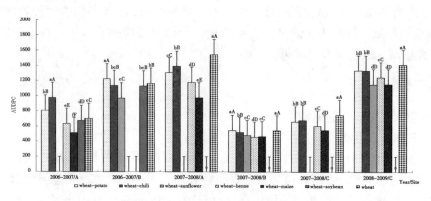

图 2 对白粉病 AUDPC 的影响

2007—2008 年调查结果。在甘谷试验点，小麦—玉米组合终期 AUDPC 值最低，为 973.03，与各处理在 $P = 0.01$ 水平下差异显著。各组合处理相对防效值在 10.01% ~36.99%。其中小麦—玉米组合相对防效值最高。在山区汪川试验点，小麦—胡麻组合终期 AUDPC 值最低，为 453.67，其次是小麦—玉米和小麦—油葵组合，分别为 462.95 和 479.22。小麦—胡麻、小麦—玉米、小麦—油葵组合相对防效值均在 10% 以上，与其余组合在 $P = 0.01$ 水平下差异显著。在白家湾试验点，小麦—玉米组合终期 AUDPC 值最低，为 547.21。小麦—玉米组合相对防效值最高，为 22.13%，与其余各组合处理在 $P = 0.01$ 水平下差异显著。

2008—2009 年调查结果。在汪川良种场，小麦—油葵、小麦—玉米组合终期 AUDPC 值最低，分别为 1 151.41 和 1 152.64，与小麦单种处理差异显著。两组合相对防效值分别为 28.86% 和 21.05%，与其余各组合处理差异显著。

2.2 对产量的影响

2.1.1 2006—2007 年试验结果

结果发现，与对照单种小麦处理相比较，在甘谷试验点，小麦—马铃薯、小麦—辣椒组合处理增产幅度均在 150% 以上，小麦—玉米组合相对增加率为 52.41%（图 3）。在汪川试验点，小麦—马铃薯、小麦—辣椒组合处理相对增加率在 175% 以上。小麦—油葵组合处理表现减产。

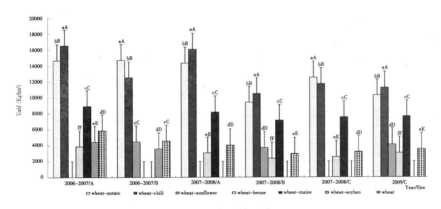

图 3 对产量的影响

2.2.2 2007—2008 年试验结果

在甘谷试验点，小麦—辣椒、小麦—马铃薯组合处理相对增加率最高，分别为 298.19% 和 254.93%。小麦—玉米组合处理相对增加率较单种小麦处理增加 102.57%，差异极显著。在汪川试验点，小麦—辣椒、小麦—马铃薯组合处理相对增加率最高，分别为 216.50% 和 252.96%，显著高于单种小麦处理及其他组合处理。小麦—玉米、小麦—油葵组合处理分别较单种小麦处理增产 139.99% 和 24.81%，与单种对照处理间差异显著。在白家湾试验点，小麦—辣椒、小麦—马铃薯和小麦—玉米组合处理相对增加率在 130% 以上，增产效果显著。

2.2.3 2008—2009 年试验结果

各组合处理相对增加率在 -14.22% ~218.45%。其中，小麦—辣椒、小麦—马铃薯组合处理相对增加率最高，其次是小麦—玉米、小麦—油葵组合处理，与单种小麦处理相比较，均表现显著差异。

3 结论与讨论

试验结果发现，小麦与不同作物间种，与单种小麦相比较，对小麦条锈病的相对防效在 -11.73% ~45.69%，对小麦白粉病的相对防效在 -39.15% ~36.99%，这与前人研究结果基本一致（Akanda and Mundt，1996；Finckh et al.，1999；Finckh and Mundt，1992；Mundt et al.，1995）。

本试验利用不同作物间种来控制小麦病害的发生流行，绝大多数组合均表现出较好的增产作用，特别是小麦—马铃薯组合和小麦—辣椒组合，与单种小麦相比较，增产幅度大，经济效益高，但相对防效值相对较低，小麦条锈病： -1.66% ~14.06%（小麦—马铃薯）和 -11.73% ~3.36%（小麦—辣椒）；小麦白粉病： -15.17% ~15.57%（小麦—马铃薯）和 -39.15% ~10.01%（小麦—辣椒）。在甘肃，80%以上耕地为山地，降雨量不均，产量变异幅度大，该方法仅可作为一种种植模式进行探讨，不值得推广利用。小麦 - 玉米组合及小麦 - 油葵组合，虽然增产幅度不及小麦与马铃薯、辣椒组合高，经济效益也相对较低，但这两种作物需水、需肥量相对较小，而且是目前陇南山区重要的粮食作物和油料作物。它们与小麦间种的增产效果，主要依靠行际间光热资源的充分利用来实现。同时，两作物叶片宽、叶面积大，虽然对当地越冬菌源量的大小没有控制作用，但对周边外来菌源的阻挡作用可能更强，对小麦发病可起到一定的保护作用，这也是这两个组合能较好控病增产的微生态效应和物理屏障作用的具体体现，值得在今后的生产中推广应用。

农田间作需要充分考虑间作作物的种类，才能最大限度的提高控病效果、增加产量和降低劳动成本。作物遗传上的异质性或多样性布局可以在大面积上抑制病害的发生（Garrett and Nundt，1999；Wolfe，1985）。从本试验的结果看，不同作物间种虽然对控制小麦条锈病和白粉病的发生流行均有一定效果，但从总体上来说，仍缺乏科学的模式与标准，不能从理论上来较为科学、合理的说明甘肃陇南越夏区治理对我国条锈病、白粉病发生流行的作用。今后应进一步从病害调控的角度，对科学的间作模式和病害调控机理及大区流行防控进一步进行深入研究，从理论上阐明间种模式下病害防控机理，并将该技术和方法逐步应用于生产实践，将会对甘肃陇南及我国小麦条锈病的持续控制起到积极的推动作用。

参考文献

Cox C M, Garrett K A, Bowden R L, Fritz A K, Dendy S P, and Heer W F. Cultivar mixtures for the simultaneous management of multiple diseases: Tanspot and leaf rust of wheat ［J］. Phytopathology, 2004, 94（8）: 961 - 969.

郭世保，康振生，张龙芝，等. 不同小麦品种组合条件下条锈病流行的时间动态 ［J］. 西北农林科技大学学报（自然科学版），2007，35（11）: 125 - 128.

刘二明，朱有勇，肖放华，等. 水稻品种多样性混栽持续控制稻瘟病研究 ［J］. 中国农业科学，2003，36（2）: 164 - 168.

Smithson J. B., and Lenne J. M.. Varietial mixtures: a viable strategy for sustainable productivity in subsistance agriculture ［J］. Ann. Appl Biol, 1996, 128: 127 - 158.

孙雁，周天富，王云月，等. 辣椒玉米间作对病害的控制作用及其增产效应 ［J］. 园艺学报，2006，33（5）: 995 - 1000.

ZhuY. Y. , Chen H. R. , Fan J. H. , Wang Y. Y. , Li Y. , Chen J. B. , Fan J. X. , Yang S. S. , Hu L. P. , Leung H. , Mew T. W. , Teng P. S. , Wang Z. H. , and Mundt C. C. . Genetic diversity and disease control in rice [J] . Nature, 2000, 406: 718 – 722.

Akanda S. I. , and Mundt C. C. . Effects of two component wheat cultivar mixtures on stripe rust severity [J]. Phytopathology, 1996, 86: 347 – 353.

Finckh M. R. , Gacek E. S. , Czembor H. J. , and Wolfe M. S. . Host frequency and density effects on powdery mildew and yield in mixtures of barley cultivars [J] . Plant Pathol, 1999, 48: 807 – 816.

Finckh M. R. , and Mundt C. C. . Stripe rust, yield, and plant competition in wheat cultivar mixtures [J]. Phytopathology, 1992, 82: 905 – 913.

Mundt C. C. , Rophy L. S. , and Schmitt M. E. . Disease severity and yield of pure line wheat cultivars and mixtures in the presence of eyespot, yellow rust, and their combination [J] . Plant Pathol, 1995, 44: 173 – 182.

Garrett K. A. , and Nundt C. C. . Epidemiology in mixed host populations [J] . Phytopathology, 1999, 89: 984 – 990.

Wolfe M. S. . The current status and prospects of multilane cultivars and variety mixture for disease resistance [J]. Annual Review of Phytopathology, 1985, 23: 251 – 273.

蛋白泛素化调控水稻抗病研究新进展
Novel Insights into Protein Ubiquitination Mediated Disease Resistance in Rice

刘文德*

（中国农业科学院植物保护研究所，植物病虫害生物学国家重点实验室，北京　100193）

　　水稻是世界上最重要的粮食作物之一，其高产、稳产是全球粮食安全的重大问题。水稻生产过程中遭受各种真菌（如稻瘟菌、纹枯菌、稻曲病菌）、细菌（如白叶枯、细条病菌）、病毒（如条纹叶枯、黑条矮缩）的危害，是造成产量损失的最直接因素。

　　泛素蛋白酶体系统（ubiquitin‐proteasome system，UPS）是降解细胞内蛋白质的主要途径，与植物的生长发育及对生物和非生物胁迫反应密切相关。该系统主要由泛素活化酶（E1）、泛素交联酶（E2）、泛素连接酶（E3）和26S蛋白酶体组成，其中，E3连接酶决定底物的特异性，调控植物的生长发育及抗病过程。水稻基因SPL11是含有U‐box和ARM repeat结构域的E3连接酶，负调控程序性细胞死亡和抗病（稻瘟病和水稻白叶枯病）防卫反应（Zeng et al.，2004），但SPL11的底物及其作用机制一直还不清楚。

　　利用酵母双杂交技术，发现6个SPL11互作蛋白（SPIN1‐6），其中，SPIN6（Rho GTPase‐activating protein，RhoGAP）是RhoGAP蛋白，在SPL11蛋白存在情况下，SPIN6蛋白的积累明显被抑制，说明SPL11可以促进SPIN6的泛素化降解，SPIN6是SPL11泛素化的底物蛋白。另一方面，SPIN6蛋白具有RhoGAP活性并可将活性状态的OsRac1蛋白失活，催化OsRac1蛋白的水解，从而抑制OsRac1介导的水稻抗病防卫反应，表明水稻通过SPIN6调节其底物小G蛋白OsRac1（水稻抗病系统的重要元件）的活性，负调控水稻免疫防卫反应。研究结果（Liu et al.，2015）揭示了蛋白泛素化途径精确调控水稻抗病元件活性的分子机制，可为合理利用水稻抗性防治病害提供新思路和靶标。

参考文献

Liu JL, Park CH, He F, Nagano M, Wang M, Bellizzi M, Zhang K, Zeng X, Liu WD, Ning YS, Kawano Y, Wang GL. 2015. The RhoGAP SPIN6 associates with SPL11 and OsRac1 and negatively regulates programmed cell death and innate immunity in rice. PLoS Pathog, 11（2）：e1004629.

Zeng LR, Qu S, Bordeos A, Yang C, Baraoidan M, Yan H, Xie Q, Nahm BH, Leung H, Wang GL. 2004. Spotted leaf11, a negative regulator of plant cell death and defense, encodes a U‐box/armadillo repeat protein endowed with E3 ubiquitin ligase activity. Plant Cell, 16（10）：2795‐2808.

---

　　* 通讯作者：E‐mail：liuwende@ caas. cn

稻瘟菌 N 糖基化修饰调控效应蛋白的研究进展
N-Glycosylation of Effector Proteins in the Rice Blast Fungus

陈小林*

（华中农业大学，武汉 430070）

在植物病原真菌侵染寄主的过程中，寄主会启动先天免疫反应来抵御病菌的侵染，而植物病原真菌则可以通过分泌效应蛋白到胞外来克服寄主植物的先天免疫反应。由于效应蛋白主要通过真菌分泌系统被分泌至寄主的细胞间质或细胞质中，因此，许多分泌蛋白在这个过程中可能会被 N 糖基化修饰。那么，病原真菌效应因子是否可以被 N 糖基化修饰呢？如果可以，那么 N 糖基化修饰是否对效应蛋白的功能有着重要意义？本研究将尝试回答这些问题。

通过分析一个 ATMT 突变体，克隆到一个可能参与稻瘟菌 N 糖基化途径的基因 ALG3，该基因的编码蛋白与酵母、拟南芥以及人类的 Alg3 蛋白有着很高的同源性。进一步研究发现，Alg3 定位于细胞内质网中，而内质网是 N 糖基化修饰发生的主要场所，符合对其功能的预测。在酵母中，ALG3 的同源基因编码 N 糖基化修饰过程中的 $\alpha-1,3-$糖基转移酶，而稻瘟菌 ALG3 基因可以互补酵母同源基因的敲除体表型缺陷，因此，稻瘟菌 ALG3 也编码该酶。在野生型菌株中，模式蛋白 CPY 可以被正常糖基化，而在 ALG3 敲除体中，CPY 糖基化水平降低，进一步证明 ALG3 参与稻瘟菌 N 糖基化途径。

ALG3 敲除体接种寄主后，会诱导寄主产生大量的活性氧，有意思的是，最近发现的稻瘟菌效应蛋白 Slp1 编码基因的敲除体侵染寄主后，也会诱导寄主活性氧的积累，因此，推测 Slp 可能会受到 N 糖基化的修饰。通过软件预测发现，Slp1 蛋白的确存在 4 个可能的 N 糖基化位点。比较发现，Slp1 在野生型菌株中糖基化水平很高，而在 ALG3 敲除体中则变得非常低，表明 Slp1 是一个糖基化蛋白。分别将 Slp1 蛋白的 4 个可能的 N 糖基化位点突变之后发现，除了 N94 位点外，其他位点突变均能导致 Slp1 糖基化水平的降低，表明 Slp1 存在 3 个 N 糖基化位点（N48，N104，N131）。随后发现，任何一个 Slp1 蛋白 N 糖基化位点的缺失，都能导致稻瘟菌致病力的显著降低和诱导寄主活性氧的积累，因此，Slp1 完全糖基化是稻瘟菌致病所需要的。

那么，为什么糖基化会影响 Slp1 的功能呢？研究发现，在 ALG3 的敲除体中，以及 Slp1 蛋白 N 糖基化位点全部突变之后，Slp1 依然可以分泌到胞外，表明 N 糖基化并不影响 Slp1 的分泌。但是，缺乏 N 糖基化修饰，会导致 Slp1 结合几丁质的能力显著降低。另外，外源添加纯化的，缺乏 N 糖基化修饰的 Slp1 可以部分恢复 SLP1 敲除体的侵染菌丝扩展能力，而添加正常糖基化的 Slp1 可以完全恢复 SLP1 敲除体侵染菌丝扩展能力。这一现象表明，Slp1 缺乏 N 糖基化修饰不仅可以导致其几丁质结合能力的降低，还可能导致其

---

* 通讯作者：E - mail：krillinchen@126.com

蛋白不稳定，从而在分泌的过程中被降解。

上述研究结果表明，由 Alg3 介导的对效应因子 Slp1 的 N 糖基化修饰是稻瘟菌避开寄主先天免疫反应的重要机制，这为进一步理解植物病原真菌和寄主互作的分子机制提供了新的思路。

参考文献

Chen XL, Shi T, Yang J, Chen D, Xu XW, Xu JR, Talbot NJ, Peng, YL. 2014. N – glycosylation of effector proteins by an alpha – 1, 3 – mannosyltransferase is required to evade host innate immunity by the rice blast fungus. Plant Cell, 26: 1360 – 1376.

Mach J. 2014. N – Glycosylation of a chitin binding effector allows a fungal pathogen to evade the plant immune response. Plant Cell, 26: 844. In brief.

稻种 GD9501 抗稻瘟病基因的遗传分析及基因定位
Genetic Analysis and Gene Mapping of Variety GD9501 Against *Magnaporthe oryzae*

陈　深　　汪文娟　　苏　菁　　汪聪颖　　冯爱卿　　杨健源　　曾列先　　朱小源*

（广东省植物保护新技术重点实验室，广东省农业科学院植物保护

研究所，广州　510640）

水稻是全球一半以上人口的主粮。水稻最主要的生物逆境压力是由半活养寄生丝状真菌 *Magnaporthe oryzae* 引起的毁灭性病害稻瘟病。稻瘟病是水稻生产国的持续性难题（Wang *et al.*，2014）。稻瘟病菌具有自然适应性，从幼苗期、抽穗期和成熟期几乎全生育期均可侵染水稻的叶片、稻节和花穗等各个器官，从而导致水稻不同程度的产量损失（Dean *et al.*，2005）。由稻瘟病菌群体的突变引起无毒（AVR）基因高水平的变异性和快速进化速率常导致寄主抗性的"短命化"（Kiyosawa *et al.*，1982；Huang *et al.*，2011）。与主效抗性（R）基因相对应的 AVR 基因发生突变使得稻瘟病菌能够克服其 R 基因介导的抗性（Chen *et al.*，2006）。利用具有互补性抗谱的 R 基因育种利用是众多稻瘟病防治措施中最有效和最环保的方法（Hulbert *et al.*，2001；Wang *et al.*，2010）。稻瘟病的有效防控措施是准确掌握不同 R 基因抗性品种的释放时间。持续鉴定和克隆更多新的有效 R 基因与其相关等位基因作为资源是 R 基因介导抗稻瘟病防治的关键（Datta *et al.*，2002；Devanna *et al.*，2014）。

GD9501 是来源于华南稻区的优质抗源籼稻品种，它对稻瘟病菌具有广谱抗性。GD9501 在 1992—1994 年经湖北、广西、福建、广东病圃筛多年多点病圃中表现出高抗稻瘟病。经 1996 年经国际稻瘟病圃评价，GD9501 在亚洲 13 个国家的 32 个病圃里表现出优异的抗性，叶瘟平均病级为 1.7，（抗病对照三黄占 2 号为 2.0 级，IR64 为 2.5 级）。利用"GD9501"为抗性基因供体，丽江新团黑谷（LTH）为轮回亲本构建了一个重组自交系（RILs）群体，用 6 个代表菌株对其中 97 个 RILs 进行表型鉴定，发现这 6 个菌株都对应同一个目的基因。利用平均分布于水稻 12 条染色体上的 600 多对 SSR 引物进行分离群体分析（BSA），最终把该目的基因［暂时命名为 *Pi* – *GD*9501（t）］初步定位于水稻第 6 染色体的两侧标记 RM136 和 AP51 之间约 6cm 的遗传区域。进一步构建以 GD9501 和 LTH 为亲本的 F_2 群体，以菌株 GD00 – 193a 为接种鉴定菌株，分离结果表明抗感病 F_2 个体符合 3R：1S 的单基因分离比，说明 GD9501 含有一个显性抗稻瘟病基因与菌株 GD00 – 193a 对应。以获得的 190 个高感个体作为作图群体，在目标区域开发了位置特异微卫星（PSM）和片段缺失标记（Indels），进一步的亲本多态性和连锁分析把目的基因 *Pi* – *GD*9501（t）

---

* 通讯作者：E – mail：gzzhuxy@ vip. tom. com

定位于 GDAP31 和 NID29 的 1.31cM 的遗传区域，也获得了两个与目的基因共分离的分子标记 GDAP51 和 NID22。该基因是否属于 *Pi2/Pi9/Pi50* 的等位基因或是其中基因之一，有待进一步验证。获得的基因共分离分子标记可用于目的基因的分子标记辅助选择，为抗病育种服务。

参考文献

Wang D, Guo C, Huang J, Yang S, Tian D, Zhang X. 2014. Allele – mining of rice blast resistance genes at *AC*134922 locus. Biochem Biophys Res Commun, 446 (4): 1085 – 1090.

Dean RA, Talbot NJ, Ebbole DJ, Farman ML, Mitchell TK, Orbach MJ, Thon M, Kulkarni R, Xu JR, Pan H, Read ND, Lee YH, Carbone I, Brown D, Oh YY, Donofrio N, Jeong JS, Soanes DM, Djonovic S, Kolomiets E, Rehmeyer C, Li W, Harding M, Kim S, Lebrun MH, Bohnert H, Coughlan S, Butler J, Calvo S, Ma LJ, Nicol R, Purcell S, Nusbaum C, Galagan JE, Birren BW. 2005. The genome sequence of the rice blast fungus *Magnaporthe grisea*. Nature, 434: 980 – 986.

Kiyosawa S. 1982. Genetics and epidemiological modeling of breakdown of plant disease resistance. Annu Rev Phytopathol, 20: 93 – 117.

Huang H1, Huang L, Feng G, Wang S, Wang Y, Liu J, Jiang N, Yan W, Xu L, Sun P, Li Z, Pan S, Liu X, Xiao Y, Liu E, Dai L, Wang GL. 2011. Molecular mapping of the new blast resistance genes *Pi*47 and *Pi*48 in the durably resistant local rice cultivar Xiangzi 3150. Phytopathology, 101: 620 – 626.

Chen X, Shang J, Chen D, Lei C, Zou Y, Zhai W, Liu G, Xu J, Ling Z, Cao G, Ma B, Wang Y, Zhao X, Li S, Zhu L. 2006. A b – lectin receptor kinase gene conferring rice blast resistance. Plant J, 46: 794 – 804.

Hulbert SH, Webb CA, Smith SM, Sun Q. 2001. Resistance gene complexes: evolution and utilization. Annu Rev Phytopathol, 39: 285 – 312.

Wang JC, Wen JW, Liu WP, *et al.* 2010. Interaction studies between rice and *Pyricularia grisea* in Jilin Province, P. R. China. In: Jia Y. (Ed.), Proc. of the 5th Intern. *Rice Blast Conf.*, USA. USDA – DBNRRC 90.

Datta K, Baisakh N, Thet KM, Tu J, Datta SK. 2002. Pyramiding transgenes for multiple resistance in rice against bacterial blight, yellow stem borer and sheath blight. Theor Appl Genet, 106: 1 – 8.

Devanna NB, Vijayan J, Sharma TR. 2014. The blast resistance gene *Pi*54*of* cloned from *Oryza officinalis* interacts with *Avr – Pi*54 through its novel non – LRR domains. PLoS ONE, 9 (8): e104840.

定西市马铃薯主要真菌性土传病害调查与病原鉴定
Investigation and Pathogen Identification on Main Soil – Borne Fungal Disease of Potato in Dingxi City

陈爱昌　魏周全*

（甘肃省定西市植保植检站，定西　743000）

马铃薯是世界第四大粮食作物，具有产量高、适应性强等特点，增产潜力大，对保障我国的粮食安全具有重要的意义。定西市自实施"洋芋工程"以来，马铃薯种植面积从原来不足 100 万亩增加到目前 300 万亩以上。然而，由于连作等问题，各种病害问题日益突出，尤其土传病害发生越来越严重，对马铃薯产量和品质影响较大（陈爱昌等，2010）。

到目前为止，在世界范围内已发现近 40 种土传病害对马铃薯产量造成了较大损失。根据其病原的种类可分为真菌性病害、细菌性病害、线虫类病害和病毒性病害（汪沛等，2014）。为了摸清定西市马铃薯主要真菌性病害，于 2006—2013 年，对全市马铃薯产区主要真菌性土传病害进行取样调查、病原分离鉴定，旨在明确定西市马铃薯主要真菌性土传病害的种类与分布，为马铃薯病害防治工作提供理论依据。

1　马铃薯炭疽病

1.1　症状

主要为害地下茎。感病植株叶片早期叶色变淡，顶端叶片稍反卷，在叶片上形成圆形至不规则形坏死斑点，赤褐色至褐色，后期变为灰褐色，边缘明显，病斑相互结合形成不规则的坏死大斑，至全株萎蔫枯死。根、地下茎和匍匐茎感病形成梭形或不规则形白色病斑，病斑边缘明显，后期在病斑表面产生大量黑色菌核、大小 0.5mm，尤其地表下主茎基部空腔内菌核数量最多。田间越冬病株残体皮层组织脱落，呈现"纤维状"，表皮生大量菌核。

1.2　病原

引起马铃薯炭疽病的病原菌为球炭疽菌（*Colletotrichum coccodes*），该病原菌在 PDA 培养基上菌丝乳白色表生，产生大量菌核，呈同心环状排列。分生孢子盘聚生于菌核上，黑褐色，直径 220 ~ 320μm，刚毛聚生或散生于分生孢子盘中，褐色至暗褐色，刚硬，至上端渐细，（50.9 ~ 174.6）μm ×（2.4 ~ 4.8）μm，平均 100.3μm × 4.2μm，有 1 ~ 3 个隔膜。分生孢子直或纺锤形、上尖下圆、无色、单胞，有的中腰隘束，（15.07 ~ 24.66）μm ×（2.58 ~ 4.45）μm，平均 20.32μm × 3.63μm（魏周全等，2012）。

1.3　分布与发生程度

定西市 7 县区均有发生，安定区、陇西县和漳县发生较重。沙质土壤重于黏土；地膜覆盖种植重于露底种植。黑美人、新大坪、克新 1 号发病重，陇薯 3 号发病较轻，被调查

＊ 通讯作者：E – mail：weizhouquan@126.com

的青薯 9 号和庄薯 3 号未发病。普遍率 2.0% ~ 66.0%，严重度 2 ~ 4 级（陈爱昌等，2012）。

2 马铃薯黄萎病

2.1 症状

发病初期由叶尖沿叶缘变黄，从叶脉向内黄化衰弱，后由黄变褐干枯，但不卷曲，直到全部叶片提早枯死，不脱落。成株期发病，植株一侧叶片或全部逐渐萎蔫，引起植株凋萎。染病植株破开茎秆维管束变褐，形成纵向的变色条带。块茎染病始于脐部，维管束变浅褐色至褐色，纵切病薯维管束变褐色。

2.2 病原

引起马铃薯黄萎病的病原菌为大丽轮枝菌（*Verticillium dahliae*），病菌在 PDA 培养基上菌落成近圆形，边缘光滑，中心微突有明显黑色或灰黑色交替的同心轮纹。分生孢子梗直立，分枝，初次分枝两出、三出或互生，二次分枝轮生，顶层小梗下部膨大而尖端细削，直径 2 ~ 4μm。分生孢子单生，单胞，球形、椭圆形、卵形或梭形，无色或略带褐色，大小（3 ~ 5.5）μm ×（1.5 ~ 2）μm，平均 4.25μm × 1.5μm。在 PDA 培养基上约 10 天，产生直径 30 ~ 60μm 的微菌核（陈爱昌等，2013）。

2.3 分布与发生程度

安定区、渭源县、岷县和漳县均有发生。安定区的高峰乡、杏园乡；渭源县的会川镇、五竹镇；岷县的十里镇和漳县的武阳镇发生较重。普遍率 1.0% ~ 3.0%，严重度 1 级。

3 马铃薯黑痣病

3.1 症状

主要为害幼芽、茎基部及块茎。染病幼芽出土前腐烂，造成缺苗。土壤湿度大时，有时近地面茎基部常覆盖紫色菌丝层，茎表面呈粉状，容易被擦掉，被粉状物覆盖的茎组织正常，有时会长出气生薯。块茎染病常有紫色菌丝层，其表面形成大小形状不规则的、坚硬的、土壤颗粒状的黑褐色或暗褐色的菌核，不易冲洗掉，而菌核下边的组织完好，也有的块茎因受侵染而造成破裂，薯块龟裂、变绿、畸形等。

3.2 病原

引起马铃薯黑痣病的病原菌为立枯丝核菌（*Rhizoefonia solani*），该病原菌在 PDA 培养基上菌落初期为灰白色，逐渐变为浅褐色，生长迅速，后产生浅褐色菌核，随后数量逐渐增多，颜色加深。菌丝粗壮，分支为锐角或近直角，分枝处缢缩，分枝处附近形成一隔膜。不产生无性孢子。与标准菌丝融合群测定，大多数为 AG3，少数为 AG4。

3.3 分布与发生程度

定西市 7 县区均有发生。临洮县站滩乡、连儿湾乡和漫湾乡；安定区高峰乡、杏园乡、石泉乡和青岚乡；陇西县永吉乡、和平乡和菜子镇发生较重。普遍率 7.0% ~ 77.0%，严重度 1 ~ 5 级。

4 马铃薯干腐病

4.1 症状

马铃薯干腐病多发生在块茎上，病薯外表可见黑褐色稍凹陷斑块，切开病薯，腐烂组织成黑色、黑褐色、淡褐色或黄褐色，病薯进一步形成空洞。病斑多发生在块茎脐部，初期在块茎病部表面呈暗色的凹痕，逐渐发展使薯皮变成典型的皱缩或形成不规则的同轴褶叠。发病重的块茎病部边缘呈淡灰色或粉红色多泡状突起，剥去表皮，病组织呈淡褐色至黑色粒状并有暗红色斑。髓部有空腔，干燥时白色菌丝充满空腔。湿度大时，发病部位呈红色糊状物，无特殊气味。湿度低时，内部病组织呈褐色并变干，至干硬而皱缩。

4.2 病原

国外研究报道 *Fusarium sambucinum*，*F. coeruleum*，*F. auenaceum*，*F. Sulphureum*，*F. trichothecioides*，*F. oxysporum*，*F. solani*，*F. solanvar. coeruleum*，*F. culmorum* 等可引起马铃薯干腐病。我国报道的病原有 *F. solani*，*F. solani* var. *coeruleum F. moniliforme*，*F. moniliforme* var. *intermedium*，*F. moniliforme* var. *zehjiangens*，*F. trichothecioides*，*F. sporotrichioides*，*F oxysporum*，*F. redolens* 等。我站分离鉴定的病原有 *Fusarium sulphreum* Schlephlendahl，*Fusarium nival*（Fr.）Ces，*F. camptoceras* Wr. et Reinking，*F. solani*（Mart.）App. et Wolenw。

4.3 分布

定西市7县区均有发生。北部重于南部，安定区、陇西县、通渭县和临洮县、渭源县北部重与岷县、漳县、渭源县和临洮县南部。通过调查，比2000年前后干腐病发生减轻，主要与群众、企业防治病害意识的提高和统防统治、群防群治防治有关。贮藏期马铃薯块茎腐烂率约为15%，其中干腐病占到60%以上。普遍率15.0%～50.0%，严重度1～5级。

5 防治

马铃薯土传病害防治上难度较大，目前尚未报道对马铃薯炭疽病、黄萎病、黑痣病和干腐病高抗或免疫的品种，因此对于马铃薯土传病害的防治只能根据病害的流行规律及生态学特点，结合多种措施进行综合防治。

参考文献

陈爱昌，张杰，骆得功．2010. 马铃薯贮藏期腐烂原因及防治对策．中国马铃薯，24（2）：112-113.

陈爱昌，魏周全，骆得功，等．2012. 马铃薯炭疽病发生情况及室内药剂筛选．植物保护，38（5）：162-164.

陈爱昌，魏周全，马永强，等．2013. 甘肃省马铃薯黄萎病发病原分离与鉴定．植物病理学报，43（4）：418-420.

汪沛，熊兴耀，雷艳．2014. 马铃薯土传病害的研究进展．中国马铃薯，28（2）：111-116.

魏周全，陈爱昌，骆得功，等．2012. 甘肃省马铃薯炭疽病病原分离与鉴定．植物保护，38（3）：113-115.

泛素蛋白酶体途径在水稻—稻瘟菌互作中的作用机制
Ubiquitin Proteasome Pathway in Rice and
Magnaporthe oryzae Interaction

宁约瑟　　王国梁*

（中国农业科学院植物保护研究所，植物病虫害生物学国家重点实验室，
北京　100193）

　　水稻是世界上最重要的粮食作物之一，稻瘟病俗称水稻"癌症"是水稻生长过程中最严重的真菌性病害。2014 年，稻瘟病在我国部分区域大暴发，如江苏省全省发生面积1 470万亩，是 2013 年发病面积的 5 倍以上，是近 30 年来自然发病程度最严重的一年（田子华，2015）。如何有效抑制稻瘟菌的致病性和增强水稻自身的抗病性是当前研究的主要突破口。已有研究表明，稻瘟菌的无毒基因对稻瘟菌的致病性是至关重要的，而抗病基因对水稻的抗病性是举足轻重的（Liu *et al.*，2014）。因此，稻瘟菌无毒基因—水稻抗瘟基因成对基因的研究不仅对阐明稻瘟菌的侵染机制和水稻的防御机制有重要意义，而且对解析水稻—稻瘟菌互作过程中的调控机制显得尤为关键。

　　截至目前，已有 23 个抗稻瘟病基因和 10 个稻瘟菌无毒基因先后被克隆和功能鉴定（Liu *et al.*，2014；Wu *et al.*，2015）。但是，在上述抗病基因和无毒基因中，成对的基因对只有 *Pita/AvrPita*、*Piz - t/AvrPiz - t*、*AvrPik/AvrPik*、*Pia/AvrPia*、*Pii/AvrPii* 和 *Pi - Co39/Avr1 - Co39*、*Pi9/AvrPi9* 七对（Liu *et al.*，2014；Wu *et al.*，2015）。其中，*Piz - t* 是本实验室 2006 年通过图位克隆法得到的一个广谱抗稻瘟病基因（Zhou *et al.*，2006），其对应的稻瘟菌无毒基因 *AvrPiz - t* 也于 2009 年得到鉴定（Li *et al.*，2009）。然而，Piz - t 与 AvrPiz - t 之间无法直接识别，为了研究稻瘟菌效应蛋白 AvrPi - zt 介导的水稻免疫反应，通过酵母双杂交筛选得到了 AvrPiz - t 在水稻中的 12 个互作蛋白（APIP1 - APIP12）。其中 APIP2、APIP6 和 APIP10 编码 RING - 类型的泛素连接酶，APIP8 编码酵母泛素融合降解蛋白的同源蛋白，表明 AvrPiz - t 可能通过靶标水稻的泛素蛋白酶体途径行使其毒性功能。

　　已有结果表明，在水稻中异源表达 *AvrPiz - t* 抑制了水稻的基础免疫反应，*AvrPiz - t* 负调控水稻的稻瘟病抗性。*APIP6* 不参与 *Piz - t* 介导的抗病性反应，而在接种亲和稻瘟菌小种 RB22 后，*APIP6* 抑制表达转基因水稻相比对照更感病，表明 *APIP6* 是水稻基础免疫反应的一个正调控因子。生化水平上，APIP6 可以泛素化并促进 AvrPiz - t 的降解，反过来，AvrPiz - t 可以在体外削弱 APIP6 的泛素化活性并影响其蛋白稳定性，表明稻瘟菌效应蛋白 AvrPiz - t 通过靶标水稻泛素连接酶 APIP6 负调节水稻的基础免疫反应和稻瘟病抗性（Park *et al.*，2012）。

---

*　通讯作者：E - mail：wang. 620@ osu. edu

　　为了进一步探究 APIP6 介导的信号网络，我们通过酵母双杂交筛选得到了 APIP6 在水稻中的一系列互作蛋白，互作蛋白主要涉及泛素蛋白酶体、氧化胁迫、胞内蛋白运输以及转录调控等过程，与 APIP6 蛋白的生物学功能存在密切联系。这一工作的完成将为进一步深入分析 APIP6 介导的水稻基础免疫反应和稻瘟病抗性机制提供重要线索，同时也可能将 AvrPiz－t－APIP6－Piz－t 三者联系起来，为我们进一步解析稻瘟菌侵染后水稻如何感应 AvrPiz－t 蛋白，激活 APIP6，进而引起 Piz－t 表达提供新线索，对提出新的稻瘟菌防控策略和培育新的水稻抗瘟品种具有重要意义。

参考文献

田子华. 2015. 2014 年江苏省主要农作物病虫害发生与防治及 2015 年发生趋势分析. 农药快讯，3：41－43.

Li W, Wang B, Wu J, Lu G, Hu Y, Zhang X, Zhang Z, Zhao Q, Feng Q, Zhang H, Wang Z, Wang G, Han B, Wang Z, Zhou B. 2009. The *Magnaporthe oryzae* avirulence gene AvrPiz－t encodes a predicted secreted protein that triggers the immunity in rice mediated by the blast resistance gene Piz－t. Mol Plant Microbe Interact，22：411－420.

Liu W, Liu J, Triplett L, Leach JE, Wang GL. 2014. Novel insights into rice innate immunity against bacterial and fungal pathogens. Ann Rev Phytopathol，52：213－241.

Park CH, Chen S, Shirsekar G, Zhou B, Khang CH, Songkumarn P, Afzal AJ, Ning Y, Wang R, Bellizzi M, Valent B, Wang GL. 2012. The Magnaporthe oryzae Effector AvrPiz－t Targets the RING E3 Ubiquitin Ligase APIP6 to Suppress Pathogen－Associated Molecular Pattern－Triggered Immunity in Rice. Plant Cell，24：4748－4762.

Wu J, Kou Y, Bao J, Li Y, Tang M, Zhu X, Ponaya A, Xiao G, Li J, Li C, Song M, Cumagun C, Deng Q, Lu G, Jeon JS, Naqvi N, Zhou B. 2015. Comparative genomics identifies the *Magnaporthe oryzae* avirulence effector AvrPi9 that triggers Pi9 mediated blast resistance in rice. New Phytol，206（4）：1463－1475.

Zhou B, Qu S, Liu G, Dolan M, Sakai H, Lu G, Bellizzi M, and Wang GL. 2006. The eight amino－acid differences within three leucine－rich repeats between Pi2 and Piz－t resistance proteins determine the resistance specificity to *Magnaporthe grisea*. Mol Plant Microbe Interact，19：1216－1228.

禾谷镰刀菌侵染生长调控的分子机理
Molecular Mechanism for Regulation of Infectious Growth in *Fusarium graminearum*

刘慧泉*

（西北农林科技大学，陕西　712100）

由禾谷镰刀菌（*Fusarium graminearum*）引起的赤霉病是全球小麦、大麦、玉米等粮食作物上危害最为严重的病害之一，尤其是近些年持续在我国小麦主产区肆虐，造成严重产量损失，个别田块甚至颗粒无收。赤霉病发生除了导致产量损失外，染病籽粒中含有病菌产生的多种有害真菌毒素，导致严重的食品安全问题。明确禾谷镰刀菌侵染致病的分子机理，对制定和发展有效病害防控策略至关重要。

近年来研究发现，禾谷镰刀菌是一种半活体营养（hemi–biotrophic）病原真菌，与其他半活体营养病原真菌（如稻瘟菌等）一样，其在植物组织内产生明显不同于培养基上营养菌丝形态的球根状侵染菌丝（bulbous infection hyphae）（Rittenour and Harris，2010；Zhang *et al.*，2012；Bormann *et al.*，2014），这种菌丝形态差异很可能与侵染阶段特异的细胞周期调控有关，但具体的分子机制尚不清楚。

细胞周期蛋白依赖性激酶基因 *CDC2* 是细胞周期调控中最重要的基因，在酵母和其他模式真菌中都是单拷贝，且是必需基因。笔者课题组在研究中发现禾谷镰刀菌拥有两个 *CDC2* 的直系同源基因（*CDC2A* 和 *CDC2B*），二者编码的蛋白具有78%的相同率，都具有细胞周期蛋白依赖性激酶的典型结构特征。基因功能验证研究发现，单独敲除 *CDC2A* 或 *CDC2B* 后，突变体的生长速度、菌落形态和产分生孢子能力与野生型相比均没有明显差异，但同时敲除两个基因后致死，这表明 Cdc2A 和 Cdc2B 在营养生长中功能冗余，可互相替代。但在侵染寄主方面，$\Delta cdc2B$ 突变体表现正常，而 $\Delta cdc2A$ 突变体致病力几乎丧失。显微观察发现 $\Delta cdc2A$ 突变体侵染生长存在缺陷，不能够形成成簇的球根状侵染菌丝。进一步通过基因区段置换研究发现，Cdc2A 的 N–端和 C–端序列同时决定其在侵染生长中的调控作用，表明 Cdc2A 和 Cdc2B 功能的差异由其序列变异决定。

上述研究表明，Cdc2A 介导了侵染生长特异的细胞周期调控，今后需要进一步明确 Cdc2A 是如何介导这种特异的调控机制的，从而揭示侵染生长细胞周期调控不同于营养生长的分子机理。

参考文献

Rittenour WR, Harris SD. 2010. An *in vitro* method for the analysis of infection–related morphogenesis in *Fusarium graminearum*. Mol Plant Pathol, 11：361–369.

＊ 通讯作者：E–mail：liuhuiquan@nwsuaf.edu.cn

Bormann J, Boenisch MJ, Bruckner E, Firat D, Schafer W. 2014. The adenylyl cyclase plays a regulatory role in the morphogenetic switch from vegetative to pathogenic lifestyle of *Fusarium graminearum* on wheat. PLoS ONE, 9: e91135.

Zhang XW, Jia LJ, Zhang Y, Jiang G, Li X, Zhang D, Tang WH. 2012. *In planta* stage – specific fungal gene profiling elucidates the molecular strategies of *Fusarium graminearum* growing inside wheat coleoptiles. Plant Cell, 24: 5159 – 5176.

核盘菌一种新型激发子活性鉴定
Identification of a New Elicitor from *Sclerotinia sclerotiorum*

张华建

（安徽农业大学，合肥 230036）

核盘菌 [*Sclerotinia sclerotiorum*（Lib.）de Bary] 是一种世界性植物病原真菌，主要分布于温带与亚热带地区，其寄主范围十分广泛，可寄生 75 科 400 多种植物。它引起的油菜菌核病，居我国油菜三大病害首位，每年造成的损失约占总病害损失的 80%，严重制约油菜生产。在长江流域油菜主产区，直接经济损失达数亿元。目前，对于油菜菌核病的防治主要采取以种植抗病品种为基础、改进栽培管理、适时化学防治的综合治理策略。由于生产上缺乏高抗品种，农业防治费时费工且收效甚微，化学防治又易导致环境污染、农药残留及抗药性。因此，需要发展天然且环境友好型的制剂对油菜菌核病进行防治。目前，生物防治成为研究热点，主要的生防菌有枯草芽孢杆菌、盾壳霉和放线菌等。此外，研究发现激发子可诱发植物的抗病性，从而阻止或限制病害的发生和扩展；然而人们利用激发子进行油菜菌核病防治的报道还很少。

植物角质层是植物表面由角质和蜡质组成的膜状结构，并由果胶质连接，覆盖在表皮细胞外表面的细胞壁上，对植物起着机械防护和失水保护的作用，是植物抵抗病原菌侵入的第一道障碍。角质酶（cutinase）是一种可降解角质并产生大量脂肪酸单体的水解酶，是病原菌产生的对寄主细胞壁组分有降解作用的酶类。一方面，病原菌角质酶由于能分解植物角质层而可能促进病原菌侵染；另一方面，则是病原菌角质酶还可能同时诱发植物的抗病防御系统。目前，国内外众多学者对角质酶进行了大量研究，主要集中在角质酶在病原菌致病过程作用机理研究，其中研究较多的是豌豆根腐病菌（*Fusarium solani* f. sp. *pisi*）角质酶；此外，Li 等通过研究发现病原物 *Pyrenopeziza brassicae* 的角质酶 Pbc1 在侵染油菜中发挥作用。但有研究发现角质酶能够诱导寄主植物的抗病性，Parker 研究发现黑星菌的角质酶能够抑制豆类枯萎病菌在寄主体内的扩展。这说明，角质酶在一定范围内能诱导植物产生抗性，抑制病原菌的侵入，但这方面的研究较少。本课题组采用 RT - PCR 技术克隆到编码 *S. sclerotiorum* 角质酶的 *SsCut* 基因（GenBank Accession No. XM_001590986.1），构建了该基因的原核表达载体，经诱导表达、Ni^{2+} 柱纯化，得到约 20.4 kDa 蛋白（Wu *et al.*，2014）；*SsCut* 可以在较低浓度下诱发单子叶和双子叶植物的过敏反应（Hypersensitive response，HR）和气孔关闭，伴随活性氧（Reactive oxygen species，ROS）积累和抗病相关基因的表达，通过激活植物防卫相关酶，诱发植物对病原菌的抗性；突变分析发现 *SsCut* 激发子活性与其角质酶活性无关，说明 *SsCut* 可能作为一个新的 PAMP（pathogen - associated molecular pattern）诱发植物的非寄主抗性（Zhang *et al.*，2014）。

上述结果对揭示激发子诱发的植物免疫及其对病原菌的非寄主抗性的分子机理具有重

要价值，同时对开发以病原菌激发子为主要成分的新型生物农药和植物病害控制策略提供理论基础。

参考文献

Zhang HJ, Wu Q, Cao S, Zhao TY, Chen L, Zhuang PT, Zhou XH, Gao ZM. 2014. A novel protein elicitor（SsCut）from *Sclerotinia sclerotiorum* induces multiple defense responses in plants. Plant Mol Biol, 86：495 – 511.

吴群, 赵同瑶, 唐仕妤, 等. 2014. 核盘菌激发子基因 *SsCut* 克隆、原核表达及纯化. 植物保护学报, 41（5）：630 – 636.

花椒枯穗病拮抗菌的筛选及抑菌作用初探
Screening and Antagonism of Microbes Against Pricklyash Peel Ear Blight Disease

赵　赛　李建嫄　杨文香　张　娜　刘大群*

（河北农业大学，保定　071001）

花椒枯穗病（Pricklyash peel ear blight disease）是 2009 年河北省林业科学研究院引进花椒新品种上发现的一种新病害，在示范种植期间发现该病害主要为害花椒穗部和叶部，导致穗部干枯、叶片脱落，有时也可侵染果皮，造成花椒产量和品质的下降。通过对引起花椒枯穗病的病原菌形态学和分子生物学鉴定，将其病原鉴定为细极链格孢菌［*Alternaria alternata*（Fries）Keissler］。

生物防治作为保护生态坏境、相对安全的防治方法备受关注，可有效控制病害发生为害。采用抑菌圈法从 305 株细菌中筛选到 4 株对花椒枯穗病具有拮抗效果的生防菌；其中 Z - X - 225 对该致病菌具有较强拮抗作用，在显微镜下观察真菌菌丝，发现与生防菌株接触边缘的致病菌菌丝有断裂、扭曲、畸形现象。筛选获得的这株拮抗菌对苹果斑点落叶病菌、小麦赤霉病菌、番茄灰霉病菌和棉花枯萎病菌均具有显著的抑制效果。通过对拮抗菌分子鉴定和生物学鉴定将其为鉴定多粘类芽孢杆菌（*Paenibacillus polymyxa*）。水解酶活性的测定结果表明 Z - X - 225 菌株具有蛋白酶和纤维素酶水解活性，无几丁质酶和 $\beta - 1$，3 葡聚糖酶活性。推测该菌主要是产生胞外蛋白酶，通过钝化病原菌生长过程中的相关酶类，阻止病原菌侵入植物细胞，从而作为花椒枯穗病菌的抑制侵染因子。

通过单因素试验发现菌株 Z - X - 225 液体发酵的最佳培养基为 LB 培养基，最佳的培养条件：初始 pH 值为 7，28℃，200r/min 振荡培养 32h。此发酵条件下 Z - X - 225 产生的抑菌物质在 1% 时对花椒枯穗病菌相对抑制率为 80% 以上；拮抗菌无菌滤液除对菌丝生长有抑制作用外还表现出使致病菌菌丝颜色变化及菌丝破裂、原生质浓缩等作用。100 × 发酵液无菌滤液对孢子萌发也有 85.4% 的抑制效果，对萌发后的芽管伸长也具一定抑制作用。其挥发性物质不仅可以抑制病菌分生孢子的形成，且有很好的溶菌作用。该研究为花椒枯穗病的防治提供生防资源和该菌株的进一步开发利用提供理论依据。

参考文献（略）

＊　通讯作者：E - mail：zn0318@126.com，ldq@hebau.edu.cn

基于 RNA 沉默的水稻抗病毒研究进展
RNA Silencing – based Antiviral Immunity in Rice

吴建国[1,2]*

(1. 福建农林大学植物病毒研究所，植物病毒学重点实验室，福州　350002；

2. 北京大学生命科学学院，北京　100871)

水稻是我国的主要粮食作物之一，长期以来备受多种病毒侵害的重要粮食作物，病毒病害造成的水稻减产直接危害粮食安全，植物病毒素有"植物癌症"之称，在生产上缺乏有效的防治方法。水稻条纹病毒（Rice stripe virus, RSV）和水稻矮缩病毒（Rice dwarf virus, RDV）是东亚稻区最具经济重要性的病毒病之一，在我国普遍发生，其中，以江苏、山东、河南、云南、浙江等地粳稻田发病更为严重，造成巨大经济损失并直接影响到我国的水稻粮食生产的安全（Wei et al.，2009）。这些病毒依靠昆虫介体传播，病毒可在虫体内复制，防虫治病十分困难，大规模农药的使用会造成严重的环境污染。由于对病毒、传毒昆虫及水稻寄主之间的相互作用机制缺乏系统的了解，因而长期以来，尚无有效彻底控制病毒病危害的策略。

RNA 沉默机制在真核生物内普遍存在，通过 20 ~ 25nt 的 Small RNA 调节基因表达从而调控机体生理功能（Chen，2009）。水稻作为单子植物研究的模式生物，其 RNA 沉默系统比双子叶植物（拟南芥）要复杂的多，现研究表明水稻等单子叶植物的确存在与拟南芥中完全不同的 RNA 沉默的作用方式，而且对靶标基因具有更复杂而精确的调控模式（Wu et al.，2009；Wu et al.，2010；Wu et al.，2012；Wei et al.，2014）。RNA 沉默的一个重要功能是抵抗包括病毒、病原菌在内的各种外源遗传物质的入侵，稳定基因组的构成发挥重要作用（Ding，2010）。在 RNA 沉默过程中 DCL，AGO 和 RDR 蛋白是发挥抗病毒功能的核心原件。在 RNA 沉默系统中水稻其基因组中编码 19 个不同的 AGO 基因、5 个 DCL 基因以及 5 个 RDR 基因；而拟南芥基因组中仅有 10 个 AGO 基因、4 个 DCL 基因以及 6 个 RDR 基因（Kapoor et al.，2008），这些蛋白在水稻抗病毒过程的作用并不清楚且缺乏研究。

近年来，我国学者在水稻抗病毒研究领域取得了一些重要研究成果。2014 年我国科学家首次通过图位克隆的方法成功克隆了水稻条纹病毒（RSV）的抗性基因 STV11，其编码了一种磺基转移酶（OsSOT1），可催化水杨酸（SA）转化为磺基水杨酸（SSA）发挥抗病毒功能（Wang et al.，2014），而该基因是否对其他水稻病毒具有抗性还有待研究。2011 年李毅团队比较分析了水稻矮缩病毒（RDV，一个正义双链 RNA 病毒）和水稻条纹病毒（RSV，一个负义单链 RNA 病毒）这两种不同病毒在侵染水稻后的 miRNA 以及参与抗病毒防御反应的 RNA 沉默相关基因的差异表达。其研究表明，RDV 的侵染基本不会影

---

* 通讯作者：E – mail：wujianguo81@ 126. com

响水稻 miRNA 的变化，而 RSV 决然相反，它不但影响了水稻 miRNA 的变化，而且还诱导了大量 miRNA*（miRNA star）和新的 Phased miRNAs 的产生。对这些新产生的 miR-NA* 和 Phased miRNAs 的研究发现，它们在病毒侵染过程均可以对其相应的靶基因进行有效调控，在病毒致病过程中发挥重要作用（Du et al.，2011）。这一发现为研究 miRNA* 的功能迈出了实质性的一步。那么病毒侵染水稻后 RNA 沉默系统是如何应答？该团队利用水稻全基因组芯片和 RT－qPCR 方法分析 RDV 和 RSV 侵染水稻后的基因沉默相关基因的表达，结果显示，在 RDV 侵染后，RDR1 被特异诱导，其他的基因并没有明显的变化。但是，我们发现在 RSV 侵染水稻后 DCL 和 AGO 基因发生了显著变化，尤其是 AGO1，AGO2 和 AGO18 在 RSV 的感病水稻中被显著诱导（Du et al.，2011）。深入研究发现，AGO1 主要通过结合来源于病毒的 vsiRNA 对病毒基因组进行沉默而起到抗病毒的功能，一般情况水稻内源的 miR168 可以特异识别 AGO1 起到负反馈调节的作用。该课题组发现被病毒特异诱导的另一个 AGO 蛋白 AGO18 能够通过竞争性结合 miR168 来保护 AGO1，从而增强水稻的抗病毒防御反应。病毒侵染 AGO18 缺失突变体后，由于 miR168 会伴随着病毒侵染而上调，导致靶基因 AGO1 表达量降低，植物抗病毒防御减弱；相反，AGO18 过表达后，竞争性结合 miR168，稳定 AGO1 的表达，植物抗病毒防御增强（Wu et al.，2015）。上述发现揭示了一种全新的 AGO 蛋白抗病毒机制：被病毒特异诱导的 AGO18 蛋白能够通过结合并抑制 miR168 的功能，从而保护 AGO1，进而增强植物抗病毒防御反应。该课题组通过接种不同病毒进行研究，证明该抗病机制具有广谱性。本研究成果对于深入理解宿主通过 RNA 沉默抗病毒的机理以及培育广谱抗病毒作物品种具有重要意义。

参考文献

Chen X. 2009. Small RNAs and their roles in plant development. Ann Rev Cell Develop Biol, 25: 21–44.

Ding, S. W. 2010. RNA–based antiviral immunity. Nat Rev Immunol, 10: 632–644.

Du, P., Wu, J., Zhang, J., Zhao, S., Zheng, H., Gao, G., Wei, L., and Li, Y. 2011. Viral infection induces expression of novel phased microRNAs from conserved cellular microRNA precursors. PLoS Pathog, 7: e1002176.

Kapoor M, Arora R, Lama T, Nijhawan A, Khurana JP, Tyagi AK, Kapoor S. 2008. Genome–wide identification, organization and phylogenetic analysis of Dicer–like, Argonaute and RNA–dependent RNA Polymerase gene families and their expression analysis during reproductive development and stress in rice. BMC Genomics, 9: 451.

Wang Q, Liu Y, He J, Zheng X, Hu J, Liu Y, Dai H, Zhang Y, Wang B, Wu W, Gao H, Zhang Y, Tao X, Deng H, Yuan D, Jiang L, Zhang X, Guo X, Cheng X, Wu C, Wang H, Yuan L, Wan J. 2014. STV11 encodes a sulphotransferase and confers durable resistance to rice stripe virus. Nat Commun, 5: 4768.

Wei L, Gu L, Song X, Cui X, Lu Z, Zhou M, Wang L, Hu F, Zhai J, Meyers BC, Cao X. 2014. Dicer–like 3 produces transposable element–associated 24–nt siRNAs that control agricultural traits in rice. Proc Natl Acad Sci USA, 111: 3877–3882.

Wei TY, Yang JG, Liao FR, Gao FL, Lu LM, Zhang XT, Li F, Wu ZJ, Lin QY, Xie LH, Lin HX. 2009. Genetic diversity and population structure of rice stripe virus in China. J Gen Virol, 90: 1025–1034.

Wu J, Yang Z, Wang Y, Zheng L, Ye R, Ji Y, Zhao S, Ji S, Liu R, Xu L, Zheng H, Zhou Y, Zhang X, Cao X, Xie L, Wu Z, Qi Y, Li Y. 2015. Viral–inducible Argonaute18 confers broad–spectrum virus resistance in rice by sequestering a host microRNA. eLife, 4. doi: 10.7554/eLife.05733.

Wu L, Mao L, Qi Y. 2012. Roles of dicer – like and argonaute proteins in TAS – derived small interfering RNA – triggered DNA methylation. Plant Physiol, 160: 990 – 999.

Wu L, Zhang Q, Zhou H, Ni F, Wu X, Qi Y. 2009. Rice MicroRNA effector complexes and targets. Plant Cell, 21: 3421 – 3435.

Wu L, Zhou H, Zhang Q, Zhang J, Ni F, Liu C, Qi Y. 2010. DNA methylation mediated by a microRNA pathway. Mol Cell, 38: 465 – 475.

棉花早衰成因及综合防控技术体系的创建
Studies on Key Factors for Causing of Cotton Premature Senescence and Establishment of Corresponding Management Technology

齐放军*

（中国农业科学院植物保护研究所，植物病虫害生物学国家重点实验室，北京 100193）

棉花早衰实质是一种早疫综合症，多发生在棉花长势喜人、丰收在望的情形下，典型症状表现为棉叶失绿、发黄、中后期叶片焦枯、脱落，甚至整株枯死，棉株在有效的生育季节过早衰老死亡（齐放军等，2013；郑娜等，2014）。棉花早衰一度在我国各主要棉区普发、暴发，危害十分严重（刘莉等，2011）。早衰发生严重影响棉花的产量和品质，轻度发生减产 15% 左右，重度发生则可减产 20%～50%，全国每年因棉花早衰发生造成的经济损失高达 75 亿～150 亿元（齐放军等，2013）。早衰危害严重，难以防控，关键在于成因不明。揭示关键成因，建立针对性防控技术，防控棉花早衰，这是棉花生产中亟待解决的重大难题之一。

早衰的成因极为复杂，在相当长的一段时期内，一直未能确认棉花早衰的关键成因。人们曾致力于从生理的角度去揭示棉花早衰的成因，董合忠等曾专门评述了棉花早衰生理性研究的进展，从生理的角度分析，棉花早衰发生有品种的原因，也与气候条件、土壤地力、肥水管理等外部环境因子有关，总结提出了生理性早衰成因的矿质营养失调说、库源失调说、激素失衡说和外源基因耗能说等 4 种解释。他们在文中也指出，棉花早衰是一系列复杂因素造成的，这些假说虽在一定程度上解释了棉花早衰的机理，但均缺乏直接的试验证据，仍需进一步研究和阐明棉花早衰的成因和机理，才有助于建立行之有效地棉花早衰控制技术，为棉花早衰的治理和防控提供针对性的指导（董合忠等，2005）。

近些年来，因棉花早衰发生严重、治理难度大，不少基层科研部门有关棉花早衰发生和危害的报道也常涉及棉花早衰的成因，这些一手资料涉及的内容更为广泛，如低温降雨（陈冠文等，2007）、品种差异及残膜影响（李家春，2007）、重茬和营养失调（张成等，2007）、土壤耕层过浅、水分管理不当（王海洋等，2007）等。这些零星的资料和信息非常重要，但依然需要直接的实验证据证实这些不良环境因子和棉花早衰发生之间的关系，确定关键性因素，以便采取针对性防控措施。

此外，人们还从钾营养（Li et al.，2012），耕作制度（买文选，田长彦 2012）和种植技术（Dong et al.，2006；Dong et al.，2009）等方面来研究和分析早衰的成因。

鉴于棉花早衰危害严重，成因不清，生产上无法防控和治理。因此，揭示棉花早衰的关键成因，建立针对性防控技术，有效防控早衰，是我们这些年来致力解决的问题和主攻的目标。

围绕上述问题和目标，经这些年的努力，取得下述研究成果：①揭示了不良环境及营

---

* 通讯作者：E - mail：fjqi@ ippcaas. cn

养条件下，链格孢菌侵染是引起轮纹斑病发生，导致棉花叶片衰老的关键成因。这一发现，彻底改变了有关棉花早衰只是生理性病害的传统认识，揭示了生理、病理复合因素引起早衰的本质，理清了早衰、红叶茎枯病及轮纹斑病间必然的联系，为棉花早衰的防控明确了目标（Zhao et al.，2012b；齐放军等，2013；郑娜等，2014）。②明确我国棉花抗早衰特性的遗传基础，发现并命名首个棉花抗早衰基因（Zhao et al.，2012a；刘莉等，2011）。③首次系统提出制定了具有针对性的棉花早衰综合防控技术体系，归纳为"选种、壮苗、补钾、抗逆、防病"，在全国各主要棉区推广应用（Zhao et al.，2013；齐放军等，2013；郑娜等，2014）。

上述工作为我国棉花生产提供了有力地保障，一度严重危害棉花生产的早衰已从病因不清，无法治理到对症抓方，系统防控，早衰暴发、普发、严重危害棉花生产的局面开始得到遏制。

参考文献

齐放军，简桂良，李家胜．2013．棉花早衰、红叶茎枯病与棉花轮纹斑病间关系辨析．棉花学报，25（1）：81－85．

郑娜，翟伟卜，张珊珊，等．2014．棉花成熟与衰老的影响因素及其调控策略。植物生理学报，2014，50（9）：1310－1314．

刘莉，陈燕，王升正，等．2011．棉花品种抗早衰特性比较和评价．植物保护，37（2）：107－111．

董合忠，李维江，唐薇，等．2005．棉花生理性早衰研究进展．棉花学报，17（1）：56－60．

陈冠文，李莉，祁亚琴，等．2007．北疆棉花红叶早衰特征及其原因探讨．新疆农垦科技，（6）：8－10．

李家春．2007．奎屯垦区棉花早衰原因分析及防治对策．新疆农垦科技，（2）：11－12．

张成，宋述元，关业虎，等．2007．江汉平原棉区棉花早衰原因调查与预防对策．湖北农业科学，46（3）：371－373．

王海洋，陈建平，张蓴，等．2007．江苏沿海棉区棉花早衰原因及防治措施．江西棉花，29（6）：42－43．

买文选，田长彦．2012．膜下滴灌棉花早衰发生的可能机制研究——从生长与养分的角度．植物营养与肥料学报，18（1）：132－138．

Dong H, Niu Y, Kong X, Luo Z. 2009. Effects of early – fruit removal on endogenous cytokinins and abscisic acid in relation to leaf senescence in cotton. Plant Growth Regul, 59 (2)：93 – 101.

Dong HZ, Li WJ, Tang W, Li ZH, Zhang DM, Niu YH. 2006. Yield, quality and leaf senescence of cotton grown at varying planting dates and plant densities in the Yellow River Valley of China. Field Crops Res, 98 (2 – 3)：106 – 115.

Li B, Wang Y, Zhang Z, Wang B, Eneji AE, Duan L, Li Z, Tian X. 2012. Cotton shoot plays a major role in mediating senescence induced by potassium deficiency. J Plant Physiol, 169 (4)：327 – 335.

Zhao JQ, Jiang TF, Liu Z, Zhang WW, Jian GL, Qi FJ. 2012a. Dominant gene cpls[r1] corresponding to premature leaf senescence resistance in cotton (Gossypium hirsutum L.). J Integr Plant Biol, 54 (8)：577 – 583.

Zhao JQ, Li S, Jiang TF, Liu Z, Zhang WW, Jian GL, Qi FJ. 2012b. Chilling stress—the key predisposing factor for causing Alternaria alternata infection and leading to cotton (Gossypium hirsutum L.) leaf senescence. Plos ONE, 7 (4)：e36126.

Zhao JQ, Zhao FQ, Jian GL, Ye YX, Zhang WW, Li JS, Qi FJ. 2013. Intensified Alternaria spot disease under potassium deficiency conditions results in acceleration of cotton (Gossypium hirsutum L.) leaf senescence. Aust J Crop Sci, 7：241 – 248.

水稻抗稻瘟病基因鉴定与育种策略新进展
Identification of Rice Blast Resistance Genes and Breeding Strategies

王继春[*]

（吉林省农业科学院，长春 130033）

水稻稻瘟病是世界范围内影响水稻产量的最重要病害之一。水稻抗稻瘟病基因与稻瘟病菌无毒基因互作符合"基因对基因"假说。抗病基因的鉴定及有效利用对阻止由稻瘟病发生造成产量损失发挥积极作用。以丽江新团黑谷（LTH）为亲本培育的一批水稻抗稻瘟病单基因品种，为开展抗稻瘟病基因鉴定提供了重要工具。

在吉林省，水稻稻瘟病是吉林省农业生产中被列为最重要的病害。针对稻瘟病菌致病性评价工具一直沿用国内 20 世纪 70 年选择的一套鉴别寄主品种，由于这些鉴别品种遗传背景不够清晰或较单一，远远落后于当前抗稻瘟病基因鉴定范围，其结果对稻瘟病菌致病性变化监测、抗病育种指导作用甚微。利用 LTH 为亲本、培育分别含有主效基因 Pia，Pib，Pii，Pik，$Pik-h$，$Pik-m$，$Pik-p$，$Piks$，$Pish$，Pit，$Pita$，$Pita-2$，Piz，$Piz-t$，$Pi1$，$Piz-5$，$Pi3$，$Pi5$（t），$Pi7$（t），$Pi9$，$Pi11$（t），$Pi12$（t），$Pi19$ 和 $Pi20$ 的 24 个抗稻瘟病单基因系，与采集于吉林省各水稻种植区的 40 份代表性稻瘟病菌株互作，分别获得了不同稻瘟病菌菌株的致病频率和含有抗病单基因品种的抗病谱，明确了吉林省水稻抗稻瘟病广谱基因型为 $Pi9$，$Pi19$，Piz，$Piz-5$，$Piz-t$，$Pi12$（t），$Pi5$（t），$Pik-h$ 等。根据代表稻瘟病菌株与抗病单基因品种亲和表现数据，提出了利用抗稻瘟病单基因叠加方式联合抵抗稻瘟病菌致病力的育种策略（Wang et al.，2013）。

利用亲缘关系较远的品种开展杂交育种，是培育广谱抗稻瘟病品种的主要途径。由于耕作历史及相似的地理纬度，位于东北亚地区的中国、日本、韩国等种植的粳稻水稻品种遗传背景，包括对稻瘟病的抗性水平极为相似，为此跨纬度和地域引进抗病品种资源是拓展品种抗谱的前提。仍然采用以 LTH 为亲本、含有主效基因 Pia，Pib，Pii，Pik，$Pik-h$，$Pik-m$，$Pik-p$，$Piks$，$Pish$，Pit，$Pita$，$Pita-2$，Piz，$Piz-t$，$Pi1$，$Piz-5$，$Pi3$，$Pi5$（t），$Pi7$（t），$Pi9$，$Pi11$（t），$Pi12$（t），$Pi19$ 和 $Pi20$ 的 24 个抗稻瘟病单基因种，与美国南部稻区具有代表性（不同致病水平及遗传背景）的 14 个稻瘟病菌株互作，明确了美国南部水稻广谱抗稻瘟病基因型为 $Pi9$，$Pita-2$，$Piz-t$，$Piz-5$，$Pi12$（t）。根据代表稻瘟病菌株与抗病单基因品种亲和表现数据，搭建了针对美国南部稻瘟病菌致病力特性、采用抗稻瘟病单基因叠加方式联合抵抗当地稻瘟病菌致病力的育种策略。通过试验的 14 份美国水稻稻瘟病菌株为纽带，与美国农业部水稻研究中心精心筛选的 400 余份水稻品种人工接种互作，鉴定、筛选出 370 余份抗性较适合中国吉林省的水稻材料，并引进中国，拓展了中国

＊ 通讯作者：E-mail：wangjichun@cjaas.com

吉林省的水稻抗病品种资源。(Wang *et al.*, 2015)

上述研究成果为水稻抗稻瘟病基因鉴定提供了新思路、为水稻品种资源的引进利用提供了方法；同时，也为抗稻瘟病育种提供了新策略。

参考文献

Wang JC, Jia Y, Wen JW, Liu WP, Liu XM, Li L, Jiang ZY, Zhang JH, Guo XL, Ren JP. 2013. Identification of rice blast resistance genes using international monogenic differentials. Crop Protection, 45: 109 – 116.

Wang JC, Correll JC, Jia Y. 2015. Characterization of rice blast resistance genes in rice germplasm with monogenic lines and pathogenicity assays. Crop Protection, 72: 132 – 138.

水稻抗纹枯病分子育种新进展
Research Highlight on Rice Molecular Breeding Toward Sheath Blight Resistance

左示敏* 潘学彪 陈宗祥 张亚芳

（扬州大学，扬州 225009）

由强腐生性真菌"立枯丝核菌（*Rhizoctonia solani* Kühn）"引起的水稻纹枯病是水稻最重要的病害之一。历年的水稻病害测报数据显示（http：//www. natesc. gov. cn/），纹枯病的发生面积和造成的产量损失始终位于水稻各病害之首。水稻对纹枯病的抗性受多基因控制，通过传统育种手段难以开展抗病育种。近年来，通过分子育种手段开展的抗纹枯病育种工作取得了一些新进展，有望加速抗病品种的培育进程。分子育种包括分子标记辅助选择育种和转基因育种两个方面。

分子标记辅助选择育种的前提是有可靠的抗纹枯病数量基因座（quantitative trait locus，QTL）。迄今已报道了多个抗纹枯病 QTL，但效应稳定且实现精确定位的并不多见。位于第9染色体长臂末端的 $qSB-9$ 是目前普遍检测到的抗纹枯病 QTL，但在不同抗病亲本中有关该基因的定位区间却不尽相同，影响了其在抗病育种的应用。最近的研究显示三个不同抗病亲本在 $qSB-9$ 上携带的是等位基因，同时实现了 $qSB-9^{TQ}$（供体亲本为特青/TQ）的精细定位（Zuo *et al.*，2014a；2014b）。通过标记辅助选择，发现导入 $qSB-9^{TQ}$ 可显著提高粳稻品种对纹枯病的抗性但不影响其农艺和产量性状（Chen *et al.*，2014）。除此之外，最近还新发现了2个效应稳定的抗纹枯病 QTL，并实现了它们的物理定位（Zhu *et al.*，2014）。这些进展为抗纹枯病分子标记辅助育种提供了可靠的基因资源，未来的研究将会侧重在这些 QTL 的聚合育种上（Chen *et al.*，2014）。

抗纹枯病转基因育种的最新进展也特别值得关注。纹枯病菌侵早期会分泌一系列水解酶降解植物细胞壁，如多聚半乳糖醛酸酶（Polygalacturonase，PG）和木聚糖酶等。水稻中存在抑制 PG 活性的蛋白（PG inhibiting proteins，PGIP），体外表达的 OsPGIP1 蛋白可抑制纹枯病菌 PGs 活性，超表达 *OsPGIP*1 可显著提高水稻对纹枯病的抗性（Wang *et al.*，2015）。此外，一般认为乙烯信号参与植物抵御腐生型病原菌的抗病反应。通过病原菌诱导型启动子驱动水稻乙烯合成途径中的关键基因 *OsACS*2 的表达，发现转基因水稻在病原菌侵染后内源乙烯合成明显增加，显著提高了水稻对纹枯病和稻瘟病的广谱性抗性，更值得注意的是转基因水稻的农艺和产量性状基本不受影响（Helliwell *et al.*，2013）。不同于以往利用外源基因提高抗病性的策略，这些研究均集中在改造和利用水稻自身基因上，这为进一步通过基因组编辑技术改造水稻自身基因培育非转基因抗纹枯病品种奠定了基础。

以上进展为水稻抗纹枯病分子育种储备了相关技术或基因资源，也为进一步研究水稻

---

* 通讯作者：E – mail：smzuo@ yzu. edu. cn

抗纹枯病分子机理提供了重要基础，具有十分重要的意义。

参考文献

Chen ZX, Zhang YF, Feng F, Feng MH, Jiang W, Ma YY, Pan CH, Hua HL, Li GS, Pan XB, Zuo SM. 2014. Improvement of *japonica* rice resistance to sheath blight by pyramiding $qSB-9^{TQ}$ and $qSB-7^{TQ}$. Field Crop Res, 161: 118 – 127.

Helliwell EE, Wang Q, Yang YN. 2013. Transgenic rice with inducible ethylene production exhibits broad – spectrum disease resistance to the fungal pathogens *Magnaporthe oryzae* and *Rhizoctonia solani*. Plant Biotechnol J, 11: 33 – 42.

Wang R, Lu LX, Pan XB, Hu ZL, Ling F, Yan Y, Liu YM, Lin YJ. 2015. Functional analysis of *OsPGIP*1 in rice sheath blight resistance. Plant Mol Biol, 87: 181 – 191.

Zhu YJ, Zuo SM, Chen ZX, Chen XG, Gang Li, Zhang YF, Zhang GQ, Pan XB. 2014. Identification of two major QTLs, $qSB1-1^{HJX74}$ and $qSB11^{HJX74}$, with resistance to rice sheath blight in field tests using chromosome segment substitution lines. Plant Dis, 98: 1112 – 1130.

Zuo SM, Zhu YJ, Yin YJ, Wang H, Zhang YF, Chen ZX, Gu SL, Pan XB. 2014a. Comparison and confirmation of quantitative trait loci conferring partial resistance to rice sheath blight on chromosome 9. Plant Dis, 98: 957 – 964.

Zuo SM, Zhang YF, Yin YJ, Li GZ, Zhang GW, Wang H, ChenZX, Pan XB. 2014b. Fine – mapping of $qSB-9^{TQ}$, a gene conferring major quantitative resistance to rice sheath blight. Mol Breed, 34: 2191 – 2203.

水稻条纹病毒对介体灰飞虱后代生活力的影响
Rice Stripe Virus Affects the Viability of Its Vector Small Brown Planthopper Offspring

李　硕　王世娟　周　彤　程兆榜　周益军*

（江苏省农业科学院植物保护研究所，南京　210014）

水稻条纹叶枯病是水稻重要病毒病害之一，该病是由灰飞虱（Small brown planthopper, *Laodelphax striatellus* Fallén）传播水稻条纹病毒（Rice stripe virus, RSV）引起，RSV能在灰飞虱体内循回并增殖，且可经卵垂直传递。研究 RSV 与灰飞虱的互作机制，对于阻断病毒的传播、控制病毒病害具有重要意义。本实验室研究了 RSV 对灰飞虱后代生活力的影响及其机制。

通过遗传杂交分析，发现灰飞虱后代的带毒情况只取决于亲代雌虫是否带毒，与其亲代雄虫是否带毒无关联，该结果进一步被 RSV 在生殖细胞中的分布情况证实，免疫胶体金电镜观察显示 RSV 只侵染灰飞虱卵细胞，不侵染精子。遗传杂交还发现，灰飞虱亲代带毒（RSV）对其产卵量无明显影响，但使 F_1 代的孵化率显著下降并延长发育历期。形态学观察显示，带毒亲代的卵在发育过程中出现一定比例的发育异常和停滞，这是导致 F_1 代卵孵化率下降的直接原因；分子检测显示胚胎发育期间，RSV 可在卵内复制增殖；发育基因表达谱分析显示，灰飞虱带毒卵中胚胎发育重要基因 *Ls – Dorsal* 和 *Ls – Chorion peroxidase* 的表达受到了显著抑制，这可能导致了卵的发育异常，进而影响了 F_1 代的孵化率（Li *et al.*，2015）。

总的来说，RSV 对介体灰飞虱的生活力产了一个不利效应，这一结论可以较为合理地解释十多年来田间灰飞虱种群带毒率的变化。近年来（2001—2013 年），本实验室持续监测江苏地区灰飞虱种群的带毒率，带毒率的变化可以分为 3 个阶段：迅速上升期（RRP，2001—2003 年）、高带毒率稳定期（SP，2003—2007 年）、缓慢下降期（SDP，2007—2013 年）。水稻条纹叶枯病流行初期，感病品种（武育粳 3 号等）在江苏大面积种植，灰飞虱获毒和传毒几率较高，形成了带毒率较高的 RRP 期和 SP 期。2007 年以后，为了控制病害，江苏地区大规模推广抗病品种，毒源补充受阻，灰飞虱获毒几率锐减；同时在垂直传毒方面，由于 RSV 对灰飞虱后代的不利效应，带毒灰飞虱后代数量逐年减少，无毒灰飞虱后代因生活力强其数量迅速上升从而在种群中占绝对优势。目前，江苏地区灰飞虱带毒率已从最高时的 31.3%（2005 年）下降到 1.5%（2013 年），条纹叶枯病的流行趋势已得到有效控制。此外，由于灰飞虱自然种群为混合群体，非亲和性群体的存在也可能对种群带毒率的下降产生影响。

上述研究结果为在灰飞虱带毒率较高的"条纹"重病区连续种植抗病品种进行压毒

---

* 通讯作者：E – mail：yjzhou@ jaas. ac. cn

（介体带毒率）控病提供了理论依据。

参考文献

Li S, Wang SJ, Wang X, Li XL, Zi JY, Ge SS, Cheng ZB, Zhou T, Ji YH, Deng JH, Wong SM, Zhou YJ. 2015. Rice stripe virus affects the viability of its vector offspring by changing developmental gene expression in embryos. Sci Rep, 5: 7883

特特勃中抗水稻黑条矮缩病毒的 QTL 分析
QTL Analysis of the Resistance to Rice Black –
streaked Dwarf Virus in Tetep

周 彤* 杜琳琳 兰 莹 王跞娇 高存义 范永坚 周益军

（江苏省农业科学院植物保护研究所，南京 210014）

水稻黑条矮缩病（Rice black – streaked dwarf disease）是一种主要由灰飞虱（*Laodephax striatellus* Fallén）以持久性不经卵方式传播的恶性水稻病毒病，也是当前水稻上危害最为严重的病毒病之一。发掘抗性基因和培育抗性品种是解决这类病毒病害的根本策略，但受制于品种抗性人工接种鉴定方法的缺乏，水稻黑条矮缩病品种抗性的遗传学研究和育种实践一直进展较慢。

针对南方水稻黑条矮缩病毒假阳性毒源干扰、病毒毒源保存和灰飞虱携带水稻条纹病毒干扰等技术难点，分别通过建立一种特异性测定水稻黑条矮缩病毒的逆转录环介导等温扩增方法（周彤，2012）、发明一种利用灰飞虱从冻存病叶中获得水稻黑条矮缩病毒的方法（周彤，2011a）和筛选出不携带水稻条纹病毒的灰飞虱群体予以破解。在此基础上，构建了高效引发水稻黑条矮缩病的人工接种鉴定方法，其鉴定效果与重病区田间鉴定效果无显著性差异（周彤，2011b）。利用人工接种鉴定方法对重病区田间鉴定筛选出的一份来自越南的籼稻抗病资源材料特特勃进行抗性确认后，分析抗性特征发现其对水稻黑条矮缩病的抗性主要来自于对病毒本身的抗性，而不是对传毒介体灰飞虱的抗性。采用人工接种鉴定方法对淮稻5号/特特勃构建的 $F_{2:3}$ 家系进行抗性遗传分析，发现其对水稻黑条矮缩病的抗性为数量性状，可能由 1~2 个主效基因控制。利用分子标记分析方法构建遗传连锁图谱，采用基于复合区间作图法的软件 Windows QTL Cartographer V2.5 对构建的遗传图谱和之前获得表型数据进行分析，从淮稻5号/特特勃的 F_2 群体检测出3个水稻黑条矮缩病抗性 QTL，分别命名为 *qRBSDV – 3*、*qRBSDV – 10* 和 *qRBSDV – 11*。其中 *qRBSDV – 3* 位于第3染色体的 RM5626 – RM7097，LOD 值为 4.07，贡献率为 17.5%。*qRBSDV – 11* 位于第11染色体的 RM202 – RM7120，LOD 值为 2.21，贡献率为 12.4%，这两个 QTL 抗性均来自于抗病品种特特勃。*qRBSDV – 10* 位于第10染色体的 RM216 ~ RM311，LOD 值为 2.24，贡献率为 0.3%，抗性来自于感病亲本淮稻5号。通过图谱比对表明本研究获得的两个抗性 QTL 是新的水稻黑条矮缩病抗性位点。

上述研究可望为抗性育种提供新的抗性基因资源，并为抗水稻黑条矮缩病基因的克隆分离及其抗性机制的解析奠定基础。

---

* 通讯作者：E – mail：zhoutong@ jaas. ac. cn

参考文献

Zhou T, Wu LJ, Wang Y, Cheng ZB, Ji YH, Fan YJ, Zhou YJ. 2011. Preliminary Report on the transmission of Rice black – streaked dwarf disease from frozen infected leaves to healthy rice by insect vector small brown plan-thopper (*Laodelphax striatellus* Fallen). Rice Science, 18 (2): 152 – 156.

周彤, 王英, 吴丽娟, 等. 2011. 水稻品种抗黑条矮缩病人工接种鉴定方法. 植物保护学报, 38 (4): 31 – 35.

Zhou T, Du L, Fan Y, Zhou Y. 2012. Reverse transcription loop – mediated isothermal amplification of RNA for sensitive and rapid detection of Southern Rice Black – streaked Dwarf Virus. J Virol Methods, 18: 91 – 95.

我国昆虫病原线虫的资源调查与利用
Occurrence of Entomopathogenic Nematodes in China and Efficacy of EPN Against *Bradysia odoriphaga*

马　娟　李秀花　王容燕　高　波　陈书龙*

（河北省农林科学院植物保护研究所，河北省农业有害生物综合防治工程技术研究中心，农业部华北北部作物有害生物综合治理重点实验室，河北保定　071000）

昆虫病原线虫（Entomopathogenic nematodes，EPN）中的异小杆线虫（Heterorhabditis）和斯氏线虫（Steinernema）体内携带强致病力的共生细菌，是一类高效生物杀虫剂。该线虫能够主动搜寻寄主，通过寄主昆虫的自然孔口或节间膜侵入寄主体内，释放出携带的共生细菌，在 24～48h 内使昆虫发生败血症并死亡。昆虫病原线虫使用安全，对环境无污染，可与一些化学农药混用，对一些用化学农药难以防治的隐蔽性地下害虫和钻蛀性害虫尤为有效，在害虫的可持续治理中具有广阔的应用前景，在世界范围内是除苏云金杆菌外应用最为广泛的生防制剂。

近十几年来，昆虫病原线虫的研究进展迅速，在很多国家昆虫病原线虫已商品化生产并用于园艺作物、果树、草地以及蘑菇虫害的防治。昆虫病原线虫在全球分布广泛，生态环境亦多种多样；目前为止，所描述的斯氏线虫已超过 70 种，异小杆线虫至少有 18 种。我国的 EPN 资源丰富，已经发现斯氏线虫 21 种，异小杆线虫 4 种（Ma *et al.* , 2012）。不同种或不同品系昆虫病原线虫的生物学特性具有较大差异，对于防治当地的特定害虫，本土线虫可能会有更好的控制效果。由于我国 EPN 资源缺少系统的调查，本实验室自 2003 年始，在我国河北、山西、河南、辽宁、吉林、黑龙江、内蒙古自治区的不同地区县市采集样本 4700 余份；采用大蜡螟诱集法诱集线虫，利用 White（1927）法进行线虫收集，共分离出昆虫病原线虫种群 271 个，其中，斯氏线虫 120 个，异小杆线虫 151 个。结合不同线虫种群的形态特征及 ITS 和 D2D3 区 DNA 序列信息，将采集到的异小杆线虫种群鉴定为 3 种：*Heterorhabditis bacteriophora*、*H. megidis* 和 *H. indica*；而斯氏线虫则分为 *Steinernema carpocapsae*、*S. ceratophorum*、*S. feltiae*、*S. hebeiense*、*S. litorale*、*S. longicaudum*、*S. monticolum*、*S. tielingense*、*S. xinbinense*、*S. changbaiense* 10 种（Chen *et al.* , 2006；Ma *et al.* , 2010）。

韭蛆（*Bradysia odoriphaga*）是韭菜的重要害虫，由于该虫隐蔽为害，防治十分困难，目前，急需安全有效的生物防治措施来控制韭蛆。为筛选得到可用于田间韭蛆防治的高效种群，试验以由不同地区分离的昆虫病原线虫种群为材料，室内测定了这些线虫对韭蛆的致死率。结果表明，侵染性幼虫（IJs）的种类与浓度显著影响线虫对韭蛆的致病力。

---

* 通讯作者：陈书龙 E - mail：chenshulong@gmail.com；马娟 E - mail：majuan_ 206@126.com

EPN 浓度 > 50 IJs/韭蛆时，一些 EPN 种群对韭蛆致死率可达到 95% 以上；当线虫浓度为 10 IJs/韭蛆幼虫时，致死率均在 50% 以下。线虫对不同龄期的韭蛆幼虫致病力差异也很显著。3 龄和 4 龄幼虫的敏感性要高于 2 龄幼虫。*Heterorhabditis indica* ZZ – 68、*S. hebeiense* JY – 82、*S. ceratophorum* HQA – 87 和 *S. feltiae* JY90 对韭蛆蛹亦具有较好的防治效果。选取 9 种防治韭蛆效果好的线虫 *S. ceratophorum* HQA – 87、*S. hebeiense* JY – 82、*S. feltiae* JY – 90、*S. feltiae* JY – 17、*H. indica* ZZ – 68、*H. bacteriophora* NY – 63 和 *H. bacteriophora* HQ – 94 进行了盆栽试验和田间试验。在盆栽试验中，施用不同种类线虫后韭蛆数目均显著降低，但不同种群之间无显著性差异。在田间试验中，不同线虫种群的防治效果具有显著差异。施用线虫 14 天后，对照区每株韭菜上的韭蛆数为 11 头，施用线虫的小区内韭蛆数均有所降低，施用辛硫磷（0.15 g a. i. /m²）小区内线虫数为 7 头/株，*S. feltiae* JY – 90 处理后每株韭菜上的韭蛆数降至 5 头，显著低于对照韭蛆数。施用线虫 28 天后，对照区域每株韭菜上的韭蛆数为 9.3 头，施用线虫的小区内韭蛆数均有所降低，施用辛硫磷的小区内线虫平均数为 3.8 头/株，*S. feltiae* JY – 17 和 *S. hebeiense* JY – 82 防治效果明显，每株韭菜上的韭蛆数降至 4.4 头和 3.9 头（Ma *et al.*，2013）。由此可见，应用 *S. feltiae* JY – 17 和 *S. hebeiense* JY – 82 控制韭蛆为害具有很大潜力。

本研究初步明确了昆虫病原线虫区系结构和分布规律，为防治隐蔽活动害虫提供了有效的生物防治资源，促进了昆虫病原线虫在害虫生物防治中的应用。

参考文献

Chen SL, Li XH, Spidonov S. E, Moens M. 2006. A new entomopathogenic nematode, *Steinernema hebeiense* n. sp. (Rhabditida：Steinernematidae), from China. Nematol, 8：563 – 574.

Ma J, Chen SL, Zou YX, Li HX, Han RC, De Clercq P, Moens M. 2010. Natural occurrence of entomopathogenic nematodes in north China. Russian J Nematol, 18：117 – 126.

Ma J, Chen SL, De Clercq P, Waeyenberge L, Han RC, Moens M. 2012. A new entomopathogenic nematode, *Steinernema xinbinense* n. sp. (Rhabditida：Steinernematidae), from north China. Nematol, 14：723 – 739.

Ma J, Chen SL, De Clercq P, Han R, Moens M. 2012. *Steinernema changbaiense* n. sp. (Rhabditida：Steinernematidae), a new species of entomopathogenic nematode from Northeast China. Russian J Nematol 20 (2)：97 – 112.

Ma J, Chen SL, Moens M. , Han R, De Clercq P. 2013. Efficacy of entomopathogenic nematodes (Rhabditida：Steinernematidae and Heterorhabditidae) against the chive gnat, *Bradysia odoriphaga*. J Pest Sci, 86：551 – 561.

我国小麦白粉病菌群体毒性结构新进展
Novel Insights into Population Structure of Wheat Powdery Mildew Pathogen in China

曾凡松[*]

（湖北省农业科学院植保土肥所，武汉 430064）

小麦白粉病是小麦产区的重要病害之一。利用抗病品种是防治白粉病最经济有效的措施。大面积长时间种植具有单一抗性基因（Pm 基因）品种，给白粉病菌群体造成了选择压力，使群体毒性结构在时空上发生变化，毒性小种最终克服品种抗性，导致品种抗性"丧失"。因此，对白粉病菌群体毒性结构进行监测对于指导抗病育种和品种布局具有重要意义。

2011—2012 年，对来自华北、黄淮、长江中游、长江下游、四川盆地、陕甘、云贵和新疆麦区的 1 082 个菌株，利用 22 个鉴别寄主对进行了致病型测定。结果表明，群体毒性频率分布在 0 ~ 97.4%，致病型呈现出丰富的多样性。所有菌株均对 $Pm21$ 不亲和，说明 $Pm21$ 在仍然是可以利用的基因。含有 $Pm13$, $mlxbd$ 和 $Pm5b$ 的品种由于具有相对宽的抗谱，在大多数地区也是有效的。除了对来自新疆的菌群外，$Pm3a$, $Pm3d$ 和 $Pm17$ 对多数菌株表现非亲和，表明这 3 个基因在未来的育种工作中同样具有利用价值。相反，由 $Pm1a$、$Pm3b$、$Pm3c$、$Pm3f$、$Pm5a$、$Pm6$ 和 $Pm8$ 介导的抗性已经被大多数菌株克服。除 $Pm13$ 和 $Pm21$ 之外，没有其他的 Pm 基因能够提供对新疆菌群的抗性，提示挖掘新抗源在新疆麦区进行育种和推广的重要性和紧急性。8 个群体对 $Pm1e$、$Pm2$、$Pm3a$、$Pm3d$、$Pm4a$、$Pm4b$、$Pm7$、$Pm17$、$Pm19$ 和 $Pm20$ 的抗性频率的分布存在显著差异（$P < 0.05$），表明在不同地区进行基因布局的必要性。群体结构分析表明，新疆菌群是一个与其他 7 个隔离的群体，长江中下游菌群可以合并为一个大群体。群体遗传多样性分析证明群体间遗传距离与地理距离正相关（$R^2 = 0.494$，$P \leqslant 0.001$）。白粉菌的传播呈现出由南向北，由西向东的趋势。

上述研究成果不仅为未来小麦抗白粉病育种和品种布局提供了依据，而且揭示了我国小麦白粉菌群体的毒性多样性和传播趋势。

参考文献（略）

---

* 通讯作者：E - mail：dazhaoyu@ china. com

武夷菌素的生物合成调控机理研究新进展
Recent Advances in Biosynthesis Mechanism to Wuyiencin

葛蓓孛*

（中国农业科学院植物保护研究所，植物病虫害生物学国家重点实验室，
北京　100193）

武夷菌素是中国农业科学院植物保护研究所研制的一种拥有自主知识产权的生物农药产品，是我国无公害蔬菜生产中防治真菌病的主要生物农药产品之一，用于防治番茄叶霉病、番茄灰霉病、黄瓜白粉病、黄瓜黑星病等，同时还对蔬菜有一定的增产作用。

武夷菌素是由不吸水链霉菌武夷变种（*Streptomyces ahygroscopicus* var. wuyiensis）产生的，属于微生物产生的次级代谢产物，产量较低，生产制造成本较高，且存在菌株退化的问题，严重影响了产品的工业化生产和大面积推广应用。传统方法是是通过物理、化学诱变以及射线诱变等方法来筛选武夷菌素高产菌株，但是，传统育种具有不稳定性，容易发生回复突变。因此，利用基因工程技术对武夷菌素进行定向育种，成为提高菌株效价和产量的有效措施。近年来，在武夷菌素生物合成基因簇及关键合成调控基因的鉴定方面开展了系统的研究工作。

抗生素的生物合成是由其生物合成基因簇进行调控的。通过构建武夷菌素产生菌基因组文库，根据大环内酯类抗生素聚酮合成酶基因设计引物对文库进行筛选，并结合高通量测序全基因组的结果进行分析，筛选出可能参与生物合成的 14 个 ORF，通过同源比对证实该序列与 *S. noursei* ATCC 11455 的制霉素生物合成基因有很高的同源性（葛蓓孛等，2014）。

通过生物信息学分析，发现武夷菌素生物合成基因簇中的 *wysR* 调控基因可能直接影响武夷菌素的产量，它编码的蛋白质包含一个 PAS 结构域和一个 LuxR 结构域。通过构建 *wysR* 基因缺失突变株、回复突变株及过表达菌株，并比较不同菌株间的形态学特征。结果表明武夷菌素产生菌 *wysR* 基因缺失突变株不再产生武夷菌素，回补后产素能力恢复；而过表达菌株武夷菌素的产素能力和产量显著提高，比原始菌种提高约 3 倍，说明 *wysR* 基因在武夷菌素生物合成途径中正调控武夷菌素的产量。在野生型菌株、*wysR* 基因缺失突变株中，利用 RT－qPCR 技术研究武夷菌素生物合成基因簇中其他结构基因以及调控基因转录水平的变化，发现 *wysR* 基因正调控结构基因 *wysA* 和 *wysB* 以及含有硫酯酶的 *wysE* 基因，负调控调控基因 *wysR*Ⅰ 和 *wysR*Ⅲ，证明 *wysR* 基因通过调控其他基因表达量来控制武夷菌素生物合成（Liu *et al.*，2014）。

通过武夷菌素生物合成基因簇及相关基因 *wysR* 功能的研究，为进一步研究武夷菌素生物合成机理提供了理论依据，从而为今后开展武夷菌素产生菌基因工程改造以及工厂化

＊ 通讯作者：E－mail：gbbcsx@ 126. com；bbge@ ippcaas. cn

生产奠定理论基础。

参考文献

葛蓓孛, 杨振娟, 檀贝贝, 等. 2014. 武夷菌素部分生物合成基因簇的克隆和分析. 中国生物防治学报, 30 (5): 678 – 684.

Liu YY, Ryu H, Ge BB, Pan GH, Sun L, Park K, Zhang KC. 2014. Improvement of wuyiencin biosynthesis in streptomyces wuyiensis CK – 15 by identification of a key regulator, WysR. J Microbiol Biotechnol, 24 (12): 1644 – 1653.

香蕉枯萎病病原菌水培致病力测定方法研究新进展
Novel Insights into Method for Evaluating Virulence of *Fusarium oxysporum* f. sp. *cubense* Strains

杨腊英*

（中国热带农业科学院环境与植物保护研究所，海口　571101）

香蕉是世界的第四大粮食作物，也是重要的热带亚热带水果。我国是香蕉主要生产国之一，香蕉产业在我国国民经济中占有重要地位。自 1996 年在广东发现香蕉枯萎病（入侵）以来，疫情扩散蔓延严重，香蕉产业面临着毁灭的威胁。"蕉癌"、"香蕉艾滋病"等风波曾引起国内外许多新闻媒体和民众的极大关注。近年来，在香蕉枯萎病病原菌水培致病力测定方法方面开展了系统研究工作。

香蕉枯萎病是香蕉产业的毁灭性病害之一，目前，尚无十分有效的防治手段，明确其致病机制是控制香蕉枯萎病的关键因子之一，解析病原真菌的致病机理可以通过特定性状突变体筛选和鉴定特定性状基因功能来实现，其需要快速、可靠、重复性强、高通量的评价转化子的致病力测定方法。而且病原菌致病性测定是病原菌致病性分化、寄主抗性遗传、抗病种质筛选、抗病品种（系）选育等研究工作的重要基础。因此，准确、快速、规范的测定方法对于开展香蕉抗病育种工作和提高病害综合防治成效等具有重要理论和实践意义。在构建并改进的香蕉水培系统基础上（黄小娟等，2012），建立了香蕉枯萎病病原菌致病力测定体系，即以 1×10^6 个孢子/mL 的孢子初始浓度处理香蕉稳定性较好，摇培 5 天的菌液稀释 10 倍以上后直接加入 50 mL 即可用于致病力评价，且不同菌株在该测定方法中与盆栽中测定的致病力结果基本一致（杨腊英等，2014）。

利用上述水培苗直接浇菌致病力测定方法开展了病原菌致病机理分析与不同香蕉种质资源对 Foc 的抗性室内评价研究。分析测定的 5 个致病相关基因敲除突变体中丝裂原活化蛋白激酶途径中的转录因子 *foste*12 基因敲除突变株 △*Foste*12 菌株对巴西蕉的致病力与野生型菌株相比下降41%，且与传统的盆栽苗伤根淋菌法测试的下降趋势基本一致；皇帝蕉、宝岛蕉对 4 株香蕉枯萎病病病原菌均表现为中抗或高抗，粉蕉均表现为感病或高感，室内测定的抗性结果与大田抗性表现相吻合；在激光共聚焦显微镜下清晰地观察到荧光蛋白转化突变病原菌菌株的孢子附着香蕉根部、菌丝入侵香蕉根细胞间隙、香蕉维管束组织内的菌丝纵向生长及球茎组织内的菌丝侵入定殖等入侵过程。

上述研究成果为香蕉枯萎病菌不同分离株致病力的评价、致病相关基因的功能解析尖孢镰刀菌致病机理及抗病品种的室内选育提供了快速简便的方法，将有助于香蕉枯萎病综合防控技术的改进，为提高防控效果奠定良好基础。

＊ 通讯作者：E－mail：layingyang@sohu.com

参考文献

黄小娟，杨腊英，谢德啸，等．2012．巴西香蕉苗静置水培营养液配方的初步筛选．热带农业科学，32：1－5．

杨腊英，郭立佳，毛超，等．2014．利用香蕉水培系统测定枯萎病病原菌致病力的方法．植物病理学报，44（6）：671－678．

小麦—玉米连作模式下禾谷镰刀菌复合种的相关研究
Study of the *Fusarium graminearum* Species Complex under Wheat – maize Continuous Cropping System

郝俊杰[*]

（河南省农业科学院植物保护研究所，郑州 450002）

冬小麦—夏玉米连作是我国黄淮海平原的主要种植模式，由禾谷镰刀菌（*Fusarium graminearum*）引起的小麦赤霉病和玉米茎腐病又是该地区重要的真菌病害。但小麦—玉米连作及耕作制度改变对相关病害的发生变化有何影响？在小麦—玉米连作这一生态系统下，小麦赤霉病和玉米茎腐病在流行学和病理学层面之间有何关系？自然条件下不同独立种间能否发生有性重组？耕作方式与秸秆还田对相关病害的发生和病原菌群体遗传结构有何影响？以上问题均不清楚。

目前，已明确的禾谷镰刀菌复合种（Species complex）包含至少 15 个种，但多是对单一作物单一病害的研究报道，中国主要为 *F. asiaticum* 和 *F. graminearum sensu stricto*（*F. graminearum s. str.*）。我们通过连续 3 年对河南省内 4 个固定的小麦—玉米连作田调查研究发现 *F. graminearum s. str.* 和 *F. asiaticum* 是共存的，两个种均可从小麦赤霉病样获得，而从玉米茎腐病及穗腐病中几乎分离不到 *F. asiaticum*，说明小麦和玉米的群体组成有明显的差别，*F. asiaticum* 对寄主的选择有明显的偏好性。但这种差别是由于病原菌选择寄主的结果、还是寄主选择病原菌的结果，还不清楚。

通过适合度分析，笔者初步发现 *F. graminearum s. str.* 对小麦赤霉病和玉米穗腐病均具有较强的致病力；而 *F. asiaticum* 对小麦赤霉病有较强的致病力，对玉米穗腐病几乎无致病力，*F. asiaticum* 在小麦和玉米间表现出明显的致病力分化。已有的研究发现乙醛酸循环途径在禾谷镰刀菌侵染小麦的初始阶段起着很重要的作用，特别是异柠檬酸裂解酶在其以 C2 化合物为碳源的利用过程中的首要关键作用。下一步将以 *F. asiaticum* 和 *F. graminearum s. str.* 侵染小麦和玉米为研究对象，通过分析病原菌侵染不同寄主过程中乙醛酸循环途径的分子特征和生物学特性，来解析 *F. asiaticum* 在小麦和玉米间产生致病力分化的机制。

参考文献（略）

＊ 通讯作者：E – mail：haojjds@163.com

小麦赤霉病生防功能菌分离与鉴定*
Isolation and Identification of Antagonistic Bacteria to Wheat Head Blight

郭 楠 张 平 闫红飞 刘大群**

（河北农业大学，保定 071001）

小麦赤霉病是为害我国乃至世界小麦生产安全的主要病害之一。该病害主要为害穗部，降低产量，严重时甚至颗粒无收；赤霉菌产生的毒素存留在籽粒中，影响食品安全（Goswami *et al.*，2003）。迄今，我国有记载的小麦赤霉病曾有 3 次大的流行，2003 年、2010 年和 2012 年。近年来，在我国有逐渐加重的趋势。

一直以来，鉴于我国小麦栽培品种缺乏抗性材料，化学防治是控制赤霉病的主要方法。但化学农药的大量使用具有杀伤有益微生物、产生残留、污染环境，导致病原物抗药性及药效受环境影响大等问题。因此，小麦赤霉病的生物防治逐渐得到关注。本研究从小麦和玉米籽粒内部分离获得 22 株内生菌，通过对小麦赤霉病菌抑菌试验，22 株内生菌均有一定的抑制效果，其中，5 株抑菌效果明显，进一步对黄瓜枯萎病菌（*Fusarium oxysporum* f. sp. *cucumerinum*）、立枯丝核菌（*Rhizoctonia solani*）、棉花黄萎病菌（*Verticillium dahliae*）、小麦根腐病菌（*Bipolaris sorokiniana*）、小麦全蚀病菌（*Gaeumannomyces graminis*）等 13 种病原真菌抑菌谱试验发现其具有广谱抑菌性，但对小麦赤霉菌、根腐菌和葡萄白腐病菌菌丝生长抑制效果最好，达 90% 以上。

5 株生防菌株依据 16S rDNA 测序结果和形态学、生理生化测定鉴定为解淀粉芽孢杆菌（*B. amyloliquefaciens*）、地衣芽孢杆菌（*Bacillus licheniformis*）和枯草芽孢杆菌（*B. subtilis*）。采用 Joshi 等（2006）建立的 Surfactin、fengycin、iturin、bacillomycin 和 biotin 等生防功能基因特异标记对生防菌株进行 PCR 检测，生防菌株均具有 *bioI* 基因簇片段，均不含 *ituC* 和 *chiA* 基因，其中，两株具有 *bmyB* 和 *srfAA* 基因，仅一株具有 *fenD* 及 *srfAB* 基因。这表明生防菌株所具有的生防功能基因具有多样性。

以上结果初步表明，从小麦和玉米籽粒中分离内生菌对于开发小麦赤霉病生防菌株具有一定的开发潜力，生防功能基因特异引物可对生防菌具有快速鉴定作用。

参考文献

Goswami RS, Trail F, Xu JR. 2003. Fungal genes expressed during plant disease development in *Fusarium graminearum* /wheat interaction. Fungal Genet Newsletter，50：292.

Joshi R，Brian B，McSpadden G. 2006. Identification and characterization of novel genetic markers associated with biological control activities in *Bacillus subtilis*. Phytopathol，96：145－154.

* 基金项目：河北省高等学校科学技术研究项目（QN20131094）资助
** 通讯作者：E－mail：hongfeiyan2006@ 163. com；ldq@ hebau. edu. cn

小麦内生细菌 W – 1 的筛选及其对小麦纹枯病菌的抑制作用

Screening of Wheat Endophytic Bacteria W – 1 and the Inhibition to *Rhizoctonia cerealis*

张毓妹[1]　李寒冰[1]　毕铭照[2]　王　志[1]　杨文香[1]　刘大群[1]*

(1. 河北农业大学，保定　071001；

2. 河北省邢台市农业局，邢台　054000)

小麦纹枯病是小麦生产上的重要病害、难防病害之一，近年来该病在山东、河南、江苏的发病面积都在 130 万 hm² 以上，一般病田减产 10% 左右，重病田减产可达 70% 以上，更严重者造成绝收。目前，生产上主要采用化学农药拌种和早春喷雾的方法控制小麦纹枯病。对于小麦纹枯病的生物防治，目前申嗪霉素是最有效的药剂，然而仅依赖一种有效的生防药剂往往会使病原菌产生抗药性。

为筛选对小麦纹枯病菌有拮抗作用的内生细菌，丰富防治小麦纹枯病的微生物种类，本研究采用涂布平板的方法分别从健康和发病的小麦植株中分离出内生菌，通过抑菌圈法和平板对峙培养法筛选获得 4 株内生菌菌株对小麦纹枯病菌有拮抗作用，其中 W – 1 的抑菌效果最好，抑菌带达到 8 mm，拮抗菌发酵液与小麦纹枯病菌对峙培养表明 W – 1 抑菌率随着时间的延长呈增长趋势，7 天后抑制率达 56.3%，并保持稳定的拮抗效果。

挑取与 W – 1 发酵液对峙培养的小麦纹枯病菌菌丝在电镜下观察结果表明，内生菌 W – 1 发酵液明显影响小麦纹枯病菌菌丝的生长形态，经发酵液处理的菌丝，生长明显受抑制，且菌落生长缓慢，靠近边缘的菌丝体颜色变深，且向上生长，大部分菌丝表现畸形、断裂，部分菌丝有消融现象；而正常菌丝生长旺盛，表面光滑，且菌丝密集饱满。

最后通过抗利福平标记法获得拮抗菌株的突变株，培养其发酵液并浇灌土壤接种小麦，观察拮抗菌株在小麦植株内的定殖情况。抗利福平标记的 W – 1 培养液接种后的小麦无明显变化，且生长正常，表明接种的 W – 1 菌株对小麦植株无害。接种后 1、3、5、10、15 天对根系分离内生菌，均可回收到大量抗利福平标记的细菌菌株，根部细菌的总量随时间的延长呈下降趋势，但从第 3 天开始，直到第 15 天，其变化差异均不显著，说明 W – 1 可以在小麦中定植。该研究为小麦纹枯病新生防菌的筛选提供了依据。

* 通讯作者：E – mail：wenxiangyang2003@163.com，ldq@hebau.edu.cn

小麦条锈菌致病机理研究新进展
New Advances in the Molecular Basis of Pathogenicity Variation in *Puccinia striiformis*

汤春蕾　王晓杰　康振生*

（西北农林科技大学，杨凌　712100）

小麦条锈菌作为一种专性寄生真菌，侵染时会通过吸器向寄主细胞分泌效应蛋白，调控寄主的防御反应发挥毒性功能，增强病菌的致病性。因此，在小麦条锈菌基因组测序完成的基础上，通过生物信息学分析获得大量分泌蛋白（Zheng *et al.*，2013）。通过系统筛选，对其中150个分子量较小或富含半胱氨酸的分泌蛋白进行验证，获得14个在烟草中能够抑制由 BAX 诱导的细胞坏死的候选效应蛋白。14个效应蛋白在病菌侵染寄主过程中呈现多样化的诱导表达模式，表明效应蛋白功能的多样化。通过在烟草中瞬时表达一系列 N－末端和 C－末端缺失突变体，揭示负责效应蛋白抑制细胞坏死毒性功能的结构域位于 N－末端，且不含有保守或共同的基序，进一步证明效应蛋白作用方式的多样化。14个效应蛋白均是锈菌特异的，且在条锈菌不同毒性的小种间表现出高度的序列多态性，推测条锈菌在进化过程中产生多样效应蛋白来克服寄主的免疫反应，导致毒性变异。

借助细菌三型分泌系统（TTSS）将条锈菌效应蛋白转运到小麦细胞内瞬时表达分析其毒性和无毒性功能，结果表明病菌效应蛋白的表达可抑制寄主细胞胼胝质的积累，在小麦与条锈菌非亲和互作中抑制寄主细胞坏死和 H_2O_2 累积，具有抑制寄主 PTI 和 ETI 的毒性功能。其中，4个效应蛋白的过表达可显著促进病菌的生长发育，表明了其对病菌致病性具有重要作用。

通过农杆菌侵染在烟草细胞中瞬时表达效应蛋白（携带信号肽）－eGFP 融合蛋白，发现 eGFP 融合表达蛋白均定位于烟草细胞内，表明效应蛋白被转运到寄主细胞内发挥作用。同时，序列缺失突变分析发现，效应蛋白转运的功能结构域位于 N－末端，进一步点突变结果表明白粉菌基因组中预测的负责效应蛋白转运的 Y/W/FxC 基序（Godfrey *et al.*，2010）并不是条锈菌效应蛋白转运所必需的。二级结构分析表明，其中，2个效应蛋白的转运结构分别含有一个保守的疏水界面和双亲性结构，暗示其可能通过整合到寄主细胞膜磷脂双分子层转运到寄主细胞发挥作用（Rafiqi *et al.*，2010），而其他效应蛋白并没有发现类似结构，表明不同的效应蛋白其转运方式可能不同。

上述研究明确了条锈菌效应蛋白的基本特征，获得参与条锈菌毒性和无毒性功能的重要效应蛋白基因，为深入揭示条锈菌致病及其变异机理提供理论依据，进而为开辟持久有效的小麦条锈病防控策略奠定基础。

---

* 通讯作者：E－mail：kangzs@ nwsuaf. edu. cn

参考文献

Zheng W, Huang L, Huang J, Wang X, Chen X, Zhao J, Guo J, Zhuang H, Qiu C, Liu J, Liu H, Huang X, Pei G, Zhan G, Tang C, Cheng Y, Liu M, Zhang J, Zhao Z, Zhang S, Han Q, Han D, Zhang H, Zhao J, Gao X, Wang J, Ni P, Dong W, Yang L, Yang H, Xu JR, Zhang G, Kang Z. 2013. High genome heterozygosity and endemic genetic recombination in the wheat stripe rust fungus. Nature Commun, 4: 2637.

Godfrey D, Böhlenius H, Pedersen C, Zhang Z, Emmersen J, Thordal – Christensen H. 2010. Powdery mildew fungal effector candidates share N – terminal Y/F/WxC – motif. BMC Genomics, 11: 317.

Rafiqi M, Gan PH, Ravensdale M, Lawrence GJ, Ellis JG, Jones DA, Hardham AR, Dodds PN. 2010. Internalization of flax rust avirulence proteins into flax and tobacco cells can occur in the absence of the pathogen. Plant Cell, 22: 2017 – 2032.

燕麦孢囊线虫在河北冬麦区的种群动态研究新进展
Novel Insights into the Dynamics of *Heterodera avenae* in Winter Wheat in Hebei Province

李秀花　马　娟　高　波　王容燕　陈书龙[*]

（河北省农林科学院植物保护研究所，农业部华北北部作物有害生物综合治理
重点实验室，河北省农业有害生物综合防治工程技术研究中心，
保定　071000）

　　孢囊线虫是小麦等作物上的重要线虫病害，广泛分布于世界禾谷作物主产区（Rivoal & Cook，1993；McDonald & Nicol，2005；Nicol & Rivoal，2008）。近年来，随着我国种植制度的变革，燕麦孢囊线虫（*Heterodera avenae*）的发生与为害呈加重趋势。在不同地区由于受气候的影响燕麦孢囊线虫的侵染规律具有较大差异，明确各地燕麦孢囊线虫的侵染规律对于防控该病害具有十分重要的意义。河北省是我国小麦主要种植区域，也是我国冬小麦种植的最北端，孢囊线虫发生严重。近年来，对河北冬麦区土壤及根系内的燕麦孢囊线虫种群动态开展了系统研究工作。

　　2009 年 10 月至 2012 年 9 月分别在河北省 3 个不同区域（任丘、清苑和容城）选择燕麦孢囊线虫发生严重地块进行定点调查。在病田随机选择 2m² 样方 20 个，每样方用取土器取直径 3cm、深 20cm 样本 9 个，将 9 个样本土壤混匀后分别采用漂浮法与浅盘法分离土壤中的孢囊与二龄幼虫（J_2），确定土壤中孢囊线虫 J_2 与孢囊数量的动态变化。在病田随机选择 8 个 2m² 样方，每样方选取 3 个点，每点取 5 株完整根系小麦，采用酸性品红染色法确定根系内线虫数量与虫态。此外，在 2009 年 10 月至 2010 年 11 月不同时期随机挑取 2009 年度和 2010 年度形成的孢囊 50 个，统计孢囊内卵和幼虫数量，确定孢囊内线虫数量的动态变化。

　　分析发现不同年份各区域内土壤中与根系内的燕麦孢囊线虫种群数量变化趋势一致。在土壤中除 6 月上中旬未检测到 J_2 外，周年均可分离到 J_2。冬前 11 月下旬 J_2 出现小高峰，密度为 12.3 ~ 18.6 条/100 mL 土样；随着地温的降低，土壤中 J_2 数量逐渐下降，12 月下旬 J_2 密度下降到 0.1 条/100 mL 土样。冬后随着地温的升高，J_2 数量又逐渐升高，3 月中下旬到 4 月下旬在土壤中分离到大量 J_2，4 月上旬为 J_2 孵化高峰，其密度为 52 ~ 65 条/100 mL 土样，随后土壤中 J_2 数量逐渐下降，至 5 月中旬下降到 1.3 条/100 mL 土样。小麦出苗 4 天后即可在根系内检测到 J_2，直到 11 月中旬，J_2 均能侵染根系，数量最大为每株 0.5 ~ 0.7 条，但无明显侵染高峰。随着温度的升高，翌年 3 月份根系内的 J_2 数量显著增多，4 月上中旬为侵染高峰，平均每株根系内 J_2 数量为 59 ~ 102 条。在冬前可检测到三龄幼虫，但其数量极低，平均每株数量在 0.3 ~ 1.5 条，其发育高峰在翌年 4 月下旬至

---

　　* 通讯作者：E – mail：chen_ shulong@ tom. com

5月上旬。在冬前小麦根系内未检测到四龄幼虫，其发生高峰在5月中下旬，白雌虫形成高峰期在5月下旬。由于卵的孵化，孢囊内线虫数量呈下降趋势，2009年度形成的孢囊1年后卵孵化率达85.1%，孢囊内虫口减退率为82.3%，2010年度形成的孢囊至本年度小麦播种时其孵化率仅为8.8%，而孢囊内虫口减退率为4.5%，由于已孵化线虫在土壤存活时间较短，与非寄主植物轮作一年可有效降低其种群密度。在河北省燕麦孢囊线虫1年发生1代。

上述研究成果为河北燕麦孢囊线虫在自然环境下的孵化、侵染与发育特点提供了理论依据，为其综合治理提供了新思路。

参考文献

Nicol J M, Rivoal R. 2008. Global knowledge and its application for the integrated control and management of nematodes on wheat. In Ciancio A, Mukerji KG eds. Integrated management and biocontrol of vegetable and grain crops nematodes. The Netherlands: Springer Academic Publishing, pp: 251 – 294.

McDonald AH, Nicol JM. 2005. Nematode parasites of cereals. In Luc M, Sikora R A, Bridge J. eds. Plant parasitic nematodes in subtropical and tropical agriculture. UK: CABI Publishing, 131 – 191.

Rivoal R, Cook R. Nematode pests of cereals. In Evans K, Trudgill D L, Webster J M. eds. Plant parasitic nematodes in temperate agriculture. U K: CABI Publishing, 1993: 259 – 303.

应用二倍体小麦建立一种全新的研究禾谷孢囊线虫与寄主互作的病害系统

A New Pathosystem Using Diploid Wheat to Replace Bread Wheat Was Established to Investigate the Interactions Between Cereal Crops and *Heterodera avenae*

孔令安　吴独清　崔江宽　黄文坤　彭　焕　彭德良*

（中国农业科学院植物保护研究所，植物病虫害生物学国家重点实验室，
北京　100193）

禾谷孢囊线虫（*Heterodera avenae*）病害是小麦生产上重要的世界性病害之一，不仅给小麦产量带来严重的损失，而且严重影响小麦的品质（Long et al., 2013）。深入解析禾谷孢囊线虫与其寄主的互作机制有助于开发高效、绿色的综合防控策略。但迄今为止，就禾谷孢囊线虫和其寄主互作的分子机制研究进展缓慢，主要原因之一是缺乏一个合适的病害系统。从病原的角度上讲，*H. avenae* 无法利用目前的基因工程技术进行遗传转化获得敲除体或者建立突变体库，体外浸泡 RNAi 的手段虽可一定程度上沉默目标基因，但持续时间有限，这使得研究 *H. avenae* 基因功能不得不依赖于寄主诱导的基因沉默技术（HIGS）。从寄主的角度上来说，禾谷孢囊线虫的主要寄主小麦的遗传转化效率低，使得借助于小麦 HIGS 技术研究 *H. avenae* 和小麦互作非常困难。为此，迫切需要建立一种可用来替代小麦的、全新的病害系统来研究禾谷孢囊线虫和寄主互作。

研究表明，二穗短柄草（*Brachypodium distachyon*）（Bd21 − 3）已成为研究多种小麦真菌病害的模式植物。我们推测二穗短柄草 Bd21 − 3 也可作为研究与 *H. avenae* 互作的模式植物。二穗短柄草 Bd21 − 3 与禾谷孢囊线虫（北京大兴群体）亲和性结果表明，禾谷孢囊线虫 *H. avenae* 二龄幼虫可以侵入 Bd21 − 3 的根部，但不能发育成三龄幼虫，不能形成孢囊，不能完成其生活史，表明二穗短柄草 Bd21 − 3 是禾谷孢囊线虫 *H. avenae* 的非寄主。为了验证二穗短柄草 Bd21 − 3 对禾谷孢囊线虫的非寄主抗性是否具有群体依赖性，我们又采用地理位置明显不同于北京的两个禾谷孢囊线虫群体（山东泰安、河南兰考），研究结果表明山东泰安、河南兰考的禾谷孢囊线虫依然表现为与 Bd21 − 3 不亲和。为此，我们认定二穗短柄草 Bd21 − 3 是禾谷孢囊线虫的非寄主。

活性氧（reactive oxygen species, ROS）的迸发在植物先天免疫过程中起极其重要的作用（Stael et al., 2015），推测 ROS 可能是导致禾谷孢囊线虫与二穗短柄草不亲和的一个重要原因。为了验证这一设想，我们检测了 Bd21 − 3 在接虫不同时间点根部 ROS 的含量，研究发现，在接种 3 天时，Bd21 − 3 根部有一个明显而强烈的 ROS 迸发。我们利用 RT −

---

*　通讯作者：E − mail：dlpeng@ ippcaas. cn

qPCR 技术检测了 ROS 相关基因在接种后的表达谱，发现 7 个第三类过氧化酶和 2 个 NADPH 氧化酶在线虫接种后表达显著上调，可能直接与接种禾谷孢囊线虫 *H. avenae* 产生 ROS 迸发有关。

　　小麦二倍体祖先 2A *Triticum urartu*（G1812）和 2D *Aegilops tauschii*（AL8/78）的基因组已公布，且两种植株具有一般模式植物的优势，为此，我们又测试了二倍体小麦 2A 和 2D 与禾谷孢囊线虫的亲和性，研究发现，禾谷孢囊线虫二龄幼虫侵入 2A 和 2D 后可正常发育成三龄幼虫、四龄白雌虫，且发育进程、各虫态所占的比例与对照感病小麦温麦 19 基本一致。解剖学研究结果表明 2A 和 2D 受禾谷孢囊线虫侵染形成的合胞体与温麦 19 形成的合胞体基本相似。在孢囊形成上，禾谷孢囊线虫在 2A 和 2D 的根部均能完成生活史，2A 和温麦 19 的单株孢囊数相当，而 2D 的单株孢囊数较温麦 19 稍低，这些结果表明二倍体小麦 2A 和 2D 是禾谷孢囊线虫的合适寄主，二者均可作为替代小麦研究与禾谷孢囊线虫互作的候选模式植物，相对于 2D，2A 可能更适合一些。

参考文献

Long H H, Peng D L, Huang W, Peng H, Wang G. 2013. Molecular characterization and functional analysis of two new β – 1, 4 – endoglucanase genes（Ha – eng – 2, Ha – eng – 3）from the cereal cyst nematode *Heterodera avenae*. Plant Pathol, 62: 953 – 960.

Stael S, Kmiecik P, Willems P, Van Der Kelen K, Coll N S, Teige M, Van Breusegem F. 2015. Plant innate immunity – sunny side up? Trends Plant Sci, 20: 3 – 11.

植物毒素冠菌素致病机理研究进展
Novel Insight of Phytotoxin Coronatine Virulence Function

耿雪青*

（上海交通大学农业与生物学院，上海 200240）

Coronatine（COR），在我国被称为冠菌素，是一种主要由丁香假单胞杆菌（*Pseudomonas syringae*）分泌的非寄主专一性的植物毒素。COR 由两部分组成：一部分为 α – 氨基酸的冠烷酸（Coronamic Acid，CMA），另外一部分是聚酮结构的冠菌酸（Coronafacic Acid，CFA），这两部分通过酰胺键联接而成。COR 的 CFA 结构部分模拟植物激素茉莉酸（JAs），尤其和 JA – Ile 的结构非常相似，因此 COR 和茉莉酸具有类似的生理功能。另外，COR 的 CMA 结构部分模拟乙烯合成前体 ACC（1 – aminocyclopropane – 1 – carboxylic acid）。COR 在病原菌侵染寄主的过程中起着非常重要的毒性作用。COR 可以诱导寄主植物叶片黄化，促进寄主植物叶片打开气孔，从而利于细菌进入寄主体内汲取营养。

水杨酸信号传导途径在植物抗病过程中起着非常重要的作用。COR 的毒性功能部分是由于激活依赖于 COI1（COR – insensitive 1）的茉莉酸信号途径拮抗水杨酸信号途径，从而抑制病原菌诱导的依赖水杨酸的抗病反应（图 1）。我们研究发现 COR 可以通过激活 COI1 途径抑制水杨酸诱导的抗性相关蛋白 PR1（PATHOGENESIS RELATED 1）的积累。*P. syringae* pv. *tomato* strain DC3000 通过细菌三型分泌系统分泌的效应蛋白 HopM1 可以抑制寄主体内不依赖于水杨酸信号途径的抗性反应，而 COR 具有和三型效应蛋白 HopM1 不同的抑制寄主植物水杨酸信号途径的毒性功能。通过一系列的病原菌突变体接种拟南芥水杨酸缺陷型突变体 *sid*2（SA – induction deficient – 2）和 *npr*1（Nonexpressor of pathogenesis related genes 1）的实验结果表明，COR 可以抑制病原相关分子模式（PAMPs）诱导的不依赖于水杨酸信号途径的抗病反应，说明 COR 也具有不依赖于水杨酸信号途径的促进细菌毒性的功能。研究结果表明，COR 可以通过减少次级代谢产物吲哚芥子苷的积累以抑制寄主体内不依赖于水杨酸信号途径的抗病反应（图 1）。COR 可能通过干扰植物体内依赖于乙烯信号途径的吲哚芥子苷次级代谢产物调控来促进病原菌的毒性。另外，我们还发现在拟南芥 *coi*1 突变体中，COR 仍然具有促进细菌毒性的功能。因此，COR 可能具有不依赖于 COI1 的毒性功能（图 1）（Geng et al.，2012；Geng et al.，2014）。

上述研究成果为研究丁香假单胞杆菌分泌的 COR 和三型效应蛋白是如何通过干扰植物激素信号途径来促进病原菌毒性提供了理论基础。通过研究 COR 的致病机理，将会有助于进一步揭示复杂的植物免疫调控网络，对未来直接指导农作物抗性育种改良具有重要意义。

---

* 通讯作者：E – mail：xqgeng@ sjtu. edu. cn

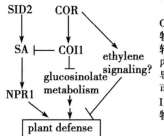

图1　COR抑制植物抗性反应的模式

参考文献

Geng X, Cheng J, Gangadharan A, Mackey D. 2012. The coronatine toxin of *Pseudomonas syringae* is a multi-functional suppressor of *Arabidopsis* defense. The Plant cell, 24: 4763 – 4774.

Geng X, Jin L, Shimada M, Kim MG, Mackey D. 2014. The phytotoxin coronatine is a multifunctional component of the virulence armament of *Pseudomonas syringae*. Planta, 240（6）: 1149 – 1165.

ABCC2 变异介导的棉铃虫 Bt 抗性
Mutation of ABCC2 Mediated Bt Resistance in *Helicoverpa armigera*

肖玉涛[*]

（中国农业科学院植物保护研究所，植物病虫害生物学国家重点
实验室，北京　100193）

随着 Bt 棉花的种植，棉铃虫得到了有效地控制。但是近年来，棉铃虫抗性的产生严重威胁着 Bt 棉花的栽培前景。棉铃虫抗性机制的研究将有助于预防棉铃虫抗性产生，以及为棉铃虫抗性的监测及治理提供思路。目前研究发现鳞翅目害虫 Bt 抗性产生主要存在于 3 个方面：①前毒素活化过程受到抑制或者降解过程加速，②中肠受体结合位点变异，③免疫信号通路激活。其中中肠受体结合位点变异起主导作用（Xu *et al.*，2014）。本实验室长期筛选得到一批具有 Bt 抗性的棉铃虫品系，我们以此为材料，研究棉铃虫抗性的产生机制，为预防棉铃虫抗性产生，进行棉铃虫抗性的监测及治理提供理论指导。

我们克隆并比较了棉铃虫相关受体蛋白基因 Cadherin，APN，ALP，ABCC2 等的序列，并比较其在敏感品系 LF 及抗性品系 LF60 间的结构差异。研究发现 ABCC2 在 LF60 抗性品系中发生变异。具体为 ABCC2 在第 21 个外显子和第 21 个内含子交接的地方丢掉了 6bp 碱基，该 6bp 碱基包含内含子剪切的识别位点"GT"。识别位点的变异导致相应的内含子不能被成功剪切掉，从而导致 cDNA 序列中多出了一段 70bp 左右的内含子序列。该内含子序列的插入导致一个终止密码子的引入，从而使 ABCC2 翻译的蛋白序列提前终止，ABCC2 翻译后蛋白丢掉了一个结合 ATP 的结构域，蛋白功能丧失。我们进一步研究发现 ABCC2 在 LF60 抗性品系中的变异与抗性产生密切连锁（Xiao *et al.*，2014）。

棉铃虫是一种世界上广泛分布的多食性重大农业害虫，生产上，Bt 转基因抗虫作物已成为目前控制棉铃虫发生为害的主要手段。但是 Bt 抗性的产生将会对这一控制手段产生重大的负面影响。研究并全面掌握棉铃虫 Bt 抗性的机理具有非常重要的意义。我们的研究发现了 ABCC2 变异这一新机制介导的棉铃虫 Bt 抗性，丰富了 Bt 抗性研究的理论，为 Bt 抗性棉铃虫种群的监测提供了新线索，为棉铃虫 Bt 抗性的治理提供了新的方向。

参考文献

Xiao YT, Zhang T, Liu CX, Heckel DG, Li XC, Tabashnik BE, Wu KM. 2014. Mis – splicing of the ABCC2 gene linked with Bt toxin resistance in *Helicoverpa armigera*. Sci Rep，4：6184.

Xu P, Islam M, Xiao Y, He F, Li Y, Peng J, Hong H, Liu C, Liu K. 2014. Expression of recombinant and mosaic Cry1Ac receptors from *Helicoverpa armigera* and their influences on the cytotoxicity of activated Cry1Ac to *Spodoptera litura* Sl – HP cells. Cytotechnology. doi：10. 1007/s10616 – 014 – 9801 – 5.

---

* 通讯作者：E – mail：xiao20020757@ 163. com

CO$_2$ 浓度升高环境植物气孔的闭合有助于提高蚜虫的取食效率

Plant Stomatal Closure Improves Aphid Feeding under Elevated CO$_2$

孙玉诚[*]

（中国科学院动物研究所，北京　100101）

大气 CO$_2$ 浓度升高不仅加剧了全球气候变化，还改变了动植物的生长发育与互作过程，进而对整个生态系统产生深远影响。CO$_2$ 浓度升高对 C$_3$ 植物最重要的影响是增加了光合作用，并降低气孔导度（Ainsworth et al.，2007）。植物气孔导度的降低导致植物蒸腾作用降低，水分利用率增加，这种效应将可能影响昆虫的取食。刺吸式口器昆虫中蚜虫类群是一类重要的农业害虫，主要取食植物的韧皮部汁液。植物的韧皮部中主要成分是碳水化合物，相对于蚜虫的血淋巴和体液具有更高的的渗透压，蚜虫持续取食韧皮部液汁容易导致自身失水（Douglas，2006）。研究发现，蚜虫通过间断性的木质部取食（主要成分是水分），降低自身渗透压，有利于防止蚜虫自身失水（Pompon et al.，2010；2011）。此外，蚜虫刺探和取食植物韧皮部过程中，植物细胞需维持一定的含水量与膨压。一旦植物水势降低，细胞膨压降低，蚜虫的生长发育受到抑制。在调节水分利用效率和叶片气孔的张开程度过程中，植物脱落酸（ABA）信号途径发挥至关重要的作用。当 ABA 信号通路被阻断，植物不能够通过调节气孔的关闭保持自身水分平衡，从而对水分胁迫非常敏感（Kim et al.，2010）。在深入研究 CO$_2$ 浓度升高对植物—蚜虫营养和抗性关系影响的基础上，本研究利用蒺藜苜蓿—豌豆蚜研究系统和气孔对 ABA 不敏感型突变体（sta - 1）进一步探讨蚜虫对植物水分状态的操控以及 CO$_2$ 浓度升高如何通过调节植物水势，进而影响蚜虫的取食行为、体内代谢与渗透调节（osmoregulation）。

研究表明，野生型蒺藜苜蓿受到蚜虫为害后，ABA 含量与 ABA 信号途径关键基因上调。ABA 信号途径的激活降低了植物的气孔导度与气孔张开程度，从而降低蒸腾作用，有利于寄主植物保持较高的水分状态；相对而言，气孔对 ABA 不敏感型突变体（sta - 1）在蚜虫为害后，无法调节气孔闭合，使得植物蒸腾作用增加，水势降低，不利于蚜虫的取食。进一步研究发现，大气 CO$_2$ 浓度升高尽管没有改变其 ABA 信号途径，但可以通过调控植物碳酸酐酶信号途径，进一步闭合气孔并且降低气孔导度。由于 CO$_2$ 浓度升高环境中寄主植物水分含量增加，蚜虫取食木质部的时间延长，有利于蚜虫自身获取更多水分，降低血淋巴的渗透势，有利于持续的韧皮部取食，促进种群发生。

在深入研究 CO$_2$ 浓度升高对植物—蚜虫营养和抗性关系影响的基础上，本研究首次利

---

* 通讯作者：E - mail：sunyc@ioz.ac.cn

用 ABA 突变体，以 ABA 信号途径为主线，通过研究植物与蚜虫水分互作及其对大气 CO_2 浓度升高的响应，证实了温室气体 CO_2 的增加通过改变植物的水分代谢有利于蚜虫的取食效率，为未来气候变化背景下蚜虫的种群爆发提出预警（Sun et $al.$，2015）。尽管我们以豆科模式植物蒺藜苜蓿与模式昆虫豌豆蚜为研究对象，从植物的抗性、营养以及水分方面探讨 CO_2 浓度升高条件下蚜虫可能爆发的原因。但 CO_2 浓度升高对植物与蚜虫的影响是否通过食物链（food chains）进一步影响植食性昆虫的天敌（捕食性和寄生性）目前尚不清楚。同时，全球气候变化背景下，CO_2 浓度升高的同时伴随着温度的升高、不规则降雨等不同环境因子的交互驱动下，植物与蚜虫的互作关系又如何改变的也不得而知，未来有关全球气候变化背景下有关植物—昆虫互作的研究还需深入进行。

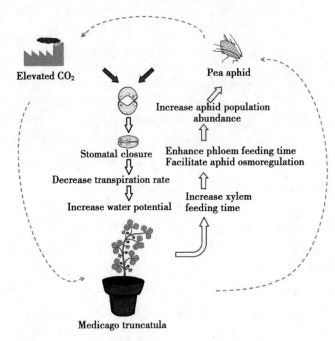

图　CO_2 浓度升高与植物—蚜虫营养和抗性关系情况

参考文献

Ainsworth EA, Rogers A. 2007. The responseof photosynthesis and stomatal conductance to rising ［CO_2］：mechanisms and environmental interactions. Plant Cell Environ, 30：258 – 270.

Douglas AE. 2006. Phloem – sap feeding by animals：problems and solutions. J Exp Botany, 57：747 – 754.

Kim TH, Maik B. 2010. Guard cell signal transduction network：advances in understanding abscisic acid, CO_2, and Ca^{2+} signaling. Ann Rev Plant Biol, 61：561 – 591.

Pompon J, Quiring D, Giordanengo P, Pelletier Y. 2010. Role of xylem consumption on osmoregulation in $Macrosiphum$ $euphorbiae$ (Thomas) . J Insect Physiol, 56：610 – 615.

Pompon J, Quiring D, Goyer C, Giordanengo P, Pelletier Y. 2011. A phloem – sap feeder mixes phloem and xylem sap to regulate osmotic potential. J Insect Physiol, 57：1317 – 1322.

Sun Y, Guo H, Yuan L, Wei J, Zhang W, Ge F. 2015. Plant stomatal closure improves aphid feeding under elevated CO_2. Global Change Biol, DOI：10. 1111/gcb. 12858.

Push－pull 策略在烟粉虱治理中的应用新进展
New Progress on the Controlling of *Bemisia tabaci* by Using Push－pull Strategy

李耀发*　　高占林　　党志红　　潘文亮

(河北省农林科学院植物保护研究所，农业部华北北部作物有害生物综合治理重点实验室，
河北省农业有害生物综合防治工程技术研究中心，保定　071000)

烟粉虱是一个处于进化过程中的复合种，被称为"超级害虫"。烟粉虱在全球范围内快速传播、蔓延，在很大程度上是由于它的某些生物学行为，如其寄主范围广泛、对环境条件适应性强等。而这些行为又依赖于该虫对环境中信息物质的感受、接受系统。因此，探讨烟粉虱对外界环境的感受机制和对环境中化学信息的接受机制，有助于调控烟粉虱的行为，为控制其危害提供新的思路与途径，进而为烟粉虱的可持续综合治理奠定理论基础。近年来，笔者利用烟粉虱寄主定位过程中的信息化学物质，采用 Push－pull 策略，进行了烟粉虱绿色防控技术的研究。

对昆虫起到寄主定向行为作用的信息化合物主要是植物的挥发性次生物质。GC－MS 方法测定结果表明，烟粉虱主要寄主黄瓜、棉花、番茄、烟草、甘蓝和非寄主芹菜幼嫩叶片精油的成分，总体来讲，包括脂肪酸衍生物类、烯萜类和芳香类化合物，以及其他为少量短链和中链烃类。其中，脂肪酸衍生物类，主要是植物的绿叶气味物质，如反－2－己烯醛、3－己烯－1－醇等，这类物质在各供试植物中均有较高的含量。烯萜类化合物是各寄主植物中种类最丰富的次生代谢物质，这些物质种类繁多，在各寄主植物中的含量也有较大差异，如柠檬烯在驱避植物芹菜中含较高，其相对含量达到了 6.67%，而在其他作物中含量较低（相对含量仅为 0.01% ~ 0.02%）。

"Y" 形嗅觉仪结果表明，除芹菜（非寄主）外的其他寄主植物精油对烟粉虱成虫均有较强的引诱作用，其中引诱作用最高的为甘蓝精油，对烟粉虱成虫引诱率达到了 80%。各寄主植物挥发性成份中，反－2－己烯醛 1000 倍稀释液对烟粉虱成虫的引诱率最高可达 70.00%，3－己烯－1－醇 1000 倍稀释液对烟粉虱成虫的引诱率达到了 66.00%，而两者混剂中反－2－己烯醛：3－己烯－1－醇（2：1）对烟粉虱成虫的引诱率可达 76.00%；而柠檬烯对烟粉虱成虫表现出了较强的驱避作用。

采用 Push－pull 方法，综合利用引诱剂和驱避剂的联合作用，进一步的盆栽试验结果表明，反－2－己烯醛：3－己烯－1－醇（2：1）对烟粉虱的引诱作用较单独使用最高可增效 43.75%，对烟粉虱落卵量可增加 60% 左右，柠檬烯可对 62.50% 的成虫起到驱避作用，而其拒产卵影响更是最高可达到 80%。(Li *et al.*，2014.)

以上试验和实践丰富了 Push－pull 策略在烟粉虱化学生态学和绿色防控技术方面研究

---

* 通讯作者：E－mail：liyaofa@126. com

奠定了理论基础。对烟粉虱体内感受外界信息化学物质的化学感受蛋白（*BtabCSP*）的克隆、序列测定和结构分析（Li *et al.*, 2012），不同烟粉虱种群 *BtabCSP* 表达差异及杀虫剂诱导对烟粉虱 *BtabCSP* 表达的影响等方面的研究（Liu *et al.*, 2014），也进一步为 Push - pull 策略在烟粉虱治理中中的应用提供科学理论依据。

参考文献

Li YF, Zhong ST, Qin YC, Zhang SQ, Gao ZL, Dang ZH, Pan WL. 2014. Identification volatile chemicals of six plants and using for attracting and repelling whiteflies. Arthropod - Plant Inter, 8：183 - 190.

Li YF, Qin YC, Gao ZL, Dang ZH, Pan WL, Xu GM. 2012. Cloning, expression and characterisation of a novel gene encoding a chemosensory protein from *Bemisia tabaci* Gennadius (Hemiptera：Aleyrodidae). African J Biotech, 11 (4)：758 - 770.

Liu GX, Xuan N, Chu D, Xie HY, Fan ZX, Bi YP, Picimbon JF, Qin YC, Zhong ST, Li YF, Gao ZL, Pan WL, WangGY, 2014. Rajashekar B. Biotype expression and insecticide response of *Bemisia tabaci* chemosensory protein - 1, Arch Insect Biochem Physiol, 83 (3)：137 - 151.

大气 CO₂ 浓度升高对西花蓟马影响的研究新进展
Novel Insights into Effect of Elevated CO₂ on
Frankliniella occidentalis

钱　蕾　桂富荣*

（云南农业大学，昆明　650201）

气候变化是目前人类面临的全球性问题，而大气中 CO_2 浓度的不断升高是引起气候变化的一个主要原因（Sun *et al.*，2011）。CO_2 是植物生存的基础，其浓度的升高不仅直接影响植物的生长发育，还间接地影响植食性昆虫的生长发育与繁殖（Taub *et al.*，2008）。西花蓟马是对蔬菜、花卉等多种农作物具有毁灭性危害的世界性入侵害虫（Kirk 和 Terry，2003）。自 2003 年以来，西花蓟马在北京、云南、浙江、山东等多地均有报道（吴青君等，2007），其中，云南省是西花蓟马发生的重灾区。近年来，笔者在 CO_2 浓度升高对西花蓟马与寄主植物以及二者的相互关系、西花蓟马体内酶活性的影响上开展了系统性研究工作。

CO_2 浓度的变化对植物的生长发育具有重要影响。我们选取西花蓟马的主要寄主植物三叶草、辣椒、茼蒿、玉米和康乃馨作为试验材料，测定 CO_2 浓度升高对其种子（发芽率、发芽势、发芽指数、活力指数）和幼苗（根长、根冠比）的影响结果表明，CO_2 浓度升高导致 5 种寄主植物的种子发芽率、发芽势、发芽指数与三叶草、辣椒、茼蒿和玉米的种子活力指数均明显降低；而康乃馨、辣椒、三叶草的根长与康乃馨的根冠比均明显增加（李志华等，2014）。

CO_2 浓度增加还会导致植食性昆虫与寄主植物的相互关系发生变化。我们选取西花蓟马及其寄主植物四季豆组成"四季豆—西花蓟马"研究系统，通过人工气候箱内模拟实验研究未来大气 CO_2 浓度升高对四季豆营养成分及西花蓟马的生长发育、繁殖的影响。结果发现，高 CO_2 浓度的大气环境会改变四季豆叶片的营养成分，导致西花蓟马的生长发育与繁殖发生变化。高浓度 CO_2 下四季豆粗蛋白含量明显下降，而总糖、组织淀粉、可溶性蛋白和游离氨基酸含量却显著升高；西花蓟马的发育历期明显缩短，单雌平均产卵量显著增加；而西花蓟马的种群参数对 CO_2 浓度升高有不同的响应，其中，净生殖率（R_0）、内禀增长率（r_m）、周限增长率（λ）显著升高，而平均世代周期（T）、种群加倍时间（DT）均明显缩短。另外，西花蓟马 R_0、r_m、λ 与四季豆粗蛋白的含量呈显著负相关，而与总糖/粗蛋白、淀粉呈显著正相关；西花蓟马 T、DT 与四季豆粗蛋白的含量呈显著正相关，而与总糖/粗蛋白、淀粉、游离氨基酸呈显著负相关。

昆虫对周围环境的变化极其敏感，环境胁迫会引起昆虫体内一系列的生理变化，并伴随着昆虫体内内源毒素的产生。昆虫解毒酶系的活性可以被各种外源、内源化合物诱导，

---

* 通讯作者：E–mail：furonggui18@sina.com

这使得昆虫体内酶能迅速作出反应以适应环境的变化。利用人工气候箱研究测定外来入侵昆虫西花蓟马体内 3 种解毒酶 [羧酸酯酶（CarE）、乙酰胆碱酯酶（AchE）和微粒体多功能氧化酶（MFO）] 和 3 种保护酶 [超氧化物歧化酶（SOD）、过氧化氢酶（CAT）和过氧化物酶（POD）] 酶活性在高 CO_2 浓度环境中的生理代谢响应。结果发现西花蓟马通过改变体内解毒酶或保护酶的活性来适应未来高浓度 CO_2 的环境。随着 CO_2 浓度的升高，西花蓟马成虫体内的 CarE、AchE、MFO、CAT 和 POD 酶活性呈现出上升的趋势，而 SOD 酶活性下降（刘建业等，2014）。

上述研究结果不仅可以为未来 CO_2 浓度升高环境下入侵害虫西花蓟马种群动态的作用机制提供理论基础，还能对其发生为害规律进行预警分析。

参考文献

Sun YC, Yin J, Chen FJ, Wu G, Ge F. 2011. How does atmospheric elevated CO_2 affect crop pests and their natural enemies? Case histories from China. Insect Sci, 18 (4): 393 – 400.

Taub DR, Miller B, Allen H. 2008. Effects of elevated CO_2 on the protein concentration of food crops: A meta – analysis. Glob Chang Biol, 14 (3): 565 – 575.

Kirk WDJ, Terry LI. 2003. The spread of the western flower thrips *Frankliniella occidentalis* (Pergande). Agri Forest Entomol, 5 (4): 301 – 310.

吴青君，徐宝云，张治军，等. 2007. 京、浙、滇地区植物蓟马种类及其分布调查. 中国植保导刊, 27 (1): 32 – 34.

李志华，蒋兴川，钱蕾，等. 2014. CO_2 体积分数升高对西花蓟马主要寄主植物种子萌发及幼苗生长的影响. 云南农业大学学报, 29 (4): 508 – 513.

刘建业，钱蕾，蒋兴川，等. 2014. CO_2 浓度升高对西花蓟马和花蓟马成虫体内解毒酶和保护酶活性的影响. 昆虫学报, 57 (7): 754 – 761.

稻水象甲中共生细菌的鉴定与功能分析
Identification and Function Analysis of the Symbiotic Bacteria in Rice Water Weevil, *Lissorhoptrus oryzophilus* Kuschel

黄　旭，张静宇，黄韵姗，蒋明星*
（浙江大学昆虫科学研究所，杭州　310058）

在昆虫生长、繁殖和适应环境的过程中，共生细菌发挥着某些重要作用，例如帮助宿主消化食物，为宿主提供一些必需的营养物质（氨基酸、维生素等），调控宿主生殖，提高宿主对不适环境因子（病原物、寄生蜂、高温、杀虫剂等）的抵抗能力等。研究昆虫中共生细菌的种类构成和功能可为阐述昆虫种群的适应机制、昆虫的多样性形成与进化机制提供重要信息，同时可为研发害虫生物防治新技术提供思路。稻水象甲 *Lissorhoptrus oryzophilus* Kuschel（鞘翅目象甲科）是我国外来入侵生物中扩张速度最快的物种之一，尤其自 2007 年以来已蔓延到多个内陆省份（自治区、直辖市），成为我国水稻上具重大潜在危害的生物。近年来，我们对稻水象甲中的共生细菌主要种类进行了鉴定，并对部分细菌的功能进行了探讨。

基于培养法，从稻水象甲成虫中肠分离到了成团泛菌 *Pantoea agglomerans*、鲍曼不动杆菌 *Acinetobacter baumannii*、粪肠球菌 *Enterococcus faecalis*、水稻肠杆菌 *Enterobacter oryzae*、路德维希肠杆菌 *Enterobacter ludwigii*、产气肠杆菌 *Enterobacter aerogenes*、乳酸乳球菌乳酸亚种 *Lactococcus lactis* subsp. *Lactis*、蜡样芽孢杆菌 *Bacillus cereus* 等细菌（Lu et al.，2013；及未发表资料）；并对 *E. faecalis*、*E. ludwigii*、*B. cereus* 等进行了遗传转化，以期进一步研究这些肠道细菌的发生动态和功能。基于 16S RNA 基因序列分析，从成虫肠道中鉴定到 19 种细菌，其中以 *Wolbachia*、*Rickettsia* 和 *P. agglomerans* 为主（Lu *et al.*，2014）；从卵巢中鉴定到 5 种细菌，其中最主要的一种为新发现的种（RWW - S），其次为细菌 *Wolbachia* 和 *Rickettsia*。

采用荧光原位杂交和定量 PCR 技术，对 RWW - S 在稻水象甲不同组织、不同发育阶段的感染状况进行了检测。发现成虫卵巢中该细菌感染浓度很高，所产下的卵粒也有感染，幼虫和蛹期感染浓度很低，羽化后虫体感染浓度急剧上升。

对 *Wolbachia*、*Rickettsia* 和 RWW - S 在稻水象甲生殖中的功能进行了初步分析。研究发现，成虫经四环素等抗生素处理后，*Wolbachia* 发生浓度与未处理组相比显著下降，所产卵粒的数量减少一半以上，且均不能正常孵化（Chen *et al.*，2012）。成虫经庆大霉素处理后，*Rickettsia* 感染浓度显著下降，但此变化未对产卵量、卵孵化率产生明显影响。在 *Wolbachia* 浓度下降、成虫不能正常生殖的情况下，虫体仍持有较高浓度的 RWW - S。这些结果表明，在稻水象甲生殖过程中 *Wolbachia* 起着某些重要作用，极有可能是其生殖所

---

*　通讯作者，E - mail：mxjiang@ zju. edu. cn

必需的,而 *Rickettsia* 的重要性则相对较低,至少不是必需的;RWW - S 虽然在卵巢中大量存在,具潜在功能,但不是决定稻水象甲生殖成功与否的关键因子。

综上所述,稻水象甲体内感染有多种共生细菌,其中一些为昆虫中十分常见的种类,如 *P. agglomerans*、*Wolbachia*、*Rickettsia*,同时还感染有一种本研究新发现的细菌 RWW - S;在功能方面,已发现 *Wolbachia* 在该象甲生殖的过程中起重要作用。今后,有待对 RWW - S 的功能、RWW - S 与 *Wolbachia* 等细菌的互作关系、共生细菌影响稻水象甲生殖的分子机制等开展研究。

参考文献

Chen SJ, Lu F, Cheng JA, Jiang MX, Way MO. 2012. Identification and biological role of the endosymbionts *Wolbachia* in rice water weevil (Coleoptera: Curculionidae). Environ Entomol, 41: 469 - 477

Lu F, Kang XY, Jiang C, Lou BG, Jiang MX, Way MO. 2013. Isolation and characterization of bacteria from midgut of the rice water weevil (Coleoptera: Curculionidae). Environ Entomol, 42: 874 - 881

Lu F, Kang XY, Lorenz G, Espino L, Jiang MX, Way MO. 2014. Culture - independent analysis of bacterial communities in the gut of rice water weevil (Coleoptera: Curculionidae). Ann Entomol Soc Am, 107: 592 - 600

稻纵卷叶螟新型生物农药——杆状病毒杀虫剂

A New Baculovirus as Insecticide Against *Cnaphalocrocis medialis*, as Potential Biological Pesticide

韩光杰*

（江苏里下河地区农科所，扬州　225008）

稻纵卷叶螟（*Cnaphalocrocis medialis* Guenée）是东南亚和我国水稻上的重要迁飞性害虫，自 2000 年以来该虫在我国发生日益严重，年均发生面积超过 2500 万 hm^2（刘宇等，2008）。然而，化学防治成为生产实践中主要防控措施的今天，生物防治技术力量仍显单薄。目前，能应用于稻纵卷叶螟害虫防治的生物技术主要有物理技术（常晓丽等，2013）和生态调控措施（Behera *et al.*，2012）。苏云金杆菌（Bt）作为目前市场上应用最广的生物农药，在水稻害虫防治上仍捉襟见肘。杆状病毒能引起害虫种群的疾病流行，对害虫的种群控制，防治害虫爆发危害具有重要的应用价值。

2008 年，江苏里下河地区农科所分离到一株稻纵卷叶螟病毒，室内幼虫感染死亡率达 96.6%，对稻纵卷叶螟具有高致病力。经电镜观察鉴定为颗粒体病毒（CnmeGV），病毒颗粒体大小为（0.32~0.42）μm×（0.18~0.30）μm（图 1）。田间感染罹病幼虫表皮出现黄色斑点，体色变白至不透明，活动迟缓，龄期拉长，死虫体能组织液化呈乳白色（图 2）。针对杆状病毒杀虫剂作用时间长的问题，我们通过与 Bt 联合作用，研发了新型生物杀虫剂——"10 万 OB/mg 稻纵卷叶螟颗粒体病毒·16000IU/mg 苏云金杆菌可湿性粉剂"，并获得农业部农药试验批准证书（SY201203776），对稻纵卷叶螟田间防效达 85.6%~88.05%。

在稻纵卷叶螟发生初期，田间施药，可以有效控制害虫的发生，其控制效果可以延续至下一代（刘琴等，2013）。对于迁飞性害虫，药剂的多代控制具有重要的价值。因此，我们试图通过研究其侵染特性来了解该病毒的传播。包涵体蛋白质电泳发现，CnmeGV 拥有与黏虫颗粒体病毒和小菜蛾颗粒体病毒不同的两条带，分别位于 30kDa 和 15kDa 左右，但是这两条带的功能目前并不太清楚。通过全基因组测序发现，该病毒包含 112 048 个碱基，编码 169 个氨基酸，但是并不包含增效蛋白基因（该基因在颗粒体病毒中广泛存在，对增强病毒侵染具有重要的功能）。通过生物信息学分析，发现了 52 个重复序列，其中，可能包含不完整的转座子区。

上述研究初步了解了病毒的一些特性，基于此平台，有望在病毒－宿主交互作用方面提出新的见解。病毒的增殖问题一直是病毒杀虫剂应用的瓶颈，我们联合浙江农科院，通过虫源地繁殖病毒来解决此难题，对生产实践具有一定的指导作用。

---

* 通讯作者：E－mail：hanguangjie177@163.com

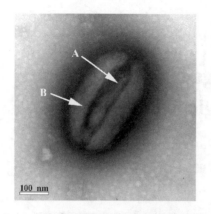

1　稻纵卷叶螟颗粒体病毒扫描电镜图
：CmGV 病毒粒子，B：包涵体蛋白

图 2　田间应用 CmGV 稻纵卷叶螟的
感染症状

参考文献

刘宇，王建强，冯晓东，等. 2008. 2007 年全国稻纵卷叶螟发生实况分析与 2008 年发生趋势预测. 中国
　植保导刊，28（7）：33 – 35.

常晓丽，武向文，杜兴彬，等. 2013. 黄色诱虫板测报和防控稻纵卷叶螟的效果评价. 中国农业科学，46
　（13）：2677 – 2684.

Behera KS. 2012. Biology of *Cardiochiles nigricollis* Cameron, a larval endo – parasitoid of *Cnaphalocrocis medi-
　nalis*（guen.）and *Marasmia exigua* Butler. J Biol Contr, 26（4）：376 – 379.

刘琴，徐健，王艳，等. CmGV 与 Bt 对稻纵卷叶螟幼虫的协同作用研究. 扬州大学学报：农业与生命科
　学版，34（4）：89 – 93.

扶桑绵粉蚧瓦解寄主植物防御反应的分子机制研究
Molecular Mechanisms Involved in Disarming Host Plant Defense by the Mealybug *Phenacoccus solenopsis*

张蓬军*，黄　芳，章金明，吕要斌

（浙江省农业科学院，植物保护与微生物研究所，杭州　310021）

在自然界中，为了应对不同昆虫取食，植物会产生不同的防御反应。目前，已知的调控植物防御反应的信号路径主要包括茉莉酸（jasmonic acid，JA）、水杨酸（salicylic acid，SA）和乙烯（ethylene，ET）路径。一直以来，植物体内不同信号路径间的交互作用，被认为是植物精确调控其防御反应，提高其适应性的重要表现（Thaler *et al.*，2012）。但是最近一些研究表明，植食者能够直接或间接的"操控"植物体内不同信号路径间的交互作用，达到抑制植物有效防御反应的目的，进而对其生长发育有利，这是植食性昆虫反防御策略中的一种。有学者推论，这种反防御策略可能是植食者，尤其是一些入侵性害虫，快速繁衍扩散的重要因子。

扶桑绵粉蚧（*Phenacoccus solenopsis*）是近年来发现的危害我国棉花生产的又一重要入侵性害虫。已有的研究表明，扶桑绵粉蚧在我国棉花产区具有较大的扩散风险。我们前期的研究结果表明，外源 JA 处理的棉花植株能够显著减少扶桑绵粉蚧若虫的体重增加，延长其发育历期，同时对其成虫具有明显的趋避作用，说明 JA 路径调控的相关防御反应在棉花防御扶桑绵粉蚧为害中起重要作用（Zhang *et al.*，2011）；但是，扶桑绵粉蚧通过其取食行为能够抑制 JA 路径调控的相关防御基因表达，减少 JA 调控的次生代谢物棉酚的累积，进而促进其个体发育和繁殖，这说明扶桑绵粉蚧能够瓦解寄主植物的防御反应，但其中的内在机制并不清楚（Zhang *et al.*，2011）。近期，我们以扶桑绵粉蚧的另一寄主植物番茄为研究对象，利用其 JA 过表达突变体及 SA 沉默突变体，对扶桑绵粉蚧瓦解寄主防御反应的分子机制进行了深入的研究。结果发现，扶桑绵粉蚧在取食番茄过程中，同样能够减少内源 JA 的累积、抑制 JA 路径相关防御基因的表达；同时诱导内源 SA 的累积及 SA 路径相关基因的表达。但是当 SA 信号路径被阻断时，扶桑绵粉蚧则能够激活 JA 相关防御反应，且对其发育不利，说明扶桑绵粉蚧通过调控 JA – SA 信号互作进而抑制 JA 相关防御反应。通过瓦解寄主 JA 防御反应，扶桑绵粉蚧在韧皮部的取食效率显著增加，其个体发育速率及存活率也明显提高（Zhang *et al.*，2015）。值得注意的是，我们还发现当植物体内 JA 信号路径被优先激活时，则扶桑绵粉蚧并不能够操控 JA – SA 间互作抑制 JA 调控的相关防御反应，这说明 JA 与 SA 路径的激活顺序对于扶桑绵粉蚧瓦解寄主防御反应具重要作用。

以上研究结果表明，实验室条件下扶桑绵粉蚧能够抑制寄主植物的防御反应，进而促

---

* 通讯作者：E – mail：peng_ junzhang@ hotmail. com

进其个体发育有利，其内在机制主要与扶桑绵粉蚧调控 JA – SA 信号互作有关。但是，田间条件下扶桑绵粉蚧反防御行为是否依然存在？其中参与调控 JA – SA 互作的关键转录因子又是什么？回答以上科学问题，对于深入了解扶桑绵粉蚧快速繁殖、扩散的行为及分子机制具有重要意义。

参考文献

Thaler JS, Humphrey PT, Whiteman NK. 2012. Evolution of jasmonate and salicylate signal crosstalk. Trend Plant Sci，17：260 – 270.

Zhang PJ, Zhu XY, Huang F, Liu Y, Zhang JM, Lu YB, Ruan YM. 2011. Suppression of jasmonic acid – dependent defense in cotton plant by the mealybug *Phenacoccus solenopsis*. PloS ONE，6：e22378.

Zhang PJ, Huang F, Zhang JM, Wei JN, Lu YB. 2015. The mealybug *Phenacoccus solenopsi* suppresses plant defense responses by manipulating JA – SA crosstalk. Sci Rep，5：9354.

共生菌 Wolbachia 对昆虫 mtDNA 的影响
Effects of *Wolbachia* on Insect mtDNA Variations

王宁新[*]

（山东农业大学，泰安　271018）

　　Wolbachia 是一种广泛存在于节肢动物体内的胞内共生菌，研究表明 40% 的物种感染 *Wolbachia*，同时发现不少寄主感染多株系的 *Wolbachia*，因此推断 *Wolbachia* 可能是目前分布最广、丰度最大的胞内共生微生物类群。*Wolbachia* 能够调控昆虫寄主的生殖活动，如诱导胞质不容（cytoplasmic incompatibility）、孤雌生殖（parthenogenesis）、雌性化（feminization）、杀雄作用（male killing）等。此外，*Wolbachia* 在物种形成过程中也起到重要作用。

　　昆虫线粒体基因（mtDNA）具有许多独特的优点：母系遗传、基因组较小、重组率低、变异速度快等，因此，线粒体基因广泛应用于昆虫种群遗传学、生物进化和系统发育等相关研究，已成为重要的分子标记。mtDNA 长期以来被认为是一种中性进化的分子标记，然而近来一些研究者发现跟其他基因组基因相比，整个线粒体实际上处于非常强烈的选择压力之下，接受着来自线粒体本身的直接选择和其他母系遗传因素的间接选择，以一种"非中性"的速率进化。任何母系遗传的相关因素都有可能影响到线粒体基因的变异，胞内共生菌 *Wolbachia* 就是一个典型例子。Hurst 等总结前人研究结果表明内共生菌对寄主的线粒体基因（mtDNA）能够产生的影响，可以分为四类：内共生菌驱动的 mtDNA 多样性的降低；内共生菌驱动的多样性的增加；内共生菌驱动的空间范围内 mtDNA 的变异；内共生菌连带 mtDNA 并系的产生。

　　研究发现榕小蜂几乎是感染 *Wolbachia* 最多的昆虫之一，感染率达到 59% ~ 67%。笔者检测了一种榕小蜂（*Ceratosolen solmsi*）的 187 个个体，发现感染率达到 89.3%。感染和不感染个体间线粒体基因差异显著，*COI* 和 *Cytb* 基因片段的差异分别达到 9.2% 和 15.3%，这大大超出了使用 DNA 条形码（DNA barcoding）鉴定物种的界限（3%）。另外，同样对于这两个线粒体基因，感染和未感染类群内部核苷酸的差异均小于 1%，感染个体较未感染个体显示出明显降低的多样性，扩大到整个线粒体基因组得到一致的结果（Xiao，*et al.*，2012）。

　　研究结果对我们一直使用的线粒体分子标记产生影响，尤其是对基于 mtDNA 研究感染 *Wolbachia* 节肢动物的系统进化、种群结构等研究提出了严峻考验，提醒我们在使用线粒体分子标记时一定要慎重，以防得到的结论有偏差。

参考文献

Xiao JH, Wang NX, Murphy RW, Cook J, Jia LY, Huang DW. 2012. Wolbachia infection and dramatic intraspecific mitochondrial DNA divergence in a fig wasp. Evolution, 66：1907 – 1916.

　　* 通讯作者：E – mail：nxwang@ sdau. edu. cn

红脂大小蠹肠道细菌参与寄主昆虫信息素合成
Gut Bacterial Involvement in Host Insect *Dendroctonus valens* Pheromone Production

徐乐天　鲁　敏　孙江华*

（中国科学院动物研究所，北京　100101）

昆虫生活史离不开各种伴生微生物。已报道的昆虫微生物生态学功能不胜枚举，如营养吸收、物种识别和参与信息素合成等。红脂大小蠹（*Dendroctonus valens* LeConte）是一种重要的林业入侵害虫。其由北美西部传入，1998 年在山西首次发现，随后迅速暴发蔓延，目前已扩展到河南、河北、陕西等省，红脂大小蠹的迅速蔓延，已对华北及中原地区大面积松树构成直接威胁并造成了巨大的经济损失。以信息素为基础的生物防治在红脂大小蠹的防控中起到至关重要的作用。但是截至目前，其信息素的合成机制有待进一步的研究和阐明（Lou *et al.*，2014）。

通过常规的分离培养方法和分子鉴定等方法，从 159 个红脂大小蠹肠道与坑道样本中，分离得到 1 174个单菌株，16s RNA 鉴定为变形菌门、硬壁菌门、放线菌门等 3 个门、22 个属、42 种细菌。其中，肠道细菌 16 种，12 种为小蠹虫肠道与蛀屑共有，并分别占肠道与蛀屑分离菌株数的 98.00% 和 87.52%，这些细菌在相关体系中均有报道，为常见的小蠹虫伴生细菌。

马鞭草烯酮（verbenone）为红脂大小蠹的抗聚集信息素，其前体之一为顺 – 马鞭草烯醇（*cis* – verbenol），广泛存在于红脂大小蠹肠道与蛀屑中。但是抗生素处理后的小蠹虫蛀屑中没有检测到 *cis* – verbenol，另外，抗生素处理后的小蠹虫肠道 verbenone 也显著低于对照组。挑选其肠道细菌纯菌株进行进一步的生测，结果发现，13 种肠道细菌菌株均具有不同能力的转换 *cis* – verbenol 到 verbenone 的能力。这些功能肠道细菌除了分布于肠道，也广泛存在于其蛀屑，这对于 verbenone 在小蠹虫坑道中聚集并发挥信息素聚集与抗聚集功能具有重要的意义。进一步的毒性试验发现，对于肠道细菌而言，verbenone 的细胞毒性要高于 *cis* – verbenol。因此，肠道细菌转换前体 *cis* – verbenol 到 verbenone 除了帮助小蠹虫合成信息素，对其自身也是一种解毒。

综合上述研究结果，对红脂大小蠹伴生细菌进行了本底调查，并且对其在红脂大小蠹信息素合成中的作用及部分机制进行了研究，加深了对红脂大小蠹伴生细菌群落的理解，也为将来微生物应用于有害生物的综合防治提供了新的依据。

参考文献

Lou QZ, Lu M, Sun JH. 2014. Yeast diversity associated with invasive *Dendroctonus valens* killing *Pinus tabuliformis* in China using culturing and molecular methods. Microb Ecol, 68（2）：397 – 415.

＊ 通讯作者：E – mail：lumin@ ioz. ac. cn；sunjh@ ioz. ac. cn

黄粉甲触角转录组测序及嗅觉相关基因鉴定
De novo Analysis of the *Tenebrio molitor* Antennal Transcriptome and Identification of Chemosensory Genes

刘 苏[*]

（安徽农业大学植物保护学院，合肥 230036）

昆虫灵敏的嗅觉在其生存与繁衍中扮演重要角色。不管是搜索寄主、寻找配偶和产卵场所，或是躲避天敌，昆虫均需依赖它们发达的嗅觉系统。与高等脊椎动物不同，昆虫的嗅觉过程较为复杂，有多个嗅觉蛋白家族参与其中：首先，触角感器淋巴液中的载体蛋白（包括气味结合蛋白 odorant – binding proteins，OBPs；化学感受蛋白 chemosensory proteins，CSPs）识别并结合外界环境中的气味分子，并带着它们来到感器深处的受体（包括气味受体 odorant receptor，ORs；离子型受体 ionotropic receptors，IRs）附近；然后，被释放的气味分子或气味分子/载体蛋白复合物刺激受体，化学信号被转换成电信号传递至大脑，引发嗅觉行为，在某些情况下感觉神经元膜蛋白（sensory neuron membrane protein，SNMP）也会参与其中；最后，完成使命的气味分子在气味降解酶（odorant – degrading enzymes，ODEs）的作用下失活或被降解。目前，针对昆虫嗅觉相关蛋白/基因的研究，多集中于鳞翅目昆虫，而针对鞘翅目昆虫的研究较少。

黄粉甲（*Tenebrio molitor*）属鞘翅目拟步甲科（Coleoptera：Tenebrionidae），是常见的储粮害虫。此虫易于饲养，而且其雌雄成虫均能释放性信息素引起异性的行为反应，因此成为了研究鞘翅目嗅觉基因的良好材料。我们解剖了约 220 根雄虫触角和 230 根雌触角，混合后提取总 RNA，纯化出 mRNA 后，使用 Illumina HiSeq2000 测序平台对其进行转录组测序，使用 CLC Genome Workbench 软件（版本 6.0.4）进行序列拼接。转录组测序获得了 52 216 616 条 clean reads，拼接获得了 35 363 条 unigenes。这些 unigenes 平均长度 451 bp，N50 值为 505 bp。其中，18 820 条 unigenes 与 NCBI nr 蛋白质数据库中已注释的蛋白能够较好地匹配（E – value < 10^{-5}）。Gene ontology（GO）和 Cluster of Orthologous Groups（COG）也被用于分析这些基因的潜在功能。在 35 363 条 unigenes 中，有 13 010 条（36.79%）能够匹配上至少一个 GO 的分子功能，而能够匹配上至少一个 COG 功能的 unigenes 为 11 544 条（32.64%）（Liu *et al*.，2015）。

在黄粉甲触角转录组中鉴定出了很多嗅觉相关基因，包括 19 个 OBP 基因，12 个 CSP 基因，20 个 OR 基因，6 个 IR 基因，2 个 SNMP 基因。系统进化分析表明 OBP 和 CSP 基因与同属鞘翅目的模式昆虫赤拟谷盗（*Tribolium castaneum*）亲缘关系最近。使用实时荧光定量 PCR 技术检测了黄粉甲 OBP 基因的组织表达谱，发现 *TmolOBP*5、*TmolOBP*7 和

---

* 通讯作者：E – mail：suliu@ ahau. edu. cn

*TmolOBP*16 特异性表达于雄虫触角，可能与感受雌虫释放的性信息素有关。没有发现特异性表达于雌虫触角的 OBP 基因，推测感受雄虫性信息素可能要依赖其他载体蛋白，如CSP。*TmolOBP*17 主要表达于雄虫足部，其功能尚不明确。其他 OBP 基因的表达模式即没有组织特异性也没有性别特异性（Liu *et al.*，2015）。

　　本研究是首次对黄粉甲触角进行转录组学研究。上述研究成果为深入研究鞘翅目嗅觉相关基因的功能奠定了坚实的基础，本研究获得的黄粉甲触角转录组数据已经上传至 NC-BI SRA 数据库（登录号 SRX748383），为后续的其他嗅觉基因（如 ODE 基因）的鉴定提供了有力保证。

参考文献

Liu S, Rao XJ, Li MY, Feng MF, He MZ, Li SG. 2015. Identification of candidate chemosensory genes in the antennal transcriptome of *Tenebrio molitor*（Coleoptera：Tenebrionidae）. Comp Biochem Physiol D, 13：44 – 51.

灰飞虱温度适应性机制研究
Study of Adaptive Mechanisms to Temperature Stress in *Laodelphax striatellus*

王利华* 单 丹 方继朝

（江苏省农业科学院植物保护研究所，南京 210014）

灰飞虱是我国重要水稻害虫之一，据文献记载60年代在云南暴发，引起条纹叶枯病流行（赵便果等，2009）；此后其种群数量一直维持在较低水平，被作为次要害虫对待。但是90年代末开始，种群数量逐年递增，导致其在20世纪初连年暴发。夏季高温和冬季低温是限制灰飞虱种群发展的重要环境因素，但由于受全球气候变暖的影响，冬季低温对灰飞虱种群的抑制作用逐渐削弱，江浙稻区冬季低温对其越冬已不存在制约作用（刘向东等，2007）。夏季高温对灰飞虱种群发展的抑制作用也可能因灰飞虱高温适应性进化而减弱，Hachiya（1990）报道30°C高温显著抑制灰飞虱发育速率和产卵量，但是近年来田间调查发现越夏后灰飞虱虫量有增加的趋势。我们在室内采用亚致死高温筛选后发现灰飞虱对高温的耐受性显著提高，热激后其存活率显著高于未筛选品系。

灰飞虱对高温的耐受性提高可能以其繁殖力降低为代价。比较高温筛选和正常灰飞虱种群生命表参数发现筛选品系繁殖力显著下降，其相对适合度受试验温度的影响。在正常温度下，筛选品系相对适合度最低，但是随着试验温度的提高，其相对适合度显著增加。这种适合度代价可能与热激蛋白的表达量变化有关（Sørensen et al.，2003），如转基因果蝇过量表达 *hsp*70 导致其繁殖力下降（Silbermann and Tatar，2000）。

热激蛋白的产生是昆虫对温度胁迫最普遍的应激策略（Clark et al.，2009）。根据分子量大小热激蛋白被分为 HSP100，HSP90，HSP70，HSP60 和小分子热激蛋白（Zhao and Jones，2012）。研究表明热激蛋白的合成与昆虫温度适应性有显著的正相关关系，生活在低纬度地区的昆虫其热激蛋白的组成或诱导表达量、诱导表达的温度等都显著高于生活在高纬度地区的相似种（Evgen'ev et al.，2014）。为研究灰飞虱对温度胁迫的适应机制，我们测定了灰飞虱转录组，同源分析发现正常温度饲养的灰飞虱热激蛋白丰度较高的是 *hsp*60 和 *hsp*70。收集不同龄期的试虫，研究其表达特性，结果表明灰飞虱热激蛋白在不同发育时期具有不同的表达谱，在成虫中的表达量多数高于若虫，而且其表达谱还存在性别差异，有些热激蛋白基因在雌虫中高表达，但有些在雄虫中高表达。灰飞虱热激蛋白的诱导表达特性也不同，最佳诱导时间或温度在不同蛋白间存在明显差异。高温筛选后其热激蛋白表达量多数变化不显著，但是也有些热激蛋白基因表达量显著上升，有些显著下调，这可能与不同热激蛋白的功能有关。果蝇中发现 *hsp*26、*hsp*27 表达被干扰后其产卵量下降，但是 *hsp*67、*hsp*23 表达受干扰后其产卵量上升（Okada et al.，2014）。

---

* 通讯作者：E - mail：wlhyang@ sohu. com

综上所述，灰飞虱对长期的温度胁迫有较快的适应能力，在亚致死高温连续筛选后其耐热性提高，繁殖力下降，热激蛋白表达谱改变。这些结果有助于阐明灰飞虱的温度适应性机制，丰富逆境胁迫促进生物进化的理论，为灰飞虱种群发展规律的长期预测奠定理论基础。

参考文献

Clark MS, Peck LS. 2009. HSP70 heat shock proteins and environmental stress in Antarctic marine organisms: A mini – review. Mar Genomics, 2: 11 – 18.

Evgen' ev MB, Garbuz D, Zatsepina O. 2014. Heat shock proteins and whole body adaptation to extreme environments. Springer, chapter 4: 59 – 61.

Hachiya K. 1990. Effect of temperature on the developmental velocity of the small brown planthopper, *Laodelphax striatellus*, Fallén. Ann Rep Soc Plant Protection North Japan. 41: 112 – 113.

Okada Y, Teramura K, Takahashi K. 2014. Heat shock proteins mediate trade – offs between early – life reproduction and late survival in *Drosophila melanogaster*. Physiol Entomol, 39: 304 – 312.

Silbermann R, Tatar M. 2000. Reproductive costs of heat shock protein in transgenic *Drosophila melanogaster*. Evolution, 54 (6): 2038 – 2045.

Sørensen JG, Kristensen TN, Loeschcke V. 2003. The evolutionary and ecological role of heat shock proteins. Ecol Lett, 6: 1025 – 1037.

Zhao L, Jones WA. 2012. Expression of heat shock protein genes in insect stress responses. Invert Surviv J, 9: 93 – 101.

刘向东, 翟保平, 胡自强. 2007. 高温及水稻类型对灰飞虱种群的影响. 昆虫知识, 44 (3): 348 – 352.

赵便果, 邢华, 逯浩然. 2009. 灰飞虱发生现状及防治对策. 现代农药, 8 (5): 13 – 16.

基于非生物因子的小菜蛾种群发育模型研究进展
Research Progress of Diamondback Moth Population Developmental Model Based on the Non – biological Factors

李振宇[1]　Myron P. Zalucki[2]　胡珍娣[1]　尹　飞[1]　陈焕瑜[1]　林庆胜[1]　冯　夏[1]*

(1. 广东省农业科学院植物保护研究所，广东省植物保护新技术重点实验室，广州 510640；2. 澳大利亚昆士兰大学生物科学学院，布里斯班　4072)

小菜蛾［*Plutella xylostella*（L.）］属鳞翅目（Lepidoptera）菜蛾科（Plutellidae），是世界范围内十字花科作物最主要害虫，也是产生抗药性最早、抗性最严重的害虫之一。全球小菜蛾年防治费用从 1993 年的 10 亿美金（Taleker *et al.*，1993）上升到 2013 年的 50 亿美金（Furlong *et al.*，2013）。目前，对小菜蛾的防治仍以化学防治为主，导致其对药剂的抗性水平越来越高，现已成为抗药性最严重的和最难防治的害虫之一（梁沛，2001；刘学东等，2005；Furlong *et al.*，2013）。包括新型杀虫剂氯虫苯甲酰胺（胡珍娣等，2012），我国小菜蛾已经对 90% 以上的药剂产生了极高抗性（冯夏等，2011）

小菜蛾种群发育过程受到很多生物和非生物因素的影响。主要包括天敌（Dosdall *et al.*，2012）、寄主植物（Silva *et al.*，2012）及虫生真菌（Sarfraz *et al.*，2005）和颗粒体病毒（何余容等，2005）等。研究表明，影响小菜蛾种群发育的非生物因素主要包括温度和降雨等环境因子。温度对小菜蛾种群发育有重要作用（Talekar *et al.*，1993；Furlong *et al.*，2013）。早在 1979 年，柯礼道和方菊莲（1979）研究了杭州日平均温度与小菜蛾卵、幼虫和蛹发育历期的相互关系。2002 年，刘树生等（Liu *et al.*，2002）系统研究表明在 4℃和 6℃时雌虫停滞产卵，而在 34℃和 36℃时种群全部死亡，并依据不同温度下各虫态存活率及发育历期构建了小菜蛾种群温度发育的模型。2012 年，Garrad 等（2014）在 5~25℃不同恒温条件下多代饲养小菜蛾，测定雌成虫产卵量，结果在没有饲喂的条件下，15℃时雌成虫产卵量最高。Zhang 等（2012）和 Nguyen 等（2012）报道田间极端高温（40℃）和极端低温（-15℃）条件下，小菜蛾田间种群依然能够完成发育。降雨是小菜蛾种群发育的另一个重要非生物因子。研究表明降雨对种群各虫态、虫龄均有影响，对低龄幼虫影响较大，对种群发育影响明显。基于温度和降雨两个重要非生物因子对种群发育的重要影响，通过对温度、降雨对种群发育的影响研究，应用多年监测的田间小菜蛾种群动态数据，系统分析了种群动态与温度、降雨的相关性，结果表明温度、降雨与小菜蛾种群动态高度相关（Li *et al.*，2012），并构建基于温度和降雨的 CLIMEX 模型（Zalucki 和 Furlong，2011）对我国小菜蛾种群分布和种群动态进行了预测和拟合，结果表明利用基于温度和降雨的 CLIMEX 模型仅能够对种群分布和发生进行初步预测（Li *et al.*，2012）。进一步通过 DYMEX 构建种群发育历期（虫态和龄期）模型，分析耕作制度、天敌及气候因子对种群发育的影响（Li *et al.*，

---

submitted），揭示小菜蛾种群发育机制，实现对小菜蛾种群的预测预警，从传统生态学角度为小菜蛾持续控制技术和措施的研究提供新的思路。

参考文献

冯夏，李振宇，吴青君，等．2011．小菜蛾抗性治理及可持续防控技术研究与示范．应用昆虫学报，48（2）：247－253.

何余容，吕利华．2005．颗粒体病毒对小菜蛾自然种群的控制作用模拟．应用生态学报，16（1）：129－132.

胡珍娣，陈焕瑜，李振宇，等．2012．华南小菜蛾田间种群对氯虫苯甲酰胺已产生严重抗性．广东农业科学，39（1）：79－81.

柯礼道，方菊莲．1979．小菜蛾生物学的研究：生活史，世代数及温度关系．昆虫学报，22（3）：310－319.

梁沛，高希武，郑炳宗，等．2001．小菜蛾对阿维菌素的抗性机制及交互抗性研究．农药学学报，2001.3（1）：41－45.

刘学东，徐敦明，魏辉．2005．泉州地区小菜蛾对三氟氯氰菊酯和阿维菌素的抗性监测．华东昆虫学报，14（1）：69－71.

Dosdall LM, Zalucki MP, Tansey JA, Furlong MJ. 2012. Developmental responses of the diamondback moth parasitoid *Diadegma semiclausum* (Hellén) (Hymenoptera: Ichneumonidae) to temperature and host plant species. Bull Entomol Res, 102 (04): 373－384.

Furlong MJ, Wright DJ, Dosdall LM. 2013. Diamondback moth ecology and management: problems, progress and prospects. AnnRev Entomol, 58: 517－541.

Garrad R. Booth DT, Furlong M. 2014. Cold living is costly: the effect of temperature on development, body size, energetic and fecundity of the diamondback moth. PloS ONE.

Liu SS, Chen FZ, Zalucki MP. 2002. Development and survival of the diamondback moth (Lepidoptera: Plutellidae) at constant and alternating temperatures. Environ Entomol, 31 (2): 221－231.

Li Z, Zalucki MP, Bao H, Chen H, Hu Z, Zhang D, Lin Q, Yin F, Wang M, Feng X. 2012. Population dynamics and ''outbreaks'' of diamondback moth, *Plutella xylostella*, in Guangdong province, China: climate or the failure of management? J Econ Entomol, 105: 739－752.

Li ZY, Zalucki MP, *et al.* 2015. Modelling the population dynamics and management of Diamondback moth: the role of climate, natural enemies and cropping patterns. PloS ONE (Submitted).

Nguyen C, Bahar MH, Baker G, Andrew NR. 2014. Thermal tolerance limits of diamondback moth in ramping and plunging assays. PloS ONE, 9 (1): e87535.

Sarfraz M, Keddie AB, Dosdall LM. 2005. Biological control of the diamondback moth, *Plutella xylostella*: A review. Biocontr Sci Tech, 15 (8): 763－789.

Talekar NS, Shelton AM. 1993. Biology, ecology, and management of the diamondback moth. Annu Rev Entomol, 38: 275－301.

Zalucki M P, Furlong MJ. 2011. Predicting outbreaks of a migratory pest: an analysis of DBM distribution and abundance revisited. In Srinivasan R, Shelton AM, Collins HL (Eds.), Management of the Diamondback Moth and Other Crucifer Insect Pests: Proceedings of the Sixth International Workshop. AVRDC－The World Vegetable Center, Shanhua, Taiwan (pp. 8－14).

Zhang W, Zhao F, Hoffmann AA, Ma CS. 2013. A single hot event that does not affect survival but decreases reproduction in the diamondback moth, *Plutella xylostella*. PloS One, 8 (10): e75923.

基于寄主选择特性的中红侧沟茧蜂扩繁与应用
Mass Production and Field Application of *Microplitis mediator* Based on Host Selection

李建成[1]　张永军[2]　刘小侠[3]　路子云[1]　陆宴辉[2]　于惠林[2]

罗淑萍[2]，潘洪生[2]　舟红凡[1]

(1. 河北省农林科学院植物保护研究所，农业部华北北部作物有害生物综合
治理重点实验室，河北省农业有害生物综合防治工程技术研究中心，保定　071000；
2. 中国农业科学院植物保护研究所植物保护研究所，植物病虫害生物学国家重点
实验室，北京　100193；3. 中国农业大学农学与生物技术学院，北京　100193)

中红侧沟茧蜂［*Microplitis mediator*（Haliday）］是一种寄主非常广泛的昆虫内寄生蜂，其寄主涉及鳞翅目夜蛾科和尺蛾科 40 多种昆虫，其中包括棉铃虫、黏虫、小地老虎、甘蓝夜蛾等农业重要害虫。多年来，对中红侧沟茧蜂寄主选择行为及其分子机制进行了系统研究，开创了人工繁育的途径和方法，完善了中红侧沟茧蜂周年扩繁生产规程，构建了田间释放应用技术体系。

寄生蜂能否成功找到合适寄主是达到控制害虫、繁衍天敌种群的首要条件。人们希望通过大量繁殖寄生蜂并释放到田间达到控制害虫危害的目的。然而，释放的寄生蜂在田间的滞留时间有限，对寄主的搜寻效果不理想，寄生率低，影响了应有的防治效果。通过开展中红侧沟茧蜂寄主选择行为的研究，明确了 2~3 龄黏虫幼虫为最佳中间寄主、3 龄前棉铃虫幼虫为最适防治对象，为繁蜂寄主最适龄期的选择和田间释放最佳适期的确定提供了理论依据（Li *et al.*, 2006）。评估了植物挥发性信息物对中红侧沟茧蜂的行为调控功能，筛选出具有显著吸引作用的化合物二甲基辛三烯（Huilin Yu *et al.*, 2008）；筛选出中红侧沟茧蜂嗅觉搜寻识别寄主行为中发挥重要功能的 14 个气味结合蛋白和 66 个嗅觉受体，通过解析中红侧沟茧蜂触角气味结合蛋白和气味受体的功能，在分子水平上阐明了寄主选择行为过程中的嗅觉识别机制（Zhang *et al.*, 2009）。

明确了中红侧沟茧蜂滞育诱导的最佳环境条件和信号感受敏感虫态，突破了滞育茧的周年生产技术（Li *et al.*, 2008）；研究了寄主质量与补充营养对扩繁效果的影响，完善了繁蜂工艺流程（Luo *et al.*, 2010）；改进了滞育茧的储存与包装技术，延长了产品货架期；完善了中红侧沟茧蜂规模化扩繁技术，实现了滞育蜂茧的周年生产。

明确了影响田间释放效果的关键因子，确定了田间释放的最佳时期、最适密度、释放频次等技术参数（Li *et al.*, 2006）；研发出二甲基辛三烯为主要成分的行为调控剂，提高了中红侧沟茧蜂的田间寄生效率（Yu *et al.*, 2010；潘洪生等，2011）；以此为基础构建了中红侧沟茧蜂田间应用技术体系，并在棉花、玉米、蔬菜上进行棉铃虫绿色防控均取得了较好的效果。

上述研究结果为应用天然活性物质保护利用天敌、增强寄生蜂对寄主的搜寻和寄生能力、阻止其不必要的扩散、提高田间的寄生效果提供重要理论依据；同时，为合理利用天

敌昆虫设计新的生物防治策略进行害虫可持续治理提供了新思路。

参考文献

Li JC, Coudron TA, Pan WL, Liu XX, Lu ZY, Zhang QW. 2006. Host age preference of *Microplitis mediator* (Hymenoptera：Braconidae), an endoparasitoid of *Mythimna separata* (Lepidoptera：Noctuidae). Biol contr, 39 (3)：257 – 261.

Yu HL, Zhang YJ, Wyckhuys KAG, Wu KM, Gao X W, Guo YY. 2010. Electrophysiological and Behavioral Responses of a Parasitic Wasp, *Microplitis mediator* (Haliday) (Hymenoptera：Braconidae), to Caterpillar – induced Volatiles from Cotton. Envir Entomol, 39 (2)：600 – 609.

Li WX, Li JC, Lu ZY, Pan WL, Liu XX, Zhang QW. 2008. The role of photoperiod and temperature in diapause induction of the endoparasitoid wasp, *Microplitis mediator* (Haliday) (Hymenoptera：Braconidae). Ann Entomol Soc Am, 101 (3)：613 – 618.

Luo SP, Li JC, Liu XX, Pan WL, Zhang QW, Zhao ZW. 2010. Effects of sixsugars on the longevity, fecundity and nutrient reserves of *Microplitis mediator*. Biol Contr, 52 (1)：51 – 57.

Yu HL, Zhang YJ, Wu KM, Gao XW, Guo YY. 2008. Field – Testing of synthetic herbivore – induced plant volatiles as attractants for beneficial insects. Environ Entomol, 37 (6)：1410 – 1415.

Zhang S, Zhang YJ, Su HH, Gao XW, Guo YY. 2009. Identification and expression pattern of putative odorant – binding proteins and chemosensory proteins in antennae of the *Microplitis mediator* (Hymenoptera：Braconidae). Chem Senses, 34：503 – 512.

潘洪生, 赵秋剑, 赵奎军, 等. 2011. 中红侧沟茧蜂对不同龄期棉铃虫幼虫及其危害棉株的趋性反应. 昆虫学报, 54 (4)：437 – 442.

Li JC, Yan FM, Coudron TA, Pan WL, Zhang XF, Liu XX, Zhang QW. 2006. Field release of the parasitoid *Microplitis mediator* (Hymenoptera：Braconidae) for control of *Helicoverpa armigera* (Lepidoptera：Noctuidae) in cotton fields in Northwestern China' s Xinjiang province. Environ Entomol, 35 (3)：694 – 699.

基于陷阱的"双圆法"估计地栖性节肢动物的种群密度

A Two – circle Method for Density Estimation of Ground – dwelling Arthropods

赵紫华[1,2]*　　时培建[1]　欧阳芳[1]　戈　峰[1]*

（1. 中国科学院动物研究所，北京　100101；2. 中国农业大学农学与生物技术学院，北京　100193）

陷阱法（Pitfall trap）是目前调查地栖性节肢动物的传统方法，长期以来，活跃种群密度一直被用于地栖性节肢动物的种群及群落分析。而这种活跃密度在陷阱法中存在 2 个较大的缺陷：①不同种类对诱液的敏感性不同，因此同种诱液可能会诱集不同范围内的节肢动物种群，这种不同范围内的节肢动物种群必然导致群落结构计算的不可靠性；②同一种类对不同诱液的敏感性同样存在较大的差异，导致采用不同诱液的陷阱得到的活跃种群密度均不相同，因此这种活跃密度在采用不同诱剂的情况下无法进行比较。

笔者建立了一种基于陷阱的双圆法，采用多组不同距离尺度的陷阱进行地栖性节肢动物的种群估计，同时对诱剂的有效范围与种群密度进行精确估计（下图）。

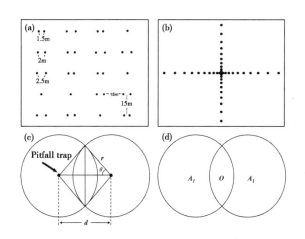

图　双圆法中陷阱的排列模式与理论推导过程

同时，我们将这种方法与 Perner and Schueler（2004）提出的巢式排列方法进行比较，发现 Perner and Schueler（2004）严重低估了某些节肢动物的种群密度，而我们建立的双圆法能够准确的预测地栖性节肢动物的种群密度。我们分别在理论模拟与田间试验中证明

＊ 通讯作者：E – mail：gef@ ioz. ac. cn（FG）；zhzhao@ cau. edu. cn（ZHZ）

了双圆法进行地栖性节肢动物中种群密度估计的可靠性。虽然我们只研究了优势种类的种群密度，但这种方法对很多其他非优势种类也具有很好的预测性，甚至对灯诱或信息素诱集等也提供了很好的种群密度估计方法（Zhao et al.，2013）。

上述研究成果为准确测定地栖性节肢动物的种群密度提供了新的思路和方法，在传统测定活跃种群密度上进行了新的改进和创新。在准确测定种群密度的基础上，能够用于准确测定生态系统中地栖性节肢动物的群落结构和生物多样性组成，为农业生态系统多样性评价提供更为科学的证据（Shi et al.，2014）。

参考文献

Zhao ZH, Shi PJ, Hui C, Ouyang F, Ge F, Li BL. 2013. Solving the pitfalls of pitfall trapping：a two – circle method for density estimation of ground – dwelling arthropods. Methods in Ecol Evol, 4：865 – 871.

Shi PJ, Zhao ZH, Sandhu HS, Hui C, Men XY, Ge F, Li BL. 2014. An optimization approach to the two – circle method of estimating ground – dwelling arthropod densities. Florida Entomol, 97：644 – 649.

昆虫酚氧化酶及其抑制剂研究新进展
Novel Insights into Insect Phenoloxidase and Its Inhibitor

薛超彬*

（山东农业大学植物保护学院，泰安 271018）

在自然界里，酚氧化酶（phenoloxidase，EC. 1. 14. 18. 1，简称 PO）无处不在，无论是脊椎动物还是无脊椎动物（包括昆虫）、植物和微生物，酚氧化酶都在其生命过程中发挥着重要作用，它可以引起一些水果、蔬菜和甲壳类动物在贮藏期间变色；它可作为多种植物抗病性鉴定的指标或反映植物抗病性的一个辅助生化指标；与动物黑色素合成以及在皮肤等处沉着着色有关。在节肢动物中，酚氧化酶是昆虫体内的一种重要酶类，在昆虫的变态发育和免疫系统中起着重要作用。

酚氧化酶催化完成的"醌鞣化"作用可以促进昆虫表皮的硬化与黑化，这个过程对于具有"外骨骼"的昆虫生命过程至关重要，以昆虫酚氧化酶抑制剂作为环境友好害虫控制剂为研究出发点，近几年我们开展了对多种重要农业、林业、仓贮害虫的酚氧化酶酶学特性、抑制剂的筛选及不同抑制剂对不同来源酚氧化酶的抑制动力学等方面进行了探索；在此基础上，进行了酚氧化酶高活性化合物的结构与生物活性相关性（QSAR）研究，为进一步合成高效的酶抑制剂提供了线索。

近年来我们还开展了小菜蛾（*Plutella xylostella*）、菜青虫（*Pieris rapae*）等害虫酚氧化酶生化与分子生物学特性的研究，获得了编码小菜蛾、菜青虫酚氧化酶原的基因 ProPPO1（PxPPO1，PrPPO1）和 ProPPO2（PxPPO2，PrPPO2）；并通过 RT－PCR 和 qPCR 研究了 PPO1 和 PPO2 在小菜蛾、菜青虫不同发育时期的表达情况等（图1）。同时，我们在研究中采用槲皮素、曲酸或白僵菌（*Beauveria bassiana*）等对供试的小菜蛾、菜青虫幼虫进行了处理或侵染，测定了处理或侵染后不同时间 PPO1 和 PPO2 的转录表达情况（图2），这为探讨 PPO 基因的转录调控研究奠定了基础。

以昆虫酚氧化酶为杀虫剂新"靶标"，一些抑制剂对该"靶标酶"的酶促动力学研究。通过对不同来源酚氧化酶的测定，发现黄酮类化合物槲皮素对该酶的单酚酶和二酚酶活力均有很强的抑制作用，为典型的竞争性抑制剂；该化合物只能与游离酶结合，而不能与酶—底物络合物结合；曲酸对酚氧化酶表现可逆抑制效应，为竞争性抑制类型；芹菜素对该酶表现可逆抑制效应，为非竞争性抑制类型。苯甲酸类化合物对酚氧化酶表现不同的抑制作用，其中，对羟基苯甲酸属于可逆反应的混合型抑制剂，5－甲氧基水杨酸属于可逆抑制效应的竞争性抑制剂。间苯二酚类化合物均为酚氧化酶的竞争性抑制剂，其中，4－己基间苯二酚对酚氧化酶活性的抑制能力极强，等等，这些酶抑制动力学的研究为深入理解酚氧化酶与抑制剂的互作关系提供了新的依据，也极大地促进了该研究的快速发

＊ 通讯作者：E－mail：cbxue@ sdau. edu. cn

展。我们相信会有越来越多的科学家关注昆虫酚氧化酶这个潜在的"杀虫剂靶标"。

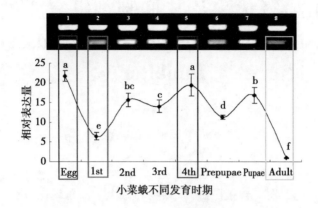

图 1　基因在不同发育时期的转录表达情况 PxPPO1 小菜蛾

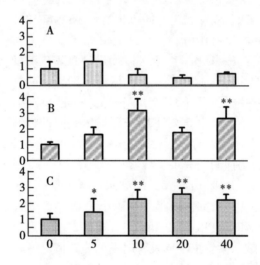

图 2　槲皮素对菜青虫 PrPPO1 基因转录表达的影响

参考文献

罗万春, 薛超彬. 2010. 昆虫酚氧化酶及其抑制剂. 北京: 科学出版社.

Lu YL, Li B, Gong W, Gao L, Zhang X, Xue CB. 2015. Identification and characterization of a prophenoloxidase – 1 (PPO1) cDNA in the cabbage butterfly *Pieris rapae* L., Entomol Sci, 18: 94 – 103.

Du L, Li B, Gao L, Xue CB, Lin J, Luo WC. Molecular characterization of the cDNA encoding prophenoloxidase – 2 (PPO2) and its expression in Diamondback moth *Plutella xylostella*. Pestic Biochem Physiol, 98: 158 – 167.

Xue CB, Zhang L, Luo WC, Xie XY, Jiang L, Xiao T. 2007. 3D – QSAR and molecular docking studies of benzaldehyde thiosemicarbazone, benzaldehyde, benzoic acid and their derivatives as phenoloxidase inhibitors. Bioorg Med Chem, 15: 2006 – 2015.

Liu W, Xue CB, Luo WC. 2014. Effects of morin on the development and on the phenoloxidase activity of *Spodoptera exigua* (Hübner). Biopestic Int, 10 (1): 23 – 29.

昆虫滞育光温调控的研究[*]

Regulation Mechanism of Photoperiod and Temperature on Insect Diapause

肖海军^{**}　陈丽媛　陈俊晖　薛芳森

（江西农业大学农学院/昆虫研究所，南昌　330045）

滞育（Diapause）是昆虫受到环境条件信号诱导引发的发育暂时静止状态的一种生活史策略。滞育通常发生在昆虫特定的生长发育阶段，主要表现在形态发育的暂时中止、生理代谢活动的显著降低和通常伴随的对不利环境条件抗逆能力的增强。近年来，昆虫滞育生理生态研究课题组围绕昆虫滞育的光温反应、滞育光周期钟和光周期时间测量机制、滞育地理变异、滞育遗传性等方面开展了系统研究工作。

昆虫滞育的光温反应研究：先后系统研究了亚洲玉米螟（*Ostrinia furnacalis*）（Xia et al. , 2012；Yang et al. , 2014）、棉铃虫（*Helicoverpa armigera*）（Chen et al. , 2014b；Chen et al. , 2014c）、二化螟（*Chilo suppressalis*）、灰飞虱（*Laodelphax striatellus*）（Wang et al. , 2014）、大猿叶虫（*Colaphellus bowringi*）（Chen et al. , 2014d；Xue et al. , 2002）、黑纹粉蝶（*Pieris melete*）（Xiao et al. , 2013；Xiao et al. , 2012）、美国白蛾（*Hyphantria cunea*）（Chen et al. , 2014a）等多种重要农林害虫滞育诱导、维持和解除的光温反应。大猿叶虫（*Colaphellus bowringi*）滞育诱导的光温反应研究，首次报道了一个较低温度诱导的夏季滞育的昆虫，打破了夏季滞育仅能由高温和长日照诱导的常规概念（Xue et al. , 2002）。条纹小斑蛾（*Thracian penangae*）滞育光周期性的研究揭示了其时间测量是基于光期长度计时的独特机制（He et al. , 2009）。

滞育控制的光周期时间测量特性的研究：分别报道了长日照型昆虫环带锦斑蛾（*Pseudopidorus fasciat*）（Wei et al. , 2001）和条纹小斑蛾（*Thracian penangae*）（He et al. , 2009）、短日照型昆虫大猿叶虫（*C. bowringi*）（Wang et al. , 2004）和中性日照型昆虫黑纹粉蝶（*P. melete*）（Xiao et al. , 2009）滞育控制的光周期种和光周期时间测量特性，研究结果基本支持昆虫滞育控制的光周期钟是基于沙漏计时机制。长日照型环带锦斑蛾（*P. fasciat*）光周期时间测量特性和光周期计数器的研究显示了对暗长测量的质量反应机制（Hua et al. , 2005a；Hua et al. , 2005b）；中性日照型昆虫黑纹粉蝶（*P. melete*）夏季滞育光周期时间测量特性显示数量反应机制，而冬季滞育则基于质量反应机制（Xiao et al. , 2008）。

滞育地理变异研究：系统研究了亚洲玉米螟（*O. furnacalis*）、棉铃虫（*H. armigera*）和大猿叶虫（*C. bowringi*）的滞育反应的地理变异规律（Chen et al. , 2012；Chen et al. , 2014d；Chen et al. , 2013；Fu et al. , 2015；Huang et al. , 2013；Kuang et al. , 2011；Yang et

* 基金项目：国家自然科学基金（31360461）和江西省高等学校科技落地计划项目（KJLD14030）

** 通讯作者：E - mail：haijunxiao@ hotmail. com

al., 2014）。对玉米螟先后选择了广东惠州、江西修水、安徽合肥、山东泰安、河北廊坊、辽宁沈阳、黑龙江哈尔滨七个不同地理种群，分别在自然条件和恒温条件下研究滞育诱导的光温反应和滞育解除。研究了棉铃虫辽宁喀左、河北廊坊、山东泰安、江西南昌、海南乐东滞育反应的地理种群变异规律。大猿叶虫黑龙江哈尔滨、山东泰安、江西修水、江西龙南等不同地理种群滞育光温反应地理的变异规律。

滞育遗传性研究：系统研究了亚洲玉米螟（*O. furnacalis*）、棉铃虫（*H. armigera*）和大猿叶虫（*C. bowringi*）的滞育遗传性（Chen *et al.*，2012；Chen *et al.*，2014d；Fu *et al.*，2015；Kuang *et al.*，2011；Xia *et al.*，2012；Yang *et al.*，2007）。大猿叶虫光周期控制的夏季滞育的遗传研究首次报道了光周期控制夏季滞育的遗传特性。通过高滞育品系与非滞育品系在不同温度条件下，结合不同光期进行杂交实验。发现无论是杂交还是回交，其杂交后代在所有温度下都表现出短日照型反应，与高滞育品系相似。滞育发生的表现揭示了遗传和遗传—环境相互作用共同决定了该虫滞育的诱导。滞育是不完全显性遗传，滞育遗传中母本对其滞育率影响强于父本（Kuang *et al.*，2011）。南方种群和北方种群杂交滞育遗传分析，通过南方龙南、修水种群和北方泰安、哈尔滨种群的杂交实验，分析了该虫滞育的遗传特性。当无光周期反应的北方种群与南方种群杂交，以南方种群作为母本的杂交后代均显示了光周期反应，而以北方种群作为母本的杂交后代无光周期反应，表明控制光周期滞育诱导的基因来源母性，母性在滞育的决定中发挥了主要作用。所有的正反交和回交实验的遗传分析表明，滞育是以一种不完全显性方式遗传的，滞育的遗传系多基因控制的（Chen *et al.*，2014d）。棉铃虫中，杂交后代的滞育率位于双亲之间，但父本对滞育有更强的决定作用，滞育受环境和基因共同控制的，棉铃虫的滞育是有多基因控制的，控制非滞育的基因相对于滞育是部分显性的（Chen *et al.*，2012）。亚洲玉米螟不同地理种群杂交光周期控制的滞育遗传性的研究表明，所有的杂交后代中，父本或祖父本为HB种群的杂交后代的临界光周期明显长于父本或祖父本为NC种群的杂交后代，表明父本对子代临界光周期的影响比母本大。不同光周期杂交子代的滞育遗传结果表明该虫滞育的遗传不符合加性模型，是以一种不完全显性遗传方式遗传的（Huang *et al.*，2013）。北方哈尔滨种群、亚热带合肥种群分别与热带乐东种群杂交光周期控制的滞育遗传性的研究显示滞育诱导和解除都同时受基因与环境的共同调控（Fu *et al.*，2015）。

上述研究成果丰富了重要农林昆虫滞育光温调控机制研究的内容，为昆虫滞育的研究开拓了新思路、为滞育调控机制研究应用于害虫防控基础提供了丰富的参考资料。

参考文献

Chen C, Wei X, Xiao H, He H, Xia Q, Xue F. 2014a. Diapause induction and termination in *Hyphantria cunea* (Drury) (Lepidoptera：Arctiinae). PLoS ONE, 9：e98145.

Chen C, Xia QW, Chen YS, Xiao HJ, Xue FS. 2012. Inheritance of photoperiodic control of pupal diapause in the cotton bollworm, *Helicoverpa armigera* (Hubner). J Insect Physiol, 58：1582 – 1588.

Chen C, Xia QW, Fu S, Wu XF, Xue FS. 2014b. Effect of photoperiod and temperature on the intensity of pupal diapause in the cotton bollworm, *Helicoverpa armigera* (Lepidoptera：Noctuidae). Bull Entomol Res, 104：12 – 18.

Chen C, Xia QW, Xiao HJ, Xiao L, Xue FS. 2014c. A comparison of the life – history traits between diapause and direct development individuals in the cotton bollworm, *Helicoverpa armigera*. J Insect Sci, 14：19.

Chen C, Xiao L, He HM, Xu J, Xue FS. 2014d. A genetic analysis of diapause in crosses of a southern and a northern strain of the cabbage beetle *Colaphellus bowringi* (Coleoptera: chrysomelidae). Bull Entomol Res, 104: 586 – 591.

Chen YS, Chen C, He HM, Xia QW, Xue FS. 2013. Geographic variation in diapause induction and termination of the cotton bollworm, *Helicoverpa armigera* Hubner (Lepidoptera: Noctuidae). J Insect Physiol, 59: 855 – 862.

Fu S, Chen C, Xiao L, He H, Xue F, 2015. Inheritance of diapause in crosses between the northernmost and the southernmost strains of the asian corn borer *Ostrinia furnacalis*. PLoS ONE, 10: 0118186.

He HM, Xian ZH, Huang F, Liu XP, Xue FS. 2009. Photoperiodism of diapause induction in *Thyrassia penangae* (Lepidoptera: Zygaenidae). J Insect Physiol, 55: 1003 – 1008.

Hua A, Xue FS. Xiao HJ, Zhu XF, 2005a. Photoperiodic counter of diapause induction in *Pseudopidorus fasciata* (Lepidoptera: Zygaenidae). J Insect Physiol, 51: 1287 – 1294.

Hua A, Yang D, Wu S, Xue F, 2005b. Photoperiodic control of diapause in *Pseudopidorus fasciata* (Lepidoptera: Zygaenidae) based on a qualitative time measurement. J Insect Physiol, 51: 1261 – 1267.

Huang LL,. Chen C, Xiao L, Xia QW, Hu LT, Xue FS. 2013. Geographical variation and inheritance of the photoperiodic response controlling larval diapause in two distinct voltine ecotypes of the Asian cornborer *Ostrinia furnacalis*. Physiol Entomol, 38: 126 – 132.

Kuang XJ, Xu J, Xia QW, He HM, Xue FS. 2011. Inheritance of the photoperiodic response controlling imaginal summer diapause in the cabbage beetle, *Colaphellus bowringi*. J Insect Physiol, 57: 614 – 619.

Wang LF, Lin KJ, Chen C, Fu S, Xue FS. 2014. Diapause induction and termination in the small brown planthopper, *Laodelphax striatellus* (Hemiptera: Delphacidae). PLoS ONE, 9: 107030.

Wang XP, Ge F, Xue FS, You LS. 2004. Diapause induction and clock mechanism in the cabbage beetle, *Colaphellus bowringi* (Coleoptera: Chrysomelidae). J Insect Physiol, 50: 373 – 381.

Wei XT, Xue FS, Li AQ. 2001. Photoperiodic clock of diapause induction in *Pseudopidorus fasciata* (Lepidoptera: Zygaenidae). J Insect Physiol, 47: 1367 – 1375.

Xia QW, Chen C, Tu XY, Yang HZ, Xue FS. 2012. Inheritance of photoperiodic induction oflarval diapause in the Asian corn borer Ostrinia furnacalis. Physiol Entomol, 37: 185 – 191.

Xiao HJ, Li F, Wei XT, Xue FS. 2008. A comparison of photoperiodic control of diapause between aestivation and hibernation in the cabbage butterfly *Pieris melete*. J Insect Physiol, 54: 755 – 764.

Xiao HJ, Mou FC, Zhu XF, Xue FS. 2010. Diapause induction, maintenance and termination in the rice stem borer*Chilo suppressalis* (Walker). J Insect Physiol, 56, 1558 – 1564.

Xiao HJ, Wu SH, Chen C, Xue FS. 2013. Optimal low temperature and chilling period for both summer and winter diapause development in *Pieris melete*: based on a similar mechanism. *PLoS ONE* 8, e56404.

Xiao HJ, Wu SH, He HM, Chen C, Xue FS. 2012. Role of natural day – length and temperature in determination of summer and winter diapause in *Pieris melete* (Lepidoptera: Pieridae). Bull Entomol Res, 102: 267 – 273.

Xiao HJ, Wu XF, Wang Y, Zhu XF, Xue FS. 2009. Diapause induction and clock mechanism in the cabbage butterfly Pieris melete Menetries. J Insect Physiol, 55: 488 – 493.

Xue F, Spieth HR, Aiqing L, Ai H, 2002. The role of photoperiod and temperature in determination of summer and winter diapause in the cabbage beetle, *Colaphellus bowringi* (Coleoptera: Chrysomelidae). J Insect Physiol, 48: 279 – 286.

Yang D, Lai XT, Sun L, Xue FS. 2007. Parental effects: physiological age, mating pattern, and diapause duration on diapause incidence of progeny in the cabbage beetle, Colaphellus bowringi Baly (Coleoptera: Chrysomelidae). J Insect Physiol, 53: 900 – 908.

Yang HZ, Tu XY, Xia QW, He HM, Chen C, Xue FS. 2014. Photoperiodism of diapause induction and diapause termination in *Ostrinia furnacalis*. Entomol Exp et Appl, 153: 34 – 46

绿盲蝽趋花行为及其化学通讯机制
Flower Preference and Its Chemical Communication Mechanism of *Apolygus lucorum*（Meyer – Dür）

潘洪生[*]

（中国农业科学院植物保护研究所，植物病虫害生物学国家重点实验室，
北京 100193）

近年来，绿盲蝽种群数量剧增，危害逐年加重，成为当前 Bt 棉花上一种重要的害虫，并波及枣树、葡萄等多种作物。绿盲蝽的若虫和成虫均能为害寄主植物，主要通过口针刺吸寄主植物的幼嫩部位和繁殖器官，从而造成叶片破损、落蕾、落花、果实畸形和棉铃形成僵瓣等。

通过连续 6 年（2007—2012 年）对 174 种植物上绿盲蝽成虫种群数量的调查发现，绿盲蝽成虫利用开花植物的比例显著高于未开花植物。对于特定的某种植物，绿盲蝽成虫种群数量在花期达到最高值，且花期对绿盲蝽成虫具有最大的相对吸引力。绿盲蝽成虫偏好花期植物，会跟随田间植物开花顺序而有序地寄主转换。如在 7 月初，绿盲蝽成虫偏好花期的棉花、绿豆、向日葵和茼蒿等；7 月末，绿盲蝽成虫转移到其他开花的寄主植物上，如蓖麻、凤仙花、葎草、极香罗勒、藿香和香菜等；到 9 月初，绿盲蝽成虫大量地迁入开花的蒿类（如艾蒿、野艾蒿、黄花蒿和猪毛蒿）上。研究发现，在有花的植物（棉花、蓖麻、凤仙花）上绿盲蝽成虫和若虫的数量均显著高于去除花的植物上，且绿盲蝽雌成虫偏好将卵产在有花的植株上。在开花的植物上绿盲蝽若虫的发育速率和存活率、成虫的寿命和繁殖力均显著高于去除花的植物上。这说明绿盲蝽成虫寄主选择与后代适合度正相关。

通过气相色谱—触角电位联用系统（GC – EAD）测试结合气相色谱—质谱联用仪（GC – MS）分析鉴定，发现 18 种花期植物的挥发物组分中，能引起绿盲蝽雌雄成虫触角电生理反应的活性挥发物共 7 种，分别为顺 – 3 – 己烯醇、间二甲苯、丙烯酸丁酯、丙酸丁酯、丁酸丁酯、乙酸顺式 – 3 – 己烯酯和 3 – 乙基苯甲醛。昆虫触角电位仪（EAG）测定发现，绿盲蝽雌雄成虫对不同浓度的 7 种活性挥发物均产生了不同程度的触角电生理反应。Y 型嗅觉仪研究表明，间二甲苯、丙烯酸丁酯、丙酸丁酯和丁酸丁酯对绿盲蝽雌雄成虫具有显著的吸引作用。田间粘板诱捕效果表明，间二甲苯、丙烯酸丁酯、丙酸丁酯和丁酸丁酯对绿盲蝽雌雄成虫的诱捕作用与对照相比差异显著。利用 GC – MS 定量比较分析，发现 18 种植物挥发物组分中间二甲苯、丙烯酸丁酯、丙酸丁酯和丁酸丁酯的含量在花期均显著高于苗期。证明这 4 种芳香类化合物在花期含量的升高调控着绿盲蝽成虫的趋花行为。绿盲蝽就是通过对这些共同的常见植物挥发物"学习"、"记忆"，从复杂的自然生境

＊ 通讯作者：E – mail：panhongsheng0715@163.com

中识别选择适合生长发育的寄主植物，保证其种群不断的发展壮大。

上述研究成果为解析多食性绿盲蝽的季节性寄主植物利用模式，研究绿盲蝽与寄主植物的互作关系，开发高效、环境友好型的植物源引诱剂提供科学依据。

参考文献

Pan HS, Lu YH, Wyckhuys KAG, Wu KM. 2013. Preference of a polyphagous mirid bug, *Apolygus lucorum* (Meyer – Dür) for flowering host plants. PLoS ONE, 8：e68980.

Dong JW, Pan HS, Lu YH, Yang YZ. 2013. Nymphal performance correlated with adult preference for flowering host plants in a polyphagous mirid bug, *Apolygus lucorum* (Heteroptera：Miridae). Arthropod – Plant Inte, 7：83 – 91.

麦双尾蚜入侵研究新进展
Research Progress of Worldwide Invasive
Diuraphis noxia

张　博[*]

（中国农业科学院植物保护研究所，植物病虫害生物学国家重点实验室，北京　100193）

麦双尾蚜是世界公认的重要入侵害虫，由于其入侵迅速、危害严重而备受关注。麦双尾蚜在美洲和非洲部分国家危害严重的年份可造成 80% 以上的产量损失，因此研究麦双尾蚜的种群遗传结构及其全球入侵扩散路径，不仅可以为控制其种群数量提供理论基础，也可为其他潜在的入侵性害虫防控提供借鉴模式。

有害生物的入侵能够给被入侵地的生态环境带来极大的影响，在目前全球贸易交流活跃的背景下，有害生物入侵事件频繁发生。本研究自 2008 年以来，以麦双尾蚜为研究对象，针对如何定义入侵生物、入侵生物如何进入新领地、如何寻找入侵源头等关键问题，利用分子生态学的研究手段，对比世界范围内麦双尾蚜不同地理种群的基因信息，阐明其遗传结构和背景，从而重塑入侵传播路径。

本研究通过分子标记的技术手段，对比了我国新疆地区麦双尾蚜原生种群和入侵种群的遗传背景和遗传多态性，从而判断新疆地区的种群是否是通过入侵方式来到当地，还是其早已存在而仅是近期才被发现。研究结果证实了麦双尾蚜对于我国来说，并不是外来入侵害虫，而是伴随人类农耕发展，在小麦种植区东移时进入我国新疆小麦产区（Zhang *et al.*，2012），从而改变了原先认为该害虫是外来入侵害虫的定义。

随后本研究通过分析中亚，中东，欧洲，非洲和美洲等地 18 个地理种群，利用核基因微卫星、线粒体基因、蚜虫共生细菌基因组信息鉴定了麦双尾蚜入侵种群和原生种群的遗传特征，以及由原生地到入侵地的入侵途径（Zhang *et al.*，2014）。研究得出 3 个结论：第一，土耳其和叙利亚的麦双尾蚜种群是最有可能入侵肯尼亚和南非的两个来源，它们在各自遗传背景上显示了高度的相似性；第二，南非的一个麦双尾蚜克隆完成了从非洲到美洲的入侵事件，为美洲之间转移提供了证据；第三，作为原生地，麦双尾蚜的中亚种群（中国新疆，塔吉克斯坦）与中东种群（土耳其，伊朗，叙利亚）分别存在高度分化，这是长期独立进化的结果。

上述研究证实了蚜虫的共生细菌是一类高分辨率的遗传标记，可有效用于入侵遗传学研究中。本研究同时补充了研究入侵生物的遗传分析方法，即通过对其遗传数据的搜索，从分子水平和生态水平共同定义入侵生物的来源，通过分析入侵生物的种群遗传结构为控制其扩散并有效防治奠定了理论基础。

＊ 通讯作者：E – mail：zhangbo05@ caas. cn

参考文献

Zhang B, Edwards OR, Kang L, Fuller SJ. 2012. Russian wheat aphids (*Diuraphis noxia*) in China: native range expansion or recent introduction? Mol Ecol, 21 (9): 2130 – 2144.

Zhang B, Edwards O, Kang L, Fuller S. 2014. A multi – genome analysis approach enables tracking of the invasion of a single Russian wheat aphid (*Diuraphis noxia*) clone throughout the New World. Mol Ecol, 23 (8): 1940 – 1951.

棉铃虫互利共生浓核病毒
Densovirus is a Mutulistic Symbiont of *Helicoverpa armigera*

徐蓬军[*]

（中国农业科学院烟草研究所，青岛　266101）

以流感、天花、登革热和埃博拉等为代表的病毒给人类社会带来了诸多灾难性的事件，因此，人们通常认为病毒对寄主具有致病作用，发现新病毒也作为害虫生物防治的重要手段之一。随着生物学领域新技术和新方法的发展，科学界的发现正不断的提供新证据支持相反的观点：某些病毒有利于它们的寄主。通过构建消减文库，我们在棉铃虫中发现了一个互利共生新病毒 HaDNV – 1。

HaDNV – 1 病毒粒子直径约 20nm，基因组大小约 5kb，根据国际病毒分类委员会（ICTV）的最新分类标准，HaDNV – 1 隶属于细小病毒科（Parvoviridae），浓核病毒亚科（Densovirinae），相同病毒属（*Iteradensovirus*）（Xu *et al.*，2012）。利用 PCR 和定量 PCR 检测表明，HaDNV – 1 主要分布于棉铃虫的脂肪体中，可在种群中垂直和水平传播，其中水平传播的效率与病毒的浓度相关。2008—2012 年对不同地区棉铃虫自然种群的取样检测结果显示，接近 80% 的野生棉铃虫个体已携带 HaDNV – 1，表明该病毒与寄主棉铃虫间存在密切的关系。饲喂法生物测定证实了上述推测：棉铃虫感染 HaDNV – 1 后，幼虫和蛹的发育速度加快，雌成虫寿命延长、生殖力增强，是一种典型的互利共生关系（Xu *et al.*，2014）。

棉铃虫是一种世界上广泛分布的多食性重大农业害虫，生产上，Bt 转基因抗虫作物和生物农药（如核型多角体病毒，NPV）是控制棉铃虫发生为害的主要手段。棉铃虫普遍携带互利共生的 HaDNV – 1，且田间幼虫病毒感染率检测表明 HaDNV – 1 与 NPV 之间存在显著的负相关关系：多数棉铃虫个体感染上述两种病毒之一。因此，HaDNV – 1 对棉铃虫主要防治手段的威胁成为我们关注的焦点。研究结果令人担忧：HaDNV – 1 可提高棉铃虫对 Bt 生物杀虫剂的抗性，并通过延缓 NPV 的复制速率而提高棉铃虫对 NPV 的抗性，表明 HaDNV – 1 对现有的主要防治手段具有潜在的威胁性。进一步的病毒拷贝数定量分析表明，HaDNV – 1 可能通过加速幼虫发育而导致的寄主对生物杀虫剂抗性水平的提高，而与生物杀虫剂（Bt 和 NPV）之间不存在直接的相互作用（Xu *et al.*，2014）。

上述研究表明了自然生态系统中物种关系的复杂性，同时为生物防治策略的发展和应用提出了新的问题和挑战。该项研究成果是科学界对昆虫—病毒关系的新认知，对深入揭示农业生态系统中物种间关系协同进化的机制，发展害虫防治的新理论和新方法具有重要科学意义。

＊ 通讯作者：E – mail：xupengjun@163.com

参考文献

Xu PJ, Liu YQ, Graham RI, Wilson K, Wu KM. 2014. Densovirus is a mutualistic symbiont of a global crop pest (*Helicoverpa armigera*) and protects against a baculovirus and Bt biopesticide. PloS Pathog, 10 (10): e1004490.

Xu PJ, Cheng P, Liu ZF, Li Y, Murphy RW, Wu, KM. 2012. Complete genome sequence of a monosense densovirus infecting the cotton bollworm, *Helicoverpa armigera*. J Virol, 86 (19): 10909.

棉铃虫视觉基因及趋光行为的研究进展
Novel Insights into Opsin Gene and Phototactic Behavior in Cotton Bollworm

闫 硕 李 贞 张青文 刘小侠*

（中国农业大学农学与生物技术学院昆虫学系，北京 100194）

光是自然界重要的一种环境因子，参与调控昆虫的许多行为，如交配和取食。视蛋白是感受外界光照的最直接受体，是一种分子量在 30～50kDa 的膜蛋白。它包括 7 个跨膜拓扑结构，属于 G 蛋白偶联受体家族（Briscoe，2008）。根据吸收峰值波段，蛾类视蛋白可以分为 UV 敏感视蛋白（300～400nm）、蓝光敏感视蛋白（400～500nm）和长波敏感视蛋白（500～600nm）（Briscoe and Chittka，2001）。对视蛋白和视觉基因进行研究，有利于揭示昆虫搜寻配偶和食物、躲避天敌和不安全环境的机制。

视觉基因的研究主要集中于昼行性动物，在夜行性蛾类中的研究相对较少（Xu et al.，2013）。我们从棉铃虫复眼中克隆得到 3 种波段敏感的视觉基因，通过提取复眼作为样本检测复眼中视觉基因的表达调控因素，试验结果表明：①棉铃虫视觉基因的表达具有组织特异性，在复眼和脑中高表达。②棉铃虫长波视觉基因在 3 种波段视觉基因中相对表达量最高。③3 种棉铃虫视觉基因的表达受到自身生物节律的调控，UV 视觉基因和蓝光视觉基因的表达在白天高于夜晚，长波视觉基因的表达在白天下降，夜晚升高。④光照可以显著提高棉铃虫 UV 视觉基因的表达。⑤棉铃虫在饥饿处理后视觉基因表达有所下降。⑥棉铃虫交配前后，视觉基因的相对表达量未发生显著性变化（Yan et al.，2014）。

视觉基因在脑中表达的现象在其他物种中也得到证实（Takeuchi et al.，2011；Eriksson et al.，2013；Leboulle et al.，2013），在脑中表达的视觉基因可能不仅行使视觉功能，还具备其他非视觉功能。棉铃虫视觉基因的昼夜表达模式具有一定的生物学意义。自然界中的 UV 和蓝光在白天较强，棉铃虫 UV 和蓝光视觉基因在白天的高表达有利于识别短波光，从而减少短波光对棉铃虫自身的伤害。蛾类具有有限的昼行性行为，而在夜晚活动最为活跃，棉铃虫长波视觉基因在夜晚的高表达可能与夜行性行为相关。虽然交配前后棉铃虫视觉基因的相对表达量没有显著性差异，但雄蛾长波视觉基因的相对高表达可能与搜寻配偶、完成交配有关。总体上来讲，棉铃虫视觉基因的表达模式与昼行性昆虫差异不大，但调控昼行性昆虫和棉铃虫视觉基因表达的方式可能不同，棉铃虫视觉基因可能对其颜色的感知和识别具有重要作用。

对棉铃虫视觉基因的研究最为直接的应用就是灯诱防治害虫。灯光诱杀已成为一种高效环保的物理防治手段，应用较为普遍。趋光行为是夜行性蛾类重要的生态学特征，是蛾类对环境长期适应形成的一种本能。蛾类的趋光行为在害虫物理防治和害虫预测预报中起

---

* 通讯作者：E－mail：liuxiaoxia611@ cau. edu. cn

到重要作用（靖湘峰和雷朝亮，2004；Nowinszky and Puskás，2011）。围绕昆虫的趋光机制，科学家们做了大量的研究工作，形成了以下几种趋光假说：①光定向行为假说：夜行性昆虫会以天体作为参照物进行活动，以身体纵轴垂直于天体与昆虫躯体连线，但夜间的灯光会被昆虫误当做参照物，结果导致螺旋形趋光飞行（Michael，1980）。②生物天线假说：Callahan（1965a，1965b）的研究表明：美洲棉铃虫（*Heliothis zea*）的复眼可以感知远红外线，灯光辐射出的远红外线光谱中，有的波长与美洲棉铃虫辐射出的波长相同，夜蛾飞向灯光是寻找配偶。③光干扰假说：夜行性昆虫进入光环境，使复眼发生炫耀，无法回到暗区而导致趋光（Robinson，1952）。另外，还有一些其他假说（Hsiao，1973），但趋光机制目前尚无定论。

设置绿光（505 nm）、蓝光（450 nm）和紫外光（365 nm）为诱虫光源（光强10 lux）。暗期开始2 h后，测定0~6日龄棉铃虫雌雄蛾对3种光源的趋光率，试验结果表明：棉铃虫的趋光行为无性别差异；羽化1~3日龄蛾趋光率最高，表明不同发育阶段、生理状态与雌雄蛾趋光率相关；棉铃虫蛾在不同波段光源下的趋光反应率相似，这与田间所广泛使用黑光灯、双波灯诱虫不一致，可能与趋光装置和试验方法有关，不同的趋光装置和试验方法可能导致不同的趋光结果。研究夜蛾的趋光行为，有利于更好地利用诱虫灯、改进诱集技术，为利用物理调控夜蛾行为提供一定的理论依据，进一步丰富和完善夜蛾综合防治体系。

参考文献

Briscoe AD. 2008. Reconstructing the ancestral butterfly eye: focus on the opsins. J Exp Biol, 211: 1805 – 1813.

Briscoe AD, Chittka L. 2001. The evolution of color vision in insects. Ann Rev Entomol, 46: 471 – 510.

Callahan PS. 1965a. Intermediate and far infrared sensing of nocturnal insects. Part I. Evidences for a far infrared (FIR) electromagnetic theory of communication and sensing in moths and its relationship to the limiting biosphere of the corn earworm. Ann Entomol Soc Am, 58: 727 – 745.

Callahan PS. 1965b. Intermediate and far infrared sensing of nocturnal insects. Part II. The compound eye of the corn earworm, *Heliothis zea*, and other as a mosaic optic – electromagnetic thermal radiometer. Ann Entomol Soc Am, 58: 746 – 756.

Eriksson BJ, Fredman D, Steiner G, Schmid A. 2013. Characterisation and localisation of the opsin protein repertoire in the brain and retinas of a spider and an onychophoran. BMC Evol Biol, 13: 186.

Hsiao HS. 1973. Flight paths of night flying moths to light. J Insect Physiol, 19: 1971 – 1976.

Leboulle G, Niggebrügge C, Roessler R, Briscoe AD, Menzel R, Ibarra NH. 2013. Characterisation of the RNA interference response against the long – wavelength receptor of the honeybee. Insect Biochem Mol Biol, 43: 959 – 969.

Michael DA. 1980. Introduction to insect behavior. New York: Macmillan Publishing Co. Inc. 31 – 33.

Nowinszky L, Puskás J. 2011. Light trapping of *Helicoverpa armigera* in India and Hungary in relation with the moon phases. Indian J Agri Sci, 81: 154 – 157.

Robinson HS. 1952. On the behaviour of night – flying insects in the neighbourhood of a bright source of light. Proc Royal Entomol Soc London Series A, 27: 13 – 21.

Takeuchi Y, Bapary MAJ, Igarashi S, Imamura S, Sawada Y, Matsumoto M, Hur SP, TakemuraA. 2011. Molecular cloning and expression of long – wavelength – sensitive cone opsin in the brain of a tropical damselfish. Comp Biochem Physiol, Part A, 160: 486 – 492.

Xu P, Lu B, Xiao H, Fu X, Murphy RW, Wu K. 2013. The evolution and expression of the moth visual opsin family. PLoS ONE, 8: e78140.

Yan S, Zhu JL, Zhu WL, Zhang XF, Li Z, Liu XX, Zhang QW. 2014. The expression of three opsin genes from compound eye of *Helicoverpa armigera* (Lepidoptera: Noctuidae) is regulated by a circadian clock, light conditions and nutritional status. PLoS ONE, 9: e111683.

靖湘峰, 雷朝亮. 2004. 昆虫趋光性及其机理的研究进展. 昆虫知识, 41: 198–203.

棉铃虫田间种群 Bt 抗性研究新进展
Research Advances in Bt Resistance in Field Populations of Cotton Bollworm from China

张浩男[*]

（南京农业大学，南京 210095）

我国自 1997 年开始推广种植表达 Cry1Ac 蛋白的 Bt 棉花，2013 年 Bt 棉花种植面积已占棉花总种植面积的 80%。Bt 棉花的种植有效控制了靶标害虫——棉铃虫的为害，但棉铃虫对 Bt 蛋白的抗性演化将严重影响 Bt 棉花的使用寿命。明确我国棉铃虫田间种群 Bt 抗性的现状及其对 Bt 蛋白的抗性遗传方式对于制订合理的抗性治理对策具有重要意义。近年来，针对棉花生产中的这一关键问题开展了系统研究，并取得了以下重要研究成果。

棉铃虫田间种群 Bt 抗性存在遗传多样性。室内筛选的棉铃虫 Cry1Ac 抗性品系通过钙黏蛋白受体缺失突变产生高水平抗性，并且抗性呈隐性遗传，棉铃虫田间种群中是否也存在基于钙黏蛋白的抗性等位基因？是否还有其他类型的非隐性抗性基因？利用单对家系筛选结合 DNA 鉴定的检测技术对我国主要棉区棉铃虫田间种群进行了检测。检测结果显示，我国华北棉区田间棉铃虫对 Cry1Ac 的抗性基因频率是新疆棉区田间棉铃虫对 Cry1Ac 抗性基因频率的 3 倍。抗性遗传分析结果表明，在所检测到的华北棉区棉铃虫抗性个体中，携带一个非隐性抗性基因的比例高达 59%~94%，而新疆棉区棉铃虫抗性个体均携带隐性抗性基因。以上研究结果首次揭示了棉铃虫田间种群对 Bt 棉花的抗性基因存在遗传多样性，既有基于钙黏蛋白基因缺失突变的隐性基因，也存在基于钙黏蛋白氨基酸点突变或其他抗性机制的非隐性基因，并首次明确了非隐性抗性基因在棉铃虫对 Bt 棉花的抗性演化中具有关键性作用（Zhang *et al.*，2012）。

天然庇护所能够延缓棉铃虫 Bt 抗性演化。基于棉花生产的实际情况，我国没有要求农民种植 20% 的常规棉花作为棉铃虫的庇护所（Refuge），而特有的小规模、多样化种植结构使得与棉花同时期种植的玉米、大豆、花生、芝麻等其他寄主作物为棉铃虫提供了天然庇护所（Natural refuge）。但是，天然庇护所是否能延缓 Bt 抗性一直缺乏评价方法和直接证据。

通过对 6 省 17 县田间棉铃虫种群连续 4 年大规模 Bt 抗性监测，发现我国华北棉区棉铃虫 Bt 抗性个体频率由 2010 年 0.93% 上升到 2013 年 5.5%。根据模型模拟的结果进行预测，如果没有天然庇护所，抗性个体频率在 2013 年将达到 98%；如果有 56% 的有效庇护所，抗性个体频率在 2013 年预测为 4.9%，与实测值 5.5% 基本相符，该结果直接证实了天然庇护所能够有效延缓靶标害虫对 Bt 作物抗性的发展。通过田间笼罩试验及模型模拟发现天然庇护所延缓抗性的效率较低，仅为人工庇护所（常规棉花）的 15%。通过对检测到的棉铃虫 Bt 抗性个体基因型的鉴定，发现携带至少一个非隐性抗性基因的个体频率由 2010 年 37% 上升到 2013 年的 84%，该结果直接证明了在棉铃虫 Bt 抗性遗传方式多样化的背景下显性抗性发展速度显著快于隐性抗性（Jin *et al.*，2014）。

鉴于棉铃虫田间种群 Bt 抗性基因的多样性及显性基因在 Bt 抗性演化中的关键作用，应综合采用多种监测技术，构建棉铃虫 Bt 抗性的立体化监测技术体系，以保证及时、准确掌握棉铃虫田间种群（特别是华北地区）Bt 抗性发生的范围和程度。同时应结合我国各棉区的实际情况，因地制宜地推广棉田套作或间作等种植模式，为棉铃虫提供有效的天然庇护所，延缓棉铃虫 Bt 抗性发展。

参考文献

Zhang HN, Tian W, Zhao J, Jin L, Yang J, Liu CH, Yang YH, Wu SW, Wu KM, Cui JJ, Tabashnik BE, Wu YD. 2012. Diverse genetic basis of field – evolved resistance to Bt cotton in cotton bollworm from China. Proc Natl Acad Sci USA, 109：10275 – 10280.

Jin L, Zhang HN, Lu YH, Yang YH, Wu KM, Tabashnik BE, Wu YD. 2015. Large – scale test of the natural refuge strategy for delaying insect resistance to transgenic Bt crops. Nat Biotechnol, 33：169 – 174.

农田景观与昆虫生态服务
Farmland Landscape and Insect Ecological Services

欧阳芳　戈　峰*

（中国科学院动物研究所，北京　100101）

生态系统及其服务与人类福祉的研究作为现阶段生态学研究的核心内容和引领本世纪生态学发展的新方向（Daily，1997；Joseph Alcamo *et al.*，2005）。昆虫作为生物多样性最为丰富的物种，成为生态系统中重要的组成部分，在传粉授精、生物控制、物质分解以及提供各类产品等方面发挥着重要作用。昆虫生态服务是指昆虫类群在生态系统过程中发挥的作用，以及为人类提供的各种收益，包括有形收益的产品和无形收益的服务。根据昆虫在生态系统中的作用及其为人类提供的福祉，可将昆虫生态服务分为供给服务、调节服务、文化服务和支持服务 4 种服务。昆虫类群为人类提供产品与服务，满足人类的需求，从而对人类社会产生价值（欧阳芳等，2013）（表 1）。

表 1　昆虫生态服务与价值类型
Table 1　Classifications of insect services and their values

生态服务 Ecological services		价值类型 Value Classification
功能性分类 Functional groupings		
供给服务 Provisioning services	食用和饲用	直接利用价值
	医药昆虫	
	工业原料昆虫	
调节服务 Regulating services	生物控害功能	间接利用价值
	传粉服务功能	
	传播种子服务	
	分解服务功能	
文化服务 Cultural services	观赏、文艺与工艺服务	直接利用价值
	科研用材料	
	法医鉴定	
支持服务 Supporting services	营养物质循环	间接利用价值

农田生态系统是人类赖以生存的种植人工栽培作物的生态系统。在区域性农田中由耕

---

* 通讯作者：E - mail：gef@ioz.ac.cn

地、草地、林地、树篱等不同土地覆盖类型斑块组合的镶嵌体就构成了农田景观。农田景观大小、形状、属性等不同的景观空间单元（斑块）在空间上的分布与组合规律形成了农田景观格局。农田景观格局的特征可以归纳为"质、量、形、度"4个方面。"质"表示农田景观中不同的景观组成，即斑块性质或类型，包括种植的作物类型、非作物的植物种类等。"量"反映不同类型斑块的大小、面积比例等。"形"表示不同斑块类型的形状、排列方式等。"度"表示尺度，包括时间尺度和空间尺度，反映农田景观格局变化在时间和空间上所涉及到的范围和发生的频率。目前，有各类景观指数能够反映景观结构和空间配置中景观特征的定量分析指标（欧阳芳和戈峰，2011）。

然而，过去几十年以来，由于人类活动所带来的生物多样性的变化比人类历史上任何时候都要快，并造成生物多样性丧失和生态系统服务功能变化（Millennium Ecosystem Assessment，2005）。引起生物多样性丧失和生态系统服务功能变化最重要的直接驱动力是栖息地变化（景观格局变化或土地利用变化）、气候变化、外来入侵物种、过度开发和农药等污染。当前，城镇化、工业化的大规模建设，促使农业用地面积锐减、农作物种植结构日趋单一、非作物生境规模大幅度减少，加之农药与化肥的大量投入，导致农田景观格局明显变化、农田生物多样性急剧下降，严重影响了农田生态系统的生态服务功能；尤其是与昆虫相关的生物控害、传粉授精和土壤分解等生态服务功能已出现了明显退化（Millennium Ecosystem Assessment，2005）。

景观格局变化和土地利用变化是全球变化的一个重要方面。为应对景观变化对昆虫生态服务带来的不利影响；同时为研究维持或增强农田景观中的昆虫生态服务，我们团队尝试了一系列的田间试验、室内实验以及数学模拟。实践上，比如在微景观农田尺度，发展了定量分析昆虫转移扩散的稳定同位素方法（Ouyang *et al.*，2014），并利用此方法解析了龟纹瓢虫在棉花、玉米之间的运动转移规律（Ouyang *et al.*，2012），并探讨了龟纹瓢虫、寄生蜂在玉米、棉花等寻找寄主的化学信息联系；阐明了华北农田景观中棉花品种多样性（Yang *et al.*，2014）、作物多样性（Zhao *et al.*，2013c；Shi *et al.*，2014）、景观多样性（Zhao *et al.*，2013b）、非作物生境（Zhao *et al.*，2013a）等对棉花害虫、天敌群落结构与天敌控害功能的作用。

在县域景观尺度，以山东禹城市为研究范围，通过田间实地调查与遥感影像分析，明确了龟纹瓢虫 *Propylaea japonica*（Thunberg）与异色瓢虫 *Harmonia axyridis*（Pallas）在农田及边缘防护林的种群动态和不同景观尺度下土地利用类型。并发现华北小麦耕地与林地等土地覆盖类型组成的景观格局中，树林防护带有利于天敌昆虫（龟纹瓢虫和异色瓢虫）在作物农田与邻近生境之间的迁移运动，从而有利于增强其在农林复合景观结构中的生物控害能力（Dong *et al.*，2015）。

在省域景观尺度，本文以山东省区域性小麦种植区为研究对象，分析景观组成类型（component type）、构成比例（component proportions）和形状结构（shape structure）多因子对麦蚜及其天敌寄生蜂和瓢虫种群的综合作用。结果发现，农田景观组成类型中斑块类型（patch type）越多，越利于麦蚜和天敌瓢虫种群数量的增长；且斑块密度（patch density）越大，越利于麦蚜寄生蜂和天敌瓢虫的加大；景观形状结构中边界密度（edge density）越高，也越利于麦蚜寄生蜂和天敌瓢虫种群数量的增加。进一步定量估计了农田景观组成类型、构成比例和形状结构对麦蚜及其天敌作用的贡献率大小，表明通过优化农田景观中作物与非作物生境布局，可直接增加天敌昆虫种类与数量，有效控制小麦蚜虫的数量，从而提高区域性农田景观中天敌昆虫的生物控害服务功能（待刊内容）。

在全国尺度，根据 2007 年数据的初步评价结果，昆虫在我国农业生产中传粉服务价值为 6790.30×10^8 元，占其农作物总经济价值 54.05%；天敌昆虫的控害服务价值为 2621.00×10^8 元，占其重要作物总经济价值的 9.09%；分解昆虫对牧场牛羊排泄物的分解作用的价值远超过 90.84×10^8 元。昆虫在我国 2007 年的农业生产中初步估算的经济价值超过 9502.14×10^8 元，相当于当年国内生产总值 GDP 的 3.7%。昆虫的生态调节服务价值与森林或草地生态系直接和间接服务价值处于同一数量级，同样具有巨大的经济价值。开展昆虫生态服务功能的价值评估，是保护与利用昆虫生物多样性的基础（欧阳芳等，2015）。

理论上，我们在害虫生态调控（戈峰，1998）、害虫区域性生态调控（戈峰，2001）基础上，进一步提出基于多功能的农田景观昆虫生态调控，其强调从单一农田生态系统扩展到农田景观生态系统，充分考虑到农田景观中昆虫的生物控害功能、传粉授精功能和土壤分解功能，通过对功能植物、作物与非作物生境的空间布局以及时间序列上的生态设计，从空间上注重昆虫（包括害虫、天敌、传粉昆虫、分解昆虫）在不同生境上的转移扩散动态，从时间上强调昆虫在不同寄主植物与生境上的演替特征，从技术上着重发挥有利于昆虫的传粉功能、生物控害功能和分解功能为主的综合措施，在研究方法上突出使用稳定同位素、生态能量学、化学生态学等手段，定量分析景观区域内中"植物 – 昆虫"相互作用关系及其生态调控措施的作用，找出不同时空条件下控害保益的关键措施，设计和组装出维持或增强多功能的农田景观昆虫生态调控技术体系，创造有利于昆虫生物控害、传粉授精、土壤分解的环境条件，以发挥农田景观中最大的昆虫生态服务（戈峰等，2014）。

参考文献

Daily GC. 1997. Natures Services: Societal Dependence on Natural Ecosystems. Island Press, Washington D C.

Dong Z, Ouyang F, Lu F, Ge F. 2015. Shelterbelts in agricultural landscapes enhance ladybeetle abundance in spillover from cropland to adjacent habitats. Biocontrol, 1 – 11.

Joseph Alcamo, et al. 2005. Ecosystems and Human Well – being: A Framework for Assessment. Island Press, WashingtonDC.

Ouyang F, Men X, Yang B, Su J, Zhang Y, Zhao Z. Ge F. 2012. Maize benefits the predatory beetle, *Propylea japonica* (Thunberg), to provide potential to enhance biological control for aphids in cotton. PLoS One, 7: e44379.

Ouyang F, Yang B, Cao J, Feng Y, Ge F. 2014. Tracing prey origins, proportions and feeding periods for predatory beetles from agricultural systems using carbon and nitrogen stable isotope analyses. Biol Control, 71: 23 – 29.

Shi P, Hui C, Men X, Zhao Z, Ouyang F, Ge F, Jin X, Cao H, Li BL. 2014. Cascade effects of crop species richness on the diversity of pest insects and their natural enemies. Sci China Life Sci, 57: 718 – 725.

Yang B, Parajulee M, Ouyang F, Wu G, Ge F. 2014. Intraspecies mixture exerted contrasting effects on nontarget arthropods of *Bacillus thuringiensis* cotton in northern China. Agr Forest Entomol, 16: 24 – 32.

Zhao ZH, Hui C, He DH, Ge F. 2013a. Effects of position within wheat field and adjacent habitats on the density and diversity of cereal aphids and their natural enemies. Biocontrol, 58: 765 – 776.

Zhao ZH, Hui C, Ouyang F, Liu JH, Guan XQ, He DH, Ge F. 2013b. Effects of inter – annual landscape change on interactions between cereal aphids and their natural enemies. Basic Appl Ecol, 14: 472 – 479.

Zhao ZH, Shi PJ, Men XY, Ouyang F, Ge F. 2013c. Effects of crop species richness on pest – natural enemy systems based on an experimental model system using a microlandscape. Sci China Life Sci, 56: 758 – 766.

戈峰. 1998. 害虫生态调控的理论与方法. 生态学杂志, 17, 38 – 41.

戈峰. 2001. 害虫区域性生态调控的理论, 方法及实践. 昆虫知识, 38, 337 – 341.

戈峰, 欧阳芳, 赵紫华. 2014. 基于服务功能的昆虫生态调控理论. 应用昆虫学报, 51, 597 – 605.

欧阳芳, 戈峰. 2011. 农田景观格局变化对昆虫的生态学效应. 应用昆虫学报, 48, 1177 – 1183.

欧阳芳, 吕飞, 门兴元, 等. 2015. 中国农业昆虫生态调节服务价值的初步估算. 生态学报, 2015, (12). http: //dx. doi. org/10. 5846/stxb201308242147.

欧阳芳, 赵紫华, 戈峰. 2013. 昆虫的生态服务功能. 应用昆虫学报, 50, 305 – 310.

农业集约化与麦蚜种群生态调控
Agricultural Intensification and Ecologically Based Management of Cereal Aphids

赵紫华[1]*　　贺达汉[2]

（1. 中国农业大学农学与生物技术学院，北京　100193；

2. 宁夏大学农学院，银川　750021）

农业集约化是现代农业的典型特征，主要体现在化石能投入的增加和作物面积的迅速扩大，这已经引起了农业生态系统中半自然生境的丧失和天敌控害能力的显著下降。然而农业集约化过程具有很强的空间尺度性，因此很多实验研究难以区分多空间尺度上农业集约化因子对天敌控害能力的影响（Zhao *et al.*，2013）。

麦田生态系统是我国北方重要的作物生态系统，随着农业集约化程度的增加，我们北方麦蚜危害呈现逐年加重的趋势。以我国西北宁夏银川平原为研究区域，通过 2 年的田间实验研究，调查了 17 个 1 500m 的独立农业景观，研究了田间尺度上农业化石能投入的增加和景观尺度上耕地面积的比例对麦蚜—天敌系统的影响。通过地统计学的方法解析农业景观的空间结构和斑块配置类型，并计算不同缓冲区下耕地面积的比例；田间昆虫群落采用徒手采集法、陷阱法、网捕法等调查麦蚜与天敌（寄生蜂、叶栖性天敌及地栖性天敌）（Zhao *et al.*，2012）。结果发现，氮肥营养的增加和耕地面积的扩大对麦蚜种群更为有利，虽然也能够稍微提高寄生蜂和叶栖性天敌，但对地栖性天敌不利。因此，氮肥营养的增加和耕地面积的扩大能够改变种间关系和群落组成。天敌对农业集约化的响应具有不对称性，也具有种间特异性。氮肥营养的增加能够增加寄生蜂/害虫的比例，但是同时却降低了捕食性天敌/害虫的比例。因此，农业集约化（氮肥投的增加和作物面积的扩大）能够影响种间关系的稳定性，并导致生物多样性的丧失（Zhao *et al.*，2015）。

上述研究成果为农业景观中麦蚜生态调控提供了新思路、为农业生态系统的可持续性和多生态系统服务提供了技术支持，同时也为农业生态系统生物多样性保护提供了依据。在农业集约化的过程中，我们还需要从多生态系统服务的综合层次上平衡成本—收益关系，通过多尺度空间下进行农业景观空间格局的设计来恢复和重建天敌的生态调控服务（Zhao *et al.*，2014）。

参考文献

Zhao ZH, Hui C, He DH, Li BL. 2015. Effects of agricultural intensification on ability of natural enemies to control aphids. Sci Rep, 5: 8024.

Zhao ZH, Hui C, Sandhu H, Ouyang F, Dong ZK, Ge F. 2014. Response of cereal aphids and their parasitic

---

* 通讯作者：E - mail：zhzhao@ cau. edu. cn

wasps to landscape complexity. *J Econ Entomol*, 107: 630 – 637.

Zhao ZH, Hui C, OuyangF, Liu JH, Guan XQ, He DH, FeG. 2013. Effects of inter – annual landscape change on interactions between cereal aphids and their natural enemies. Basic Appl Ecol, 14: 472 – 479.

Zhao ZH, He DH, Hui C. 2012. From the inverse density – area relationship to the minimum patch size of a host – parasitoid system. Ecol Res, 27: 303 – 309.

农作物害虫性诱监测技术标准化和自动化
Standardization and Automation of Sex Pheromone Monitoring on Crop Pests

曾 娟*

（全国农业技术推广服务中心，北京 100125）

自 1959 年第一个天然性信息素——家蚕醇的分子结构被分离和鉴定以来，昆虫性信息素一直是昆虫化学生态学领域的研究热点（唐睿和张钟宁，2014；薛艳花和陆俊娇，2009；赵新成和王琛柱，2006；黄勇平等，1998），其产品已广泛应用到虫情监测、害虫检疫、大量诱捕、干扰交配（迷向防治）和协同治虫等害虫综合防控的各个方面（贾玲，2009；苏建伟等，2005；孟先佐，2000）。利用昆虫性信息素进行害虫种群监测，由于其专一性和敏感性的优势，不需要进行种类鉴定，受到植保技术专家的认可和基层技术人员的欢迎，是害虫传统监测手段改进中最具前景的一个发展方向。然而，由于害虫监测工作对于昆虫性信息素诱测产品均一性、持效性、高效性和规范性的要求，使得重大农作物害虫性信息素产品研发与田间监测实际应用之间还有一定距离。从 2009 年开始，全国农业技术推广服务中心根据生产实际需要，在全国范围内组织开展了重要农业害虫性诱监测技术的试验示范，通过实验室研发和田间验证之间不断反馈、相互促进，逐步解决了影响农业害虫性诱监测有效性的关键问题，集成配套了标准化生产流程和田间应用技术，实现了基于性诱特异性的害虫自动计数，为性诱监测技术的大规模推广应用奠定了基础。

1 研发了高标准的害虫监测专用诱芯

迄今为止，绝大多数昆虫的性信息素引诱作用及其特异性是通过多组分化合物、以特定的比例、浓度组成的混合物实现的。很多近缘种类昆虫的性信息素组分中具有相同的 1 种或多种化合物，不同昆虫是依赖其多组分及其比例的差异达到种的专一性，并且这种专一性还不同程度受到微量组分和异构体杂质的影响。在害虫性诱监测实践中，鉴定了包括稻纵卷叶螟在内的 63 种农业重要害虫性信息素组分和配比的细微差异，验证了微量组分在豆荚野螟、斜纹夜蛾、甜菜夜蛾等害虫的性诱监测中的重要作用（Downham *et al.*，2003；沈幼莲等，2009），建立了一套高效分离纯化、自动滴定、衡量灌装的生产工艺流程以及剂量控制、释放速率检测的质量评估方法，并且引入灌液结构 PVC 毛细管和合成丁基橡胶作为缓释载体，保证了监测专用诱芯的专一性、均一性、稳定性、持效性。同时，通过多年多点的田间试验，针对棉铃虫、亚洲玉米螟、二化螟、稻纵卷叶螟等害虫进行了组分、配比不同的多种型号诱芯的诱测效果对比试验，筛选出一系列适宜不同地理区系种群、符合田间监测需要的诱芯配方（陈华等，2010；汪洋洲等，2013；林贤文等，2013；姚士桐等，2011），从而提高了性诱监测技术的地域适应性。

---

* 通讯作者：E - mail：zengjuan@ agri. gov. cn

233

2 开启了害虫性诱监测技术的标准化应用进程

在害虫性诱监测技术应用初期，大量开展了水盆、粘胶和圆筒形等不同类型诱捕器的诱集效果比较试验；由于害虫种类不同、生态环境差异，各种诱捕器的实际诱集效果千差万别且难以统一。为降低诱捕器种类差异对种群动态监测准确性的影响、增强同一种类害虫性诱监测数据的可比性，根据昆虫分类地位、虫体大小、飞行陷落特征、和田间试验结果，对使用同种诱捕器类型的害虫进行归类，基本分为螟蛾类、夜蛾类、小型昆虫类和果蝇与实蝇类4大类，确定了4类诱捕器对38种（类）害虫的适用范围（曾娟，2014a）；以此为基础，集成配套了各类害虫性诱监测诱捕器的试验田设置、空间布局、放置高度、安全间隔距离等一系列田间应用技术，并将其上升为农业行业标准（曾娟，2014b）。

3 开辟了害虫性诱监测的自动化计数新途径

利用性诱监测的专一性，在引诱靶标害虫至诱捕器的同时，在进虫口处采用电子红外感应系统记录害虫陷落行为，按陷落次数进行计数，将计数结果进行存储、转存和无线传输，即害虫性诱电子自动计数系统（包晓敏等，2012）。该系统的优点是不需要鉴定昆虫种类，实现自动记录，贮存长达8个月的数据、并可通过USB接口输出数据，也可以通过通信服务实时发射至服务器数据库或移动终端中。从2013年开始，该系统在玉米螟、棉铃虫、二点委夜蛾、稻纵卷叶螟、小地老虎、黏虫等6种性诱监测技术比较成熟的害虫种类上进行了试验示范（全国农业技术推广服务中心，2013，2014），对感应器敏感性、计数冗余排除和准确性验证等方面改进和完善，其中棉铃虫的性诱监测自动计数田间试验已取得初步成功（姜玉英等，2015），这为害虫监测预警的自动化和智能化提供了有效的实现途经。

参考文献

唐睿，张钟宁．2014．鳞翅目昆虫的信息素研究新进展．应用昆虫学报，51（5）：1149-1162.

薛艳花，陆俊娇．2009．昆虫性信息素生物学研究与应用进展．山西农业科学，37（4）：80-83.

赵新成，王琛柱．2006．蛾类昆虫信息素通讯系统的遗传与进化．昆虫学报，49（2）：323-332.

黄勇平，沈君辉，王淑芬，等．1998．昆虫性信息素变异研究的进展．中南林学院学报，18（4）：88-95.

贾玲．2009．性信息素监控技术应用现状与前景．广西植保，（S）：70-72.

苏建伟，肖能文，戈峰．2005．昆虫雌性信息素在害虫种群监测和大量诱捕中的应用与讨论．植物保护，31（5）：78-82.

孟先佐．2000．我国昆虫信息素研究与应用的进展．昆虫知识，37（2）：75-84.

Downham MC, Hall DR, Chamberlain DJ, Cork A, Farman DI, Tamò M, Dahounto D, Datinon B, Adetonah S. 2003. Minor components in the sex pheromone of legume podborer: Marucavitrata development of an attractive blend. J Chem Ecol, 29（4）：989-1011.

沈幼莲，高扬，杜永均．2009．植物气味与斜纹夜蛾性信息素的协同作用．昆虫学报，52（12）1290-1297.

陈华，丁世锋，王凤良．2010．不同棉铃虫性诱剂诱集效果比较分析．现代农业科技，（20）：171，173.

汪洋洲，王振营，盛如，等．2013．亚洲玉米螟新型性诱芯的诱蛾性能研究．植物保护，39（4）：

173 – 174.

林贤文，周瀛，赵敏，等．2013．田间高效诱集二化螟雄蛾的性信息素诱芯的筛选．浙江农业学报，25（5）：1036 – 1042．

姚士桐，吴降星，郑永利，等．2011．稻纵卷叶螟性信息素在其种群监测上的应用．昆虫学报，54（4）：490 – 494．

曾娟，杜永均，姜玉英，等．2014a．我国农业害虫性诱监测技术的开发和应用．植物保护，2014.09.30 已接收．

曾娟，杜永均，姜玉英，等．2014b．农作物害虫性诱监测技术规范（螟蛾类）．中华人民共和国农业行业标准，已报批．

包晓敏，楼定军，沈军民，等．2012．双红外传感器捕虫计数系统：中国，201220227327.9［P］．2012 – 12 – 12．

全国农业技术推广服务中心．2013．关于开展害虫标准化性诱监测工具试验示范与推广应用工作的通知［EB/OL］．（2013 – 03 – 26）［2015 – 02 – 13］．http：//cb. natesc. gov. cn/Html/2013_ 03_ 26/28092_ 52304_ 2013_ 03_ 26_ 288770. html．

全国农业技术推广服务中心．2014．关于进一步开展害虫标准化性诱监测工具试验示范与推广应用工作的通知［EB/OL］．（2014 – 03 – 24）［2015 – 02 – 13］．http：//cb. natesc. gov. cn/Html/2014_ 03_ 24/28092_ 52304_ 2014_ 03_ 24_ 336749. html．

姜玉英，曾娟，高永健，等．2015．新式诱捕器及其自动计数系统在棉铃虫监测中的应用．中国植保导刊，2015.1.29 已接收．

生态工程控制水稻害虫技术在浙江省的实践
Sustainable Rice Pests Management by Ecological Engineering in Zhejiang, China

徐红星[1]　郑许松[1]　朱平阳[1,2]　杨亚军　田俊策[1]　陈桂华[2]　吕仲贤*

(1. 浙江省农业科学院 植物保护与微生物研究所，杭州　310021；

2. 浙江省金华市植保站，金华　321017)

依靠大量连续的化学肥料和农药等投入品以实现作物高产的集约化农业生产，导致农田生态系统生物多样性急剧降低，生态系统服务功能减弱甚至消失，引起病虫害频繁暴发成灾，又促进农药使用量不断增加。生态工程控制水稻害虫技术主要是通过调节生物多样性、保护天敌、恢复生态系统的功能使水稻害虫种群处于相对较低的水平（即经济阈值之下），是利用害虫和天敌之间关系设计控制害虫的一项措施，在生态景观层面进行人为设计，平衡生物多样性需求，提升生态系统的服务功能。生态工程控制水稻害虫技术主要内容如下。

1 田间合理布局增加稻田生物多样性，保护天敌数量

通过稻田景观的合理布局，布置功能性强的、较少受人为干扰的非作物生境，提高稻田生态系统的生物多样性，为害虫天敌（捕食性和寄生性）提供越冬或避难场所以及替代猎物或蜜源等，提高生态系统中天敌的 多样性及其生物防治功能。具体措施包括冬季种植绿肥植物、田埂留草（花）等栖境植物，插花种植茭白、田边种植秕谷草等储蓄植物，田埂种植芝麻等蜜源植物。另外，利用不为害水稻的伪褐飞虱或拟褐飞虱与为害水稻的飞虱共有天敌且在本地可以越冬的特点，构建了一种可保护和提高稻飞虱寄生蜂数量的秕谷草—伪褐飞虱或拟褐飞虱—缨小蜂载体植物系统，可在稻飞虱发生之前孕育天敌。

2 种植蜜源植物，促进天敌功能

蜜源食物对于天敌控害能力的提高具有十分重要的作用，主要表现在延长寿命，提高繁殖力，甚至提高其子代种群的生态适应性。通过在田边种植显花植物或保留开花植物作为蜜源植物，可以为寄生蜂和黑肩绿盲蝽等天敌提供营养，进一步提高其功能，促进天敌对害虫的控制作用。芝麻花可以使稻虱缨小蜂、蔗虱缨小蜂和黑肩绿盲蝽等寿命均显著延长 59.55%、34.81% 及 58.48%，对稻飞虱卵的寄生率或捕食率分别提高 49.03%、43.12% 及 16.83%。这一结果在田间也得到了验证，如在水稻秧苗移栽前 30 天时，在田埂上点播或在稻田插花种植小面积的芝麻，可提高稻田寄生蜂控制稻飞虱、稻纵卷叶螟的

---

*　通讯作者：E - mail：luzxmh2004@ aliyun. com

能力。需要注意的是，不是任何开花的植物都适合于生态工程技术，蜜源植物的选择要建立在生态安全性评价的基础上，原则是蜜源植物要有利于天敌而不利于害虫。如芝麻花可以促进稻虱缨小蜂、蔗虱缨小蜂、黑肩绿盲蝽和螟黄赤眼蜂的控害能力，但对稻纵卷叶螟、二化螟和大螟成虫的寿命和生殖无促进作用。

3 植物或化学诱集害虫、释放重要天敌，减少害虫种群数量

将诱虫植物、性诱剂和天敌释放技术协调应用，有效降低水稻螟虫和稻纵卷叶螟当代成虫及下代幼虫种群数量。香根草对二化螟和大螟雌蛾有很强的诱集产卵作用，在香根草上的产卵量分别是水稻上的4.6倍和3.7倍。同时，二化螟和大螟均不能在香根草上完成生活史，二化螟幼虫2龄时死亡率超过90%，4龄时全部死亡；大螟幼虫6龄时存活率小于10%。

二化螟越冬代和主害代、稻纵卷叶螟主害代蛾始见期，集中连片性诱剂诱杀成虫，降低田间卵量和虫量。筛选、培育适合南方高温高湿气候的当地土著蜂种，于二化螟蛾高峰期和稻纵卷叶螟迁入代蛾高峰期开始释放稻螟赤眼蜂。而且，在水稻生长季，香根草上持续有高密度的螟虫卵供赤眼蜂等卵寄生蜂寄生，也可以作为稻田生态系统的寄生蜂种库，提高水稻螟虫的生物防治效率。

4 减少氮肥的施用量，降低害虫种群的增长速率

过量施用氮肥可提高水稻害虫的生态适应性，是近年来水稻害虫猖獗的主要原因之一，并且过量的氮肥还削弱天敌对害虫的自然控制作用。根据水稻生长规律和需肥规律，对当地农民的传统施肥习惯进行调节，减少氮肥总量，减少水稻生长前期施氮量，氮肥后移增施穗肥和粒肥。多个试点试验表明，施肥调节可有效地提高肥料利用率，氮肥施用量可减少5%～20%，水稻产量增产5%～10%。同时，稻飞虱、稻纵卷叶螟、纹枯病等田间发生和危害明显减轻。

5 调整农药的使用策略，减少化学农药的使用

利用水稻的耐虫性和补偿作用放宽防治指标，水稻生长前期不用或慎用农药。应急防控时选用生物农药、或高效低毒低残留、对环境安全的化学农药，将害虫种群数量控制在经济阈值范围之内。

在浙江省金华、宁波、台州、丽水、萧山等地多个试验基地多年的结果表明，生态工程技术对于稻田生态系统的修复作用十分明显，对于水稻害虫的生态控制是可行、高效的，表现为稻田生态系统天敌的物种和数量丰盛度显著高于农民自防区，害虫被控制在较低的发生水平，化学杀虫剂减少使用50%～80%。如在浙江金华的生态工程防控田的捕食性和寄生性天敌密度显著提高。其中，缨小蜂属的天敌种类是对照田的4倍。这种差异在农民自防田用药后的取样调查中尤为明显。生态工程防控田中，捕食性天敌（包括豆娘）的数量显著高于农民自防田，青蛙的数量也远高于对照田。与生态工程防控田相比，农民自防田需要喷多次农药来控制稻飞虱种群数量，而在生态工程防控田，稻飞虱的数量可以保持在一个较低的水平。例如，稻飞虱中等程度发生的2010年，生态工程防控田只用药1次农药，而在农民自防田中则需用4次药。生态工程防控措施不但降低了75%的

农药使用量，而且产量与农民自防田无显著差异。生态工程防控田产量为 10.02t/hm²，农民自防田为 10.27t/hm²。同时，在生态工程防控田，农民从芝麻种子中还获得了 50 元/亩的额外收益，并节省了 60 多元/亩的用药消费。2009 年和 2011 年，在生态工程防控田中根本没有使用化学农药来防治稻飞虱。

通过系统探索生态和行为调控技术，有效恢复农田生态系统的功能，提高自然控制作物病虫害的能力，达到既减少农药使用、节约防治成本、降低环境污染，又确保粮食数量安全、质量安全和农田生态安全的目的，具有重要的生态、经济和社会意义。但是，生态工程技术控制水稻害虫的具体措施要根据当地的实际情况合理安排规划才能达到较好的效果。

参考文献（略）

苏云金芽孢杆菌 *cry8E* 基因转录调控研究进展
Progress on Transcriptional Regulation of *Bacillus thuringiensis cry8E* Gene

杜立新*

（河北省农林科学院植物保护研究所，河北省农业有害生物综合防治工程技术研究中心，
农业部华北北部作物有害生物综合治理重点实验室，保定　071000）

苏云金芽孢杆菌（*Bacillus thuringiensis*）在芽孢形成的同时积累杀虫晶体蛋白，并在芽孢形成末期可达整个细胞干重的 20% ~ 30%，这种大量的杀虫晶体蛋白的产生源于它特定的转录系统，并由一系列 sigma 因子，如 σ^A，σ^H，σ^E，σ^K，σ^F，σ^G等调控。根据 cry 基因的组织方式可将 *cry* 基因转录调控方式分为两种类型：①单个或多个 sigma 因子指导的单一 *cry* 基因转录（*cry1*，*cry3* 和 *cry4* 等）；②单个或多个 sigma 因子指导的由一到两个 *orf* 与 *cry* 基因组成的操纵子（*cry2Aa*、*cry2Ac*、*cry9C*、*cry9E*、*cry11A*、*cry15A* 和 *cry18A*）。

cry8E 基因是对鞘翅目暗黑鳃金龟幼虫有很高杀虫活性的 *cry* 基因，序列分析发现 *cry8E* 基因上游存在一个 *orf*1，其序列与 *cry2A*、*cry9Ca*、*cry9Ec*、*cry11A* 和 *cry18A* 操纵子中的 *orf*1 基因有很高的相似性，生物信息学分析表明 *orf*1 基因下游也没有典型的转录终止结构，推测其可能与 *cry8E* 基因是同一转录本。通过 RT – PCR 的方法证明 *cry8E* 基因与其上游 *orf*1 基因是共转录的，说明 *cry8E* 基因与其上游 *orf*1 组成操纵子共转录。通过构建 *orf*1 和 *cry8E* 的启动子 Porf1 和 Pcry8E 与 *lacZ* 的融合表达载体，测定 β – 半乳糖苷酶的活性发现 Porf1 和 Pcry8E 都有启动子活性，说明 *cry8E* 基因表达是由两个启动子区控制的，分别位于 *orf*1 基因上游和 *orf*1 基因与 *cry8E* 基因之间。在 *orf*1 和 *cry8E* 基因间隔区存在启动子活性，这在 *cry* 基因启动子中尚属首次报道。对 *orf*1 基因启动子 Porf1 的序列进行生物信息学分析表明在 *orf*1 的上游存在σ^E的识别位点，推测其可能受σ^E因子调控，通过构建 *orf*1 基因启动子 Porf1 与 *lacZ* 基因的融合表达载体，在 *sigE* 突变体中测定其转录活性发现 Porf1 在 *sigE* 突变体中丧失了 β – 半乳糖苷酶的活性，并且发现 *orf*1 基因的 –35 区和 –10 区与σ^E因子识别序列高度相似，综合以上结果说明 *orf*1 的启动子受σ^E调控；对 *orf*1 与 *cry8E* 基因的间隔区序列进行生物信息学分析表明在 *orf*1 与 *cry8E* 基因之间存在σ^H的识别位点，推测其可能受σ^H因子调控，通过构建 *cry8E* 基因启动子 Pcry8E 与 *lacZ* 基因的融合表达载体，在 *sigH* 突变体中测定其转录活性发现 Pcry8E 在 *sigH* 突变体中的 β – 半乳糖苷酶活性显著低于其在野生型中的活性，并且发现其与σ^H因子识别序列高度相似，综合以上结果说明 *cry8E* 的启动子受σ^H调控。说明 *cry8E* 操纵子有两个非重叠的启动子，分别受σ^E因子和σ^H因子调控（Du *et al.*，2012）。将 *cry8E* 基因启动子与 *cry1Ac*、*cry3A* 和 *cry4A* 基因启动子的转录活性比较，发现 *cry8E* 基因启动子的转录活性最高，其所指导的 Cry1Ac 的表达量是 *cry3A* 启动子的 2.4 倍；并且在 sigK 突变体中转录活性显著提高，该启动子可

　＊ 通讯作者：E – mail：lxdu2091@163.com

在苏云金芽孢杆菌 sigK 突变体中正常表达 Cry1B 蛋白,可形成菱形晶体,并且包裹在细胞内不被释放,紫外线照射处理后对亚洲玉米螟和小菜蛾杀虫活性较对照降低较少(Zhou *et al.*,2014)。

上述对 *cry8E* 基因的转录调控机制的研究,丰富了 *cry* 基因的转录方式,从转录水平上阐明 *cry8E* 基因高水平表达的机制和高活性启动子的筛选,可为更进一步提高生产中杀虫晶体蛋白的表达水平和今后创制安全、高效、广谱微生物农药打下基础。

参考文献

Du LX, Qiu L, Peng Q, Lereclus D, Zhang J, Song F, Huang D. 2012. Identification of the promoter in the intergenic region between orf1 and cry8Ea1 controlled by sigma H factor. Appl Environ Microbiol, 78:4164 – 4168.

Zhou CM, Zheng QY, Peng Q, Du LX, Shu CL, Zhang J, Song FP. 2014. Screening of cry – type promoters with strong activity and application in Cry protein encapsulation in a sigK mutant. Appl Microbiol Biotechnol, 98(18):7901 – 7909.

萜烯挥发物对水稻害虫的防控作用
Terpenoids Mediated Herbivore Resistance in Rice

肖玉涛*

（浙江大学农业与生物技术学院，杭州 310058；中国农业科学院植物
保护研究所，植物病虫害生物学国家重点实验室，北京 100193）

植物受到害虫为害时会产生防御反应来保护自己，我们将其大致分为直接防御反应和间接防御反应。直接防御反应，如生成芥子油苷、烟碱、蛋白酶抑制剂等。另外，生成趋避害虫的挥发性气味物质亦属于此类。间接防御反应是指通过合成释放挥发性物质引诱植食性昆虫的天敌来控制害虫，从而达到保护自己的目的。不管是直接防御反应还是间接防御反应，挥发性气味物质都参与其中。萜类挥发物是害虫诱导的植物挥发性物质中最重要的组分，在对害虫的防御反应中发挥着重要功能（Lu *et al.*，2011）。

我们选择水稻受害虫为害后释放量最大的组分芳樟醇及重要组分石竹烯为研究对象，结合利用反向遗传学、化学分析、分子生物学以及生物测定等研究方法，剖析了其在水稻中的合成调控机制及防治害虫的生物学功能。研究发现芳樟醇及石竹烯合成酶分别定位在叶绿体及细胞质内，受到机械损伤及虫害信号激素茉莉酸的诱导。褐飞虱（*Nilaparvata lugens*）能显著诱导芳樟醇合成酶基因的表达及芳樟醇的释放，但是并不诱导石竹烯合成酶基因的表达及石竹烯的释放。我们通过转基因方法获得了芳樟醇和石竹烯沉默的突变体，室内和田间的生测结果表明芳樟醇的沉默加重褐飞虱的为害并且减少其重要天敌稻虱缨小蜂（*Anagrus nilaparvatae*）的寄生率。而石竹烯的沉默减少褐飞虱的为害同时也降低了稻虱缨小蜂的寄生率。该研究结果表明不同种类的萜烯挥发物在害虫的防御中发挥着特定的功能（Xiao *et al.*，2012）。

水稻是重要的粮食作物，全球有一半以上的人口以水稻为主食，褐飞虱等害虫严重威胁着水稻的生产。水稻害虫的控制目前仍以化学农药为主，而化学农药由于众所周知的原因带来一系列问题，如农药抗性、害虫再猖獗、环境污染、食品安全等，因而环境友好型绿色防控新途径的发掘成为目前水稻害虫防治的重要任务。研究并利用植物源物质萜烯挥发物，将为解决水稻及其他作物害虫问题提供新的思路及理论指导。

参考文献

Lu J, Ju HP, Zhou GX, Zhu CS, Erb M, Wang XP, Wang P, Lou YG. 2011. An EAR－motif－containing ERF transcription factor affects herbivore－induced signaling, defense and resistance in rice. Plant J, 4: 583－596.

Xiao Y, Wang Q, Erb M, Turlings TC, Ge L, Hu L, Li J, Han X, Zhang T, Lu J, Zhang G, Lou Y, Penuelas J. 2012. Specific herbivore－induced volatiles defend plants and determine insect community composition in the field. Ecol Lett, 10: 1130－1139.

---

* 通讯作者：E－mail：xiao20020757@163.com

蜕皮激素受体在绿盲蝽海藻糖酶合成的功能分析
The Functional Confirmation in Trehalase Biosynthesis of Ecdysone Receptor Genes from the Cotton Mirid Bug, *Apolygus lucorum*

谭永安 肖留斌 孙 洋 赵 静 柏立新*

（江苏省农业科学院植物保护研究所，南京 210014）

海藻糖酶是昆虫的重要酶系，在其多种生理活动中发挥着重要作用，如表皮几丁质的合成、飞行、抗寒性等。绿盲蝽是棉花的重要害虫，可造成棉花产量和品质的巨大损失。良好的越冬环境、充足的营养条件以及日渐温暖的气候，对绿盲蝽生长繁殖和越冬存活非常有利，杀虫频次及剂量的减少使绿盲蝽种群数量逐年增多。因此，目前绿盲蝽防控面临严峻挑战，需开拓新配方或新靶标的有效防控技术。近年来，以海藻糖酶作为新农药靶标的杀虫剂的开发已成为新兴的研究热点，而对其合成通路的研究将为以海藻糖酶抑制剂的研发奠定理论基础。

绿盲蝽含有 2 种类型海藻糖酶，定义为水溶性海藻糖酶及膜结合型海藻糖酶，通过构建了原核表达载体，再进行诱导表达、变性、复性和蛋白纯化后，制备了具海藻糖酶活力的重组蛋白，水溶性及膜结合型海藻糖酶分子量为 71 kDa（谭永安等，2013a）和 60kD（谭永安等，2013b）。利用基因表达分析确定了这 2 种海藻糖酶在蜕皮激素刺激选表达变化。结果表明，蜕皮激素可诱导水溶性海藻糖酶高表达，但对膜结合型海藻糖酶无影响（Tan *et al.*，2014）。昆虫的蜕皮激素信号是由蜕皮激素受体及超气门蛋白形成的异源二聚体传递给下游基因。因此，我们进一步分析了蜕皮激素受体在绿盲蝽海藻糖酶合成的功能。分析发现，绿盲蝽蜕皮激素受体存在 2 种亚型蛋白（A 亚型及 B 亚型），这 2 种亚型蛋白在绿盲蝽体内存在着明显的时空特异性，表现为绿盲蝽蜕皮时高表达，且 A 亚型在表皮、B 亚型在中肠分别高表达。我们设计了 2 种 siRNA 序列，分别将这 2 种亚型蛋白表达量抑制后，发现水溶性海藻糖酶基因表达量、酶活及蛋白表达量均显著下降，且 B 亚型的抑制效果更为明显。

上述的研究成果可为明确绿盲蝽水溶性海藻糖酶的蜕皮激素分子调控机制，还将为发展有效、更有商业前景的海藻糖酶抑制剂类杀虫剂提供前期的基础研究工作，并且可为发展绿盲蝽防控新策略和新方法提供理论基础与技术支撑。

参考文献

Tan YA, Xiao LB, Sun Y, Zhao J, Bai LX, Xiao YF. 2014. Molecular characterization of soluble and membrane – bound trehalase in the cotton mired bug, *Apolygus lucorum*. Arch Insect Biochem Physiol, 86

* 通讯作者：E – mail：jaasblx@ sohu. com

（2）：107 – 121.

Tan YA, Xiao LB, Sun Y, Zhao J, Bai LX. 2014. Sublethal effects of the chitin synthesis inhibitor, hexaflumu-ron, in the cotton mirid bug, *Apolygus lucorum*（Meyer – Dür）. *Pestic Biochem Physiol*, 111：43 – 50.

谭永安，留斌，孙洋，柏立新. 2013. 绿盲蝽水溶性海藻糖酶 *ALTre* – 1 基因原核表达纯化与酶学特性. 中国农业科学，46（17）：3587 – 3593.

谭永安，肖留斌，孙洋，柏立新. 2013. 绿盲蝽膜结合型海藻糖酶 *ALTre* – 2 基因表达，纯化及酶学特性. 棉花学报，25（5）：396 – 402.

我国红火蚁疫情点根除体系的构建与应用[*]
Construction of Eradication System for Red Imported Fire Ant and Its Application in China

陆永跃[**]

（华南农业大学红火蚁研究中心，广州　5106425）

自 2003 年 9 月、2004 年 9 月，国际重大外来入侵物种红火蚁（*Solenopsis invicta* Buren）相继被发现入侵中国台湾、广东以来，如何有效控制该蚁扩散蔓延、发生为害，甚至根除该蚁疫情一直是倍受重视和努力的重点（曾玲等，2005a；曾玲等，2005b；Zhang *et al.*，2007；吴文哲等，2009；Hwang，2009；杨景程，2013；Wang *et al.*，2013）。10 年来，发生区政府和科研机构投入了较多的人力、物力和资金，在借鉴国外尤其是美国的先进思想和技术基础上，系统开展该蚁入侵生物学、监测、检疫和灭除关键技术的研发和实施工作，并取得了较为显著的进展和成效（曾玲等，2006；Chen *et al.*，2006；黄俊等，2007；黄俊等，2008；李惠陵等，2010；Zhang *et al.*，2007；Wang *et al.*，2013）。一系列与红火蚁管理相关的管理与技术政策、规范包括应急预案、规划、计划、方案、办法、标准、作业程序、手册等多种类型文件相继被编订并颁布，到目前为止，全国省级及以上的有 35 个，其中台湾就有 11 个，已基本形成了适用于红火蚁疫情应急处置、种类鉴定、调查监测、检疫除害、药效试验评价、防治实施、防治效果评价等专门的政策与技术体系，为有效防控该蚁提供了较为坚实的政策与技术保证。应用已有的管理和技术体系是可以达到有效控制红火蚁发生为害的目的，但是如何到达到更高的目标—根除疫情始终应是值得追求和探索的。本文从适合于根除的区域特征、管理、技术等 3 方面论述了如何构建我国的红火蚁疫情点根除体系。

1　"岛屿"型红火蚁发生区域适合于采用根除策略

即发生分布边界明确、地理隔离度强、范围有限的类似于"岛屿"的红火蚁发生区域即"疫情点"，比较适合于采取根除的策略与技术。其中，①红火蚁发生分布区域界限清晰是前提。红火蚁是土栖性蚂蚁，蚁群迁移的距离和速度是极其有限的，一般每年几十米；非水流区域一年多次发生的婚飞成为了近距离扩散的主要途径，绝大部分每年可扩张几百米，少数可达几千米。应以发生区已发现的最外围的蚁巢向外延伸 5km，大范围开展调查监测并清楚确定红火蚁实际发生分布区域界限。如果红火蚁发生区内存在由于各种原因和条件限制检疫工作人员无法到达的地方，例如，澳大利亚的一个发生区涵盖了一个军事基地的部分，则不适合作为根除区域。美国、澳大利亚和我国的经验均表明，及时发现

　＊　基金项目：国家重点基础研究发展计划项目（2009CB119206）

　＊＊　通讯作者：E - mail：luyongyue@ scau. edu. cn

和掌握红火蚁蚁群的确切位置是成功根除的前提。②发生区地理环境相对隔离较强是实施成功根除的保证。典型的如经几十甚至几百上千千米长距离跳跃式传播所形成孤立的发生区，或者距离虽然较近但有较高的山峰、宽阔的水面等显著的屏障进行隔离。一般来说，目标区域与已有大范围发生区距离一般应在 5～10km 及以上，这样就可能将自然扩散侵入的风险降低至近乎零。如目标区域与已有大范围发生区有河流联通，则距离应更大。③红火蚁发生区域范围大小适当是条件。作为检疫性有害生物，政府是实施管理的主体。一般来说相关的人力、物力和经费的投入总是不足的，因此，如果规划实施根除的目标区域面积太大，已有的和将投入的条件可能难以保证较长期全面、彻底地开展调查、监测、防治等工作。应根据现有的和将可能获得的投入力度和条件，按照实施疫情根除的成本投入标准，选择和确定根除红火蚁疫情区域规模。

2　良好的管理机制和较高的管理水平是实现红火蚁疫情点根除的保证

红火蚁发生地一般应成立负责红火蚁防治或者疫情根除工作的专门机构，委派专门管理和技术人员负责该项工作，并连续稳定地投入专项经费，充分满足疫情根除工作各项需要。为了保证疫情根除工作顺利开展，建立明确、完善和可操作性强的工作方案是必须的，应达到目标适当、职责明确、任务清楚、措施得力。在具体的实施过程中，管理水平和技术操作水平决定了根除的成败和效率的高低，对于根除的关键—防治技术的施用水平尤其重要。不同人员施用同样的技术、产品，可能由于知识、技能、工作态度等不同，其投入成本和结果往往差异很大。从目前我国实际情况和笔者多年的经验来看，在较高的管理和技术实施水平条件下，如果红火蚁防治效果要达到 95% 以上，则一般每年需全面监测 2 次、防治 2 次，投入成本约为 1 500 元/公顷·年；如果按照一般性根除疫情规划要求，每年应全面调查监测 3 次、防治 3 次，防治效果应在 98% 以上，连续实施 3 年，投入成本约为 2 250 元/公顷·年，根除 100～300hm² 的发生区疫情则需投入 70 万～200 万元。而实际工作中，大部分具体实施防治人员的技术水平和效率达不到这个要求，因此，成本支出可能会高出许多。在一般的管理和技术实施水平条件下，每年调查监测 3 次、防治 3 次，防治效果 90%，连续实施 6 年，投入成本约为 4 500 元/公顷·年，则根除 100～300hm² 的发生区疫情则需投入 270 万～810 万元。

这样的根除投入依据和标准是否具有现实意义？下面用两个例子加以解释。以根除范围较大（300 公顷）、发生程度较重（累计 20 000 个活蚁巢，密度为 0.67 个/100m²，三级）的区域为目标，第一年防治后剩余活蚁巢 400 个；第二年实施防治时假设增长为前一年的 3 倍即 1 200 个（实际上防治效果好的话，到次年适合防治时间时活蚁巢增长速度较慢，一般在 2 倍以下），防治后剩余 24 个；第三年实施防治时增长为 72 个，防治后为 1.44 个，基本达到了根除疫情的目标。如果按年防治效果 90% 计算则需要 7 年，因此，管理和技术实施水平和效率高是具有显著优势的，在此基础上是可以实现根除的。笔者连续 3 年对总面积为 500hm² 包括 9 个相互隔离的区域实施根除示范，累计投入资金 90 万元，之后 1 年连续 3 次全面调查、监测结果显示其中 4 个区域（165hm²）红火蚁发生量为 0，其他 5 个区域防治效果也在 99% 以上，实施第二年后调查发现新出现的活蚁巢 90% 以上是随着新调入绿化苗木而传入的。

在我国目前检疫性有害生物防治工作中人力资源尤其是较高水平的专业技术人员缺乏

是普遍存在的的问题，要应对和解决检疫性有害生物根除这样专业性很强的工作尤其显得不足（王超等，2014）。建议采用"专业化、社会化"管理模式，政府负责确定目标、制定规划、检疫封锁、监督、验收，而社会有害生物治理专业组织/机构负责制定实施方案、组织实施。这样运行起来可能投入更少、效率更高。

3 高效的专用产品和技术是实现红火蚁疫情点根除的后盾和基础

发现侵入10年来，关于红火蚁防治技术和产品一直是研究的重点。从初期仅使用触杀性杀虫剂灌巢，到研发出专用的毒饵剂、粉剂等，不断地发展和进步。目前，我国防控该蚁包括检疫灭除和野外（田间）防治中所使用的技术几乎100%是化学防治，在检疫灭除中主要使用拟除虫菊酯、有机磷等液体制剂，在野外（田间）防治中除少量须紧急处理的使用液体制剂灌巢外绝大部分红火蚁发生区均使用毒饵剂和粉剂。2015年3月，我国已登记用于防治红火蚁的农药制剂有9个，包括8种饵剂和1种粉剂。其中，饵剂以茚虫威、多杀霉素、氟蚁腙、氟虫胺、氟虫腈等为有效成分，粉剂以高效氯氰菊酯为有效成分。这些药剂对蚁巢的单次防治效果一般在70%以上，连续使用2次防治效果在80% ~ 90%，个别防效良好的药剂可达到95%以上。红火蚁防治目标无论是确定为根除还是有效控制危害，高效的技术、产品是必备的条件。这些产品以及将不断出现的新产品应能满足实施红火蚁疫情点根除的要求。在多年科技研究的基础上，我国大陆已经颁布了7项标准，涵盖了鉴定、检疫、监测、药效试验、化学防控技术、苗圃红火蚁防治技术、防控效果评价等，已经基本形成了技术标准体系，这为该蚁疫情点根除提供了较为坚实的技术支撑。

4 我国成功实施红火蚁疫情点根除的例子

4.1 湖南张家界大庸桥公园根除红火蚁

实施时间为2005年1月5日至2011年5月，实施面积近20hm²，累计灭除活蚁巢1510个。管理和技术措施：建立专门组织、委派专门人员负责工作，投入充足的经费，制定工作方案和技术方案，封锁检疫，长期坚持"地毯式"跟踪调查、全面防治，并跟踪调查防治效果。疫情监测结果表明，该地红火蚁已被有效扑灭了，也没有扩散蔓延。

4.2 福建龙岩上杭、新罗两地根除红火蚁

实施时间为2005年9月至2013年11月，面积187hm²，累计灭除活蚁巢1.4万个。主要管理和技术措施与张家界大庸桥公园相近：①成立省级防控工作指导组，发生区政府成立专门防控工作机构，疫情发生村组建专业防治队伍；②全面监测疫情；③分发生区和缓冲区实施检疫监管，阻截传播；④制定系列管理和技术方案，派技术人员常驻发生区指导，实施科学防控。

总的来说，专门的管理机构、充分的资金支持、良好的运行机制、较高的实施水平、高效的产品和技术，再加上持之以恒，红火蚁疫情点根除应该是可以实现的。

参考文献

黄俊，曾玲，梁广文，等．2007．红火蚁疫情灭除技术示范．中国植保导刊，27（8）：41 – 42.

黄俊，陆永跃，梁广文，等．2008．四种国产毒饵对红火蚁的田间防治效果评价．环境昆虫学报，30

（2）：135 – 140.

李惠陵，李华，梁铭生，等．2010. 不同生境的红火蚁应急扑灭技术研究．广东农业科学，37（9）：144 – 146.

陆永跃，梁广文，曾玲．2008. 华南地区红火蚁局域和长距离扩散规律研究．中国农业科学，41（4）：1053 – 1063.

陆永跃．2014. 中国大陆红火蚁远距离传播速度探讨和趋势预测．广东农业科学，41（10）：70 – 72 + 3.

王超，李慎磊，陆永跃．2014. 基于认知程度评估的红火蚁管理策略与方式探讨．广东农业科学，41（10）：232 – 236.

吴文哲．2009. 扑灭台北大学红火蚁案例看我国红火蚁防疫策略．动植物防疫检疫季刊，21：36 – 38.

杨景程，吴文哲，黄荣南．2013. 台湾入侵红火蚁防治现况与展望．中华林学会102年森林健康之管理与经营国际研讨会论文集，台湾台北：林务局，1 – 9.

曾玲，陆永跃，何晓芳，等．2005a. 入侵中国大陆的红火蚁的鉴定及发生为害调查．昆虫知识，42（2）：144 – 148.

曾玲，陆永跃，陈忠南．2005b. 红火蚁监测与防治．广州：广东科技出版社．

曾玲，梁广文，陆永跃，等．2006. 广东省红火蚁预防与控制研究．李典谟等主编：全国生物多样性保护与外来物种入侵学术研讨会论文集，北京：中国农业科学技术出版社，11：172 – 176.

Chen JSC, Shen CH, Lee HJ. 2006. Monogynous and polygynous red imported fire ants, *Solenopsis invicta* Buren（Hymenoptera：Formicidae），in Taiwan. Environ Entomol, 35（1）：167 – 172.

Hwang JS. 2009. Eradication of Solenopsis invicta by pyriproxyfen at the Shihmen Reservoir in northern Taiwan. Insect Sci, 16（6）：493 – 501.

Wang L, Lu YY, Xu YJ, Ling Zeng. 2013. The current status of research on *Solenopsis invicta* Buren（Hymenoptera：Formicidae）in Mainland China. Asian Myrmecol, 5：125 – 138.

Zhang R, Li Y, Liu N, Porter SD. 2007. An overview of the red imported fire ant（Hymenoptera：Formicidae）in Mainland China. Florida Entomol, 90（4）：723 – 731.

Zhou AM, Lu YY, Zeng L, Xu YJ, Liang GW. 2012. Does mutualism drive the invasion of two alien species? the case of *Solenopsis invicta* and *Phenacoccus solenopsis*. PLoS ONE, 7（7）：e41856.

西花蓟马种群遗传学的研究
Population Genetics of *Frankliniella occidentalis* (Pergande)

杨现明[*]

(南京农业大学植物保护学院，南京，210095；中国农业科学院植物保护研究所，
植物病虫害生物学国家重点实验室，北京　100193)

中国已成为外来生物入侵最严重的国家之一。在中国大面积发生、为害严重的入侵物种达100多种，每年造成上千亿的经济损失。近10年来，中国相继发现了西花蓟马、Q型烟粉虱、三叶草斑潜蝇等危险性与暴发性物种的入侵。了解入侵生物的遗传组成和扩散路径对加强物种检疫和防止其进一步扩散及危害具有重要的意义。

西花蓟马起源于北美洲的的西部地区，最早记载于1895年。2000年以来，西花蓟马入侵中国并在云南、山东、黑龙江、辽宁等地局部暴发成灾，其通过直接刺吸和传播如嵌纹斑点病毒（INSV）和番茄斑萎病毒（TSWV）危害植物，造成巨大的经济损失。线粒体和微卫星分子标记分析表明西花蓟马中国种群的遗传多样性显著低于其美国本地种群。西花蓟马在中国也存在两个隐种（或生态型），此两种型在线粒体COI基因上的变异是3.3%，但这两种型在微卫星分子标记上并没有显著分化。这种线粒体和核基因的不一致的现象可能是由于不同型之间的杂交导致。这种杂交现象在美国本地种群并不存在。另外，中国的种群存在较小的遗传分化（$F_{ST} = 0.043$）表明中国种群可能存在较强的基因流，而这种基因流可能是定向的：从云南的3个地理种群（保山，大理和昆明）传向中国的其他种群。所以，云南是中国其他地方的虫源地，这也是一种入侵生物扩散的桥头堡效应（bridgehead effect）。因此，在今后西花蓟马的防治中，应该阻止其从云南向其他地方扩散。2009—2012年，除了酒泉种群，其他所有中国种群在遗传组成上均表现出在时间上的稳定性，这种稳定性可能是由于西花蓟马的适应性进化导致。本结果表明，虽然具有较低的遗传多样性，西花蓟马仍然可以维持其种群的稳定。

以上结果对入侵生物的扩散路径和种群动态研究提供了新的认知，对入侵生物的防治具有较大的科学意义。

参考文献

Yang XM, SunJT, Xue XF, Li JB, Hong XY. 2012. Invasion genetics of the western flower thrips in China: evidence for genetic bottleneck, hybridization and bridgehead effect. PLoS ONE, 7 (4): e34567.

Yang XM, Sun JT, Xue XF, Zhu WC, Hong XY. 2012. Development and characterization of 18 novel EST-SSRs from the western flower thrips, *Frankliniella occidentalis* (Pergande). Int J Mol Sci, 13: 2863–2876.

---

　* 通讯作者：E-mail: zqbxming@163.com

烟粉虱传播双生病毒机制研究新进展
Novel Insights into the Transmission of Geminiviruses by Whiteflies

王晓伟[*]

（浙江大学，杭州 310058）

世界上超过75%的植物病毒是由昆虫传播的，其中双生病毒和其传播介体烟粉虱是世界多个国家和地区的重大病虫害，严重威胁农业生产安全。烟粉虱是双生病毒传播的主要媒介，在双生病毒的传播过程中起着决定性的作用。同时，烟粉虱和双生病毒之间存在着复杂的相互作用机制。因此，要制定双生病毒的安全高效防治策略，关键在于明确这类病毒传播机理，做到有的放矢。

利用新一代的 Illumina 测序技术，测定了携带双生病毒后烟粉虱的基因表达谱变化。研究发现：中国番茄黄曲叶病毒可以显著影响烟粉虱体内细胞周期和代谢相关基因的表达，对烟粉虱造成不利影响；病毒侵染烟粉虱组织后可以显著激活烟粉虱的细胞和体液免疫反应，导致病毒数量的不断减少；同时双生病毒也可以通过抑制烟粉虱的免疫信号传导，部分抑制烟粉虱的免疫反应（Luan *et al.*，2011）。该研究初步揭示了烟粉虱—双生病毒相互作用的分子机制，并为深入研究烟粉虱—双生病毒及类似媒介昆虫—植物病毒系统中相互作用的机制提供了蓝图。

双生病毒以持久性可循环的方式通过烟粉虱传播，在传播过程中病毒必须穿过烟粉虱的中肠、血淋巴和唾液腺等屏障。我们研究了两种双生病毒通过不同烟粉虱特异性传播的机制。研究发现，对于近年在我国广泛入侵为害的 Q 烟粉虱，虽然两种病毒都能进入其体内并侵染血淋巴，不过其中一种病毒 *Tomato yellow leaf curl China virus* 不能穿过 Q 烟粉虱的唾液腺并随着唾液分泌出来侵染其他植物，而另外一种病毒 Tomato yellow leaf curl virus 可以特异性的穿过烟粉虱唾液腺屏障并在唾液腺分泌细胞中聚集，在烟粉虱取食时可以随着唾液分泌出来侵染其他植物（Wei *et al.*，2014）。这些发现揭示了烟粉虱唾液腺中特定的分泌细胞在植物病毒传播中的关键作用，为研发控制病毒传播的新方法提供了新视角。

参考文献

Luan JB, Li JM, Varela N, Wang YL, Li FF, Bao YY, Zhang CX, Liu SS and Wang XW. 2011. Global analysis of the transcriptional response of whitefly to Tomato yellow leaf curl China virus reveals their relationship of coevolved adaptations. J Virol, 85：3330 – 3340.

Wei J, Zhao JJ, Zhang T, Li FF, Ghanim M, Zhou XP, Ye GY, Liu SS, Wang XW. 2014. Specific cells in the primary salivary glands of the whitefly *Bemisia tabaci* control retention and transmission of begomoviruses. J Virol, 88：13460 – 13468.

---

* 通讯作者：E – mail：xwwang@ zju. edu. cn

烟粉虱与共生菌 *Cardinium* 互作研究进展
Interactions Between *Bemisia tabaci* and Endosymbiont，*Cardinium*

褚　栋*

（青岛农业大学，青岛　266109）

烟粉虱［*Bemisia tabaci*（Gennadius）］寄主谱广、暴发性强、危害性大，是一种世界性分布的昆虫。近年来，Q 烟粉虱（MED 隐种）在我国许多地方成功取代了早期入侵的 B 烟粉虱（MEAM1 隐种），成为了我国的重要农业害虫（Chu *et al.*，2014）。近年来，随着烟粉虱传播病毒在我国的进一步扩散蔓延，Q 烟粉虱在我国的危害愈加严重。因此，Q 烟粉虱的灾变机制及其持续有效控制的基础研究亟须加强。

共生菌是一类存在于昆虫等宿主体内呈母质遗传的细菌，是农业害虫种群动态和植物病毒病流行的重要决定因子。Candidatus *Cardinium hertigii*（简称为 *Cardinium*）是在 *Wolbachia* 之后发现的可调控节肢动物生殖的胞内共生菌。Q 烟粉虱在原产地地中海地区具有较高的 *Cardinium* 感染率。然而，持续 10 年（2005—2014 年）对山东各地 Q 烟粉虱田间种群定点监测发现，*Cardinium* 一直保持较低的感染率；这与对中国各地 Q 烟粉虱种群中 *Cardinium* 菌感染率监测结果是一致的。这些结果表明 *Cardinium* 感染种群具有较弱的入侵性（Chu *et al.*，2011）。上述结果提示，*Cardinium* 感染对烟粉虱种群具有抑制效应。为了验证"*Cardinium* 感染对烟粉虱种群具有抑制效应"这一推测，进一步研究了 Q 烟粉虱的 *Cardinium* 感染种群与未感染种群的竞争取代，结果发现 *Cardinium* 感染种群在竞争 3 代后其比例明显下降（Fang *et al.*，2014）。研究结果支持了上述推测，即 *Cardinium* 感染能降低烟粉虱的竞争力，对烟粉虱种群具有抑制效应（Fang *et al.*，2014）。构建了具有相同遗传背景的 *Cardinium* 感染种群与未感染种群（即通过与感染种群回交 6 代后的种群）；在此基础上，利用两性生命表（two‐sex life table）的方法研究表明：Q 烟粉虱 *Cardinium* 未感染种群生物学参数，即内禀增殖率（r）、周限增长率（λ）、净增殖率（R_0）、平均世代周期（T）等均显著优于感染种群；结果表明 *Cardinium* 是导致 Q 烟粉虱种群适合度代价的根源。

利用新一代高通量测序技术，利用 Illumina Hiseq™2000 测序平台分析 Q 烟粉虱的 *Cardinium* 感染种群与未感染种群取食胁迫下棉花的转录变化；结果发现：*Cardinium* 未感染种群取食的棉花组织中防御相关基因的表达水平显著高于感染种群取食的棉花。利用 Illumina Hiseq™2000 测序平台分析 Q 烟粉虱的 *Cardinium* 感染种群与未感染种群；结果发现：*Cardinium* 感染种群营养代谢与解毒代谢增强。这为进一步揭示 *Cardinium* 与 Q 烟粉虱互作机理奠定了基础。

　＊　通讯作者：E‐mail：chinachudong@ qau. edu. cn

上述研究为从共生菌与宿主互作的角度揭示 Q 烟粉虱的灾变机制提供了新的切入点。

参考文献

Chu D, Gao C, De Barro P, Zhang Y, Wan F, Khan I, 2011. Further insights into the strange role of bacterial endosymbionts in whitefly, *Bemisia tabaci*: Comparison of secondary symbionts from biotypes B and Q in China. Bull Entomol Res, 101: 477 – 486.

Chu D, Guo D, Tao YL, Jiang DF, Li J, Zhang YJ, 2014. Evidence for rapid spatiotemporal changes in genetic structure of an alien whitefly during initial invasion. Sci Rep, 4: 4396.

Fang YW, Liu LY, Zhang HL, Jiang DF, Chu D, 2014. Competitive ability and fitness differences between two introduced populations of the invasive whitefly *Bemisia tabaci* Q in China. PLoS ONE, 9 (6): e100423.

中黑盲蝽后胸臭腺转录组测序及其信息素生物合成相关基因的功能分析

De novo Analysis of the *Adelphocoris suturalis* Jakovlev Metathoracic Scent Glands Transcriptome and Expression Patterns of Pheromone Biosynthesis – related Genes

罗　静　马伟华　陈利珍*　雷朝亮

（昆虫资源利用与害虫可持续治理湖北省重点实验室，华中农业大学植物科学技术学院，武汉　430070）

中黑盲蝽（*Adelphocoris suturalis* Jakovlev）是我国长江流域棉田的主要害虫之一。转基因棉花大面积推广和种植使棉田农药的使用量急剧减少，导致了中黑盲蝽在棉田里的大暴发，使其由原来的次生害虫逐渐上升为主要害虫，并呈进一步蔓延和大面积灾变的发展趋势。近年来，发展绿色无公害的防治措施是目前盲蝽防治的主要研究方向。

信息素是昆虫间化学通讯介质，对昆虫繁殖和生存起着至关重要的作用，使其在害虫防治方面表现出了巨大的潜力。到目前为止，蝽类昆虫信息素生物合成的分子机制几乎没有任何报道，因此，筛选出参与中黑盲蝽信息素生物合成的基因，对探索半翅目昆虫信息素生物合成及调控的分子机制具有重要的意义。

后胸臭腺（Metathoracic scent glands）是蝽类成虫所特有的结构，其主要的功能是合成和储藏信息素。我们对中黑盲蝽的后胸臭腺进行转录组测序，获得了70296条平均长度为691bp 的基因序列（Unigene）。基于 5 个数据库（nr、Swiss – Prot、GO、KEGG 和 COG）用 Blastx 进行相似性比对（E 值 $< 10^{-5}$），共有 26744（38%）条 unigene 被注释，其中，9 258条 unigene 利用 COG 功能分类被分为了 25 个类别，16 473条 unigenes 被分配到了 242 个 KEGG 路径中。利用生物信息学分析最终筛选到 7 类 19 条可能参与中黑盲蝽信息素生物合成的基因。通过 RT – qPCR 对 19 条候选基因在 1 日龄（性未成熟时期）和 8～11 日龄（性信息素释放高峰期）成虫后胸臭腺中的表达模式进行分析，结果发现：Acetyl – CoA carboxylase 和 Fatty acid synthase 均在 8～11 日龄的雌雄虫体内呈下调表达，这一结果可能预示着盲蝽科昆虫与鳞翅目昆虫存在不同的碳链合成路径。D9 – desaturase、alcohol oxidase、fatty acyl – coareductase、carboxylesterase、NT – esteras 和 acetyltransferase 在8～11 日龄的雌虫体内上调表达，这一结果显示 Desaturase、Fatty – acyl CoA reductase、Alcohol oxidase、Esterase、Acetyltransferase 可能参与了中黑盲蝽臭腺内信息素的合成过程（Luo *et al*.，2014）。

本研究结果不仅对理解盲蝽科昆虫间化学通讯机理具有重要意义，同时对丰富和完善

---

*　通讯作者：E – mail：lzchen@ mail. hzau. edu. cn

半翅目昆虫的化学通讯理论，为制定新型高效的害虫防治策略提供科学依据。

参考文献

Luo J, Liu XY, Liu L, Zhang PY, Chen LJ, Gao Q, Ma WH, Chen LZ, Lei CL. 2014. *De novo* analysis of the *Adelphocoris suturalis* Jakovlev metathoracic scent glands transcriptome and expression patterns of pheromone biosynthesis – related genes. Gene, 551: 271 – 278.

朱砂叶螨抗药性研究进展
Current Progress in Study on Resistance Against Acaricides in *Tetranychus cinnabarinus*（Boisduval）

何 林*

（西南大学植物保护学院，重庆市昆虫学及害虫控制工程重点实验室，重庆 400716）

叶螨因其世代历期短、繁殖力强、活动范围小、近亲交配率高、受药机会多等特点，极易产生抗药性。按照已产生抗性的药剂种类排名，二斑叶螨是世界上目前抗药性最严重的节肢动物（Leeuwen et al.，2010）。朱砂叶螨（*Tetranychus cinnabarinus*）也有人称为红色二斑叶螨，是一种重要的农业害螨，在我国分布广泛，严重为害多种作物。目前使用化学杀螨剂仍然是防治朱砂叶螨的主要手段，随着农药的大量和不合理使用，使得朱砂叶螨抗药性问题日渐突出。重庆市昆虫学及害虫控制工程重点实验室长期围绕朱砂叶螨抗药性问题进行系统研究，近年来获得了一些新进展。

采用药膜法对 6 个地理种群对 5 种常用杀螨剂的抗药性进行监测，结果表明，朱砂叶螨各地理种群已对甲氰菊酯和炔螨特产生了低、中水平的抗性，其抗性倍数分别为 2.93～16.22 与 4.85～14.35，其中，云南种群对这 2 种杀螨剂抗性最高，对氧化乐果与丁氟螨酯处于敏感性降低阶段，其抗性倍数分别为 2.35～4.26 与 1.56～2.11，对阿维菌素还未产生明显抗性；同时毒力结果还表明，阿维菌素仍然是目前活性最高的杀螨剂（陈秋双等，2012）。克隆获得了朱砂叶螨钠离子通道基因 *cDNA* 全长（GenBank No. JX290514），发现该基因存在 2 个可变剪接（*SV1* 和 *SV2*），并在室内甲氰菊酯抗性品系中发现有且只有一个 *kdr* 突变（F1538I）存在，随后在野外种群中也检测到该突变，分析发现该突变的频率与甲氰菊酯的抗性水平之间存在显著正相关关系（$R^2 = 0.665$，$P < 0.05$），因此 F1538I 点突变可作为朱砂叶螨对甲氰菊酯产生靶标抗性检测的分子标记（Feng et al.，2011；Xu et al.，2013）。室内抗性筛选结合田间抗性检测结果表明，朱砂叶螨对新型杀螨剂丁氟螨酯抗性发展缓慢，但田间种群中已存在抗性基因，GSTs 是介导其代谢抗性的主导解毒酶系（Wang et al.，2014）。

完成了朱砂叶螨全螨态转录组测序，测序数据质量较高：共获得 25 519 条 unigenes，其中，19 255 条（75.45%）可定位到参考基因组，19 111 条（74.89%）可匹配到二斑叶螨的蛋白组；鉴定出 435 条核心真核基因（*CEGs*），覆盖度为 95%，达到了测序物种基因组覆盖度（95%～98%）的低限；14 589 unigenes 获得 Nr 注释，其中与二斑叶螨的匹配度最大。从转录组数据中整理出 10 类 142 条目前报道与节肢动物抗药性有关的 unigene 序列，并重点在昆虫和蜱螨间分析、比较了 3 类解毒酶基因家族，结果发现：叶螨 P450 基因以第 2 和第 4 进化枝数量最多，相对于昆虫，叶螨存在第 2 进化枝扩增，第 3 进化枝收缩的现象；昆虫中主要起解毒代谢作用的 *GST* 基因的 epsilon 家族在蜱螨中被 mu 家族替

---

* 通讯作者：E - mail：helinok@ vip. tom. com

代、与飞行肌的运动有关、在昆虫中广泛存在 sigma 家族在蜱螨中缺失，昆虫中缺失、蜱螨中却都存在一条可催化卤代芳烃降解的 kappa 家族基因；与昆虫比较，蜱螨中没有取食类 *CCEs* 基因，但存在神经/发育类 *CCEs* 基因的扩增（Xu *et al.*，2014）。

在完成转录组测序基础上，对朱砂叶螨解毒酶基因介导抗药性进行了系统研究。如已获得了 *GST* 基因 delta 家族 5 条，mu 家族 8 条基因的 cDNA 全长，对比分析发现这 13 条基因在甲氰菊酯抗性品系中既没有发生点突变，也没有过表达现象，但当受到甲氰菊酯亚致死剂量诱导后，mu 家族中的 3 条基因在抗性品系中表达显著上升，在敏感品系中仍然保持稳定（Shen *et al.*，2014）。又比如，首次从朱砂叶螨中克隆获得了 2 条 P450 基因（CYP389B1 和 CYP392A26）全长，相对于敏感品系，CYP389B1 和 CYP392A26 在甲氰菊酯抗性品系中表达分别升高 2.0 倍和 5.9 倍；当受到甲氰菊酯亚致死剂量诱导后，CYP389B1 和 CYP392A26 在甲氰菊酯抗性品系中表达量增加倍数最高分别达 2.7 倍和 20.9 倍，但在敏感品系中却表现出无明显诱导（Shi *et al.*，2015，Accept）。以上研究结果为我们理解代谢抗性提供了一种新的思路，即朱砂叶螨，乃至节肢动物，可能采取了一种更省力和高效的策略发展代谢抗性：在无药剂胁迫时，解毒酶基因在抗性品系中并不会太过高表达；但受到药剂胁迫后，相对于敏感品系的几乎无反应，解毒酶基因在抗性品系中能够快速、高量的过表达。这种策略一方面可以使朱砂叶螨通过代谢解毒获得抗药性，另一方面可以使朱砂叶螨在获得抗药性的同时并不需要付出过多的适合度代价。

朱砂叶螨转录组测序的完成，结合已发表的二斑叶螨基因组，使得我们现在可以很方便的获得朱砂叶螨的任意目的基因片段或全长信息，这为该螨抗性分子机理研究奠定了坚实的基础，也将促使更多的有关朱砂叶螨抗药性研究的新进展和新实践不断被报道。

参考文献

陈秋双，赵舒，邹晶，等 . 2012. 朱砂叶螨抗药性监测 . 应用昆虫学报 . 49（2）：364 – 369.

Feng YN, Zhao S, Sun W, Li M, Lu WC, He L. 2011. The sodium channel gene in *Tetranychus cinnabarinus* (Boisduval)：identification and expression analysis of a mutation associated with pyrethroid resistance. Pest Manag Sci, 67（8）：904 – 912.

Xu Z, Shi L, Feng Y, He L. 2013. The Molecular Marker of kdr against Fenpropathrin in *Tetranychus cinnabarinus* (Boisduval). J Econ Entomol, 106（6）：2457 – 2466.

Wang Y, Zhao S, Shi L, Xu Z, He L. 2014. Resistance selection and biochemical mechanism of resistance against cyflumetofen in *Tetranychus cinnabarinus* (Boisduval). Pestic Biochem Physiol, 111：24 – 30.

Xu ZF, Zhu WY, Liu YC, Liu X, Chen QS, Peng M, Wang XZ, Shen GM, He L. 2014. Analysis of insecticide resistance – related genes of the carmine spider mite *Tetranychus cinnabarinus* based on a de novo assembled transcriptome. PLoS ONE, 9（5）：e94779.

Guang – Mao Shen, Li Shi, Zhi – Feng Xu and Lin He. 2014. Inducible expression of mu – class glutathione s – transferases is associated with fenpropathrin resistance in *Tetranychus cinnabarinus*. Int J Mol Sci, 15：22626 – 22641.

Shi L, Xu ZF, Shen GM, Song CG, Wang Y, Peng JF, Zhang J, He L. 2015. Expression characteristics of two novel cytochrome P450 genes involved in fenpropathrin resistance in *Tetranychus cinnabarinus* (Boisduval). Pestic Biochem Physiol,（Accept）.

EP-1 对高原鼠兔不育效果及行为生态学机制
The Anti-fertility Effect of EP-1 in Plateau Pikas and Its Behavioral and Ecological Mechanisms

刘 明[*]

（中国科学院动物研究所，计划生育生殖生物学国家重点实验室，
北京 100101）

鼠害是我国农业和畜牧业所面临的重要灾害之一，每年因鼠灾鼠害造成的损失高达数百亿元。传统的灭杀策略可在短期降低鼠类的种群密度，但会导致原有的生态位空缺，进而使残鼠数量迅速增加并恢复至较高水平。不育控制方法弥补传统灭杀的缺陷。由于原有不育个体依然占据生态位，避免了种群密度在降低后的迅速回复。遗憾的是，目前，尚无有效的小型哺乳动物不育剂应用于生产。基于以上背景，笔者对小型哺乳动物不育药物 EP-1（主要成份为左炔诺孕酮和炔雌醚）的不育效果及相关行为机制进行了探讨。

为验证 EP-1 对高原鼠兔的不育效果，我们于 2007—2008 年在青海省果洛藏族自治州大武镇附近选取了 16 块面积分别为 $1km^2$ 的样地，并分为孕酮组、雌醚组、混合组（雌醚∶孕酮＝1∶2 混合）、以及对照组进行洞口投喂。投药当年，雌醚组和混合组的雄性生殖器官（睾丸、附睾尾及储精囊）重量显著降低，精子密度和怀孕率也有显著下降。孕酮组未出现生殖器官重量显著变化。与对照组相比，炔雌醚处理组种群密度自第一次生殖高峰后便相对较低，该情况可一直维持至当年繁殖季结束。投药后次年，所有处理组的生殖器官重量均出现上升，而精子密度和怀孕率则有所降低。雌醚组种群密度也因此连续两年维持于较低水平。因此，炔雌醚可有效导致雄性高原鼠兔不育，该效果可以维持至投药后第 2 年（Liu *et al.*，2012）。

在炔雌醚处理的样地内，高原鼠兔的 2 种主要领域性行为，长鸣和追逐的发生频率却均出现显著上升。该现象可降低高原鼠兔自然扩散速度，提高不育控制效果。我们推测新生幼鼠可能具有抑制高原鼠兔的领域性行为的效果，并进行了围栏实验验证：移出围栏内新生鼠可导致领域性行为频率升高并超过对照组；而具有新生幼鼠的炔雌醚处理种群的领域性行为频率与对照相比则没有显著差异。此外，炔雌醚处理的雄性高原鼠兔在中立竞技场条件下具有较低的攻击性，进一步说明新生幼鼠的出现是野外条件下高原鼠兔领域性行为降低的主要原因（Liu *et al.*，2012）。

综上所述，不育剂 EP-1，特别是组份炔雌醚，对高原鼠兔具有良好的不育效果。该药物不仅可以连续 2 年降低雄性高原鼠兔生殖能力，降低其种群密度；还可以增强高原鼠兔领域性行为，提高不育效果。因此，EP-1 是一种具有良好应用的前景的小型哺乳动物不育药物。

＊ 通讯作者：Email：liuming@ioz.ac.cn

参考文献

Liu M, Qu J, Yang M, Wang Z, Wang Y, Zhang Y, Zhang Z. 2012. Effects of quinestrol and levonorgestrel on populations of plateau pikas, Ochotona curzoniae, in the Qinghai – Tibetan Plateau. Pest Manag Sci, 68: 592 – 601.

Liu M1, Qu J, Wang Z, Wang YL, Zhang Y, Zhang Z. 2012. Behavioral mechanisms of male sterilization on plateau pika in the Qinghai – Tibet plateau. Behav Processes, 89: 278 – 285.

EP－1复合不育剂对雌性东方田鼠繁殖能力的影响 *
The Effect of Levonorgestrel－Quinestrol on Female Fertility in *Microtus fortis*

周训军　杨玉超　王　勇**　李　波　张美文　彭　真

（中国科学院亚热带农业生态研究所，中国科学院洞庭湖湿地生态系统观测研究站，
亚热带农业生态过程重点实验室，长沙　410125）

东方田鼠（*Microtus fortis*）为洞庭湖区主要危害鼠种之一。东方田鼠繁殖力强，在该地区全年均可繁殖，并且有2~4月和10月两个繁殖高峰。近30年，由于洞庭湖区生态环境的变化，东方田鼠频繁暴发成灾，2007年洞庭湖区东方田鼠暴发成灾是有记录以来最严重的一次，造成直接经济损失达4000多万元，防控东方田鼠，对于生态安全、粮食安全和人民生命安全具有十分重要的意义。EP－1主要成分是炔雌醚和左炔诺孕酮，该药对多种鼠类都具有明显的抗生育作用，但是药效存在种间和性别的差异，且在用药一段时间后大部分试鼠能恢复繁殖能力，但是其繁殖率低于正常水平。本研究在实验室条件下，采用一次性灌胃方法，研究不同剂量EP－1对雌性东方田鼠激素水平、生殖系统、怀孕率、胎仔数的影响及药效持续时间，从而为探索EP－1复合不育剂在野外对东方田鼠进行不育控制提供理论依据和参考。

研究结果表明，各浓度EP－1灌胃均能显著提高雌性东方田鼠的子宫系数，使子宫形态发生变化，子宫肿胀充血，外壁变薄，体积增大，但对子宫长度没有明显影响；切片染色观察发现对卵巢组织造成损伤，卵母细胞核固缩坏死，间质溶解，影响卵泡和黄体的发育，导致无法形成成熟卵泡和正常排卵；但是对雌二醇含量没有明显影响；60mg/kg EP－1灌胃能显著提高促卵泡刺激素含量和卵巢系数，而10mg/kg、30mg/kgEP－1灌胃对二者没有明显影响。

给药后的繁殖实验结果表明，各浓度EP－1灌胃均能不同程度延迟试鼠初次怀孕时间，并降低试鼠的怀孕率和胎仔数，且抗生育作用具有可逆性，药效持续时间与药物浓度相关。其中，60mg/kg剂量组抗生育效果最佳，在雌雄鼠配对后的72天内，该组试鼠均未繁殖产仔。在120天的实验期内各处理组试鼠即使恢复繁殖，其繁殖率和胎仔数也低于对照组，且在120天实验期内各处理组的恢复繁殖率均只有70%，而对照组为100%。10mg/kg、30mg/kg和60mg/kg剂量组生殖系统恢复时间分别为16天、38天和52天。

本研究结果表明，该药对雌性东方田鼠有很好的抗生育控制效果，30mg/kg剂量可作为野外东方田鼠防治的参考浓度。

---

　* 基金项目：国家科技支撑资助项目（2012BAD19B02）农林重要杂草鼠害监控技术研发
　** 通讯作者：E－mail：wangy@ isa. ac. cn

参考文献

李波，王勇，张美文，等 . 2008. 洞庭湖区东方田鼠种群暴发期间的行为特征观察 . 动物学杂志，43
　　（2）：57 – 63.

宛新荣，石岩生，宝祥，等 . 2006. EP – 1 不育剂对黑线毛足鼠种群繁殖的影响 . 兽类学报，26（4）：
　　392 – 397.

张美文，李波，王勇 . 2007. 洞庭湖区东方田鼠 2007 年暴发成灾的原因剖析 . 农业现代化研究，28
　　（5）：601 – 605.

张知彬，廖力夫，王淑卿，等 . 2004. 一种复方避孕药物对三种野鼠的不育效果 . 动物学报，50（3）：
　　341 – 347.

Shi DZ, Wan XR, Davis SA, Peach RP, Zhang ZB. 2002. Simulation of lethal control and fertility control in a de-
　　mographic model for Brandt's vole *Microtus brandti*. J Appl Ecol, 39（2）：337 – 348.

稻田耳叶水苋的分布、抗药性与适合度代价研究进展[*]
Distribution and Resistance to Bensulfuron – methyl of *Ammannia arenaria* and Its Fitness Cost in Paddy Rice Field

朱金文[1][**]　刘亚光[2]　周国军[3]　沈卫新[4]　陆　强[5]　许燎原[6]　刘　蕊[1]

王兴国[2]　刘　冰[2]　郑贵平[1]　陈学新[1]

(1. 浙江大学农业与生物技术学院植物保护系，杭州　310029；2. 东北农业大学农学院，哈尔滨　150030；3. 绍兴市农业科学研究院，绍兴　312003；4. 湖州市农业科学研究院，湖州　313000；5. 浙江省嘉兴市农业科学研究院，嘉兴　314016；6. 宁波市种植业管理总站，宁波　315012)

千屈菜科水苋菜属杂草在全球范围内广泛分布，耳叶水苋 (*Ammannia arenaria* H. B. K.) 原为我国稻田一般性杂草，近年来在浙江、江苏、安徽和上海等地稻田迅速蔓延，危害十分严重。针对耳叶水苋的分布、抗药性与适合度代价开展了研究。

浙江省直播稻田杂草有28科51属74种5变种，在浙江绍兴地区稻田发现长叶水苋菜 (*Ammannia coccinea* Rott.)，经查新未见该草在我国大陆地区分布的文献报道。在直播田耳叶水苋平均密度22.0株/m²，频度37.6，多度3.5，危害指数高达15.2。采自浙江省绍兴、宁波、湖州、杭州、嘉兴和安徽广德地区的耳叶水苋对苄嘧磺隆的平均抗性指数分别为53.1、35.1、24.1、19.9、18.7和16.4 (王兴国等，2013)。耳叶水苋乙酰乳酸合成酶 (ALS) 对苄嘧磺隆的敏感性降低，ALS基因的DNA序列全长为2 235 bp，编码667个氨基酸，无内含子。抗性生物型 (AH014) 的ALS基因发生突变，氨基酸序列第197位脯氨酸 (Pro) 被丝氨酸 (Ser) 取代，这很可能是其产生抗性的重要原因。

耳叶水苋抗性与敏感生物型在水稻播种后2 ~ 6天和10 ~ 12天都有两个出苗高峰，出苗期长达40天以上。出苗后15天内生长缓慢，随后快速生长，播种后45天内其株高矮于水稻，但55天后显著超过水稻。抗性生物型在株高方面存在适合度代价，但花期提前16天，环境适应能力增强 (Zhu *et al.*, 2013)。耳叶水苋种子在0.2 ~ 6.4 cm水层下均可以萌发，但水下的幼苗不能长高，60天后仍不会死亡 (朱金文等，2014)。

上述研究探明了恶性杂草耳叶水苋对苄嘧磺隆的抗性水平及其分子机制，产生抗性后的生物学特性变化，为该草综合治理奠定了基础，也为稻田ALS抑制剂的合理使用和新药剂创制提供参考。

---

* 基金项目：国家自然科学基金 (31171863)；公益性行业 (农业) 科研专项 (201303031，201303022)；浙江省出入境检验检疫局项目 (ZK201324)；绍兴市科技局项目 (2013B60004)

** 通讯作者：E – mail：zhjw@ zju. edu. cn

参考文献

王兴国，许琴芳，朱金文，等．2013. 浙江省不同稻区耳叶水苋对苄嘧磺隆的抗性比较．农药学学报，15：52 – 58.

朱金文，董祺瑞，刘冰，等．2014. 土壤水分、淹水深度与盖土厚度对抗药性耳叶水苋种子出苗的影响．杂草科学，32：39 – 41.

Zhu JW，Wang XG，Wang SR，Liu R，Liu YG，Zhu GN．2013. Resistance distribution of *Ammannia arenaria* to bensulfuron – methyl and its resistance biology. The Proceedings of Global Herbicide Resistance Challenge Conference. Perth. p. 74.

红外监测技术和简易 TBS 在林区鼠害调查与控制中的应用[*]

Application of Infrared Monitoring Technology and Simple TBS in the Rodent Survey and Pest Management

陈　坤[1]　施玉华[1]　肖治术[2]　孙　红[1]　王振龙[1][**]

(1. 郑州大学生命科学学院，生物多样性与生态学研究所，郑州　450001；
2 中国科学院动物研究所虫鼠害国家重点实验室，北京　100101)

　　我国林业鼠害问题比较突出，全国每年的人工林鼠害发生面积在 80 万 hm^2 左右。长白山林区以天然林为主，近年来鼠害持续发生，给当地的林业生产造成重大损失。经过 2013 年和 2014 年对长白山带岭地区的天然林区进行野外调查发现，长白山林区受害严重的树种依次为紫椴（*Tilia amurensis*），39.68%、红松（*Pinus koraiensis*），26.59%、假色槭（*Acer pseudo – sieboldianum*），9.15% 和色木槭（*Acer mono*），7.84%。鼠类通过啃食根基部分，或环剥造成树木大量死亡。该地区主要害鼠是红背䶄（*Clethrionomys rutilus*）和棕背䶄（*C. rufocanus*），为害时间主要发生在冬季雪被期，海拔 800 ~ 1 000m 的阔叶红松林中，其他季节和林型则罕有为害发生。在冬季雪被期，害鼠也啃食雪被下的落枝（图 1 和图 2，表 1 和表 2）。

　　值得注意的，虽然鼠类对立木的为害具有很强的偏好，但对落枝的啃食却偏好较低，调查中发现红松、紫椴、色木槭、山杨（*Populus davidiana*）、黄檗（*Phellodendron amurense*）、假色槭、青楷槭（*Acer tegmentosum*）、春榆（*Ulmus davidiana*）、暴马丁香（*Syringa reticulata*）等 21 种林木的倒木或落枝均有鼠类大量啃食痕迹。结合近年来鼠害调查的新技术和新方法，我们认为在森林鼠害预防监测方面，野外远红外相机长期监测与笼捕法相结合可以更加真实的反应鼠类活动和数量状态，为及时预测鼠类群落的数量变化提供详实的科学依据；在森林鼠害控制方面，我们在秋季采用陷阱法可有效降低次年鼠害强度，既安全环保无害又节约人力物力成本，长期有效。

　　今后的森林鼠害防治工作中，应依据综合治理，生态治理的思路，建立健全鼠情监测网络，停止使用广谱化学药剂，合理的控制鼠类数量，保持生态环境持续健康，科学合理的规划人工林地，维护生态食物链完整有效，采用新型控制鼠害的方法，例如，陷阱栅栏系统（trap barrier system，TBS）法由于其持久有效，环保无害，成本低廉备受关注，是未来控制鼠害的发展方向。

---

　　[*] 基金项目："十二五"农村领域国家科技计划课题：农林生物灾害防控关键技术研究与示范项目的资助（2012BAD19B00）

　　[**] 通讯作者：Email：wzl@ zzu. edu. cn

受危害的椴树根基部

被环剥的红松根基部

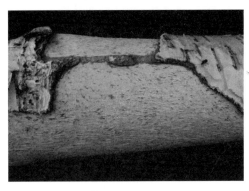

被鼠类啃食的岳桦落枝

被鼠类啃食的红松落枝

图1 鼠类啃食立木和落枝的情况

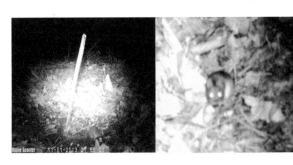

红外相机监测到的林区鼠类

林区鼠害控制中使用的简易 TBS

图2 红外相机鼠害监测和 TBS 鼠害控制

表 1　2013 年和 2014 年长白山天然林区鼠害调查（株/hm²）

年份	杨桦林		阔叶红松林		落叶松林		暗针叶林		岳桦林	
	4 月	5~10 月	4 月	5~10 月	4 月	5~10 月	4 月	5~10 月	4 月	5~10 月
2013	0.5	0	5.72	0	0	0	0	0	2	0
2014	0	0	1.64	0	0	0	0	0	0	0

表 2　长白山天然林区鼠类的种类组成

年份	鼠种	捕获数	捕获量比例（%）	调整捕获率（%）
2013	棕背	65	29.28	1.71
	红背	41	18.72	1.08
	大林姬鼠	100	45.66	2.65
	花鼠	11	5.02	0.29
	褐家鼠	2	0.91	0.05
	合计	219	100	5.79
2014	棕背	72	38.10	1.90
	红背	74	39.15	1.96
	大林姬鼠	33	17.46	0.87
	花鼠	8	4.23	0.21
	黑线姬鼠	1	0.53	0.03
	大仓鼠	1	0.53	0.03
	合计	189	100	4.99

参考文献

肖风劲, 欧阳华, 程淑兰, 等. 2004. 中国森林健康生态风险评价. 应用生态学报, 15 (2): 349 – 353.

Singleton GR, Sudarmaji, BrownPR. 2003. Comparison of different sizes of physical barriers for controlling the impact of the rice field rat, *Rattus argentiventer*, in rice crops in Indonesia. Crop Protection, 22: 7 – 13.

Kabir MMM, Hossain MM. 2014. Effect of trap barrier system (TBS) inrice field rat management. Appl Sci Rep, 8 (1): 9 – 12.

Zhang SS, Bao YX, Wang YN, Fang PF, Ye B. 2013. Estimating rodent density using infrared – triggered camera technology. Acta Ecol Sinica, 33 (10): 3241 – 3247.

环境依赖的甲基化变异推动了 DNA 变异
——拉马克与达尔文进化论的桥梁 *

DNA Variation Driven by Environment Dependent Methylation Variation
—— A Bridge Between Lamarckism and Darwinism

李 宁 王大伟 宋 英 刘晓辉 **

（中国农业科学院植物保护研究所，北京 100193）

自然选择是达尔文进化论的核心思想，也是最为人们熟知与接受的理论之一。最早提出生物进化学说的是法国博物学家拉马克，他在 1809 年出版的《动物学哲学》一书中提出了以"用进废退"和"获得性遗传"为主要思想的进化理论，那一年也正是达尔文的出生之年。达尔文强调无定向的随机变异，在不同环境的选择压力下物种优胜劣汰。而拉马克强调首先为适应环境引起表型改变，从而获得定向变异，最终拥有可遗传的性状（Koonin and Wolf，2009）。两者观点不同，但都承认环境对进化的重要作用。

表观遗传学的快速发展使拉马克理论重新成为人们关注的焦点。早期重编程现象的发现，使得表观遗传标记是否能在世代间遗传受到质疑。近年来大量证据表明，环境的变化，比如饮食、压力等造成的表观改变能在世代间传递。然而，这种非基因层面的表观遗传只能维持几代，在长久世代进化中，很多表型变化难以区分是 DNA 序列变异还是表观遗传变异的贡献（Heard & Martienssen，2014；Lim & Brunet，2013）。

褐家鼠在 12 万 ~ 16 万年前从我国南方起源而分布于全世界。在我国分为 4 个亚种，南北分别为两个不同亚种，大约分化于 14 万年前。两亚种在体长、体重及繁殖状态等生理特征上也发生了明显分化。对南北亚种各两个个体的精子 DNA 甲基化组及基因组重测序结果进行对比分析，证明 DNA 变异不是两个亚种精子甲基化组差异的主要原因，而环境相关的甲基化差异，能够导致差异性甲基化区域（DMR）DNA 突变频率的升高；且稳定的亚种间 DMR 内 DNA 发生了高频率的定向分化。在这些结果基础上提出，生物体对环境响应表现为相应功能基因的表达差异，基因表达差异将直接导致基因组表观状态（包括甲基化差异）的形成，而基因组表观状态差异是导致生物传代过程突变频率升高的根本原因。这种高突变频率只是为自然选择提供了基础，两者是相对独立的过程。当环境差异以稳定的状态存在时，形成一种选择压，使得相应 DMR 的 DNA 变异发生定向分化。各种特征表明，DMR 可能作为具有生物功能的单元影响基因表达调控，而这些区域与环境相关的分化 DNA 可能只是这一过程的衍生物。这些结果在拉马克获得性遗传与达尔文自

* 基金项目：中国农业科学院基本科研业务费预算增量项目（2013ZL012）；中央级公益性科研院所基本科研业务费专项（1610142014004）

** 通讯作者：E – mail：liuxhipp@163.com

然选择间建立了桥梁。

参考文献

Heard E, Martienssen RA. 2014. Transgenerational epigenetic inheritance：myths and mechanisms. Cell，157 （1）：95 – 109.

Koonin EV, Wolf YI. 2009. Is evolution Darwinian or/and Lamarckian? Biol Direct，4：42.

Lim JP, Brunet A. 2013. Bridging the transgenerational gap with epigenetic memory. Trend Genet，29（3）：176 – 186.

昆虫寄生对森林鼠类扩散种子的影响 *
Effects of Insect – Infestation on Seed Dispersal Handled by Rodents

张　博[2]　常　罡[1**]

（1. 陕西省动物研究所，西安　7100321；

2. 陕西师范大学生命科学学院，西安　710062）

壳斗科（Fagaceae）栎属（*Quercus*）的许多植物是亚热带地区和温带地区重要的优势种或者建群种，在生态系统中发挥着重要的作用（Chang *et al.*，2009）。种子扩散是决定植物分布和存活的关键阶段，在这一过程中，一些鼠类发挥着重要的作用。为了度过繁殖期、冬眠期、食物匮乏期等特殊时期，鼠类会将一部分种子分散贮藏在地表。这些被分散贮藏的种子有可能微环境适宜，并成功逃脱捕食，最终萌发并建成幼苗，从而实现林木的更新（Waitman *et al.*，2012）。种子质量是影响鼠类对种子进行何种选择的重要因素，通常情况下昆虫寄生会导致种子的可食部分和可贮藏时间减少、口感度降低，但另一方面昆虫幼虫可为鼠类提供一定的蛋白质补充，因此，虫蛀对鼠类的选择策略产生何种影响尚需进一步的实验研究（Xiao *et al.*，2003）。鼠类能否鉴别虫蛀种子尚存在一定争议，关于不同环境条件下鼠类对虫蛀种子的选择有何差异尚未见报道。

2011—2014 年，在野外和半自然围栏条件下，对鼠类能否鉴别虫蛀的锐齿槲栎种子进行了研究。野外种子扩散实验结果表明，鼠类在野外自然条件下可以准确辨别完好和虫蛀的锐齿槲栎种子，在食物丰富度较高的时期会贮藏较多的完好种子、优先搬运和取食完好种子。在食物匮乏期，鼠类会同时加大对两种类型种子的取食，但完好种子以扩散取食为主，而虫蛀种子以原地取食为主。虽然通常情况下认为，质量较好的种子会被扩散到更远的距离，但是实验结果表明完好和虫蛀锐齿槲栎种子的扩散距离并不存在显著差异，同时实验结果也表明鼠类虽然能准确辨别虫蛀种子，但是，并非完全拒食虫蛀种子，而是对其进行了相当程度的利用，从而在一定程度上对次年昆虫数量产生影响。

半自然围栏实验以当地优势鼠种中华姬鼠（*Apodemus draco*）和北社鼠（*Niviventer confucianus*）为研究对象，在 8m×10m 的半自然围栏中研究了其对完好和虫蛀锐齿槲栎种子的选择差异。两种鼠类的研究结果类似，均集中贮藏了较多的完好种子。仅中华姬鼠分散贮藏了少量完好种子，北社鼠未进行种子的分散贮藏。与野外实验相比，种子的分散贮藏和巢外取食比例较低，大部分种子被集中贮藏和巢内取食，这很可能与围栏面积较小，鼠类搜寻食物较为容易有关。结果表明这两种鼠类均能鉴别虫蛀种子，中华姬鼠具有分散

* 基金项目：国家自然科学基金（31100283）、陕西省自然科学基金（2014JM3066）和陕西省科学院科技计划项目（2011K – 07）

** 通讯作者：E – mail：snow1178@ snnu. edu. cn

贮藏的习性，会对该地区的种子扩散做出贡献。

综合不同环境下的研究结果表明鼠类可以鉴别虫蛀种子，食物丰富度和环境会影响鼠类对完好和虫蛀种子的选择策略。鼠类和昆虫交互作用，共同影响植物种子的扩散和自然更新。

参考文献

Chang G, Xiao ZS, Zhang ZB. 2009. Hoarding decisions by Edward's long – tailed rats (*Leopoldamys edwardsi*) and South China field mice (*Apodemus draco*): The responses to seed size and germination schedule in acorns. Behav Processes, 82: 7 – 11.

Xiao ZS, Zhang ZB, Wang YS. 2003. Rodent's ability to discriminate weevil – infested acorns: potential effectson regeneration of nut – bearing plants. Acta Theriologica Sinica, 23: 312 – 320.

Waitman BA, Vander Wall SB, Esque TC. 2012. Seed dispersal and seed fate in Joshua tree (*Yucca brevifolia*). J Arid Environ, 81: 1 – 8.

两种小家鼠间抗药性的适应性遗传渗入机制研究 *
Adaptive Introgression of Anticoagulant Rodent Poison Resistance Between Two Old World Mice

宋 英** Michael H. Kohn

（中国农业科学院植物保护研究所，北京 100193）

以杀鼠灵为代表的第一代抗凝血杀鼠剂因其安全性和有效性从20世纪50年代开始在欧美国家被广泛用于控鼠和灭鼠，然而不到10年的时间就出现了抗性鼠。我国从80年代开始推广使用抗凝血杀鼠剂，目前也在很多地区的多种鼠类中出现抗性鼠。抗性鼠类的产生极大地降低了灭鼠的效率，因此在灭鼠工作中我们要不断监测鼠类的抗性情况，合理使用抗凝血类灭鼠剂。关于鼠类抗药性的机制也在不断的研究探索中。

维生素K循环中的维生素K环氧化物还原酶基因（Vkorc1）是抗凝血类灭鼠剂的抗药靶基因。Vkorc1基因上的变异可以导致鼠类对抗凝血类灭鼠剂的抗性，目前已在欧洲小家鼠的Vkorc1基因上发现至少14种不同的氨基酸变异。最近的研究发现德国和西班牙的欧洲小家鼠（*Mus musculus domesticus*）携带的4个氨基酸变异，不是单独的点突变，而是来自于地中海小家鼠（*Mus spretus*）的Vkorc1（*Vkorc1spr*）基因，进一步分析欧洲小家鼠的第7染色体上的24个基因，发现该染色体携带了约10 Mb的地中海小家鼠染色体片段，包括*Vkorc1spr*。抗性检测实验表明携带完整*Vkorc1spr*基因的欧洲小家鼠对第一代和第二代抗凝血类灭鼠剂都具有抗性。事实上，地中海小家鼠本身对抗凝血类灭鼠剂也是不敏感的，Ka/Ks分析表明*Vkorc1spr*在进化的过程中受到正向选择的压力（Ka/Ks＞1），这可能是因为地中海小家鼠很多生活在非洲北部沙漠的干旱或者半干旱地区，那里缺乏富含维生素K的食物，因此地中海小家鼠*Vkorc1spr*的快速进化是对维生素K缺乏环境的一种长期适应，与抗凝血类灭鼠剂的选择作用无关。欧洲小家鼠与对抗凝血类灭鼠剂不敏感的地中海小家鼠杂交后，在抗凝血类灭鼠剂的选择压力下，携带*Vkorc1spr*的抗性欧洲小家鼠从两种小鼠的同域分布区向周围的德国、瑞士等国家扩散（Song *et al.*，2011）。在该研究的基础上，进一步利用DNA芯片技术分析来自欧洲和非洲北部的国家的20只欧洲小家鼠的全基因组SNP，发现欧洲小家鼠历史上至少发生3次杂交和适应性遗传渗入事件，其中最近的一次适应性遗传渗入与抗凝血类灭鼠剂的选择作用有关（Liu *et al.*，2015）。

该研究不仅揭示了欧洲小家鼠产生抗药性的一种新途径，同时也证明了杂交和适应性遗传渗入在动物性状进化中的重要作用。

---

* 基金项目：美国国立卫生研究院基金（R01-HL091007-01A1）to Michael H. Kohn

** 通讯作者：Email：ysong@ippcaas.cn

参考文献

Liu KJ, Steinberg E, Yozzo A, Song Y, Kohn MH, Nakhleh L. 2015. Interspecific introgressive origin of genomic diversity in the house mouse. Proc Natl Acad Sci USA, 112 (1): 196 – 201.

Song Y, Endepols S, Klemann N, Richter D, Matuschka FR, Shih CH, Nachman MW, Kohn MH. 2011. Adaptive introgression of anticoagulant rodent poison resistance by hybridization between old world mice. Curr Biol, 21 (15): 1296 – 1301.

内分泌干扰不育剂对害鼠行为生理影响新进展[*]
New Progress in Effects of Endocrine Perturbation on Behavior and Physiology of Pest Rodents

刘全生[**] 秦　姣　苏欠欠　黄小丽　陈　琴

（广东省昆虫研究所暨华南濒危动物研究所，广州　510260）

鉴于以灭杀为主的第一代鼠害防治策略遭遇诸如灭效短、易反弹、毒性广、污染重且抗药性等问题的挑战，亟需形成新的鼠害防治策略，而以不育为主的鼠害防治策略日渐成为第二代的主力策略（Krebs，2014）。当前害鼠不育剂的研究以内分泌干扰不育剂为主，因为此类不育剂得益于人工合成物种类繁多、微量高效、可口服生效。本项目组近年来围绕米非司酮、卡麦角林和炔雌醚3种内分泌干扰物，在多个鼠种中开展不育剂对行为、生理的影响及其机制的研究。近几年部分工作得以在国际相关期刊发表，特简要介绍如下。

（1）米非司酮具有较强的抗孕激素作用，我们的研究不仅发现其可以高效终止妊娠，导致流产，也具有孕前的避孕作用，且较高剂量处理后，具有较长的不育持效期（黄小丽等，2013），但在哺乳期用药对后代发育和生殖均无显著作用（Su et al.，2015）；此外，该药对雄鼠的繁殖能力也有一定的抑制作用（秦姣等，2011）；进一步研究发现，该药对雌性布氏田鼠和长爪沙鼠也具有较好的繁殖抑制作用，尤其是在妊娠期（Su et al.，待发表数据）。

（2）卡麦角林可长效抑制催乳素的分泌，可在雌鼠不同繁殖期发挥不同的不育作用，交配前后能够抑制排卵和受精卵着床，妊娠中期可终止妊娠，而后期和哺乳期可抑制泌乳（苏欠欠等，2013；Su et al.，2014），该药不仅干扰催乳素的分泌，也能影响LH、睾酮、孕酮和雌激素的分泌，并进一步改变睾丸生精相关标志酶的活性，首次发现对雄性黄毛鼠的精子质量也存在一定的削弱作用（Qin et al.，待发表数据）。

（3）炔雌醚处理后降低大足鼠附睾、储精囊以及卵巢等器官的重量，且影响鼠类探究、攻击和防御行为，可降低雌雄鼠的优势度，形成对照雄 > 对照雌 > 处理雄 > 处理雌的序位关系（Liu et al.，2013）。炔雌醚处理雄性黄毛鼠不影响其对雌性气味的识别和偏好，且不影响雌雄鼠间的择偶选择，但炔雌醚处理会扰乱原有的优势从属关系（Liu et al.，待发表数据）。

上述结果表明，这3种内分泌干扰物对鼠类繁殖均有较好的抑制效果，且对雄性也有不育作用，因而具有作为两性不育剂的开发潜力，而对其行为和生理机制的研究也将为同

* 基金项目：国家基金青年科学基金（31100297）；广东省科技计划项目（2008B020900005，2010B020311003，2011B090300039，2013B010102013）；广东省自然科学基金（10151026001000006）；广州市科技计划项目（2008Z1‐E101，2014J4300039）

** 通讯作者：Email：liuqs@ gdei. gd. cn

类药物筛选以及未来不育剂使用提供科学依据。

参考文献

黄小丽，刘全生，秦姣，等．2013．不同剂量米非司酮对雌性小鼠繁殖的影响．兽类学报，33（1）：74 – 81.

秦姣，刘全生，黄小丽，等．2011．米非司酮对雄性小鼠繁殖抑制作用研究．广东农业科学，38（19）：87 – 89，98.

苏欠欠，向左甫，秦姣，等．2013．卡麦角林处理哺乳期小鼠对子代存活和生长的影响．兽类学报，33（4）：361 – 366.

Liu Q, Qin J, Chen Q, Wang D, Shi D. 2013. Fertility control of *Rattus nitidus* using quinestrol：effects on reproductive organs and social behavior. Integr Zool, 8（S1）：9 – 17.

Su Q, Huang X, Qin J, Liu QS. 2015. Assessment of effects of mifepristone administration to lactating mice on the development and fertility of their progeny. J Obstet Gynaecol Res, 41. doi：10. 1111/jog. 12589.

Su Q, Xiang Z, Qin J, Guo MF, Liu QS. 2014. Effects of cabergoline on the fertility of female mice during early and late pregnancy, and potential for its use in mouse control. Crop Protection 56：69 – 73.

鼠类季节性繁殖的神经内分泌调控通路研究新进展
Novel Insights into Neuroendocrine Pathways in Seasonal Breeding of Rodents

王大伟* 刘晓辉

（中国农业科学院植物保护研究所，北京 100193）

鼠害是农业上的重要生物灾害之一，我国每年因鼠害造成的粮食损失超过 100 亿千克。其暴发的根本原因是过度繁殖，因此揭示害鼠繁殖调控机制是解决鼠害问题的关键环节。季节性繁殖是包括鼠类在内的许多动物在长期进化压力下形成的一种适应性特征，其繁殖系统自发性激活与抑制是研究繁殖调控通路的天然模型。该通路的外因是环境的季节性变化，而内因则是以"视网膜—视交叉上核—松果体—下丘脑—垂体—性腺"为核心轴的神经内分泌调控系统。外部光信号被内部神经内分泌调控系统解码，使鼠类具有预知季节变化的能力，并调整生理状态以适应环境变化。因此，季节性繁殖涉及外部环境因子到内部基因表达的一系列宏微观调控通路，是研究鼠类进化过程中与环境向适应的良好模型。

哺乳动物下丘脑分泌的促性腺激素释放激素（GnRH）是控制性腺轴功能的关键因子。近 10 多年来，随着一批上游调控因子的不断发现，对这一领域的研究持续深入，也产生了很多新的问题。目前研究主要集中在 3 条通路：

一是发现于 2003 年的 *Dio2/3* 基因通路。长（春季）光照或短（秋季）光照分别激活下丘脑室管膜细胞（EC）中的 2 型或 3 型脱碘酶基因（*Dio2/3*）的表达，将四碘甲腺原氨酸（T4）转化为有生物活性的三碘甲腺原氨酸（T3）或无生物活性的反式 T3（rT3），从而刺激或抑制 GnRH 释放，也同时上调或下调雄性繁殖功能。

二是发现于 2003 年的 *kiss1* 基因及其受体 GPR54。kisspeptin – GPR54 系统对鼠类性成熟具有关键作用，是调控 GnRH 释放的重要因素；而且 kiss 神经元具有整合昼夜节律和年度节律的功能。另外，*kiss* 基因也受到代谢信号（如 Leptin）的调节，是将能量分配和繁殖活性相联系的桥梁。

三是发现于 2000 年的抑制性腺激素释放激素（GnIH）基因调控通路。GnIH 是 GnRH 的反向作用激素，主要对 GnRH 的合成与释放起到抑制作用。但是，近来研究表明，GnIH 也可以对 GnRH 和性激素起到促进作用，而且可能是通过 kisspeptin 来实现这一作用的。因此，对其作用机理仍在研究和争论之中。

这 3 条通路虽然各自独立发挥作用，但是，相互之间也有密切联系。而且，上游均受到褪黑素调控，下游均作用于 GnRH，具有相同的靶标位点和作用位点。另外，随着表观遗传学的发展，对于基因对环境因子的响应的研究也在该领域得到越来越多的重视。因此，从不同角度的解析该神经调控系统的整体和细节是当前研究的热点。

生活在自然界的野生鼠类由于适应不同的环境，形成了多样化的适应性对策，其季节性繁殖特点既有共性，也有各自的特点。例如，我们实验室一直研究的褐家鼠和布氏田鼠，两者的共同之处是雄鼠的季节性繁殖特征都具有的年龄差异，而不同之处是前者季节性繁殖的高度可塑性和后者的高度严格性。另外，自然环境的影响因子多种多样，远比实验室的要复杂的多，如何将多种因子的作用剥离，又如何分析各种因子的综合作用，将是未来研究的重点内容。

参考文献

Sáenz de Miera C, Monecke S, Bartzen – Sprauer J, Laran – Chich MP, Pévet P, Hazlerigg DG, Simonneaux V. 2014. A circannual clock drives expression of genes central for seasonal reproduction. Cur Biol, 24: 1500 – 1506.

Ojeda S, Lomniczi. 2014. Unravelling the mystery of puberty. Nat Rev Endocrinol, 10: 67 – 69.

Tsutsui K, Ubuka T, Bentley GE, Kriegsfeld LJ. 2013. Review: regulatory mechanisms of gonadotropin – inhibitory hormone (GnIH) synthesis and release in photoperiodic animals. Front Neurosci, 7: 60.

Yoshimura T. 2013. Thyroid hormone and seasonal regulation of reproduction. Front Neuroendocrinol, 34: 157 – 166.

围栏陷阱法对农田害鼠防控及监测应用前景[*]
Prospects of Rodent Management and Monitoring Using Trap – Barrier Method in Agricultural Systems

李全喜[1]　郭永旺[2]　王　登[1][**]

（1. 中国农业大学农学与生物技术学院，北京　100193；
2. 全国农业技术推广服务中心，北京　100125）

自 20 世纪 80 年代起，受利用诱饵作物（Trap Crop，TC）防治植物虫害（Van Emden，1980），病原体及线虫（Leach，1981）引起的植物病害启发，在马来西亚鼠害严重的水稻种植区，由物理屏障和连续捕鼠笼构成的围栏陷阱系统（Trap Barrier System，TBS）被用于防控稻田鼠害试验，并取得了显著成效（Lam，1988）。随后，TBS 被作为一种生态防控水稻田害鼠的主要手段在东南亚国家的水稻种植区迅速试验推广（Singleton et al.，1997；Singleton et al.，2003；Palis et al.，2003；Joshi et al.，2003；Brown et al.，2006；Jacob et al.，2010）。我国自 2006 年起陆续在全国近 20 个省 40 多个地区的多种旱地作物田进行了试验推广，其捕鼠效果及经济效益，环境效益都得到了充分的肯定。但由于我国农田环境、作物类型千差万别，目前推广的传统矩形 TBS 是否是最合适的？TBS 如何设置最经济有效，如何便利实际农田生产管理，如何定量评价其经济和环境效益等都无法直接参照东南亚水稻田的相关研究结果，需要根据我国农田环境，鼠种特点及社会环境特点进行系统的研究。

农区害鼠动态监测是鼠害预警及科学治理的必要日常工作。但目前常规害鼠监测普遍使用的夹捕法，实践中操作的技术性要求高，工作量大，不同人员监测结果差异较大等问题突出，难以保持大范围，长时间连续监测的统一性。探索简便易行，统一规范的农田鼠害监测技术也是目前我国农区鼠害防治急需解决的关键问题之一。

2010—2014 年，我们于吉林省公主岭市玉米种植区对 TBS 控鼠效果、控鼠原理，用于农田害鼠常规监测的可行性等进行了系统研究。就 TBS 在东北玉米地的设置标准，经济效益定量评价得出了明确结论。并对 TBS 与夹捕法捕获鼠群落和优势种群特点进行了对比，明确了 TBS 用于农田害鼠常规监测的优点和面临的问题。

2010—2014 年，同一样地 20m×20m TBS + TC 系统年际间捕鼠量波动明显，与传统夹捕监测鼠种群年际间波动现象一致；同一年度，相同设置规格的 20m×20m 矩形 TBS 和 TBS + TC 系统捕鼠量无差异，结论与东南亚水稻田中 TBS 捕鼠功能主要是利用诱饵作物的引诱作用（Brown et al.，2003）明显差异，这可能与不同地区鼠种与作物的互作特性差异有关。基于此，我们试验了改进的线形围栏陷阱系统（Linear Trap Barrier System，

---

* 基金项目：中新科技合作专项课题（2014DF31760）

** 通讯作者：E – mail：wangdeng@ cau. edu. cn

L－TBS）捕鼠效果，与传统矩形 TBS（Rectangle Trap Barrier System，R－TBS）比较，L－TBS 捕获鼠群落结构，优势种种群结构无显著差异，但其捕鼠效率明显提高，东北地区玉米地完全可以 L－TBS 代替传统的 R－TBS，这种改进将极大便利田间农事活动，增加 TBS 可用性和农民的接受度，并显著提高了效费比。期间，我们进一步试验比较了 30m，40m 和 90m L－TBS 捕鼠效费比，并利用标记重捕法评估了当地优势的黑线仓鼠，黑线姬鼠在玉米地中的活动直线距离至少达 100m。30m L－TBS 100m 辐射半径区域内，每公顷玉米产量比对照区高 744kg（$P = 0.041$）。东北地区玉米地 200m×100m 区域内，沿田埂设置 30m 围栏，间隔 5m 埋设捕鼠陷阱即可有效预防害鼠造成的损失。这也与东南亚水稻田最佳效费比 20m×20m 矩形 TBS 设置（Singleton et al.，2003），保护辐射半径至少为 200m（Singleton et al.，1998）的结论有差异。

2014 年，使用每日固定夹捕（200 夹），每周轮换一地的轮流夹捕（200 夹日）。统计比较 TBS 捕获鼠和传统夹捕法捕获鼠的数量，鼠群落和优势鼠种群结构。对 TBS 用于害鼠监测的可行性进行了初步评价。整个研究期间，TBS 法能够捕获比夹捕更多的鼠种，两者捕获的优势鼠种黑线姬鼠和黑线仓鼠所占总捕获鼠的比例无差异，性比无差异，但年龄结构差异较大，哪种方法捕获鼠群落和种群数据更接近自然种群，需要更大规模和更长时间的监测数据来对比验证。

由于不同地区的作物类型，环境特点及鼠种特点差异明显，运用 TBS 进行当地害鼠防控，需要针对当地特点进行预试验以获得最佳效费比的 TBS 设置。TBS 用于日常监测简便易行，受人为因素的影响小，且获得的数据比传统的夹捕更丰富。但要使其标准化和程序化，需要在不同的作物区进行持续的规模化研究，以获得连续的实际监测数据进行标准化评测。

参考文献

Van Emden HF. 1980. Pest control and its ecology. Studies in Biology. No. 50, IOB. London：Edward Arnold.

Lam YM. 1988. Rice as a trap crop for the rice field rat in Malaysia. Proceedings of the Thirteenth Vertebrate Pest Conference, University of Nebraska, Lincoln. pp：123 － 128.

Leach S. 1981. Environmental control of plant pathogens using avoidance. In：Pimental ID. editor. CRC Handbook of Pest Management in Agriculture. Boca Raton, Florida：CRC Press.

Singleton GR, Leirs H, Schockaert E. 1997. Integrated management of rodents：a Southeast Asian and Australian perspective. Belgian J Zool, 127：157 － 169.

Singleton GR. 2003. Impacts of rodents on rice production in Asia. IRRI Discussion Paper Series, 45：1 － 30.

Palis FG, Morin S, Chien HV, et al. 2003. Socio － cultural and Economic Assessment of Community Trap － Barrier System Adoption in Southern Vietnam. In：Singlton GR, Hinds LA, Krebs CJ, Spratt DM. editors. Rats, Mice and People：Rodent Biology and Management. Australian Centre for International Agricultural Research, Canberra. pp. 380 － 388.

Brown PR, Tuan NP, Singleton GR, Ha PT, Hoa PT, Hue DT, Tan TQ, Van Tuat N, Jacob J, Müller WJ. 2006. Ecologically based rodent management in the real world：applied to a mixed agro － ecosystem in Vietnam. Ecol Appl, 16：2000 － 2010.

Jacob J, Singleton GR, Herawati NA, et al. 2010. Ecologically based management of rodents in lowland irrigated rice fields in Indonesia. Wildlife Res, 37：418 － 427.

Joshi RC, Gergon EB, Martin AR, *et al.* 2003. Is the trap barrier system with a rice trap crop a reservoir for rice insect pests?. Inter Rice Res Notes, 28 (2): 30 – 31.

Brown PR, Leung LP, Sudarmaji, *et al.* 2003. Movements of the ricefield rat, *Rattus argentiventer*, near a trap – barrier system in rice crops in West Java, Indonesia. Inte J Pest Manag, 49: 123 – 129.

Singleton GR, Suriapermana S. 1998. An experimental field study to evaluate a trap – barrier system and fumigation for controlling the rice field rat, *Rattus argentiventer*, in rice crops in West Java. Crop Protection, 17: 55 – 64.

杂草抗药性研究的最新进展
Recent Advances on Herbicide Resistance in Weeds

杨 霞*

（江苏省农业科学院植物保护研究所，南京 210014）

农田杂草是严重影响农作物产量与品质的有害生物之一，农民使用化学除草剂防控杂草是最简单有效的手段。但是自 20 世纪 50 年代报道抗性鸭跖草以来，迄今为止，全球已有 244 种杂草（双子叶 142 种和单子叶 102 种）的 447 个基因型对 22 类除草剂（156 种）产生了抗药性，分布于 66 个国家的 85 种作物中，其中我国报道的杂草抗药性发生数量有 41 例，是近 10 年来发现抗性杂草最多的国家，其发生数量位于美国、澳大利亚、加拿大和法国之后（Heap，2015）。抗药性杂草的迅速扩展，将影响除草剂产业的健康发展，威胁我国粮食作物的安全生产。

近 20 年来，杂草抗药性研究一直是全球杂草界科学家研究的热点，专门成立了除草剂抗性治理委员会（HRAC），开设了"抗药性杂草全球调查"网站（Heap，2015），在网站中系统地显示全球抗药性杂草发生动态、发现的各大类除草剂作用靶标突变的位点以及已发表的相关论文；澳大利亚的除草剂抗性组织机构（AHRI）和欧洲的除草剂抗性会议，均聚焦了全球杂草抗药性研究的前沿；2014 年，"Pest Management Science"（Powles，2014）和"Plant Physiology"（Edwards and Hannah，2014）特设了"杂草抗药性"专刊，比较全面地总结了农田杂草抗性机制、除草剂新品及作物安全剂研发，综合治理新技术，抗除草剂作物品种的培育等方面系列研究成果，为深入开展抗药性杂草及农田草害的防控新策略奠定了理论基础

目前，农田杂草抗药性机制主要集中在以下两方面：①除草剂作用靶标位点突变引起的高水平抗性。靶标蛋白的氨基酸位点突变改变了靶标蛋白的 3D 结构，降低了其与除草剂作用靶标的结合，从而导致杂草产生抗药性。迄今为止，这一抗性机理获得了较为理想的研究结果。同时，我国杂草科研人员已在 SCI 期刊上报道的抗性杂草有稗、看麦娘、日本看麦娘、播娘蒿、荠菜、鹅肠菜、棒头草等，其抗药性机制大都是除草剂靶标位点突变。②除草剂非靶标蛋白引起的抗性（NTSR）。一些杂草产生的低水平抗药性，但这方面的研究进展缓慢。越来越多杂草抗药性研究人员已将研究重心偏向 NTSR，NTSR 机制的研究将成为未来 10 年杂草界新的热点与难点。

目前已阐述的 NTSR 机制主要有以下几个方面：①除草剂渗透或转运的减少。②除草剂降解的增强，即除草剂代谢抗性机制。除草剂降解过程是一个几类酶参与协调作用的多步骤进程，主要分 3 个阶段：首先通过水解酶及细胞色素 P_{450} 单加氧酶将除草剂分子转化成更多的亲水代谢物；然后将它们结合到植物受体分子中（如谷胱甘肽或糖类）；通过结

---

* 通讯作者：E - mail：yangxia@ jaas. ac. cn

合、剪接和氧化步骤，最终将代谢产物转运到液泡或细胞壁中，从而进一步导致除草剂降解。③ "保护基因" 或 "调控基因" 的正确和适时调控导致除草剂作用效力的降低。"保护基因" 指直接参与除草剂作用效力降低的基因。"调控基因" 分为三个水平：转录水平上的调控、转录后水平上的调控和翻译后水平上的调控。目前，信号转导和基因调控途径已被阐明参与 NTSR 机制。NTSR 机制的研究目前主要集中于 "保护基因"，而对 "调控基因" 仍未有具体阐述。因此，深入挖掘参与调控功能的等位基因将有助于推动 NTSR 机制的研究进展。

随着生物信息学的飞速发展，"基因组学、转录组学、蛋白质组学和代谢组学" 方法已经成功应用于杂草抗药性机制研究。组学研究能够精确抗药性杂草的基因功能、基因转录子、蛋白和代谢物。自 2010 年文献报道抗药性糙果苋和加拿大蓬的转录组学分析以来，转录组测序技术逐渐被用来对一些抗药性杂草进行抗药性分子机制研究，我们课题组也对多抗性稗草进行了罗氏 454 转录组测序，获得了与多抗性相关的基因序列，这些研究将为推动发现杂草抗药性的新机制，系统地阐明杂草的抗药性机制，并为制定绿色治理抗性杂草新策略提供依据（Yang et al.，2013）。

参考文献

Heap I. 2015. International survey of herbicide resistant weeds ［Online］. Available：http：// www. weedscience. org.

Powles S. 2014. Global herbicide resistance challenge. Pest Manag Sci, 70（9）：1305.

Edwards R, Hannah M. 2014. Focus on weed control. Plant Physiol, 166：1087 - 1089.

Yang X, Yu XY, Li YF. 2013. *De novo* assembly and characterization of the barnyardgrass (*Echinochloa crusgalli*) transcriptome using next - generation pyrosequencing. PLoS ONE, 8（7）：e69168.

半闭弯尾姬蜂繁殖影响因子研究进展
Study on Impacting Factors on Reproducing of
Diadegma semiclausum Hellen

陈福寿　张红梅　王　燕　陈宗麒[*]

（云南省农业科学院农业环境资源研究所，昆明　650205）

　　小菜蛾（*Plutella xylostella*）是一种世界性分布的十字花科蔬菜主要害虫。随着 20 世纪 40 年代后期广谱性杀虫剂的推广和使用，小菜蛾的发生频率越来越高，为害日益严重。据 20 世纪 90 年代初期专家统计，全球每年用于防治小菜蛾的费用就超过 10 亿美元，小菜蛾的发生为害已经成为制约十字花科蔬菜生产的主要因素。并且随着化学农药不合理混用乃至滥用，导致了小菜蛾对各种杀虫剂都产生了不同程度的抗药性。抗药性的产生、防治的困难以及大量使用化学杀虫剂的恶性循环，带来了一系列经济、社会和生态问题。于是，小菜蛾的天敌昆虫资源及其发掘应用，优势天敌昆虫对小菜蛾种群调节、制约和控制潜能，成为了小菜蛾防控的研究热点。研究表明，在小菜蛾众多的天敌昆虫资源中，半闭弯尾姬蜂（*Diadegma semiclausum*）被认为是最有利用前景的小菜蛾优势寄生蜂。

　　半闭弯尾姬蜂起源于欧洲，是小菜蛾幼虫期的一种重要内寄生蜂，是小菜蛾的优势寄生性天敌之一，对小菜蛾具有优势的控害潜能，在当地对小菜蛾的发生和危害起到明显的控制作用。通过引进，半闭弯尾姬蜂已在起源地之外广泛分布，并成为东南亚许多地区小菜蛾综合治理的主要生物因子。云南省于 1997 年引进了半闭弯尾姬蜂，并进行相关研究和田间应用释放，目前半闭弯尾姬蜂已在云南释放区域成功定殖，田间种群自然寄生率高时可达 74.7%。

　　半闭弯尾姬蜂对小菜蛾具有高效的控害作用，为了充分利用和发挥半闭弯尾姬蜂这一生物因子对小菜蛾种群的控制作用，针对小菜蛾—半闭弯尾姬蜂这一寄生系统中影响半闭弯尾姬蜂室内繁殖的关键因子进行研究。

　　在半闭弯尾姬蜂繁殖过程中，寄主小菜蛾龄期、繁殖是优化半闭弯尾姬蜂扩繁的先决条件。在室内设置不同小菜蛾幼虫数量和幼虫龄期条件下，研究了幼虫数量和龄期对半闭弯尾姬蜂寄生率的影响。结果表明，小菜蛾幼虫龄期和小菜蛾幼虫数量对半闭弯尾姬蜂繁殖有直接影响。在一定小菜蛾数量范围内，随小菜蛾幼虫数量的增加，半闭弯尾姬蜂对小菜蛾幼虫的寄生数量也相应增加；当小菜蛾幼虫数量增加到一定水平时，半闭弯尾姬蜂对小菜蛾幼虫的寄生数量趋向稳定。不仅小菜蛾数量对半闭弯尾姬蜂室内繁殖有影响，小菜蛾的龄期对半闭弯尾姬蜂的繁殖也有影响，半闭弯尾姬蜂对小菜蛾 2 龄、3 龄、4 龄幼虫都能寄生，寄生 2 龄幼虫时寄生率最高，其次是 3 龄，4 龄最低，半闭弯尾姬蜂对 2、3 龄小菜蛾幼虫的寄生率高于 4 龄幼虫，且差异性显著。

---

　　* 通讯作者：E-mail：chenfsh36@163.com；zongqichen55@163.com

温度在昆虫的生长发育过程中起着至关重要的作用，影响着昆虫的发育、生殖力和存活力等，在天敌昆虫的室内饲养中，温度是影响寄生蜂室内群体繁殖的关键因素之一。在室内人工气候箱条件下设置6个恒温（15、20、22、25、27和30℃）研究了温度对半闭弯尾姬蜂发育历期、羽化率、性比的影响。结果表明，在不同的温度条件下半闭弯尾姬蜂发育历期、羽化率和性比有显著性差异。在15～27℃的范围内，半闭弯尾姬蜂的发育历期随着温度的升高而缩短，并且各温度处理下的各个发育历期存在显著性差异。温度不仅影响发育历期，还影响到蛹的羽化率，在15～22℃的温度范围内，半闭弯尾姬蜂蛹的羽化率随着温度的升高而降低，并且各个温度处理下的羽化率存在显著性差异；在22～27℃的温度范围内，半闭弯尾姬蜂蛹的羽化率随着温度的升高而降低，并且22℃和25℃温度条件下羽化率无显著性差异，27℃条件下的羽化率与22℃和25℃条件下的羽化率存在显著性差异；当温度达到30℃时，蛹不能正常羽化，说明高温对蛹的发育影响较大，在高温环境条件下不利于半闭弯尾姬蜂的正常发育。温度同样影响到半闭弯尾姬蜂室内繁殖时的性比，在15～25℃的温度范围内，各个温度处理下的性比无显著性差异，性比能保持在一个相对稳定的状态；温度达到27℃时，性比明显降低，在15～25℃的温度范围内的性比有显著性差异。

通过以上的研究，明确了关键因子对半闭弯尾姬蜂室内繁殖的影响，为半闭弯尾姬蜂的进一步扩繁和生产提供理论依据，以及为田间大面积应用提供了技术支撑。

参考文献

Talekar NS, Shelton AM. 1993. Biology ecology and management of the diamondback moth. Ann Rev Entomol, 38: 275 – 301.

Yang JC, Chu YI, Talekar NS. 1994. Studies on the characteristics of parasitism of *Plutella xylostella* (Lep: Plutellidae) by a larval parasite *Diadegma semiclausum* (Hym: Ichneumonidae). Entomophaga, (39): 397 – 406.

尹艳琼, 赵雪晴, 李向永, 等. 2011. 小菜蛾对杀虫剂的敏感性与其抗药性的相关性. 应用昆虫学报, 48 (2): 296 – 300.

陈宗麒, 缪森, 谌爱东, 等. 2001. 小菜蛾弯尾姬蜂室内批量繁殖的技术. 昆虫天敌, 23 (4): 145 – 147.

缪森, 陈宗麒, 罗开珺, 等. 几种农药对小菜蛾弯尾姬蜂成虫毒性的测定. 植物保护, 26 (5): 27 – 28.

陈福寿, 王燕, 郭九惠, 等. 2010. 半闭弯尾姬蜂羽化、交配及产卵行为观察. 环境昆虫学报, 32 (1): 132 – 135.

陈福寿, 王燕, 李志敏, 等. 2011. 温度对半闭弯尾姬蜂发育和性比的影响. 环境昆虫学报, 33 (2): 257 – 260.

陈宗麒, 缪森, 杨翠仙, 等. 2003. 小菜蛾弯尾姬蜂引进及其控害潜能评价. 植物保护, 29 (1): 22 – 24.

原建强, 李欣. 2008. 半闭弯尾姬蜂性比的影响因素研究. 河南农业大学学报, 42 (3): 334 – 336.

张世泽, 郭建英, 万方浩, 等. 2004. 温度对不同品系丽蚜小蜂发育、存活和寿命的影响. 中国生物防治, 20 (3): 174 – 177.

周昭旭, 罗进仓, 吕和平, 等. 2010. 温度对马铃薯甲虫生长发育的影响. 昆虫学报, 53 (8): 926 – 931.

丛枝菌根真菌在外来植物入侵过程中的生态学功能
Functions of Arbuscular Mycorrhizal Fungi in Alien Plant Invasion

金 樑*

（上海科技馆，上海自然博物馆自然史研究中心，上海 200040）

外来植物入侵不仅对土著生态系统造成严重威胁，而且也是造成生物多样性下降的主要因素之一。丛枝菌根（Arbuscular Mycorrhizae，AM）真菌作为土壤生态系统中一类极为重要的生态微生物，可以调控外来植物入侵过程中植物群落的演替和动态，影响外来植物与土著植物之间的互作效应，甚至决定了某些外来植物能否成功入侵。基于此，探究 AM 真菌在外来植物入侵过程中的功能具有重要意义。

第一，AM 真菌可以促进外来植物入侵，抑制土著植物生长。菌根共生体对外来植物入侵具有正反馈作用，其机理可能为外来植物在入侵过程中可以选择性的促进对自身有利的 AM 真菌生长，而抑制其他 AM 真菌的建植和扩繁。入侵植物与土著 AM 真菌建立的互利共生效应优于对土著植物的促生效应，即 AM 真菌促进外来植物入侵，而间接的抑制土著植物生长。

第二，AM 真菌可能抑制外来植物入侵，促进土著植物生长。即 AM 真菌可以与土著植物共生，帮助土著植物抵御外来植物入侵。在野外生境条件下，土著植物与 AM 真菌之间建立了复杂的共生菌根网络。当外来植物入侵到新生境后，原有的菌根共生网络将会排斥这些入侵植物的建植和生长。因此，土著 AM 真菌显著抑制了菌根依赖性的外来植物入侵，而促进土著植物的生长。

第三，AM 真菌既抑制外来植物入侵，也抑制土著植物生长。在入侵的初始阶段，即环境适应及相互选择的时期，外来植物会影响或破坏原有土著菌根共生网络，当土著菌根网络遭到破坏后，其菌丝会快速愈合，而菌丝的愈合需要宿主植物提供大量的光合产物，因为 C 源物质是菌丝生长及功能多样性表达所必需的元素。C 源物质的大量吸收，将会打破原有的 C – P 等营养交换模式，即宿主植物为菌丝提供更多的 C 源，而根外菌丝为宿主植物提供相对不变或较少的营养元素，进而同时抑制外来植物入侵和土著植物生长。

因此，深入探究 AM 真菌与入侵植物之间的共生互作是菌根生态学和入侵生态学的重要研究方向之一。

参考文献（略）

---

* 通讯作者：E – mail：jinliang@ sstm. org. cn

大卵繁育赤眼蜂技术改进及其在玉米螟
生物防治上的大面积推广应用

Mass Production of *Trichogramma dendrolimi* Using Eggs of the Chinese Oak Silkworm, *Antheraea pernyi* and Its Field Application in the Suppression of the Asian Corn Borer, *Ostrinia furnacalis*, in China

阮长春　张俊杰　臧连生[*]

（吉林农业大学生物防治研究所，天敌昆虫应用技术工程研究中心，

长春　130118）

吉林省所在地区是世界三大著名黄金玉米带之一，亚洲玉米螟［*Ostrinia furnacalis* (Guenee)］是该地区玉米生产上的最重要常发性害虫，每年可造成约10%的产量损失。

松毛虫赤眼蜂（*Trichogramma dendrolimi* Matsumura）是该地区玉米螟卵期的重要寄生蜂。为了减少玉米螟为害所造成的产量损失，吉林省利用当地特有资源优势，以柞蚕（*Antheraea pernyi* Guérin – Méneville）卵作为中间寄主大量繁育松毛虫赤眼蜂，并进行了大面积田间推广应用，至今已有近30年历史。

近几年，吉林农业大学生物防治研究所在利用柞蚕卵工厂化繁育松毛虫赤眼蜂技术方面取得较大进展。发明了利用盒式放蜂器一次放蜂防治玉米螟的方法，赤眼蜂盒式放蜂器可以机械化生产，增强寄主卵在田间的抗逆性，极大提高羽化率及防治效果；赤眼蜂传统的生产方式以手工操作为主，为了解决用工困难、成本增加等问题，研制了寄主卵干燥系统、绿卵破碎机、寄主卵包装机等配套生产设备，大幅度提高了赤眼蜂生产机械化程度和效率；赤眼蜂繁育室全部装备智能温湿度控制系统，工厂化繁育赤眼蜂冷藏条件也由以往的氟利昂制冷低温冷藏室升级为更加环保的乙二醇排管式制冷设备；滞育生产技术已成功用于寄生卵的大量积累和长期冷藏，可以有效延长赤眼蜂生产周期，提高厂房设备利用率。目前，利用滞育技术工厂化生产的松毛虫赤眼蜂已大面积释放用于玉米螟的生物防治，2011年以来，已累计推广滞育赤眼蜂50万 hm^2。

赤眼蜂生产经费及推广费用全部由吉林省政府赤眼蜂生物防治玉米螟专项补贴资金资助，截至2014年，累计投入资金超过3.3亿元人民币。2004年以来，赤眼蜂防螟面积累计达1 300万 hm^2，特别是2012年以来，每年释放赤眼蜂防治玉米螟面积持续稳定在约230万 hm^2，覆盖面积约占吉林省玉米总种植面积的55%。2004年以来的田间调查数据表明，释放赤眼蜂后的玉米螟卵寄生率稳定维持在70%以上，平均卵寄生率达到77.68%。

总的来看，中国东北地区大面积推广应用松毛虫赤眼蜂生物防治玉米螟已获得较好的经济、社会和生态效益。

＊ 通讯作者，Tel：0431 – 84533236，E – mail：lsz0415@163.com

枯草芽孢杆菌 NCD-2 菌株防治棉花土传病害的分子机理

The Molecular Mechanism of *Bacillus subtilis* NCD-2 Biocontrol Against Cotton Soil-borne Disease

郭庆港 李社增 陆秀云 张晓云，马 平*

（河北省农林科学院植物保护研究所，保定 071000）

棉花黄萎病是棉花生产上危害最为严重的土传病害之一，由于病原菌在土壤中长期存活，并且缺乏理想的抗病品种和有效的化学农药，因此，对于棉花黄萎病的防治需要寻求其他的措施。国内外实践和研究表明，利用活体微生物农药是防治作物土传病害行之有效的措施之一。枯草芽孢杆菌（*Bacillus subtilis*）由于能产生多种抑菌活性物质，并且能形成抗逆耐热的芽孢而有利于制剂的加工和储存，因此，成为开发微生物源农药的重要资源。

以枯草芽孢杆菌 NCD-2 菌株为主要活性成分的微生物农药经连续多年、多点试验，结果表明对棉花黄萎病的平均防治效果在 50% 以上。从 NCD-2 菌株中分离出主要抑菌活性物质—fengycin，通过对 NCD-2 菌株进行全基因组测序，从中获得编码 fengycin 合成酶的基因簇。对 NCD-2 菌株中 fengycin 合成酶基因 *fenC* 进行定位突变，使 NCD-2 菌株丧失 fengycin 合成能力，同 NCD-2 菌株野生型相比，突变子降低了抑菌活性和生防效果（Guo *et al*., 2014）。

采用转座子 mini-Tn10 随机插入突变技术从 NCD-2 菌株中克隆出 *phoR* 基因，证明 *phoR* 基因正调控 NCD-2 菌株的抑菌活性和解有机磷能力（Guo *et al*., 2010）。PhoR 和 PhoP 组成双因子调控系统，其中，PhoR 是位于细胞膜上的组氨酸蛋白激酶，PhoP 是位于细胞质内的调控因子。在低磷环境下，PhoR 自身磷酸化并且将磷酸基团转移到 PhoP 上，从而激活 PhoP 的调控活性。对 *phoR* 和 *phoP* 进行定位突变和功能互补，结果发现，突变 *phoR* 和 *phoP* 均使 NCD-2 菌株降低抑菌活性和解有机磷能力。采用快速蛋白液相色谱（FPLC）比较了 NCD-2 菌株野生型及其衍生菌株中 fengycin 的合成能力，结果，发现，突变 *phoR* 和 *phoP* 使 NCD-2 菌株降低了 fengycin 合成能力，其中，突变 *phoP* 后的效果更显著。利用 RT-qPCR 技术证明了 *phoP* 对 fengycin 合成酶基因的调控功能。

phoR/phoP 双因子调控系统普遍存在于枯草芽孢杆菌及其近缘种内，序列比对发现，*phoR* 基因序列在芽孢杆菌同一种内具有较高的同源性，而在不同种之间具有较大的遗传多样性。根据不同种 *phoR* 基因序列设计了一对兼并引物，能从不同种的芽孢杆菌中扩增出约 1 100bp 的 *phoR* 基因序列，通过对扩增片段进行测序和序列比对，

---

* 通讯作者，E-mail：pingma88@126.com

可以对芽孢杆菌进行快速、准确的分子鉴定（Guo *et al.* , 2012）。

参考文献

Guo Q, Dong W, Li S, Lu X, Wang P, Zhang X, Ma P. 2014. Fengycin produced by *Bacillus subtilis* NCD – 2 plays a major role in biocontrol of cotton seedling damping – off disease. Microbiol Res, 169: 533 – 540.

Guo Q, Li S, Lu X, Li B, Stummer B, Dong W, Ma P. 2012. *phoR* sequences as a phylogenetic marker to differentiate the species in the *Bacillus subtilis* group. Canadian J Microbiol, 58: 1295 – 1305.

Guo Q, Li S, Lu X, Li B, Ma P. 2010. PhoR/PhoP two component regulatory system affects biocontrol capability of *Bacillus subtilis* NCD – 2 . Genet Mol Biol, 33: 333 – 340.

丽蚜小蜂规模化繁殖与应用
Mass Production and Control Efficiency of
Encarsia Formosa

王玉波*

（河北省农林科学院旱作农业研究所，衡水　053000）

随着设施蔬菜规模增长和种植茬口多元化，温室白粉虱和烟粉虱周年具有栖息地，为害逐年加重。由于粉虱世代重叠、体被厚厚蜡质，需连续多次使用熏蒸剂和内吸性农药来防治，导致产品质量、环境污染及生态安全等问题。采用天敌昆虫防治粉虱，可以有效解决上述问题。温室白粉虱和烟粉虱的主要天敌有寄生蜂、瓢虫、蜡和捕食螨等，其中，寄生蜂丽蚜小蜂为温室白粉虱优势寄生性蜂，被广泛用于防治温室白粉虱和烟粉虱。将丽蚜小蜂释放到温室后，能够建立稳定种群，实现对粉虱持续控制。近年来，在丽蚜小蜂规模化繁殖技术和应用技术上开展了系统研究工作。

实现丽蚜小蜂规模化繁殖，是实现田间应用的前提。其繁殖方法一般利用小蜂寄生粉虱若虫的特性，进行人工饲养温室白粉虱和烟粉虱，获得大量粉虱若虫后再繁殖丽蚜小蜂。由于小蜂为活体寄生、专一性强，其繁育仍采用"种植植物—饲养粉虱—繁殖小蜂"的方法。在繁殖过程中，需要解决微型昆虫（不足1mm）相互干扰混杂、繁殖效率、生产成本以及产品质量等问题。通过对温室通风口安装80目防虫网、内部严密分区隔离、再辅助严格的单向操作流程，能够解决干扰混杂问题。筛选适于温室种植、叶面积大、生长快、适于粉虱取食和耐为害的植物，可以大幅提高繁殖效率。春秋季增加自然通风、夏季再配合"湿帘＋风机"降温，可降低生产成本。加强植物营养管理、以温室白粉虱作寄主、配置专用的蜂蛹收集和分离设备，能够稳定小蜂的产品质量。繁殖的丽蚜小蜂产品为蛹卡，不得含有粉虱蛹，卡片承载蜂蛹数量可计，羽化率达到90%以上。

应用丽蚜小蜂防治温室粉虱，放蜂量一般按益害比3∶1；或在粉虱发生初期（单株成虫低于0.5头），释放1 500～2 000头/667m²，隔7～10天放1次，连续4～5次，至出现寄生"黑蛹"（丽蚜小蜂蛹）时止。丽蚜小蜂对粉虱的控制效果因设施类型、种植茬口和作物种类不同而有所差异。对越冬温室粉虱控制效果优于春季大棚、而春季大棚又优于秋季大棚；越冬温室以番茄上控制效果最好，黄瓜和茄子上略差。在越冬番茄温室，全生育期粉虱发生量均较农药防治温室的低，后期寄生率高达85%以上；越冬黄瓜和茄子上，因黄瓜需预防多种病害频繁喷施杀菌剂、茄子需防治蓟马频繁喷施杀虫剂，导致丽蚜小蜂大量死亡。春季大棚内，前期和中期粉虱量少，小蜂不能建立种群；而到后期，因通风口无防虫网或防虫网孔径过大，大量粉虱迁入，粉虱数量剧增，小蜂无法短时间控制。秋季大棚内，前期和中期棚内温度长期高于35℃以上，严重影响小蜂繁殖和存活；而外界多为个体小、耐高温的烟粉虱，小孔径防虫网影响通风，大孔径防虫网又无法起到阻挡效

---

* 通讯作者，E－mail：scwangyubo@foxmail.com

果，导致大量粉虱迁入，防治极易失控。研究还发现，与部分其他防治措施接合，控制效率会提高，如越冬温室春季室温开始回升时清除底部老叶，消灭大量粉虱若虫和蛹，相当长一段时间内粉虱数量增长缓慢，释放少量丽蚜小蜂就能收到很好的控制效果。

以上研究成果为粉虱类害虫绿色治理提供了新的技术依据，为提升设施农产品质量、食品安全水平和加强农业生态治理提供了一条切实可行的新思路。

参考文献

郑礼，王玉波．丽蚜小蜂的扩繁与应用技术．见：曾凡荣，陈红印编．天敌昆虫饲养系统工程．北京：中国农业科学技术出版社，2009：222-235.

郑礼，王玉波，郑书宏，等．2010．一种周年繁殖丽蚜小蜂的方法．中国专利，201010137307.8，2011-11-23.

王玉波，郑礼，郑书宏．2008．利用烟草规模化繁殖烟粉虱初步研究．河北农业科学，12（9）：42-44.

朱楠，鲁文菡，王玉波，等．2006．日光温室内温室白粉虱及其丽蚜小蜂寄生黑"蛹"的空间分布．华北农学报，22（增刊）：5-8.

王玉波，李梦，郑礼．2011．释放丽蚜小蜂防治越冬番茄温室白粉虱技术研究．河北农业科学，15（11）：38-41.

王玉波，李梦，方美娟，等．2013．日光温室粉虱发生规律．河北农业科学，17（3）：37-39.

王玉波，何晓庆，郑书宏，等．2006．不同农药对丽蚜小蜂的安全性评价．中国蔬菜，（8）：21-22.

杀虫植物马铃薯花研究进展
Progress in Potato Flower as Potential Botanical Pesticide for Pests Control

余海涛*

（甘肃省农业科学院植物保护研究所，兰州　730070）

马铃薯（*Solanum tuberosum*）为茄科（Solanaceae）茄属（*Solanum*）植物，是一种粮菜兼用作物，是人类栽培的主要作物之一。根据国际马铃薯中心统计，全世界有 125 个生产国，栽培面积达 2000 万 hm²，总产约 3 亿 t，我国是最大的生产国。目前，国内外对马铃薯的研究主要集中在育种、栽培、加工、病虫害防治以及茎叶加工再利用等方面，而忽略了马铃薯花的研究，目前，关于马铃薯花农用活性的研究，国内外迄今未见文献报道。

将马铃薯花用甲醇、乙醇、丙酮、石油醚、乙酸乙酯 5 种不同极性溶剂提取，以乙酸乙酯粗提物对黏虫的触杀作用为最强，稀释 5 倍液的校正死亡率可达 61.36%；甲醇和乙醇粗提物具有一定的触杀作用，校正死亡率分别为 27.50% 和 19.50%；丙酮和石油醚粗提物的触杀作用很弱，校正死亡率仅分别为 7.00% 和 3.00%；马铃薯花乙酸乙酯提取物具有很强的生长发育抑制作用，处理后 1 天、2 天、3 天、4 天、5 天和 6 天的生长发育抑制率分别为 100%、61.54%、59.26%、45.95%、49.02% 和 35.62%；具有很强的麻醉作用，1h 内的麻醉率可达 66%，麻醉作用的回归方程为 $Y = 3.0114 + 2.3334X$，苏醒中时 $RT_{50} = 7.12h$（95% 置信限：5.86 ~ 8.63h）；具有一定的胃毒作用，校正死亡率仅为 12.77%；无拒食、内吸、熏蒸、杀卵和杀蛹作用。马铃薯花乙酸乙酯粗提物对小菜蛾、菜粉蝶、大菜粉蝶、云斑粉蝶和棉铃虫幼虫具有很强的触杀作用，稀释 5 倍液（小菜蛾 4 倍液）的校正死亡率分别为 58.33%、95.00%、93.33%、100% 和 62.50%；对萝卜蚜具有很强的触杀作用，稀释 30 倍液的校正死亡率可达 97.79%；对麦长管蚜和豆蚜具有一定的触杀作用，校正死亡率分别为 31.20% 和 35.71%；对桃蚜、棉蚜、甘蓝蚜、禾谷缢管蚜和玉米蚜基本无触杀作用，校正死亡率在 5.39% 以下，其中，对菜粉蝶幼虫具有强烈的拒食作用，48h 拒食率高达 100%。

我们对马铃薯花乙酸乙酯提取部位进行分离，共得到 10 个化合物，分别为邻苯二甲酸 - 2 - 乙基己酯、12 - 甲氧基补骨脂素、异虎耳草素、β - 谷甾醇、β - 胡萝卜苷、江户樱花苷、邻羟基苯乙酮、α - 卡茄碱、α - 茄碱、β - 卡茄碱。对部分化合物进行了活性测定，江户樱花苷在 2mg/mL 浓度下，对甘蓝蚜和萝卜蚜的校正触杀死亡率为 95.88%、83.67%；12 - 甲氧基补骨脂素在 1mg/mL 浓度下，对桃蚜、甘蓝蚜、禾谷缢管蚜校正触杀死亡率为：76.41%、79.78%、86.52%；α - 卡茄碱在 2mg/mL 浓度下对甘蓝蚜、桃蚜、萝卜蚜、豆蚜校正触杀死亡率为 23.71%、27.08%、28.21%、16.67%。其中，12 - 甲氧基补骨脂素对禾谷缢管蚜的触杀活性远远超过对照植物源农药鱼藤酮（对禾谷缢管蚜校正死亡率为 0%），值得继续深入研究，为下一步研制新型植物源杀蚜剂奠定基础。

参考文献（略）

---

* 通讯作者：E - mail：yuhaitao1202@163.com

豚草天敌昆虫广聚萤叶甲的研究新进展
Novel Insights into *Ophraella communa*, a Natural Enemy of *Ambrosia artemisiifolia* L.

周忠实*

（中国农业科学院植物保护研究所，北京 100193）

豚草（*Ambrosia artemisiifolia* L.）起源于北美洲索诺兰地区，是一种恶性入侵杂草，对农业生产、生态环境和人类健康都造成严重影响。豚草入侵中国后，摆脱原产地天敌等生物因子的制约是其种群迅速扩张和暴发成灾的主要原因。20 世纪 80 年代末年，我国先后从国外引进了 5 种豚草天敌昆虫，揭开了豚草生物防治的序幕。随后，我们研究团队无意中在南京市郊豚草上发现一种以成虫和幼虫聚集取食豚草叶片的广聚萤叶甲（*Ophraella communa*），该叶甲起源于北美洲。为了利用该叶甲来控制豚草，近几年来，我们一直围绕"广聚萤叶甲寄主专一性、气候适应性、繁殖潜力及控制效能"系统开展研究，首先，针对少部分学者担心广聚萤叶甲对向日葵不安全的问题，对向日葵的安全性重新进行了田间评价，确证了该叶甲对向日葵是安全的，是一种可利用的、具有生态安全的专一性天敌（Zhou *et al.* 2011d），消除了少数学者的疑虑，回答了他们提出的问题。其次，在广聚萤叶甲气候适应性和耐寒性研究方面，明确了发育与繁殖的最适宜温度、各虫态发育起点温度，论证了该叶甲在我国具有很好的应用前景；明确了种群发育与繁殖的最适宜湿度条件，确证了潮湿降雨气候条件有利于种群发展（Zhou *et al.* 2010a，b）；明确了地理种群和季节种群耐寒性差异，揭示了该叶甲具备向北迁移控制北方豚草的潜力和人工冷驯化潜力（Zhou *et al.* ，2011b，c）；发现快速冷驯化可提高种群存活率、延长成虫寿命和增强繁殖力（Zhou *et al.* 2011a），以及成虫冷驯化存在显著的母代效应，显著提高子代成虫的耐寒能力（Zhou *et al.* 2013），这种母代效应使子代个体具有更好的适应能力和繁殖力，进而重新评价了低温对该叶甲种群发生与繁衍的影响，为进一步研究该叶甲的耐寒性机制奠定了基础；此外，我们发现光周期对个体发育与繁殖影响不大，但光周期和食物互作对其发育与繁殖影响显著，揭示了食物是成虫生殖滞育的主导因素，从而否定了日本学者认为短于或等于 14h 光照诱导成虫进入生殖滞育的结论（Zhou *et al.* 2014b）。最后，通过行为学研究和野外防治试验，明确了广聚萤叶甲对豚草具有很好的控制效果（周忠实等，2011；Zhou *et al.* 2014a）。目前，广聚萤叶甲成功应用于湖南、湖北、江苏等南方 8 个省（市）区豚草的生物防治，取得了显著的经济、社会和生态效益。

参考文献

Zhou ZS, Chen HS, Zheng XW, Guo JY, Guo W, Li M, Luo M, Wan FH. 2014a. Control of the invasive weed

---

* 通讯作者：E - mail：zhouzhongshi@ caas. cn

Ambrosia artemisiifolia with *Ophraella communa* and *Epiblema strenuana*. Biocontrol Sci Technol, 24 (8): 950 – 964.

Zhou ZS, Guo JY, Ai HM, Li M, Wan FH. 2011a. Rapid cold – hardening response in *Ophraella communa* (Coleoptera: Chrysomelidae), a biological control agent of *Ambrosia artemisiifolia*. Biocontrol Sci Technol, 21 (2): 215 – 224.

Zhou ZS, Guo JY, Chen HS, Wan FH. 2010a. Effects of temperature on survival, development, longevity and fecundity of *Ophraella communa* (Coleoptera: Chrysomelidae), a biological control agent against invasive ragweed, *Ambrosia artemisiifolia* L. (Asterales: Asteraceae). Environ Entomol, 39: 1021 – 1027.

Zhou ZS, Guo JY, Chen HS, Wan FH. 2010b. Effects of humidity on the development and fecundity of *Ophraella communa* (Coleoptera: Chrysomelidae). BioControl, 50: 313 – 319.

Zhou ZS, Guo JY, Li M, Ai HM, Wan FH. 2011b. Seasonal changes in cold hardiness of *Ophraella communa*. Entomol Exp Appl, 140: 85 – 90.

Zhou ZS, Guo JY, Michaud JP, Li M, Wan FH. 2011c. Variation in cold hardiness among geographic populations of the ragweed beetle, *Ophraella communa* LeSage (Coleoptera: Chrysomelidae), a biological agent against *Ambrosia artemisiifolia* L. (Asterales: Asteraceae), in China. Biol Invas, 13: 659 – 667.

Zhou ZS, Guo JY, Zheng XW, Luo M, Chen HS, Wan FH. 2011d. Reevaluation of biosecurity of *Ophraella communa* against sunflower (*Helianthus annuus*). Biocontrol Sci Technol, 21 (10): 1147 – 1160.

Zhou ZS, Luo M, Rasmann S, Guo JY, Chen HS, Wan FH. 2014b. Effect of photoperiod on developmental fitness in *Ophraella communa* (Coleoptera: Chrysomelidae). Environ Entomol, 43 (5): 1435 – 42.

Zhou ZS, Rasmann S, Li M, Guo JY, Chen HS, Wan FH. 2013. Cold temperatures increase cold hardiness in the next generation *Ophraella communa* beetles. PLoS ONE, 8 (9): e74760.

Zhou ZS, Rasmann S, Zheng HY, Watson A, Guo JY, Wang JG, Wan FH. 2015. Mating frequency positively associates with fitness in *Ophraella communa*. Ecol Entomol, DOI: 10. 1111/een. 12184.

Zhou ZS, Wan FH, Guo JY. 2009. Biological control of *Ambrosia artemisiifolia* with *Epibleme strenuana* and *Ophraella communa*. In: Wan FH, Guo JY, Zhang F. Research on Biological Invasions in China. Science Press, Beijing, China, P 253 – 258.

周忠实, 郭建英, 李保平, 等. 2011. 豚草和空心莲子草分布与区域减灾策略. 生物安全学报, 20 (4): 263 – 266.

芽孢杆菌防治植物病害的研究
Bio – control Plant Diseases by the *Bacillus* Strains

罗楚平* 王晓宇 陈志谊

（江苏省农业科学院植物保护研究所，南京 210014）

利用微生物的活菌体及其代谢产物防治植物病害是生物防治传统的重点研究领域之一，目前，应用于植物病害防治的主要微生物有芽孢杆菌、放线菌、酵母菌、木霉菌和乳酸菌等。其中芽孢杆菌是一种重要的防治植物病害的有益环境微生物，主要是通过抑制植物病原菌、诱导植物抗病能力、保护植株的根群体表和促进植物生长等作用，被广泛的应用于植物菌核病、炭疽病、青枯病、疫病、灰霉病和线虫等真菌病害和细菌病害的防治。采用芽孢杆菌活菌体存在防治效果不稳定的确定，是限制其商品化大规模应用的主要原因。目前认为其主要原因如下：①生防活菌体对不同生态环境的适用能力不一致，特别是在酸性土壤环境；②生防活菌体受保存条件和保存时间影响极大，货架期短，存在自我裂解现象；③生防活菌体分泌的关键生防因子（抗菌蛋白、抗菌肽、抗菌次生代谢产物）分泌量一般较低，在环境中容易降解。

本团队经过多年的研究对成功应用于水稻纹枯病和稻曲病的商品化的生防枯草芽孢杆菌 Bs916 脂肽类抗生素的功能进行了系统的研究。证明枯草芽孢杆菌分泌的脂肽类抗生素是枯草芽孢杆菌具有良好防治效果的关键因子。对取得的结论总结如下：①从枯草芽孢杆菌 Bs916 发酵液中鉴定到一个新型的脂肽类抗生素罗克霉素（locillomycin），罗克霉素是一个有 9 个氨基酸残基和 13~15 个碳链组成的环脂肽抗生素，与目前已报道的芽孢杆菌源的其他脂肽类抗生素的结构都不一致，属于一类新型的脂肽类抗生素家簇。罗克霉素具有较强的抗细菌和病毒活性，及较低的溶血活性，因此在医药、工业和农业上具有潜在的应用价值。②枯草芽孢杆菌 Bs916 的 4 个脂肽类抗生素基因簇 *srf*、*bmy*，*loc* 和 *fen* 分别负责合成四大家簇脂肽类抗生素 surfactin、bacillomycin L，locillomycin 和 fengycin 的合成。③四大家簇的脂肽类抗生素 surfactin、bacillomycin L，locillomycin 和 fengycin 对枯草芽孢杆菌 5 种典型的细菌的行为包括抗菌活性、溶血活性、菌落形态、游动性和生物膜的形成的贡献各具特点、相互影响和协同作用。④Surfactin 和 bacillomycin L 是 Bs916 具有良好定殖能力和生防效果的两个重要因子，编码 surfactin 和 bacillomycin L 的基因簇 srf 和 bmy 的突变都会显著降低 Bs916 的定殖能力和生物防治效果。

在这些研究基础上，本团队拟采用生物技术的手段理性提高 Bs916 分泌脂肽类抗生素的能力、定殖能力和环境使用能力，进一步提高枯草芽孢杆菌 Bs916 的田间防治效果。

---

* 通讯作者，E – mail：luochuping@ 163. com

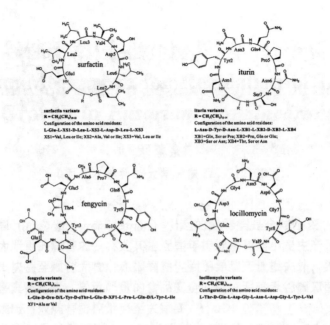

参考文献

Luo CP, Liu XH, Zhou HF, Wang XY, Chen ZY. 2015. Nonribosomal peptide synthase gene clusters for lipopeptide biosynthesis in *Bacillus subtilis* 916 and their phenotypic functions. Appl Environ Microbiol, 81（1）: 422 – 431.

Luo CP, Zhou HF, Zou JC, Wang XY, Zhang RS, Xiang YP, Chen ZY. 2015. Bacillomycin L and surfactin contribute synergistically to the phenotypic features of *Bacillus subtilis* 916 and the biocontrol of rice sheath blight induced by Rhizoctonia solani. Appl Microbiol Biotechnol, 99: 1897 – 1910 .

Luo CP, Liu XH, Zhou X, Guo JY, Truong J, Wang XY, Zhou HF, Chen ZY. 2015. Locillomycins from *Bacillus subtilis* 916: structure elucidation, unique biosynthesis and biological function. J Nat Product. （Under Review）

Wang X, Luo C, Chen Z. 2012. Genome sequence of the plant growth – promoting rhizobacterium *Bacillus* sp. strain 916. J Bacteriol, 194: 5467 – 5468.

罗楚平, 刘邮洲, 吴荷芳, 等. 2011. 脂肽类化合物 Bacillomycin L 抗真菌活性及其对水稻病害的防治. 中国生物防治学报, 27（1）: 76 – 81.

罗楚平, 王晓宇, 周华飞, 等. 2013. 生防菌 Bs916 合成脂肽类抗生素的操纵子结构功能及生物活性. 中国农业科学, 46（24）: 5142 – 5149.

Luo CP, Chen ZY, Guo JY, Liu XH, Wang XY, Liu YF, Chen ZY. New cyclic lipopeptide antibiotic Locillomycin（Locillomycin – A, Locillomycin – B, Locillomycin – C）and methods of making and using the same. USA application number: 14/190, 817; Canada application number: 2, 836, 231.

植物寄生线虫效应蛋白研究进展
Progress on Effectors of Plant Parasitic Nematodes

彭　焕　彭德良*　龙海波　王高峰

（中国农业科学院植物保护研究所，植物病虫害生物学国家重点实验室，
北京　100193）

植物寄生线虫病害是威胁农作物生产安全的主要病害之一，对于植物线虫寄生和致病机制的研究是目前植物线虫学研究的热点之一。目前，公认植物线虫食道腺分泌物在线虫侵染寄主组织、在植物组织中迁移、建立取食位点、形成取食管、消化寄主细胞原生质、促进寄主细胞的形态和功能发生改变等过程中具有重要的作用（Hussey et al.，2002）。植物寄生线虫的食道腺由2个亚腹食道腺和1个背食道腺组成（Vanholme et al.，2004）。在幼虫阶段，亚腹食道腺最为活跃，主要在线虫穿刺植物组织和在植物组织中移动过程中起作用，它分泌细胞壁降解酶类物质，降解植物细胞壁。而在植物线虫定植寄生阶段，主要是背食道腺期主要作用，目前的研究结果表明，背食道腺主要影响线虫取食细胞（巨细胞或合胞体）的形成和维持（Davis et al.，2004）。

植物线虫效应蛋白（effector）是由线虫分泌的，在线虫侵入和寄生、抵御植物防卫反应、建立并维持取食位点的过程中起作用的蛋白质或小分子物质（Gheysen and Mitchum，2011）。目前，已知的效应蛋白主要由植物线虫的食道腺细胞分泌，并通过线虫口针而注入到植物体内（Davis et al.，2004），在线虫侵染、迁移、建立取食位点、形成取食管、消化寄主细胞原生质、促进寄主细胞的形态和功能发生改变等过程中具有重要的作用（Hussey et al.，2002）。在植物线虫的侵染初期，亚腹食道腺分泌多种细胞壁降解酶类物质，降解和松弛植物细胞壁，从而有利于植物线虫穿刺植物组织和在植物组织中移动。而在植物线虫定植寄生阶段，背食道腺通过分泌一系列的小分子多肽和多种效应蛋白来调控植物线虫取食细胞（巨细胞或合胞体）的形成和维持、抑制寄主防卫反应等（Vanholme et al.，2004，Davis et al.，2004），从而使寄主植物向有利于线虫寄生方向发育。

从1998年克隆出第一个植物线虫效应蛋白基因 $\beta-1,4-$ 内切葡聚糖酶基因，至今已经从大豆孢囊线虫（Heterodera glycines）、甜菜孢囊线虫（H. schachtii）、马铃薯孢囊线虫（Globodera SPP）、根结线虫、甘薯茎线虫（Ditylenchus destructor）和香蕉穿孔线虫（Radopholus similis）等多种植物线虫中克隆和鉴定出超过60种的效应蛋白（Haegeman et al.，2012）。这些效应蛋白按照功能主要分为以下几类：①细胞壁修饰蛋白，包括纤维素酶、半纤维素酶、木聚糖酶、果胶酸裂解酶、果胶酸水解酶、扩展蛋白、几丁质酶和纤维素结合蛋白等；②细胞代谢与转运，主要包括分支酸变位酶、膜联蛋白等；③细胞识别和定位，包括核定位寄生蛋白、泛素蛋白、 $14-3-3b$ 蛋白等；④抵御寄主防卫反应，RBP

---

* 通讯作者：E – mail：pengdeliang@ caas. cn

蛋白、毒素过敏源蛋白、钙网蛋白、脂肪酸结合蛋白、SXP/RAL－2蛋白、过氧（化）物酶、过氧化物歧化酶等；（5）小分子生物活性多肽，包括SYV46、CLAVATA3/ESR－like（CLE）、SYV46、16D10等。

利用这些效应蛋白，植物线虫在侵染过程中采取了攻守兼备的策略。一方面植物线虫通过口针、化感器和体表等部位分泌多种效应蛋白从而促进寄主细胞的形态和功能朝着有利于线虫寄生的方向发育（Davis et al.，2008）。如β－1，4内切葡聚糖酶（Rosso et al.，1999）、果胶酸裂解酶（Doyle et al.，2002）、扩展蛋白（Qin et al.，2004）和β－1，4内切木聚糖酶（Haegeman et al.，2009）等细胞壁修饰蛋白可以降解和松弛植物细胞壁以方便线虫侵入和迁移。根结线虫食道腺分泌的16D10效应蛋白与植物的Scarecrow类转录因子互作，刺激根部生长以有利于植物线虫寄生（Huang et al.，2006）；根结线虫的Nulg1a蛋白能够刺激取食细胞的发育（Lin et al.，2013）；分支酸变位酶通过调节植物生长素的平衡影响根的形成和维管系统的发育，协助线虫侵染（Haegeman et al.，2012）；孢囊线虫的致病因子19C07与拟南芥的LAX3蛋白互作，从而影响细胞壁修饰酶以控制取食位点的形成（Lee et al.，2011）；CLE可补充植物中相关蛋白的功能，使植物根的生长或维管束的发育有利于线虫寄生（Wang et al.，2010）；甜菜孢囊线虫30C02蛋白和寄主的beta－1，3内切葡聚糖酶互作，抑制其活性从而有利于其寄生（Hamanouch et al.，2012）。另一方面，植物线虫为抵御寄主的免疫或抗性反应的伤害，合成一系列提升自身免疫能力和抑制寄主抗性的蛋白（smart et al.，2011），如铃薯孢囊线虫分泌SPRYSEC蛋白质和寄主抗性蛋白识别和互作，抑制抗线虫防卫反应（Sacco et al.，2009；Rehman et al.，2009）；谷光甘肽－S－转移酶可能具有解毒作用，从而使根结线虫在寄主植物中顺利发育繁殖（Bellafiore et al.，2008）；超氧化物歧化酶和过氧化物酶可能具有降解线虫侵染后产生的过氧化物以保护线虫（Dubreuil et al.，2011）；马铃薯孢囊线虫中的泛素羧基延伸蛋白分泌到植物体内后变成2个功能结构域，一个能够抑制由于寄主抗性基因控制的植物免疫反应，另外一个能够刺激植物细胞发育成合胞体（Chronis et al.，2013）；根结线虫的钙网蛋白CRT能够抑制寄主植物的防卫反应（Jaouannet et al.，2013）。

植物线虫的效应蛋白研究，对于增加对植物寄生线虫致病机制研究有重要作用，尽管我们已经从植物线虫中克隆出大量的效应蛋白基因，但是，仅有上述少数的效应蛋白的功能被深入的研究，还有更多的研究有待于我们进一步深入，随着越来越多是植物线虫的基因组测序工作的完成，将为人类了解植物线虫的致病机制和寄生过程提供更多的线索，为植物线虫的防治开创新的局面。

参考文献

Bellafiore S, Shen ZX, Rosso MN, Abad P, Shih P, Briggs SP. 2008. Direct identification of the *Meloidogyne incognita* secretome reveals proteins with host cell reprogramming potential. PLoS Pathog, 4：e1000192.

Chronis D, Chen S, Lu S, Hewezi T, Carpenter SC, Loria R, Baum T, Wang X. 2013. A ubiquitin carboxyl extensionprotein secreted from a plant－parasitic nematode *Globodera rostochiensis* is cleaved in planta to promote plant parasitism. Plant J, 74（2）：185－196.

Davis EL, Hussey RS, Mitchum MG, Baum TJ. 2008. Parasitism proteins in nematode－plant interaction. Cur Opin Plant Biol, 11：360－366.

Davis EL, Hussey RS, Baum TJ. 2004. Getting to the roots of parasitism by nematodes. Trend Parasitol, 20

（3）：134 – 141.

Doyle EA, Lambert KN. Cloning and characterization of an esophageal – gland – specific pectate lyase from the root – knot nematode *Meloidogyne javanica*. Mol Plant Microbe Interact, 15：549 – 556.

Dubreuil G, Deleury E, Magliano M, Jaouannet M, Abad P, Rosso MN. 2011. Peroxiredoxins from the plant parasitic root – knot nematode, *Meloidogyne incognita*, are required for successful development within the host. Inter J Parasitol, 41：385 – 396.

Gheysen G, Mitchum MG. 2011. How nematodes manipulate plant development pathways for infection. Cur Opin Plant Biol, 14（4）：415 – 421.

Haegeman A, Mantelin S, Jones J, Gheysen G. 2012. Functionalroles of effectors of plant – parasitic nematodes. Gene, 492：19 – 31.

Haegeman A, Vanholme B, Gheysen G. 2009. Characterization of a putative endoxylanase in the migratory plant – parasitic nematode *Radopholus similis*. Mol Plant Pathol, 10：389 – 401.

Huang GZ, Allen R, Davis EL, Baum TJ, Hussey RS. 2006. Engineering broad root – knot resistance in transgenic plants by RNAi silencing of a conserved and essential root – knot nematode parasitism gene. Proc Na Aca Sci, 103：14302 – 14306.

Hussey RS, Davis EL, Baum TJ. 2002. Secrets in secretions：genes that control nematode parasitism of plants. Braz J Plant Physiol, 14（3）：183 – 194.

Lee C, Chronis D, Kenning C, Peret B, Hewezi T, Davis EL, Baum TJ, Hussey R, Bennett M, Mitchum MG. 2011. The novel cyst nematode effector protein 19C07 interacts with the *Arabidopsis* auxin influx transporter LAX3 to control feeding site development. Plant Physiol, 155：866 – 880.

Lin B, Zhuo K, Wu P, Cui R, Zhang LH, Liao JL. 2013. A novel effector protein, MJ – NULG1a, targeted to giant cell nuclei plays a role in *Meloidogyne javanica parasitism*. Mol Plant Micro Interact. 26（1）：55 – 66.

Qin L, Kudla U, Roze EHA, Goverse A, Popeijus H, Nieuwland J, Overmars H, Jones JT, Schots A, Smant G, Bakker J, Helder J. 2004. Plant degradation：A nematode expansin acting on plants. Nature, 427：30.

Rehman S, Postma W, Tytgat T, Prins P, Qin L, Overmars H, Vossen J, Spiridon LN, Petrescu AJ, Goverse A, Bakker J, Smant G. 2009. A secreted SPRY domain – containing protein（SPRYSEC）from the plant – parasitic nematode *Globodera rostochiensis* interacts with a CC – NB – LRR protein from a susceptible tomato. Mol PlantMicrob Interact, 22：330 – 340.

Rosso MN, Favery B, Piotte C, Arthaud L, de Boer JM, Hussey RS, Bakker J, Baum TJ, Abad P. 1999. Isolation of a cDNA encoding a beta – 1, 4 – endoglucanase in the root – knot nematode *Meloidogyne incognita* and expression analysis during plant parasitism. Mol Plant Micro Interact, 12：585 – 591.

Sacco MA, Koropacka K, Grenier E, Jaubert MJ, Blanchard A, Goverse A, Smant G, Moffett P. 2009. The cyst nematode SPRYSEC protein RBP – 1 elicits Gpa2 – and RanGAP2 – dependent plant cell death. PLoS Pathog, 5：e1000564.

Smart G, Jones JT. 2011. Suppression of plant defences by nematodes. In Jones JT, Gheysen G, Fenoll C.（Eds.）, Genomics and Molecular Genetics of Plant – Nematode Interaction. Springer, Heidelberg. pp. 273 – 286.

Vanholme B, De Meutter J, Tytgat T, Van Montagu M, Coomans A, Gheysen G. 2004. Secretions of plant – parasitic nematodes：a molecular update. Gene, 332：13 – 27.

Wang J, Replogle A, Hussey R, Baum T, Wang XH, Davis EL, Mitchum M G. 2011. Identification of potential host plant mimics of CLAVATA3/ESR（CLE） – like peptides from the plant – parasitic nematode *Heterodera schachtii*. Mol Plant Pathol, 12：177 – 186.

1，3-二氯丙烯熏蒸土壤对病虫草害的防效评价
Evaluation of 1，3 – Dichloropropene Fumigation for the Control of Soil – borne Pests

乔　康[*]　王开运

（山东农业大学，泰安　271018）

我国是重要的设施蔬菜生产国，因长期连作种植导致以根结线虫为代表的土传病虫害发生严重，制约了设施蔬菜的发展。实践证明，使用甲基溴（methyl bromide）熏蒸处理土壤是防治土传病虫害最有效的方法（Zasada et al.，2010）。然而，甲基溴作为一种臭氧层消耗物质，将于2015年1月1日在我国禁用。因此，寻找甲基溴替代品势在必行。1，3-二氯丙烯（1，3-dichloropropene）是一种很有潜力的甲基溴替代物。本课题组通过室内毒力试验和大田验证试验，研究了1，3-二氯丙烯熏蒸土壤防治南方根结线虫、杂草种子和土传病害病原菌的效果，分析其在我国保护地蔬菜上应用的可行性。

采用直接触杀法测定了1，3-二氯丙烯对南方根结线虫的毒力。结果表明，1，3-二氯丙烯对南方根结线虫的LC_{50}和LC_{90}分别为1.20mg/L和3.74 mg/L（Qiao et al.，2014）。采用美国农业部杂草种子处理方法研究了1，3-二氯丙烯对多种杂草种子的剂量-响应关系。结果表明，杂草种子对1，3-二氯丙烯敏感性由大到小顺序为：马唐>牛筋>稗草>反枝苋，其LC_{50}在14.23~73.59 mg/kg。采用十字交叉法测定了1，3-二氯丙烯对辣椒疫霉病菌、草莓枯萎病菌、棉花立枯病菌、烟草黑胫病菌和番茄灰霉病菌的毒力。结果表明，1，3-二氯丙烯对辣椒疫霉病菌和草莓枯萎病菌的LC_{50}分别为0.24g/m^2和1.55 g/m^2，1，3-二氯丙烯熏蒸对辣椒疫霉病菌最为敏感，其他种类病原菌则表现出中等程度的敏感性（Qiao et al.，2010a）。

分别在温室大棚番茄、黄瓜、大姜作物上进行大田试验来验证1，3-二氯丙烯（90 L/hm^2、120 L/hm^2和180 L/hm^2）对南方根结线虫、杂草和土传病害病原菌的防治效果。结果表明，与对照组相比，1，3-二氯丙烯施用后能够明显促进作物生长，增强植株活力，有效抑制根结线虫侵染和种群数量，降低根结指数，减少土传病害发生率，增加作物产量。并且中高剂量的1，3-二氯丙烯熏蒸处理在除杂草防治以外的各种防治指标上达到甚至超过甲基溴处理的防治水平，在作物产量上与甲基溴处理之间无显著性差异（Qiao et al.，2010b；2011；2012）。

上述研究成果表明，1，3-二氯丙烯熏蒸土壤防治蔬菜根结线虫效果良好，并可控制一些土传病害发生，是一种很有潜力的甲基溴替代物。但是，1，3-二氯丙烯对杂草的防治效果一般。因此，建议将1，3-二氯丙烯与其他化学替代品或非化学替代技术结合使用，以达到综合防治的目的。同时，本研究成果能够为1，3-二氯丙烯在设施蔬菜上的

＊　通讯作者：E – mail：qiaokang11 – 11@163. com；qiaokang@ sdau. edu. cn

合理使用、克服土壤连作障碍和保障设施蔬菜可持续生产提供理论依据。

参考文献

Zasada I, Halbrendt J, Kokalis – Burelle N, LaMondia J, McKenry M, Noling J. 2010. Managing nematodes-without methyl bromide. Annu Rev Phytopathol. 48：311 – 328.

Qiao K, Duan H, Wang H, Wang Y, Wang K, Wei M. 2014. The efficacy of the reduced rates of 1，3 – D + abamectin for control of *Meloidogyne incognita* in tomato production in China. Sci Horticult, 178：248 – 252.

Qiao K, Wang H, Shi X, Ji X, Wang K. 2010a. Effects of 1，3 – dichloropropene on nematode, weed seed viability and soil – borne pathogen. Crop Protect. 29：1305 – 1310.

Qiao K, Jiang L, Wang H, Ji X, Wang K. 2010b. Evaluation of 1，3 – dichloropropene as a methyl bromide alternative in tomato crops in China. J Agri Food Chem, 58：11395 – 11399.

Qiao K, Shi X, Wang H, Ji X, Wang K. 2011. Managing root – knot nematodes and weeds with 1，3 – dichloropropene as an alternative to methyl bromide in cucumber crops in China. J Agri Food Chem, 59：2362 – 2367.

Qiao K, Zhu Y, Wang H, Xia X, Ji X, Wang K. 2012. Effects of 1，3 – dichloropropene as a methyl bromide alternative for management of nematode, soil – borne disease, and weed in ginger (*Zingiber Officinale*) crops in China. Crop Protect, 32：71 – 75.

沉积结构对杀虫剂生物效率影响研究进展
Research Progress of Deposit Structure on Pesticide Efficiency

徐德进*

（江苏省农业科学院植物保护研究所，南京　210014）

单纯增加农药在植物表面的沉积量并不总能提高防治效果，更不意味着提高了农药的使用效率。事实上是农药剂量的沉积结构及空间分布状态最终决定了防治效果。沉积结构通过影响害虫与药剂的接触几率和接触期间获得的农药剂量来影响农药的生物效果（顾中言等，2012）。如用相同剂量不同沉积结构的 Bt 处理的甘蓝叶片喂养小菜蛾，用氟虫腈相同剂量不同沉积结构处理的甘蓝叶片喂养粉纹夜蛾，叶片的受损失程度及小菜蛾和粉纹夜蛾的死亡率和食叶率均有很大的差异（Ebert et al.，1999a；1999b）。

药剂浓度是构成沉积结构的元素之一，浓度梯度决定了剂量向害虫转移的速度。将致死剂量均匀且不间断地覆盖在植物表面，势必要增加药剂量而降低药剂浓度，害虫接触药剂的几率最高，但获取致死剂量的时间延长，咀嚼式口气害虫将吃掉更多的叶片，甚至因延长期内的药剂降解而不能获得致死剂量。减少药液量可以增加药液浓度，但也减少了雾滴数，如雾滴太少则大大降低了害虫接触药剂的几率，甚至因没有机会遭遇雾滴而不能获得致死剂量。

Ebert 等（2006）认为，确定雾滴最佳分布条件之一是在单位面积内农药剂量衰减至低于致死剂量前害虫必须获得致死剂量，过多则是浪费，过少则不能获得预想的生物效果。所以，需要平衡雾滴数、雾滴粒径和药液浓度间的关系，其中，雾滴粒径起关键作用，大于或小于农药沉积的最佳雾滴粒径都将影响防治效果。Franklin 等（1994）测定不同粒径的氯菊酯和高效氯氟氰菊酯雾滴对粉纹夜蛾的触杀毒力，发现雾滴粒径 100μm 时的 LD_{50} 值是雾滴粒径 500μm 和 1 000μm 时的 1/10。但在 Latheef（1995）测定丙溴磷和硫双威对棉花烟青虫毒力时发现，雾滴体积中径（VMD）246μm 时的毒力显著低于 VMD 325μm 时的毒力。徐德进等（2012）研究表明，阿维菌素对菜青虫和甜菜夜蛾的 LD_{50} 值表现为随雾滴粒径的增加而减小的趋势，但醚菊酯并不表现出相同趋势。

Fisher 和 Menzies（1976）研究表明甲萘威致梨小食心虫初孵幼虫发生痉挛的时间与雾滴密度和雾滴覆盖面积成反比。Falchieri 等（1998）发现 Bt 浓度达到 10 BIU/L、雾滴密度为 9 个/cm^2 时对舞毒蛾的抑食效果最佳，抑食作用与 Bt 药液浓度的相关性高于雾滴密度和覆盖面积。Hewitt 和 Meganasa（1993）采用 VMD 和数量中径（NMD）分别为 55μm 和 25μm 的背负式弥雾机低容量喷撒 2.4% 氯氰菊酯防治草坪和玉米田中莎草黏虫，发现冠层中的雾滴密度至少达到 9 个/cm^2 时才能获得 50% 的防治效果。Fisher 和 Muntahli（1986）分别用"等高线法"和致死中密度 LN_{50} 研究了三氯杀螨醇药液的雾滴密度与红叶

---

* 通讯作者：E-mail：jaasxdj@jaas.ac.cn

螨的防治关系，袁会珠（2000，2010）等用自制雾滴密度卡研究了氧化乐果和吡虫啉药液雾滴密度与麦蚜的防治关系，结果均证实农药喷雾需要达到一定的雾滴密度才能保证防治效果，但当雾滴密度已经能保证防治效果，再增加雾滴数量只能是浪费农药和水。徐德进等（2012）利用行走式喷雾塔定量喷雾，证明相同农药剂量和施液量下，减小雾滴粒径、增加雾滴密度能够提高氯虫苯甲酰胺防治稻纵卷叶螟的效果。但 Ebert 等（1999a）以氟虫腈防治甘蓝夜蛾为例，对沉积结构中不同元素对防治效果的贡献率做了研究，发现雾滴大小和药液浓度的贡献率大致相当，都比雾滴数量的影响大。

综上可以看出：①农药沉积结构在农药毒力效率中扮演重要角色；②小雾滴不一定效率更高；③均匀覆盖并不是最佳沉积结构；④死亡率和保护作物水平并不一定相关。但在已有研究中，并未注意到不同作用方式药剂间的差异。而且，大部分研究是在固定某个因子条件下进行，不能完整的考察由这3个因子构成的农药沉积结构与生物效果的关系。实际上，单位面积沉积量固定时，组成沉积结构的3个因子相互制约，并不独立，试验设计时不宜采用常规的独立因子设计方法。如何通过科学的试验设计方法，全面解析沉积结构与生物效率的关系，平衡靶标上的雾滴密度、雾滴大小和药液浓度获得最佳生物效果，是当前类似研究的前沿。

参考文献

Basi S, Hunsche M, Noga G. 2013. Effects of surfactants and the kinetic energy of monodroplets on the deposit structure of glyphosate at the micro – scale and their relevance to herbicide bio – efficacy on selected weed species. Weed Res, 53（1）：1 – 11.

Ebert TA, Derksen RA. 2004. Geometric model of mortality and crop protection for insects feeding on discrete toxicant deposits. J Econ Entomol, 97：155 – 162.

Ebert TA, Downer RA. 2006. A different look at experiments on pesticide distribution. Crop Protect, 25：299 – 309.

Ebert TA, Taylor RAJ, Downer RA, Hall FR. 1999a. Depositstructure and efficacy 1：Interactions between deposit size, toxicant concentration, and deposit number. Pesticide Science, 55：783 – 792.

Ebert TA, Taylor RAJ, Downer RA, Hall FR. 1999b. Deposit structure and efficacy 2：Trichoplusia ni and Fipronil. Pesticide Science, 55：793 – 798.

Falconer KE. 1998. Managing diffuse environmental contamination from agricultural pesticides：an economic perspective on issues and policy options, with particular reference to Europe. Agri Ecosys Environ, 69（1）：37 – 54.

Fisher RW, Menzies RW, Herne DC. 1974. Parameters of dicofol spray deposit in relation to mortality of European red mite. J Econ Entomol, 67（1）：124 – 126.

Foque D, Nuyttens D. 2011. Effects of nozzle type and spray angle on spray deposition in ivy pot plants. Pest Manag Sci, 67：199 – 208.

Franklin RH, Thacker MRJ. 1994. Effects of droplet size on the topical toxicity of two pyrethroids to the cabbage looper Trichoplusia ni. Crop Protect, 13（3）：225 – 229.

Garcera C, Molto E, Chueca P. 2011. Effect of spray volume of two organophosphate pesticides on coverage and on mortality of California red scale Anoidiella aurantii（Maskell）. Crop Protect, 30：693 – 697.

Hewitt AJ, Meganasa T. 1993. Droplet distribution densities of a pyrethroid insecticide within grass and maize canopies for the control of Spodoptera exempta larvae. Crop Protect, 12（1）：59 – 62.

Hislop EC. 1987. Requirements for effective and efficient pesticide application. In: Brent K J, Atkin R K. Rational Pesticide Use. Cambridge University Press, 53 – 71.

Latheef MA. Influence of spray mixture rate and nozzle size of sprayers on toxicity of profenofos and thiodicarb formulations against tobacco budworm on cotton. Crop protect, 14 (5): 423 – 427.

崔丽, 王金凤, 秦维彩, 等. 2010. 机动弥雾法施用70%吡虫啉水分散粒剂防治小麦蚜虫的雾滴沉积密度与防效的关系. 农药学学报, 12 (3): 313 – 318.

顾中言, 徐广春, 徐德进, 等. 2012. 稻田农药科学减量的技术体系及其原理. 江苏农业学报, 28 (5): 1016 – 1024.

徐德进, 顾中言, 徐广春, 等. 2012. 雾滴密度及大小对氯虫苯甲酰胺防治稻纵卷叶螟的影响. 中国农业科学, 45 (4): 666 – 674.

袁会珠, 陈万权, 杨代斌. 2000. 药液浓度、雾滴密度与氧乐果防治麦蚜的关系研究. 农药学学报, 2 (1): 58 – 62.

典型手性三唑类杀菌剂安全评价研究
Safety Evaluation on Typical Chiral Triazole Fungicide

董丰收　李　晶　李远播　刘新刚　徐　军　郑永权*

（中国农业科学院植物保护研究所，植物病虫害生物学国家重点实验室，
北京 100193）

三唑类杀菌剂是世界用量最大的手性杀菌剂品种，其化学结合中均含有 1，2，4 – 三唑基团，具有杀菌谱广、活性高、杀菌速度快、持效期长、内吸传导强等特点，兼具保护、治疗、铲除和熏蒸作用。其作用机理是通过抑制 $P450$ 酶（CYP51）抑制羊毛甾醇向麦角甾醇的转化，破坏病原菌细胞膜功能，最终导致细胞死亡，对担子菌、子囊菌和半知菌等大多数真菌性病害均有效。广泛应用于小麦、水稻、玉米、花生、蔬菜和水果等多种作物，2010 年中国三唑类杀菌剂国内消费量超过 10 000t（折百），占国内杀菌剂总量约 15%。目前，商品化的三唑类杀菌剂品种共 31 种，其中，26 种为手性农药，其中，三唑酮、腈菌唑、己唑醇和苯醚甲环唑等手性杀菌剂是我国典型的当家品种。然而，目前绝大部分三唑类手性农药仍以外消旋体形式（等量的左旋体和右旋体的混合物）销售和使用，而手性农药对映体之间的生物活性和生态毒性往往差别较大，无活性或低活性成分的存在不仅增大了农药的使用量，甚至会对非靶标生物带来负面的影响。因而，给人类和生态环境带来了诸多安全隐患。本研究小组针对我国应用的典型三唑类手性农药品种，系统开展了对映体水平安全评价研究，首先采用基质分散和固相萃取以及手性固定相与串联质谱结合技术，成功建立植物和环境中三唑酮、腈菌唑、戊唑醇、己唑醇、苯醚甲环唑等 13 种手性三唑类农药对映体残留分析方法，方法操作简便、选择性强，灵敏度由传统 ppm 级提高到 ppb 级，有效地解决了对映体水平残留分析方法缺乏的问题。其次利用液相手性制备技术，制备了戊唑醇、腈菌唑、苯醚甲环唑、己唑醇手性单体，明确了其对主要靶标病源菌（番茄叶霉病、灰霉病等）的生物活性和典型非靶标水生生物（斜生栅藻、大型溞、斑马鱼）的生态毒性，数据表明，（2R，4S）– 苯醚甲环唑活性最高，毒性最低，而（2S，4S）– 苯醚甲环唑活性最低，毒性最高。活性和毒性差异倍数随供试病源菌种类不同而变化，活性和毒性最大相差 31 倍和 7 倍，同时（2R，4S）– 苯醚甲环唑在环境中手性对映体稳定，不易发生构型转换，为指导开发（2R，4S）– 苯醚甲环唑高效低风险绿色农药产品提供了重要技术支持。而 R – 戊唑醇和（–）– 己唑醇既是高效体又是高毒体，其中，R – 戊唑醇毒性是 S – 戊唑醇的毒性的 5.9 倍；（＋）腈菌唑的生物活性显著高于（–）腈菌唑，最高可达 6 倍多，而腈菌唑对映体之间毒性相差不大，但二者消旋体毒性是单个对映体的 6～7 倍，可见不同对映体混合有时可导致增毒效应。最后，重点明确了三唑类高毒性异构体在蔬菜植株中的立体降解行为，为降低农产品质量安全风险提供了技术依据。结果显示，三唑酮转化为高毒体 RS – 三唑醇仅在番茄中被优先累积，而在

---

* 通讯作者：E – mail：zhengyongquan@ippcaas. cn

黄瓜中较少累积；高毒体 SS – 苯醚甲环唑在番茄中优先累积、而在黄瓜中被优先降解；而高毒体（–）–己唑醇在番茄和黄瓜中均被优先积累。相对于喷雾施药方式，手性农药在灌根方式下在植物中选择性降解和累积强度更大。发现手性农药对映体在作物中选择降解行为与作物种类、施药方式等因素密切相关，推测其选择降解代谢规律可能特定条件下植物本身的参与代谢过程的生物酶系关系密切，其确切立体选择机制仍需今后进一步研究揭示。

参考文献

Dong FS, Cheng L, Liu XG, Xu J, Li J, Li YB, Kong ZQ, JianQ, Zheng YQ. 2012. Enantioselective analysis of triazole fungicide myclobutanil in cucumber and soil under different application modes by chiral liquid chromatography/tandem mass spectrometry. J Agri Food Chem, 60 (8): 1929 – 1936.

Dong FS, Li J, Chankvetadze B, Cheng YP, Xu J, Liu XG, Li YB, Chen X, Bertucci C, Tedesco D, Zanasi R, Zheng YQ. 2013. Chiral triazole fungicide difenoconazole: absolute stereochemistry, stereoselective bioactivity, aquatic toxicity, and environmental behavior in vegetables and soil. Environ Sci Tech, 47 (7): 3386 – 3394.

Li J, Dong F, Cheng Y, Liu X, Xu J, Li Y, Chen X, Kong Z, Zheng Y. 2012. Simultaneous enantioselective determination of triazole fungicide difenoconazole and its main chiral metabolite in vegetables and soil by normal – phase high – performance liquid chromatography. Anal Bioanal Chem, 404 (6 – 7): 2017 – 2031.

Li YB, Dong FS, Liu XG, Xu J, Han YT, Zheng YQ. 2015. Enantioselectivity in tebuconazole and myclobutanil non – target toxicity and degradation in soils. Chemosphere, 122: 145 – 153.

Li YB, Dong FS, Liu XG, Xu J, Han YT, Zheng YQ. 2014. Chiral fungicide triadimefon and triadimenol: Stereoselective transformation in greenhouse crops and soil, and toxicity to Daphnia magna. J Hazard Mater, 265: 115 – 123.

广谱识别有机磷农药的核酸适配体研究新进展
Restructured Broad – specific Single – stranded DNA Aptamer for Multiple Organophosphorus Pesticides Recognization and Molecular Interaction Analysis

张存政*

（江苏省农业科学院，南京　210014）

食品安全问题一直为人们所关注，特别是农药残留的累积毒性问题严重，共毒性危害是一个严重的健康隐含问题，而对于小分子化合物的快速检测技术存在诸多困难，尤其在未知危害物的鉴定与筛查，突发食品安全事件的快速鉴定方面，对检测方法的快速与准确定性提出更高的要求，而环境污染与农药的大量使用，使食品安全隐患更为复杂，更多的新型药剂、污染物、添加剂等更是缺乏精准的快速检测方法。

针对食品中农药残留的多样性、复杂性，特别是家族类小分子化合物的残留累积毒性问题，采用核酸适配体技术（SELEX，被认为是一种可替代抗体的新技术，其在小分子检测领域具有独特的优势，可从单靶物质筛选到多靶物质筛选，成为国际研究与关注的热点）从寡聚核苷酸库中，以高毒性、限制使用的有机磷农药甲胺磷、水胺硫磷、丙溴磷、三唑磷等为对象进行适配体筛选，对获得的具有特异活性的适配体，通过基因拼接、修饰、剪切，使得改型后的适配体具有广谱识别有机磷类农药的活性，利用分子对接与模拟技术进行了分子识别机理研究，建立了基于分子信标技术荧光检测方法。

利用 SELEX 方法筛选适配体（固相化核酸适配体库方法）。

Nutiu 和 Li 设计了一种新型的非固相化小分子的 SELEX 筛选策略，基本原理如图 1 所示。将随机单链 DNA 库与生物素标记的核酸探针杂交，核酸探针通过生物素与凝胶表面修饰的链亲和素结合，从而使随机 ssDNA 库固定在凝胶表面；游离于液相的靶分子与固定的 ssDNA 库作用，与其结合的 ssDNA 将从凝胶表面释放至液相，收集液相中的核酸分子，PCR 扩增并制备 ssDNA，反复进行筛选。我们对 Nutiu 和 Li（2005b）所报道的非固相化小分子的筛选方法加以改进，选择了结构上有代表性的甲拌磷、丙溴磷、水胺硫磷、氧化乐果四种有机磷农药为靶分子进行 DNA 适配体的筛选，大大提高了筛选效率，获得了可同时识别多个靶分子的广谱型核酸适配体，如图 2 所示。

1　SS2 – 55 适配体的活性位点分析

试验中对 SS2 – 55 适配体进行剪切形成 SS2 – 44、SS2 – 29、SS – XH – 19 序列，利用软件对其二级结构进行预测，如图 3 所示。利用竞争抑制法鉴定了 SS2 – 55 适配体及其剪切片段的活性，结合适配体序列及结构的变化可对其活性位点进行分析，如图 4 所示。

---

* 通讯作者：E – mail：zcz@ jaas. ac. cn

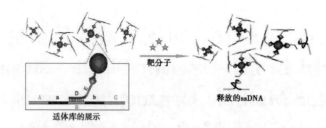

图 1　非固相化小分子适配体筛选的原理

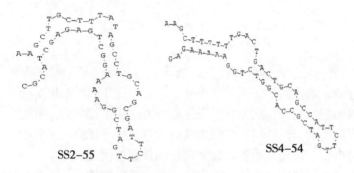

图 2　筛选到的 ssDNA 二级结构

结果表明，SS2 – 55 适配体识别 4 种有机磷农药的活性位点不同。对于甲拌磷 Loop2 – 3 至关重要，Loop2 – 4 其次；对于丙溴磷 Loop2 – 4 至关重要，其次 Loop2 – 2 和 Loop2 – 1 对活性的贡献相当；对于水胺硫磷 Loop2 – 4 至关重要，Loop2 – 1、Loop2 – 2 其次；对于氧化乐果 Loop2 – 4 至关重要。

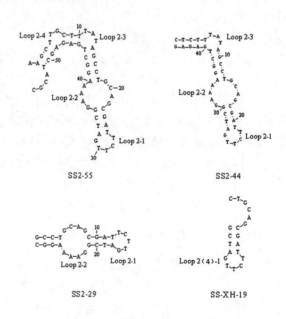

图 3　SS2 – 55 适配体及其剪切片段的二级结构

2 SS4-54 适配体的活性位点分析

试验中对前期筛选的 SS4-54 适配体进行剪切形成 SS4-46、SS4-27、SS-XH-19 序列，并利用软件对其二级结构进行预测，如图 4 所示，并鉴定了适配体及其片段的活性。

结果表明，对于 SS4-54 适配体，当 5 端和 3 端部分残余核苷酸剪切掉时，甲拌磷、水胺硫磷、氧化乐果的抑制率都有下降，而丙溴磷的抑制率反而上升了 10% 左右，说明末端残余碱基的存在会阻碍丙溴磷与适配体的结合。Loop4-3 对于氧化乐果和丙溴磷是十分重要的活性部位，Loop4-2 对于水胺硫磷和丙溴磷是重要活性位点，Loop4-1 对水胺硫磷和丙溴磷也是重要的活性位点。

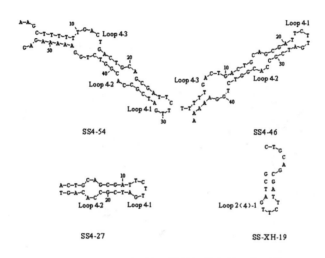

图 4　SS4-54 适配体及其剪切片段的二级结构

3 重组适配体片段的结构与活性分析

根据上述适配体活性位点分析的结果，对适配体的活性位点进行拼接，形成新的适配体序列，结果表明，适配体与农药靶分子的结合不是简单的活性部位的堆积，有的活性部位并不参与结合，但它却对维持适配体的活性构象具有重要作用，如图 5 所示。

4 计算机模拟适配体 3D 结构，分子识别机理分析

采用分子对接、模拟方法进行了分子识别作用分析，以分子动力学模拟、计算结合自由能。结构分析表明，重组的适配体（SS24-S-35）包括 3 个茎环结构，呈现 2 个半的螺旋结构（图 6 所示），具有 3 个潜在的识别位点。经过对适配体分子表面、间距分析，适配体（SS24-S-35）表面 3 个潜在的识别位点被确定，特别是位于小沟内的识别位点，用于分子对接及分子结合能计算。

适配体 SS24-S-35 识别位点 1 和识别位点 3 分别位于 2 个环状结构中，识别位点 2 位于两个环状结构之间；识别位点 1 证实为适配体 SS2-55 的 2-4 环状结构，此环状结构对于适配体 SS2-55 的广谱识别化合物活性具有决定性的作用；识别位点 2、3 被证实

分别位于适配体 SS4–54 的最小活性功能片断 SS4–C–27 的环状结构 4–2 和 4–1 上。

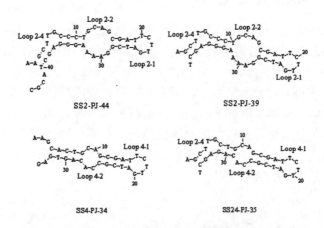

图5　拼接改造后适配体的二级结构

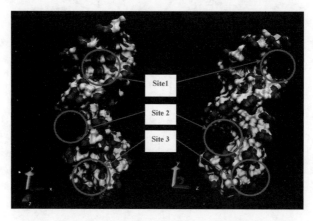

**图6　重组适配体 SS24–S–35 的 3D 结构模拟及其
可能的活性位点**

与化合物的结合自由能计算表明，结合位点 1 和 3 的结合能力强于位点 2，除了对化合物丙溴磷的识别结合，位点 2 与位点 1 呈现出相似的结合能力与结合自由能；对于不同化合物的识别结合，不同的结合位点呈现出不同的结合能力与结合自由能。多种分子间作用力参与了适配体与化合物的分子间相互作用，其中氢键、范德华力对于适配体稳定识别化合物起到了关键性的作用，特别对于位点 3 的识别力贡献最大。

适配体与水胺硫磷对接模拟表明，位点 1 贡献了很大部分的对化合物的结合能，位点 2 的范德华力和库仑作用力对于水胺硫磷结合发挥了主要作用，对于位点 3，极性溶剂化自由能则是关键因素。

环状结构 4–2（识别位点 2）和环状结构 4–1（识别位点 3）可同时识别结合丙溴磷、水胺硫磷，对于这两个化合物，识别位点 2 和 3 为共享结合位点，而水胺硫磷的疏水性及化学基团电子分布的影响，导致更为复杂的结合作用，多口袋的适配体结构扩大了其识别对象，并提高了对现有识别对象的亲和力。

综上所述，计算、模拟预测的适配体 SS24–S–35 活性机理与前述试验结果确定的茎环结构功能相吻合，这些结构对于适配体维持功能特异性具有至关重要的作用。利用多种、多价的分子间作用力来改造、组装新的识别分子，可以引入新的配体识别特性，并可改善、强化对现有配体的识别能力，呈现出多个结合口袋的适配体结构设计，可以增强对化合物的识别结合能力，甚至可以引入新的识别功能，扩大识别对象，提高亲和力。

上述研究成果为毒性机理相似的家族类小分子的快速检测提供了新思路，为食品安全累积毒性的判断与评估提供了新方法。

参考文献

Wang L, Liu X, Zhang Q, Zhang C, Liu Y, Tu K, Tu J. 2012. Selection of DNA aptamers that bind to four organophosphorus pesticides. Biotechnol Lett, 34, (5), 869–874;

Zhang CZ, Wang L, Tu Z, Sun X, He QH, Lei ZJ, Xu CX, Liu Y, Zhang X, Yang JY, Liu XJ, Xu Y. 2014. Organophosphorus pesticides detection using broad specific single–stranded DNA based fluorescence polarization aptamer assay. Biosen Bioelectrons, 55: 216–219.

几种杀虫剂对水生生物安全性影响半田间试验研究
Safety Impact of Some Insecticides on Aquatic Organisms in Semi – field Tests

张 勇 周凤艳 沈 艳 胡东东 高同春*

（安徽省农业科学研究院植物保护与农产品质量安全研究所，合肥 230031）

我国是一个农业大国，人口众多，为保证粮食产量，农药在农业生产活动中使用相当广泛，农药的使用确实在农作物产量上具有非常大的贡献，但不可否认的是农药不合理后使用对生态系统造成一定威胁特别是施药农田周边水生生态系统（于成明等，2012）。2010—2014 年，本课题在农药对水生生物（鱼、虾）安全性影响方面开展了系列半田间试验研究。

通过建立"水稻田 – 池塘"生态系统，观察试验稻田使用农药后，将稻田水排至试验池塘后，调察池塘中网箱鱼、虾死亡的影响，并对有关环境介质中农药残留浓度进行检测分析，试验设有空白对照池塘作比较。试验共研究了四种农药，分别为 40% 毒死蜱乳油、40% 水胺硫磷乳油、3% 克百威颗粒剂和 10% 醚菊酯悬浮剂，结果发现毒死蜱和水胺硫磷按正常剂量使用后两次排水对试验池塘排水口近远端网箱中鱼苗（鲫鱼、莲鱼、草鱼）无致死影响；对排水口近远端青虾均造成不同程度的死亡，试验期间分别检测稻田水和试验池塘排水口近远端水样农药残留浓度，两种农药在稻田和试验池塘水中残留浓度总体随时间推移呈下降趋势，与青虾死亡趋势吻合；克百威正常剂量在稻田使用两次排水后对试验池塘排水口近远端鱼虾造成大量死亡且发现对一些有益生物（青蛙、甲虫等）也有致死情况，对试验池塘排水口近远端水样进行检测发现，克百威浓度整体呈下降趋势且排水口近端浓度要高于远端；醚菊酯按照正常剂量使用并排水至相应的试验池塘后，未发现试验池塘网箱内鱼虾因排水而造成死亡的情况，对池塘排水口近端水样和底泥样进行了检测，发现醚菊酯在底泥样中残留浓度比水样中高，说明该农药在水体中易于沉降到底泥中，排水口近端水与底泥样品中醚菊酯残留浓度高于远端样品。

农药对水生生物的影响不仅取决于农药在水环境中的暴露浓度，同时和生物在该环境下的暴露时间有关（Hua *et al.*，1997）。半田间试验所选供试生物鱼并非"化学农药环境安全评价试验准则"中推荐使用的斑马鱼，而是选择了在我国分布广泛且具有重要经济价值的四种鱼类，即青鱼、草鱼、鲢鱼和鳙鱼，从而试验结果更具有实践价值；各试验期间均对几种农药在环境介质中残留进行了检测，其残留浓度变化趋势与受影响鱼虾死亡趋势基本吻合。半田间试验与室内急性毒性试验相比，其能够较为真实的反应农药对生态系统的风险，但其同时也存在一些缺点，如试验周期较长、可控因素较少等（李少南等，

---

* 通讯作者：E – mail：gtczbs@ sina. com

2014），因此，二者是相辅相成，相互补缺。

上述研究成果为研究化学农药环境风险提供了新方法，为相应的农药环境风险管理提供参考，同时也促进了农药环境风险评价制度的完善。

参考文献

于成明，徐静伟，何邦令，等．2012．农用化学品污染及预防建议．生物安全学报，21（3）：184－188．

Hua XM，Gong RZ，Cai DJ．1997．Studies on the residues and degradation of oxyfluoren in a simulation rice field and pond eco－system．Res Environ Sci，10（4）：42－45．

李少南．2014．农药生态毒理学概念及方法学探讨［J］．农药学学报，16（4）：375－386．

土槿皮乙酸抑菌活性初步研究*
Preliminary Study of Antifungal Activity of Pseudolaric Acid B

张　静　叶火春　袁恩林　闫　超　高兆银　冯　岗**

（中国热带农业科学院环境与植物保护研究所，海口　571199）

从天然产物中挖掘和发现具有生物活性的物质是新农药创制的有效途径之一。中药土槿皮是我国特有植物，本研究以芒果胶孢炭疽病菌（*Colletotrichum gloeosporioides*）为离体抑菌活性供试菌种，采用活性追踪法，从其乙醇提取物中分离获得 8 个单体化合物，经 MS、^{1}H NMR 和 ^{13}C NMR 鉴定其化学结构为：pseudolaric acid A（1）、ethyl pseudolaric acid B（2）、pseudolaric acid B（3）、pseudolaric acid B – O – β – D – glucoside（4）、piperonylic acid（5）、propionic acid（6）、3 – hydroxy – 4 – methoxybenzoic acid（7）和 4 –（3 – formyl – 5 – methoxypheny butanoic acid（8）。活性测试表明，4 个土槿皮酸类物质均有较高的离体抑菌活性，其 EC_{50} 值分别为：1.62mg/L、3.7mg/L、1.07mg/L 和 11.30mg/L，其中，化合物 1 和 3 的活性优于对照药剂多菌灵（2.37 mg/L），活性最高的为化合物 3 即土槿皮乙酸（PAB）。此外，PAB 对植物病原真菌有较为广谱的抑菌作用，在 5 mg/L 处理下，PAB 对供试的 16 种供试菌均具有一定的抑菌活性，对芒果炭疽病菌、芒果蒂腐病菌、番茄灰霉病菌、玉米大斑病菌等 9 种菌的菌丝生长抑制率均大于 80%，可抑制孢子萌发和芽管伸长，对胶孢炭疽病菌孢子萌发和芽管伸长 EC_{50} 值分别为 3.80mg/L 和 0.75 mg/L。活体试验结果表明，PAB 浸果处理可抑制芒果炭疽病病斑的形成，50mg/L 和 100mg/LPAB 处理可使病斑直径比相同浓度的多菌灵处理降低 46.67% 和 87.61%。

PAB 抑菌机制尚不明确，其抗癌作用靶标可能是微管蛋白。微管蛋白对于真菌细胞的有丝分裂具有重要作用，同时也是一种重要的杀菌剂作用靶标，已知作用于微管蛋白的杀菌剂主要有苯并咪唑类和苯酰菌胺类。扫描电镜观察表明，PAB 处理后胶孢炭疽病菌菌丝体生长缓慢、畸形：菌丝出现不规则的缢缩和膨大，呈念珠状，表面大量附着外渗物，部分菌丝塌陷、干瘪，生长点不规则分枝，分枝增多，间距变短。其致毒症状类似苯并咪唑类杀菌剂多菌灵。然而试验表明，PAB 对抗多菌灵的胶孢炭疽菌的高抗菌株同样表现出较好的抑制菌丝生长作用，这提示 PAB 的作用机制不同于多菌灵，或者微管蛋白并非其杀菌作用的唯一靶标。

天然活性物质 PAB 可能成为一种广谱、高活性的杀菌先导化合物，对其杀菌活性及其作用机制深入研究可能为发现新型杀菌剂提供理论和现实依据，对于绿色杀菌剂的研究

---

* 基金项目：国家自然科学基金（31201538）和中国热带农业科学院"热带农业青年拔尖人才项目"（NO. 2013hzs1J002 – 2）

** 通讯作者：E – mail：feng8513@ sina. com

具有重要意义。

参考文献

Zhang J, Yan LT, Yuan EL, Ding HX, Ye HC, Zhang ZK, Yan C, Liu YQ, Feng G. 2014. Antifungal activity of compounds extracted from Cortex Pseudolaricis against *Colletotrichum gloeosporioides*. J. Agri Food Chem. 62 (21): 4905 – 4910.

张静, 冯岗, 高兆银, 等. 2010. 土槿皮乙酸在防治植物病害中的应用. 中国, ZL201010218506.1 [P]. 2010 – 11 – 24.

Wong VK1, Chiu P, Chung SS, Chow LM, Zhao YZ, Yang BB, Ko BC. 2005. Pseudolaric acid B, a novel microtubule – destabilizing agent that circumvents multidrug resistance phenotype and exhibits antitumor activity in vivo. Clin Cancer Res, 11: 6002 – 6011.

Young DH, Slawecki RA. 2001. Mode of action of zoxamide (RH – 7281), a new oomycete fungicide. Pestic Biochem Phys, 69: 100 – 111.

小菜蛾对氯虫苯甲酰胺的抗性机制研究进展
Research Advance on Resistance Mechanisms of *Plutella xylostella* to Chlorantraniliprole

李秀霞 郭 磊 梁 沛[*] 高希武

（中国农业大学农学与生物技术学院昆虫学系，北京 100193）

双酰胺类杀虫剂是以昆虫鱼尼丁受体为作用靶标的新型杀虫剂，由于其作用机制独特，对多种鳞翅目害虫具有良好的防治效果而得到广泛应用。但已经有多种害虫的田间种群对该类药剂产生了抗性，甚至导致田间防治失败。小菜蛾［*Plutella xylostella*（L.）］是第一个对该类杀虫药剂产生抗性农业害虫。近几年，我们较为系统地研究了小菜蛾对氯虫苯甲酰胺的抗性机制。

氯虫苯甲酰胺对小菜蛾具有明显的亚致死效应。采用 LC_{10}、LC_{25} 浓度的氯虫苯甲酰胺对小菜蛾连续处理 5 代后，小菜蛾对氯虫苯甲酰胺的敏感度分别比敏感品系下降了 57.3% 和 67.7%，同时小菜蛾 CarE 和 P450 比活力显著高于对照组，但 GSTs 和芳基酰胺酶的比活力下降，且 LC_{25} 处理品系酶活性下降更明显。表明小菜蛾对氯虫苯甲酰胺产生抗性的风险较高；CarE 和 P450 活性增强可能与小菜蛾对氯虫苯甲酰胺的敏感度下降有关（邢静等，2011）。同时发现，LC_{25} 剂量的氯虫苯甲酰胺处理对小菜蛾的影响还具有传代效应，即处理亲代后，其子代虽未经处理，但其幼虫死亡率显著高于亲代，子代发育历期明显延长，净生殖率、内禀增长率及周限增长率均显著低于亲代（Guo *et al.*，2013）。

克隆获得了 2 个小菜蛾鱼尼丁受体基因的全长 cDNA 序列。应用定量 PCR 技术研究了该受体基因在小菜蛾不同发育阶段、不同组织部位的表达水平，并通过 Western blot 对 4 龄幼虫及其不同组织部位的鱼尼丁受体蛋白表达进行了检测，为进一步研究小菜蛾对双酰胺类杀虫药剂抗性的分子机理提供了基础（Guo *et al.*，2012）。

靶标基因突变是导致小菜蛾对氯虫苯甲酰胺产生抗性的重要原因。在上述基础上，从氯虫苯甲酰胺高抗（抗性 >500 倍）小菜蛾田间种群中发现了一个点突变（G4996E），通过一系列研究证明了该点突变引起的鱼尼丁受体与药剂结合能力下降是导致小菜蛾产生抗性的重要原因（Guo *et al.*，2014a）。针对该点突变建立了基于 PCR 的快速检测技术，已获得国家发明专利（ZL201210537546.1）。最近，我们从采自云南通海的一个小菜蛾田间种群的鱼尼丁受体上鉴定出 3 个新的突变位点，分别是第 1338 位的谷氨酸突变为缬氨酸（E1338D），第 4594 位谷氨酰胺突变为亮氨酸（Q4594L）和第 4790 位的异亮氨酸突变为甲硫氨酸（I4790M）。通过进一步抗性遗传连锁分析及鱼尼丁受体与药剂的结合动力学分析，发现 3 个新突变及 G4946E 4 个突变通过不同组合共同参与小菜蛾对氯虫苯甲酰胺的抗性（Guo *et al.*，2014b）。这是首例关于不同点突变通过不同组合共同参与昆虫对双酰胺类杀虫剂抗性的报道。

---

* 通讯作者：E - mail：liangcau@ cau. edu. cn

通过建立小 RNA 文库及高通量测序，已经从小菜蛾中鉴定出 miRNA 384 个，其中，昆虫保守的 miRNA 210 个，预测的小菜蛾特有的 miRNA 174 个。根据上述 miRNA 设计点制芯片，成功检测了 234 个 miRNA 在小菜蛾不同发育阶段的表达谱，结果发表在 PLoS ONE 上（Liang *et al.*, 2013）。并且已经证明有两个 miRNA 通过调控鱼尼丁受体的表达参与了小菜蛾对氯虫苯甲酰胺的抗性。这些结果为本项目进一步研究 lncRNA – mRNA – miRNA 调控网络在小菜蛾对氯虫苯甲酰胺的抗性中的作用提供了重要基础。

参考文献

Guo L, Tang BZ, Dong W, Liang P, Gao XW. 2012. Cloning, characterisation and expression profiling of the cDNA encodingthe ryanodine receptor in diamondbackmoth, *Plutella xylostella*（L.）（Lepidoptera：Plutellidae）. Pest Manag Sci, 68（12）：1605 – 1614

Guo L, Desneux N, Sonoda S, Liang P, Han P, Gao XW. 2013. Sublethal and transgenerational effects of chlorantraniliprole on biological traits of the diamondback moth, *Plutella xylostella* L. Crop Protection. 48：29 – 34.

Guo L, Wang Y, Zhou XG, Li ZY, Liu SZ, Liang P, Gao XW. 2014a. Functional analysis of a point mutation in the ryanodine receptor of *Plutella xylostella*（L.）associated with resistance to chlorantraniliprole. Pest Manag Sci, 70：1083 – 1089.

Guo L, Liang P, Zhou XG, Gao XW. 2014b Novel mutations and mutation combinations of ryanodine receptor in a chlorantraniliprole resistant population of *Plutella xylostella*（L.）. Sci Rep, 4：srep06924.

Liang P, Feng B, Zhou XG, Gao XW. 2013. Identification and developmental profiling of micrornas in diamondback moth, *Plutella xylostella*（L.）. PLoS One, 2013. 8（11）：e78787.

新型杀菌剂作用靶标群体感应系统的研究进展
Insights into Quorum Sensing, the Target for Novel Bactericides

王蒙岑[*]

（浙江大学农药与环境毒理研究所，杭州　310058）

　　细菌作为单细胞原核生物的代表，是在自然界分布最广、个体数量最多的有机体。一直以来，细菌的生长和繁殖被认为是一种简单的细胞分裂过程，而这种传统认识在 20 世纪 60 年代被打破。科学家们发现细菌个体之间也存在如高等真核生物般复杂的信息交流和信号传导，这种现象被命名为群体感应（quorum sensing, QS）（Marshall, 2013）。QS 其实质是细菌生长发育过程中的一种调控机制，指细菌在其生长过程中分泌一种或多种信号分子，个体通过感应这些信号分子的浓度来判断本身种群密度，当种群密度数达到一定的阈值后，一系列基因的表达被相应启动以协调群体行为来适应环境的变化（Schuster et al., 2013）。在大多数动植物病原菌中，QS 参与调控包括游动性、次生代谢、毒力因子生成、生物膜发育等与致病力紧密相关的细胞生理过程（Ritjerfprd amd Nassler, 2012）。

　　QS 最早发现于费氏弧菌（Vibrio fischeri）的生物发光现象，其 QS 系统包括 luxI 基因和 luxR 基因，其中，luxI 基因编码的 LuxI 蛋白负责合成 N－酰化高丝氨酸内酯（N－acyl homoserine lactones, AHLs）信号分子，而 luxR 基因编码的 LuxR 蛋白负责对 AHLs 信号分子作出应答，两者协作实现对发光基因簇 luxCDABEG 操纵子转录的调控（Stevens and Greenberg, 1997）。V. fischeri 常共生于夏威夷短尾鱿鱼的发光器官中，在其群体密度很低时 luxI 和 luxR 的转录水平很低，luxCDABEG 操纵子的转录也不会被激活，而随着细胞生长和群体密度的上升，3－oxo－C6－HSL 信号分子浓度达到阈值水平，3－oxo－C6－HSL 与 LuxR 结合形成复合调控子，下游 luxCDABEG 操纵子的转录也被激活（图 1），从而发生生物发光现象（Galloway et al., 2010）。

　　QS 系统的发现促进了相关研究的蓬勃发展，科学家们在不同细菌或者真菌中发现了不同信号分子介导的 QS 系统，其命名常采用信号分子缩写作为前缀。最具代表性的两类 QS 系统为 AHLs－QS 系统（被报道调控水稻苗枯病菌 Burkholderia plantarii 和洋葱伯克霍尔德菌 Burkholderia cepacia 的致病力）和 DSF－QS 系统（被报道调控水稻白叶枯病菌 Xanthomonas oryzae 的致病力）（Ryan and Dow, 2011；Wang et al., 2013；Schmid et al., 2012；Suppiger et al., 2013），更多典型的 QS 系统详见表 1。

　　此外，最新研究还发现在一种病原菌中致病基因的表达由多套 QS 系统共同调控。例如，铜绿杆菌 Pseudomonas aeruginosa 的致病力由 AHLs－QS、PQS－QS、Rhl－QS 和 Las－QS 四套系统形成复杂的信号网络共同调控（Jarosz et al., 2011），而在新洋葱伯克霍尔德菌 Burkholderia cenocepacia 中 AHLs－QS、HHQ－QS 和 BDSF－QS 三套 QS 系统共同调控着

＊　通讯作者：E－mail：wmctz@ zju. edu. cn

毒素分泌和生物膜发育（Schmid *et al.*，2012）。

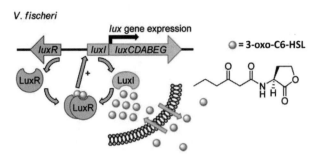

图 1 QS 系统在 *V. fischeri* 中对生物发光基因簇表达的
调控机制（修改于 Galloway *et al.* 2010）

表 1 典型的 QS 系统及其在微生物中的分布

种内信号分子	结构式	常见分泌菌株
AHLs		*Vibrio fischeri* *Agrobacteriium tumefaciens* *Erwinia carotovora* *Pseudomonas aeruginosa* *Burkholderia cepacia*
PAME		*Ralstonia solanacearum*
DSF		*Xanthomonas campestris*
Farnesoic acid		*Candida albicans*
Farnesol		*C.albicans*

AHLs：*N* – 酰化高丝氨酸内酯；PAME：3 – 羟基棕榈酸甲酯；DSF：扩散性信号因子（一般为长链不饱和脂肪酸）；Farnesoic acid：法尼酸；Farnesol：法尼醇。表中信号分子中的 n 表示支链含碳原子个数

以病原菌 QS 系统为作用靶标的新型杀菌剂不仅在作用机制上区别于传统杀菌剂，更是具有诸多优点。传统杀菌剂的作用机制往往是通过抑制病原菌的细胞分裂或基础代谢，以达到杀死病原菌的效果（Dong *et al.*，2010），但其选择性压力极易导致耐药性菌株比例的上升，继而引起耐药性问题的频发和药剂的失效（Chernin *et al.*，2011）。而以病原菌 QS 系统为作用靶标的杀菌剂并不会影响病原菌的基础生长和代谢，但却能有效干扰 QS 系统，从而抑制致病基因表达，达到控制病原菌致病力的目的，其显著优点在于既能有效控制病原菌致病力，又不致使病原菌产生耐药性（Wang *et al.*，2013）。

目前研究发现，以 QS 系统为作用靶标来防治植物细菌病害的主要机制可分为以下几类：①阻碍 QS 信号分子的产生，即阻碍 QS 信号分子浓度的积累，使其无法达到激活致病基因表达的阈值浓度。QS 信号分子产生抑制剂的研究成果主要体现在人体致病菌铜绿杆菌 *P. aeruginosa*，而在植物病害防控方面的研究报道稀少，今后研究可侧重于从寄主植物和拮抗菌株中筛选能够抑制病原菌 QS 信号分子合酶活性的次生代谢产物（Shank and

Kolter，2009），并以其为先导化合物开发新型绿色生物杀菌剂。②降解已产生的 QS 信号分子，即通过降解酶对已产生的 QS 信号分子进行降解。至今已从多种细菌中分离得到针对病原菌 AHLs - QS 系统的两类 AHLs 降解酶：AHLs 内酯酶（AHLs - lactonase）和 AHLs 酰基转移酶（AHLs - acylase）（Dong et al.，2007）。由于 QS 系统在不同病原菌中的多样性，对于结构迥异的 QS 信号分子的降解酶分离和鉴定研究仍处于初始阶段，QS 信号分子降解酶的制剂研发必然是今后研究的重点之一。③阻碍 QS 信号分子与受体蛋白的结合，即通过 QS 信号分子的类似物或拮抗剂与本身 QS 信号分子竞争结合其细胞内的特异受体（如 LuxR 家族受体蛋白），阻碍 QS 信号分子对致病基因表达的正常调控。QS 系统作为细菌长期进化中形成的个体间调控机制，对于细菌在与寄主植物或环境中其他微生物互作中获得竞争优势具有重要的生态学意义，而处于同一生态位的其他细菌甚至真核生物在竞争压力下也必然进化出干扰或破坏细菌 QS 系统的机制（Shank et al.，2011）。至今，QS 信号分子拮抗剂大多是从生物互作研究模型中所获得的，如海洋红藻（Delisea pul-chra）分泌的卤化呋喃酮（图2）可干扰附生细菌 AHLs - QS 系统调控的定植能力（Wang et al.，2013），水稻根际绿粘帚霉（Trichoderma virens）分泌的倍半萜二烯醇（图2）抑制水稻苗枯病菌（B. plantarii）AHLs - QS 系统所调控的毒力因子及生物膜的形成（Wang et al.，2013a；Wang et al.，2013b）。自然界中生物互作的现象千姿万态，分离和鉴定未知 QS 信号分子拮抗剂的研究方兴未艾。

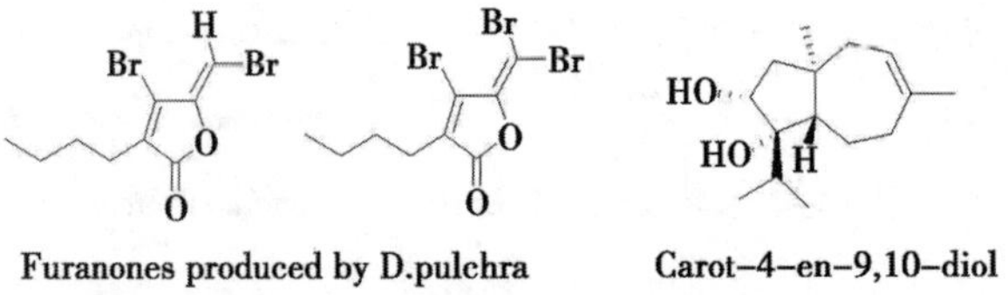

Furanones produced by D.pulchra   Carot-4-en-9,10-diol

图2   卤化呋喃酮和倍半萜二烯醇类 QS 信号分子拮抗剂的化学结构式

我国地形复杂、气候类型多样，具有丰富的自然资源，大量干扰病原菌 QS 系统的小分子化合物和大分子酶资源有待于探索和发现。立足于自然资源，筛选和鉴定具有抑制 QS 系统活性的天然化合物和酶，将成为创制新型杀菌剂的重要途径之一。

参考文献

Marshall J. 2013. Quorum sensing. Proceed Nat Acad Sci，110：2690.

Schuster M，Joseph Sexton D，Diggle SP，Peter Greenberg E. 2013. Acyl - homoserine lactone quorum sensing：from evolution to application. AnnRev Microbiol，67：43 - 63.

Rutherford ST，Bassler BL. 2012. Bacterial quorum sensing：its role in virulence and possibilities for its control. Cold Spring Harb Perspect Med，2：a012427.

Stevens AM，Greenberg EP. 1997. Quorum sensing in Vibrio fischeri：Essential elements for activation of the lu-minescence genes. J Bacteriol，179：557 - 562.

Galloway WRJD，Hodgkinson JT，Bowden SD，Welch M，Spring DR. 2010. Quorum sensing in gram - negative bacteria：small - molecule modulation of AHL and AI - 2 quorum wensing pathways. Chem Rev，111：28 - 67.

Ryan RP, Dow JM. 2011. Communication with a growing family: diffusible signal factor (DSF. signaling in bacteria. Trend Microbiol, 19: 145 – 152.

Wang M, Hashimoto M, Hashidoko Y. 2013a. Repression of tropolone production and induction of a *Burkholderia plantarii* Pseudo – Biofilm by Carot – 4 – en – 9, 10 – diol, a cell – to – cell signaling disrupter produced by *Trichoderma virens*. PLoS ONE, 8: e78024.

Schmid N, Pessi G, Deng Y, Aguilar C, Carlier AL, Grunau A, Omasits U, Zhang LH, Ahrens CH, Eberl L. 2012. The AHL – and BDSF – dependent quorum sensing systems control specific and overlapping sets of genes in *Burkholderia cenocepacia* H111. PLoS ONE, 7: e49966.

Suppiger A, Schmid N, Aguilar C, Pessi G, Eberl L. 2013. Two quorum sensing systems controlbiofilm formation and virulence in members of the *Burkholderia cepacia* complex. Virulence, 4: 400 – 409.

Jarosz LM, Ovchinnikova ES, Meijler MM, Krom BP. 2011. Microbial spy games and host response: roles of a Pseudomonas aeruginosa small molecule in communication with other species. PLoS Path, 7: e1002312.

Dong YH, Wang LH, Zhang LH. 2007. Quorum – quenching microbial infections: mechanisms and implications. Philos Trans R Soc Lond B Biol Sci, 362: 1201 – 1211.

Chernin L, Toklikishvili N, Ovadis M, Kim S, Ben – Ari J, Khmel I, Vainstein A. 2011. Quorum – sensing quenching by rhizobacterial volatiles. Environ Microbiol Rep, 3: 698 – 704.

Shank EA, Kolter R. 2009. New developments in microbial interspecies signaling. Cur Opin Microbiol, 12: 205 – 214.

Shank EA, Klepac – Ceraj V, Collado – Torres L, Powers GE, Losick R, Kolter R. 2011. Interspecies interactions that result in Bacillus subtilis forming biofilms are mediated mainly by members of its own genus. Proc Nat Aca Sci, 108: E1236 – 1243.

Wang M, Hashimoto M, Hashidoko Y. 2013b. Carot – 4 – en – 9, 10 – diol, a conidiation – inducing sesquiterpene diol produced by *Trichoderma virens* PS1 – 7 upon exposure to chemical stress from highly active iron chelators. Appl Environ Microbiol, 79: 1906 – 1914.

生物炭降低 1，3 – 二氯丙烯及氯化苦大气散发效果与机理

The Effect and Mechanism of Biochar Amendment on Emission Reduction of 1，3 – Dichloropropene and Chlorpicrin in Soil

王秋霞　曹坳程*

（中国农业科学院植物保护研究所，植物病虫害生物学国家重点实验室，北京　100193）

　　土传病害多为毁灭性病害，极难防治，目前最好的防控方法是采用溴甲烷进行土壤消毒，因其易破坏臭氧层而即将被禁用，导致高效、安全、广谱性熏蒸剂品种匮乏。1，3 – 二氯丙烯与氯化苦混用不仅能有效控制土传病原菌、根结线虫和部分杂草，而且臭氧消耗值为零，是溴甲烷最有前景的替代品。1，3 – 二氯丙烯与氯化苦特有的高挥发性导致它们易散发到大气中对人类及非靶标生物造成威胁，而有效的阻控散发措施及相关机制研究能降低其负面影响。Yates 等（2011）综述了降低熏蒸剂大气散发方法如下：①土壤表面添加化学肥料如硫代硫酸盐或者有机肥增加熏蒸剂在土壤中的降解速率；②通过增加土壤密度或土壤含水量减少土壤孔隙中的气体浓度，或者在土壤表面采用水封闭处理；③土壤表面覆盖塑料薄膜如高密度聚乙烯膜、不渗透膜（VIF，三层结构，中间为聚酰胺、两边为普通聚乙烯材料）或者完全不渗透膜（TIF，三层或五层结构，中间为乙烯 – 乙烯醇、两边普通聚乙烯材料交替叠放）。另外，可以通过改变熏蒸剂剂型来降低其散发，氯化苦及1，3 – 二氯丙烯以胶囊制剂形式施用后相对液体注射施药降低大气散发 41% ~ 65%（Wang et al.，2010a，b）。生物炭，它是有机材料（生物质）在缺氧及无氧环境中低温（一般 < 700℃）裂解后的富碳固体。有研究表明添加生物炭可提高土壤对营养元素的截留作用、促使有益微生物的生长和改善土壤持水性，促进农作物的生长，生物炭用于缓解和控制土壤污染是目前研究热点（Sohi，2012）。本研究小组设想可利用生物碳多孔特性来吸附欲散发到大气中的熏蒸剂，在土壤表层形成散发阻隔带以降低环境污染，故研究了土壤表面施用生物碳降低 1，3 – 二氯丙烯和氯化苦散发的效果与机理。研究结果表明：未添加生物碳的处理中，CP 的散发速率最高为 $80.9\mu m/m^2 \cdot s$、散发总量为施用量的15.9%，而添加生物碳处理中最高散发速率仅为 $9.9\mu m/m^2 \cdot s$、散发量为使用量的0.4 ~ 2.3%；未添加生物碳的处理中，1，3 – D 的散发速率高达 $48 ~ 66\mu m/m^2 \cdot s$、散发总量为施用量的 35.7% ~ 40.2%，而添加生物碳处理中最高散发速率仅为 $0.83\mu m/m^2 \cdot s$、散发量为使用量的 0.1% ~ 2.9%。综上所述和未添加生物碳处理相比添加生物碳可以降低 CP散发量以上 85%，降低 1，3 – D 散发量 92% 以上。降低氯化苦散发原理在于生物碳富含的自由基与氯化苦产生化学反应加速了氯化苦的降解，降低 1，3 – 二氯丙烯散发原理在

---

　　* 通讯作者，E – mail：caoac@ ippcaas. cn

于生物碳对1，3－D强吸附性；通过增加土壤水分和温度可以加速吸附在生物碳中的1，3－二氯丙烯降解，降低产生药害风险。土壤中添加生物碳的量不超过1%不会对氯化苦防治效果产生负面影响，不超过0.5%不会对1，3－二氯丙烯防治效果产生负面影响。本研究以期改善土壤条件的同时降低熏蒸剂负面影响，研究结果将对熏蒸剂科学应用提供基础数据，对淘汰溴甲烷、保护施药人员和周围人群、保证高价值及保护地作物可持续生产均具有重要的意义。

参考文献

Yates SR, McConnell LL, Hapeman CJ, Papiernik SK, Gao S, Trabue SL. 2011. Managing agricultural emissions to the atmosphere: state of the science, fate and mitigation, and identifying research gaps. J Environ Qual, 40（5）: 1347 – 1358.

Wang Q, Tang J, Wei S, Wang F, Yan D, Mao L, Guo M, Cao A. 2010. 1, 3 – dichloropropene distribution and emission after gelatin capsule formulation application. J Agri Food Chem, 58（1）: 361 – 365.

Wang Q, Wang D, Tang J, Yan D, Zhang H, Wang F, Guo M, Cao A. 2010. Gas – phase distribution and emission of chloropicrin applied in gelatin capsules to soil columns. J Environ Qual, 39（3）: 917 – 922.

Sohi SP. 2012. Carbon storage with benefits. Science, 338（6110）: 1034 – 1035.

Bt 棉田非靶标害虫种群地位演替规律及其生态学机制

Pest status Evolution of Non – Target Insects in Bt Cotton Fields and Its Ecological Mechanisms

陆宴辉 *

（中国农业科学院植物保护研究所，植物病虫害生物学国家重点实验室，
北京　100193）

我国自 1997 年开始商业化种植 Bt 棉花，在随后的几年间棉花重大害虫——棉铃虫的发生危害得到了有效控制，Bt 棉田化学杀虫剂的使用量也随之减少（Wu et al., 2008）。Bt 棉花的大面积种植以及 Bt 棉田化学防治力度的改变可能会导致棉田非靶标害虫种群地位的演替，这是国际学术界关注的热点问题并存在不同看法。在华北棉区，笔者对不同非靶标害虫种群演替规律及其机制进行了逐一系统研究，其中，盲蝽、伏蚜是其中的两个代表性例子。

小区研究表明，与常规棉花相比，Bt 棉花本身对盲蝽种群发生没有明显影响；而常规棉田防治棉铃虫使用的广谱性化学农药能有效控制盲蝽种群发生，起到兼治作用。区域性监测发现，棉田盲蝽的发生数量随着 Bt 棉花种植比率的提高而不断上升，而且盲蝽种群数量与棉铃虫化学防治次数之间呈显著负相关。这说明 Bt 棉花种植后防治棉铃虫化学农药使用的减少直接导致棉田盲蝽种群上升、为害加重。同时发现，Bt 棉田盲蝽种群暴发波及到同一生态系统中枣、苹果、梨、桃、葡萄等其他寄主作物，呈现出多作物、区域性灾变趋势（Lu et al., 2010）。

在试验小区中，Bt 棉花与常规棉花上捕食性天敌与棉蚜的种群发生数量没有明显差异；与不施药的棉田相比，施药防治棉铃虫后捕食性天敌的发生数量显著降低、而棉蚜密度显著提高；说明 Bt 棉花对天敌和棉蚜发生没有直接影响作用，而杀虫剂的大量使用将压低天敌种群而诱导棉蚜再猖獗。区域性监测研究表明，随着 Bt 棉花的大面积种植，棉田捕食性天敌的种群密度不断增加，而棉蚜伏蚜数量逐步降低；捕食性天敌种群数量的变化与棉田杀虫剂使用量的变化之间呈显著负相关，而伏蚜密度与捕食性天敌密度之间也呈显著负相关；这表明，随着 Bt 棉花的大面积种植以及棉田化学农药的减少使用，棉田捕食性天敌的种群快速上升，从而有效抑制了伏蚜的种群发生。小区试验同时发现，棉花与大豆、花生、玉米等相邻作物上捕食性天敌种群密度之间呈正相关关系，而玉米上蚜虫与捕食性天敌种群发生数量之间呈负相关关系；这说明捕食性天敌的转移扩散能力强、捕食对象杂，棉田捕食性天敌种群数量的增加将促进相邻田块、作物上天敌种群的建立和扩增，从而提高了对整个区域内不同害虫的自然控制作用（Lu et al., 2012）。

上述两个实例清楚表明，Bt 棉花的大面积种植以及 Bt 棉田害虫管理模式的改变影响

---

　* 通讯作者：E – mail：yhlu@ ippcaas. cn

到了一些害虫与天敌的区域性种群发生，这将可能进一步影响到整个农田生态系统的结构与功能。因此，*Bt* 棉花及其他转基因作物大面积商业化后的环境影响效应需要从农田生态系统的层面加以长期监测和全面评估。

参考文献

Lu YH, Wu KM, Jiang YY, Guo YY, Desneux N. 2012. Widespread adoption of Bt cotton and insecticide decrease promotes biocontrol services. Nature, 487: 362 – 365.

Lu YH, Wu KM, Jiang YY, Xia B, Li P, Feng HQ, Wyckhuys KAG, Guo YY. 2010. Mirid bug outbreaks in multiple crops correlated with wide – scale adoption of Bt cotton in China. Science, 328: 1151 – 1154.

Wu KM, Lu YH, Feng HQ, JiangYY, Zhao ZJ. 2008. Suppression of cotton bollworm in multiple crops in China in areas with Bt toxin – containing cotton. Science, 321: 1676 – 1678.

区域尺度的玉米基因飘流模型及在东北地区的应用
A Regional Applicable Maize Gene Flow Model to Predict the Maximum Threshold Distances in North East China

胡 凝[*]

（南京信息工程大学，南京 210044）

玉米是异花授粉作物，以风媒、虫媒为主要传粉途径，天然基因飘流率较高，传播距离较远。阐明玉米基因飘流的基本规律，计算历史上最大的基因飘流阈值距离（Maximum Threshold Distance，MTD），对设置安全隔离距离、确保种子纯度十分重要。

玉米的基因飘流与气象因子密切关系，这使得一时一地的田间试验结果因试验材料、环境条件的不同常常变异范围较大，在异地应用这些田间试验数据具有很大的局限性。模型成为研究水稻花粉扩散规律的重要补充手段，它不仅可以解释田间试验因试验材料、试验田面积、环境条件不同所导致的花粉扩散结果的不同，也可以预测某一环境条件下的花粉扩散浓度和距离。

玉米是最早应用转基因技术的作物，也是研究基因飘流模型最多的作物之一。综合各类模型的优缺点，我们首次建立了一个适用于区域尺度的玉米基因飘流模型。这个模型是在高斯烟羽模型的基础上建立的，它具有参数少、计算简便的特点，非常适用于描述下垫面均匀、湍流定常条件下的小尺度花粉扩散。而且模型以花粉数量竞争力和遗传竞争力为核心，综合考虑了玉米基因飘流中的生物学和气象学过程。它以风速和风向、气温、相对湿度、日照时数等常规气象资料作为输入值，因而能够依托国家气象站网的实时、历史资料估算区域范围内的基因飘流率和阈值距离，大大拓展了模型的功能与实用价值。田间试验的验证结果显示，模拟值与实测值的关系为 $y = 1.156\ x$（$R^2 = 0.8913$，$n = 30$，$P < 0.01$）（Hu et al. , 2014）。

应用上述玉米基因飘流模型，以东北春玉米区为实例，收集了 101 个站点 1997—2010 年的气象资料，计算了基因飘流率 $\leqslant 1\%$ 和 0.1% 的最大阈值距离（$MTD_{1\%}$ 和 $MTD_{0.1\%}$）。从结果看，东北春玉米区的 $MTD_{1\%}$ 和 $MTD_{0.1\%}$ 分别为 $10 \sim 49m$ 和 $17 \sim 125m$。最大阈值距离的空间分布不均，被大、小兴安岭和长白山划分为 3 个区域，中部的平原、高原等开阔区域，最大阈值距离较远；而东南和西北部的山区、丘陵地带，最大阈值距离则相对较短。敖光明等调研了国际上近 17 年玉米基因飘流率随距离变化的研究数据，归纳了基因飘流率 $\leqslant 1\%$ 和 0.1% 的距离分别为 $4 \sim 60m$ 和 $110 \sim 119m$。在转基因玉米大面积产业化种植后，英国、法国、西班牙等国研究者还针对转基因玉米与非转基因玉米共存情况下的基因飘流率进行了研究，结果表明：$<1\%$ 基因飘流率的距离一般不超过 30m，$<$

---

* 通讯作者：E – mail：huning@ nuist. edu. cn

0.1%基因飘流率的距离在80m以内。上述结论与我们的计算结果基本一致（Hu *et al.*，2014）。

玉米花粉直径大、重量重，从花药中释放出来后绝大部分就直接沉降在散粉植株附近，这部分花粉并没有参与扩散过程，也不会引起基因飘流。研究结果显示，每株玉米释放的花粉中约有84.18%直接散落于散粉植株的周围，仅有15.82%的花粉逃逸到冠层上方，参与扩散过程。随着花粉源面积的增大，扩散到源区外的花粉量将逐渐增加。但是，玉米花粉大于其他作物，扩散距离非常近。几乎所有的玉米花粉都会沉降在100m以内。因此，当花粉源直径超过一定值后，扩散到花粉源区外的花粉量将会达到一个平衡值，不再随着花粉源面积的增大而增加。该结论也解释了为什么在转基因玉米大面积产业化种植后，英、法、西班牙等国研究者所得到的转基因玉米与非转基因玉米共存时基因飘流率不再增加的原因。

供体、受体花粉的比例决定了玉米基因飘流率的高低，采用去雄等措施减少受体花粉的比例，基因飘流率将增高。除了花粉浓度比外，我们的结果还证明花粉竞争力是决定基因飘流率的另一个重要因素。人工授粉试验结果证实，如果供体花粉竞争力与受体相等，花粉浓度比与基因飘流率的关系就是一条直线；若供体花粉竞争力大于受体，花粉浓度比和基因飘流率曲线是一条向上的抛物线；反之，若供体花粉竞争力小于受体，花粉浓度比和基因飘流率曲线是一条向下的抛物线（Hu *et al.*，2014）。

上述研究结果能够直接为国家农业安全监管部门设置合理的转基因玉米隔离距离提供基础数据和科学依据，也可为杂交玉米种子生产中保持种子纯度的控制措施提供参考。

参考文献

Hu N, Hu JC, Jiang XD, Lu ZZ, Peng YF, Pan YD, Chen WL, Yao KM, Zhang M, Jia S, Pei X, Luo WH. 2014. Establishment and optimisation of a regional applicable maize gene flow model. Transgenic Res, 23 (5): 795 – 807.

实验室研究表明转 *Cry1C* 和 *Cry2A* 基因水稻对非靶标节肢动物没有负面影响

Laboratory Studies Demonstrate no Adverse Effects of *Cry1C* – or *Cry2A* – expressing Bt Rice on Non – target Arthropods

李云河[*]

（中国农业科学院植物保护研究所，植物病虫害生物学国家重点实验室，
北京 100193）

传统上，主要通过田间节肢动物种群调查研究转基因抗虫作物的非靶标效应，不但费时、费力，而且由于节肢动物种群动态受农田多种生物和非生物因素的影响，调查结果往往难以准确地反映转基因作物的种植与农田节肢动物群落的生态关系。因此，近几年，国际上普遍推荐通过在实验室可控条件下对少数节肢动物代表种的评价来预测转基因作物的种植可能带来的非靶标效应，达到低成本、快速和精确评价转基因抗虫作物非靶标效应的目的。在实验室条件下评价转基因抗虫作物的非靶标效应，首先要选择合适的代表性节肢动物种，然后根据代表种的生物学特性及其暴露于转基因抗虫植物表达外源蛋白的方式和途径，发展相应的实验室试验体系评价转基因抗虫作物对代表性节肢动物种的潜在影响。

自 2010 年，中国农业科学院植物保护研究所转基因生物安全实验室开展了系统的田间和实验室试验，梳理了我国中南部 17 省稻区主要节肢动物种类，明确了稻田常见节肢动物的生物习性、与靶标害虫的亲缘关系及在稻田生态系统中所发挥的生态功能，明确了稻田主要节肢动物种的营养关系及所处生态位，并通过酶联免疫吸附测定法定量分析了 *Bt* 蛋白在水稻组织中的时空表达及在稻田食物网上的分布规律，最终遴选出了适用于我国转基因水稻非靶标效应研究的代表性节肢动物种。基于所遴选的节肢动物代表种的生物学及生态学特点，发展了从不同层面评价转基因抗虫水稻对代表种潜在风险的试验方法（图 1）。

植食性昆虫：发展了评价转基因外源蛋白及转基因植物对稻飞虱潜在影响的试验体系（Wang *et al.*，2014）。

捕食性天敌：发展了评价转基因外源蛋白对中华通草蛉和龟纹瓢虫潜在影响的纯蛋白毒性检测试验技术，并建立研究转基因作物花粉对二者潜在影响的二级营养试验体系（Wang *et al.*，2012；Li *et al.*，2013；Li *et al.*，2014a，b；Zhang *et al.*，2014）。

传粉昆虫：发展了评价纯杀虫蛋白或转基因作物花粉对意大利蜜蜂幼虫和成虫潜在影响的试验体系（Wang *et al.*，submitted）。

经济昆虫：发展了评价转基因作物花粉对家蚕潜在影响的试验体系（Yang *et al.*，

＊ 通讯作者：E – mail：yunheli2012@126.com

2014）。

腐生昆虫：发展了评价转基因外源蛋白及转基因植物对土壤跳虫——白符跳潜在影响的试验体系（Yang *et al.*, submitted）。

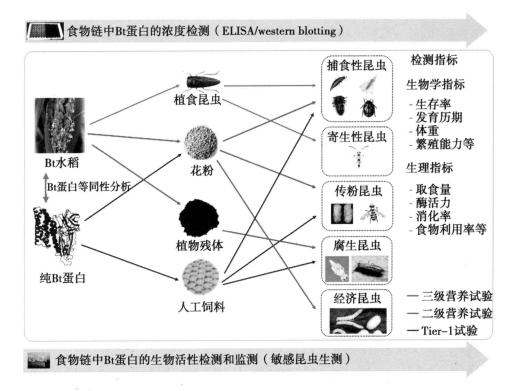

图1 实验室可控条件下评价转基因抗虫水稻对非靶标节肢动物潜在风险的试验体系

通过所建立的试验体系，集中评价了两个具有商业化前景的转 *Bt* 基因抗虫水稻新品种 T1C - 19（表达 Cry1C 蛋白）和 T2A - 1（表达 Cry2A 蛋白）对飞虱、中华通草蛉、龟纹瓢虫、蜜蜂、土壤跳虫和家蚕的潜在影响。取得以下结论：①像其他 *Bt* 蛋白一样，Cry1C 和 Cry2A 蛋白的杀虫专一性较强，对受试非靶标节肢动物除家蚕外没有毒性影响（Wang *et al.*, 2012；Wang *et al.*, 2014.）；②由于家蚕与靶标害虫同属鳞翅目，对 *Bt* 水稻表达的 Cry1C 和 Cry2A 类蛋白同样敏感，因此长时间取食附有高密度 *Bt* 水稻花粉的桑叶会影响家蚕的生长发育，但在田间实际暴露水平下，家蚕的生长发育不会受到负面影响（Yang *et al.*, 2014）；③转基因和非转基因水稻组织如花粉中的营养成分可能存在一定的差异，但这种差异在常规水稻品种间营养成分含量变异范围之内，不会对非靶标节肢动物的生长发育和繁殖能力产生显著的影响（Li *et al.*, 2015）；④当通过三级营养试验研究转基因抗虫水稻对捕食性天敌如草蛉潜在影响时，如果采用靶标昆虫作为猎物，通常会检测到负面影响，但如果采用非靶标昆虫作为猎物，则不会检测到负面影响。进一步的试验明确了检测到的负面影响是源于靶标昆虫对转基因外源蛋白敏感，其取食转基因水稻组织后，自身生长发育受到负面影响，而作为猎物，其营养质量下降，从而导致对上一营养层——天敌昆虫产生间接的负面影响（Li *et al.*, 2013）；⑤除了毒理学试验，还开展了生物化学和/或组织病理学试验，进一步明确了 Cry1C 和 Cry2A 蛋白的杀虫专一性（Wang & Li *et al.*，submitted）。从以上研究结果得出结论：种植表达 Cry1C 和 Cry2A 蛋白的转基因抗虫水稻对农田非靶标节肢动物将不会造成显著的负面影响。

参考文献

Li YH, Hu L, Romeis J, Wang YN, Han LZ, Chen XP, Peng YF. 2014a. Use of an artificial diet system to study the toxicity of gut – active insecticidal compounds on larvae of the green lacewing *Chrysoperla sinica*. Biolog Contr, 69：45 – 51.

Li YH, Wang YY, Romeis J, Liu QS, Lin KJ, Chen XP, Peng YF. 2013. *Bt* rice expressing Cry2Aa does not cause direct detrimental effects on larvae of *Chrysoperla sinica*. Ecotoxicol, 22：1413 – 1421.

Li YH, Zhang XJ, Chen XP, Romeis J, Yin XM, Peng YuF. 2015. Consumption of *Bt* rice pollen containing Cry1C or Cry2A does not pose a risk to *Propylea japonica* Thunberg（Coleoptera：Coccinellidae）. Sci Rep, 5：7679.

Li YH, Chen XP, Hu L, Romeis J, Peng YF. 2014b. *Bt* rice producing Cry1C protein does not have direct detrimental effects on the green lacewing *Chrysoperla sinica*（Tjeder）. Environ Toxicol Chem, 33（6）：1391 – 1397.

Wang YY, Li YH, Romeis J, Chen XP, Zhang J, Chen HY, Peng YF. 2012. Consumption of *Bt* rice pollen expressing Cry2Aa does not cause adverse effects on adult *Chrysoperla sinica* Tjeder（Neuroptera：Chrysopidae）. Biolog Contr, 61：246 – 251.

Wang ZX, Lin KJ, Romeis J, Liu YL, Liu ZW, Li YH, Peng YF. 2014. Use of a dietary exposure system for screening of insecticidal compounds for their toxicity to the planthopper *Laodelphax striatellus*. Insect Sci, 21：667 – 675.

Yang Y, Liu Y, Cao FQ, Chen XP, Cheng LS, Romeis J, Li YH, Peng YF. 2014. Consumption of *Bt* rice pollen containing Cry1C or Cry2A protein poses a low to negligible risk to the silkworm *Bombyx mori*（Lepidoptera：Bombyxidae）. PLoS ONE, 9（7）：e102302.

Zhang XJ, Li YH, Romeis J, Yin XM, Wu KM, Peng YF. 2014. Use of a pollen – based diet to expose the ladybird beetle *Propylea japonica* to insecticidal proteins. PLoS ONE, 9（1）：e85395.

未知转基因生物及其产品检测技术
The Methodologies for Unknown GMOs Monitoring

杨立桃[*]

（上海交通大学，上海　200240）

自转基因生物商业化应用以来，转基因生物安全评价及安全监管是我国乃至全球所面临的重要科学问题。如何建立转基因生物及其产品的检测技术和体系，特别是研发中和未批准商业化应用的新转基因生物及其产品的检测技术研究十分困难。目前，国际上还没有建立非常成熟、适用性强的未知/非法转基因生物及其产品检测方法。

Arne 等 2012 年撰写了题为 "Detecting un – authorized genetically modified organisms（GMOs）and derived materials" 的综述论文，对转基因生物外源插入序列进行了分类（图 1），并对未批准转基因生物的检测技术进行了论述和探讨，提出了重测序技术可能将是比较有效的检测平台（Arne *et al.*，2012）。

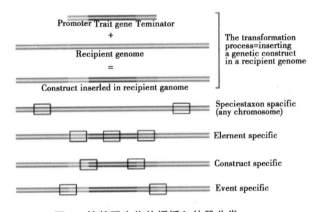

图 1　转基因生物外援插入片段分类

目前，未知转基因生物的检测策略主要是利用已有转基因生物分子特征信息，结合"排他法"的原理，确定产品中是否含有未知转基因成分。例如，欧盟学者整理了现有的转基因生物元件、外源基因、转化体等信息，构建开发了 GMOseek 工具，可以根据分析预测可能的转基因成分（Dany *et al.*，2014）。但是，这一策略对于已知信息具有非常高的依耐性，也就决定了该策略的局限性。随着高通量芯片和重测序技术的出现，未知转基因生物的检测方法研发取得了一些进展。挪威学者建立了基于 Tilling 芯片的未知转基因生物检测方法，将可能用于转基因生物生产的主要表达载体、启动子、终止子等序列收集、整理并设计成高密度芯片，利用该芯片成功检测出了 2 个未知的转基因拟南芥品系成分（Teng *et al.*，2007）。2013 年，我们利用双端重测序技术，成功开发了未知转基因生物的

　＊ 通讯作者：E – mail：yylltt@ sjtu. edu. cn

分析工具"TranSeq"。可以通过构建转基因序列数据库和完全拼接两种不同策略分析未知转基因成分（图2），其中，完全拼接的策略能够直接分析获得未知转基因生物的外源基因插入信息，该工具已经成功用于未知转基因水稻和玉米分析（Yang *et al.*，2013）。这些研究进展，为解决未知转基因生物及其产品检测难题提供了较好的研究思路和范例。随着，重测序成本降低和大数据分析新工具的涌现，将会有效的解决未知转基因生物及其产品检测和监管，为全球转基因生物安全提供保障。

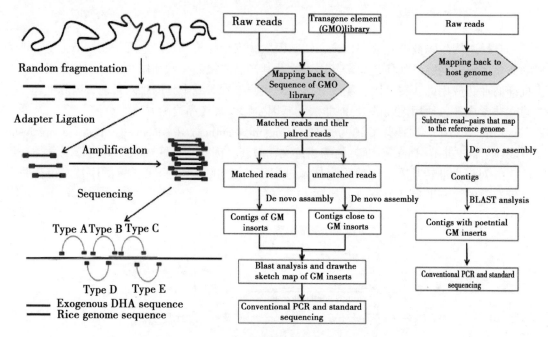

图2　TranSeq 未知转基因成分检测技术原理

参考文献

Holst – Jensen A1, Bertheau Y, de Loose M, Grohmann L, Hamels S, Hougs L, Morisset D, Pecoraro S, Pla M, Van den Bulcke M, Wulff D. 2012. Detecting un – authorized genetically modified organisms（GMOs）and derived materials. Biotechnol Adv, 30：1318 – 1335.

Morisset D, Novak PK, Zupani 813 Bruden K, Lavra 813 Žel J. 2014. GMOseek：a user friendly tool for optimized GMO testing. BMC Bioinformatics, 15：258.

Tengs T, Kristoffersen AB, Berdal KG, Thorstensen T, Butenko MA, Nesvold H, Holst – Jensen A. 2007. Microarray – based method for detection of unknown genetic modifications. BMC Biotechnol. 2007. 7：91.

Yang L, Wang C, Holst – Jensen A, Morisset D, Lin Y, Zhang D. 2013. Characterization of GM events by insert knowledge adapted re – sequencing approaches. Sci Rep. 3：2839.

转 *Bt* 基因抗虫水稻研究进展
Research Progress of *Bt* rice in China

凌 飞 林拥军 陈 浩[*]

（华中农业大学作物遗传改良国家重点实验室，武汉 430070）

自 1993 年，Fujimoto 等首次报道转修饰的 *Cry1Ab* 抗虫水稻成功，越来越多的文献报道成功培育出转 *Bt* 基因抗虫水稻。我国的转基因抗虫水稻研究始于 20 世纪 90 年代中期，当时限制 *Bt* 水稻发展的主要限制因素之一是水稻的遗传转化技术尚不成熟。经过过数年的实验室研究，Tu 等（2000）报道了我国首次大规模进行的 *Bt* 水稻田间试验。此次田间实试验的 *Bt* 水稻事件是我国自主研发的抗虫转基因水稻华恢 1 号。2009 年 8 月，华恢 1 号与其衍生组合 *Bt* 汕优 63 获得了农业部颁发的在湖北省的生产应用安全证书，这是中国首次为转基因水稻颁发的安全证书。5 年后，即 2014 年华恢 1 号与 *Bt* 汕优 63 的安全证书的续申请再次获批，为其商业化应用奠定了坚实基础。华恢 1 号的受体品种为优良恢复系明恢 63，转基因的方法为基因枪法。Tu 等构建了 ActinI 启动子驱动的 *cry1Ab/1Ac* 融合基因载体与含有潮霉素磷酸转移酶基因（*hpt*）的载体一起通过基因枪介导的共转化法转化水稻恢复系 MH63，通过后代自交分离筛选到无选择标记基因纯合株系 TT51-1，命名为华恢 1 号。根据 ELISA 检测结果，华恢 1 号种子中 Bt 蛋白的含量为 2.5 $\mu g/g$。作为我国首个获得安全证书的转基因水稻，华恢 1 号的分子特征、环境安全和食用安全等方面进行了大量的研究。通过与各地育种单位合作，华恢 1 号的抗虫种质资源被导入不同生态地区的主栽水稻品种或组合中。目前为止，至少有 10 个以上的华恢 1 号衍生系组合进行了生产性试验。田间试验表明，华恢 1 号的衍生组合在正常防治害虫的条件下，可以小幅（5%~10%）增产，在不防治害虫的条件下依自然发虫情况的不同程度的提高产量。课题内的比产试验表明，只要政策允许，华恢 1 号衍生组合可以迅速通过品种审定，进入生产实践。

Bt 转基因作物应用的潜在风险之一是害虫进化出对 Bt 蛋白的抗性。生产实践中通常采取"高剂量庇护所"和"基因聚合"等策略延缓害虫抗性的进化。中国的农业生产以小规模种植的农户为主，不适宜"高剂量庇护所"策略，而"基因聚合"策略显得更为可行。目前报道的 *Bt* 水稻大多导入的是 *Cry1A* 类基因（如 *Cry1Ab*、*Cry1Ac* 和 *Cry1Ab/Cry1Ac* 融合基因）。研究表明，如果 *Bt* 蛋白序列相似度高如 Cry1Ab 与 Cry1Ac，则在昆虫中具有交叉抗性，基因聚合的意义不大。因此，寻找与 Cry1Ab、Cry1Ac 同源性低的新型 *Bt* 抗虫基因具有重要意义。Cry1C、Cry2A 与 Cry1A 类蛋白相互之间同源性很低，研究表明它们在昆虫中的受体不同，不具有交互抗性。

根据水稻密码子偏爱性对野生型 *Cry2Aa* 和 *Cry1Ca5* 基因进行人工改造并合成新的

---

* 通讯作者：Email：hchen@ mail. hzau. edu. cn

cry2A * 和 *cry1C* * 基因（Chen *et al.*，2005；Tang *et al.*，2006）。将 *cry2A* * 和 *cry1C* * 通过农杆菌介导的遗传转化导入明恢 63，通过分子检测及田间考察，筛选到抗虫性优良、农艺性状无显著改变的转化事件 T2A－1（携带 *cry2A* *）和 T1C－19（携带 *cry1C* *）。T2A－1 和 T1C－19 以除草剂抗性基因 *bar* 作为筛选标记，因此 T2A－1 和 T1C－19 兼具抗虫和抗除草剂两个性状。T2A－1 和 T1C－19 目前已经完成生产性试验，正在进行安全证书的申请。

Yang 等（Yang *et al.*，2011）利用转基因事件 T2A－1（简写为 2A）和 T1C－19（简写为 1C）与转 Cry1Ab、Cry1Ac 水稻（简写为 1Ab 和 1Ac），以 5 种组合方式（1Ab＋1C，1Ab＋2A，1Ac＋1C，1Ac＋2A，1C＋2A）分别正反交，将不同类型的 *Bt* 基因两两聚合在一起，获得 10 种双价 *Bt* 基因抗虫品系 1Ab/1C，1C/1Ab，1Ab/2A，2A/1Ab，1Ac/1C，1C/1Ac，1Ac/2A，2A/1Ac，1C/2A 和 2A/1C（1Ab/1C 表示双价 *Bt* 水稻的母本为 1Ab，父本为 1C；1C/1Ab 反之，其余类推）。室内接虫试验结果表明，大部分双价 *Bt* 水稻对二龄二化螟和二龄三化螟的抗性高于单价的 *Bt* 水稻。

多数情况下为了获得好的抗虫效果，用于驱动 *Bt* 基因的启动子一般为组成型强启动子，如水稻 ActinI 或玉米 Ubiquitin 启动子等。Bt 蛋白在水稻胚乳中大量积累造成人们对食用安全性的担忧，从而影响 *Bt* 水稻的商品化。Ye 等（2009）利用水稻来源的 1，5－二磷酸核酮糖羧化/加氧酶小亚基（the small subunit ribulose 1，5－bisphosphate carboxylase/ oxygenase，*rbcs*）基因启动子驱动的 *cry1C* * 基因转化粳稻品种中花 11，筛选了外源基因单拷贝插入、抗虫性好且农艺性状优良的转化事件 RJ－5。*Rbcs* 启动子为绿色组织特异性启动子，研究表明 RJ－5 叶片中积累的 Cry1C * 蛋白含量为 0.87 μg/g 鲜重，而成熟的胚乳中积累的 Cry1C 蛋白极少，仅为叶片含量的 1/330，具有良好的应用前景。目前 RJ－5 已经完成中间试验，正在进行环境释放试验。

虽然 *Bt* 水稻在中国获得安全证书已经近 6 年，但未实现商业化种植。作为主粮作物，公众对 *Bt* 水稻的食用安全性存在疑虑是阻碍 *Bt* 水稻商业化的主要原因。从研究的角度上，一方面继续加强新组合的培育进行技术储备；另一方面需要不断完善产品，增加产品的安全性。目前利用重组系统 Cre/*Loxp* 与 Flp/*Frt* 等与胚乳特异性启动子相结合的"基因删除"策略，在胚乳发育早期可删除基因，使 *Bt* 水稻的胚乳中既无 *Bt* 蛋白积累也无 *Bt* 基因序列。初步的研究结果表明，该策略在新型 *Bt* 水稻培育中很有希望。一旦可自我删除基因的新型 *Bt* 水稻成功，将极大的减少人们对 *Bt* 水稻食用安全性的顾虑，推动 *Bt* 水稻的产业化发展。

参考文献

Chen H, Tang W, Xu C, Li X, Lin Y, Zhang Q. 2005. Transgenic indica rice plants harboring a synthetic cry2A gene of *Bacillus thuringiensis* exhibit enhanced resistance against lepidopteran rice pests. Theor App Genet, 111: 1330 – 1337.

Fujimoto H, Itoh K, Yamamoto M, Kyozuka J, Shimamoto K. 1993. Insect resistant rice generated by introduction of a modified δ－endotoxin gene of *Bacillus thuringiensis*. Nat Biotechnol, 11: 1151 – 1155.

Tang W, Chen H, Xu C, Li X, Lin Y, Zhang Q. 2006. Development of insect－resistant transgenic indica rice with a synthetic *cry1C* gene. Mol Breed, 18: 1 – 10.

Tu J, Zhang G, Datta K, Xu C, He Y, Zhang Q, Khush GS, Datta SK. 2000. Field performance of transgenic elite commercial hybrid rice expressing *Bacillus thuringiensis* δ – endotoxin. Nat Biotechnol, 18: 1101 – 1104.

Yang Z, Chen H, Tang W, Hua H, Lin Y. 2011. Development and characterisation of transgenic rice expressing two *Bacillus thuringiensis* genes. Pest Manag Sci, 67: 414 – 422.

Ye R, Huang H, Yang Z, Chen T, Liu L, Li X, Chen H, Lin Y. 2009. Development of insect - resistant transgenic rice with *Cry*1*C* - free endosperm. Pest Manag Sci, 65: 1015 – 1020.

转基因产品快速、高通量检测技术开发及应用
The Rapid, High Throughput Analysis Methods for GM Food/Feed

杨立桃*

（上海交通大学，上海 200240）

在过去 20 年，转基因生物商业化生产和应用的数量和面积急剧增加。2014 年年底，全球批准种植的转基因生物达到 320 多种。如何针对这些不同的转基因生物建立快速、高通量检测是安全检测领域研究的热点。

近年来，已经建立了一些快速、高通量的核酸技术和方法，如复合 PCR – 毛细管凝胶电泳、生物芯片、MassCode – LC/MS 等。仔细分析现阶段已经开发或商业化应用的快速、高通量核酸分析技术，核酸靶标分子富集、多靶标核酸分子高效扩增、扩增产物特异性识别是所有快速、高通量分析技术的核心，也是研究的难点。目前，已有的分析技术，无一例外都对这其中的某个环节进行改进，并开发相应的自动化仪器设备，实现快速、高通量分析的目的。近年来，我们课题组集中研究上述 3 个技术难题，结合纳米新材料、化学发光、微芯片工艺加工和纳升级 PCR 等研究，初步解决了靶标核酸分子快速捕获、多靶标基因/序列富集和特异性识别的难题，建立了 3 种快速、高通量 DNA 检测新方法（MPIC、vLAMP 和 MARCO），并成功应用于转基因产品检测。

MPIC 多靶标复合微滴 PCR 方法：我们根据 DNA 分子及 PCR 反应体系的亲疏水性，筛选疏水性的油相系统，建立了油包水（Water in Oil, W/O）微滴系统（MPIC），将单一水相的 PCR 体系巧妙地分割成成千上万的单一的 W/O 微系统，每个 W/O 微系统的体积约 20nL，包含单一的靶基因/序列和对应的特异性引物，实现成千上万的 W/O 微系统的平行扩增。最后，结合毛细管电泳高分辨率的优点，实现 24 个不同靶序列的同时分析，扩增通量较传统的单一 PCR 和复合 PCR（3 ~ 5 个靶序列）显著增加，且扩增效率、稳定性和灵敏度（0.13%）完全满足转基因产品的检测要求，可以对转基因食品中的转基因成分进行高通量筛选检测（Guo *et al.*, 2011）。

vLAMP 快速、可视化核酸等温扩增方法：我们系统比较研究了不同核酸纯化方法（CTAB、SDS、Silica 膜吸附、磁珠吸附等），针对加工产品核酸降解程度高的特点，设计了基于空气压力原理的核酸纯化快速装置，无需离心机水浴锅等实验室设备，在 10 ~ 15min 内获得高质量的基因组 DNA。同时，发明制备了包埋荧光染料的微晶蜡球，建立了闭管式可视化体外等温扩增检测方法（vLAMP）。最后将核酸纯化装置和可视化检测（vLAMP）装配形成快速、现场检测方法，在 1h 内实现转基因生物的田间检测和港口样品检测（Zhang *et al.*, 2013）。

MARCO 多靶标芯片检测系统：研制了纳米尺度微芯片，在微芯片上密集了纳升级

＊ 通讯作者：E – mail：yylltt@ sjtu. edu. cn

PCR 反应室，每个反应室独立扩增，可以在一张微芯片上进行多靶序列的同时扩增。然后，利用寡核苷酸芯片对微芯片扩增产物进行识别。目前，建立的 MARCO 多靶标芯片检测系统优点是特异性强（特异性引物、特异性探针）、高通量（400 个以上靶序列）和高灵敏（5~50 个拷贝）。在 MARCO 系统基础上，我们比较筛选了全球商业化的转基因产品的主要元件，建立了 97 个转基因靶序列的 MARCO 分析系统，可以扫描筛选检测97.1% 的商业化转基因生物及其产品，是已报道的检测范围最广的方法之一（Shao *et al.*，2014）。

　　这些检测方法已部分用于转基因产品检测，为我国转基因生物安全管理和标识制度实施提供了有效的技术手段。同时，也为核酸分子诊断技术发展开拓了思路，可用于食品安全、环境微生物、病原微生物检测等领域。

参考文献

Guo J, Yang L, Chen L, Morisset D, Li X, Pan L, Zhang D. 2011. MPIC：A High – Throughput Analytical Method for Multiple DNA Targets. Anal Chem, 83（5）：1579 – 1586.

Zhang M, Liu Y, Chen L, Quan S, Jiang S, Zhang D, Yang L. 2013. One simple DNA extraction device and its combination with modified visual loop – mediated isothermal amplification for rapid on – field detection of genetically modified organisms. Anal Chem, 85（1）：75 – 82.

Shao N, Jiang S, Zhang M, Wang J, Guo S, Li Y, Jiang H, Liu C, Zhang D, Yang L. 2014. MACRO：a combined microchip – PCR and microarray system for high – throughput monitoring of genetically modified organisms. Anal Chem, 86（2）：1 269 – 76.

转基因植物中 CP4 – EPSPS 蛋白的传感检测新进展
New Advances in Biosensor Based Detection Method for CP4 – EPSPS Protein in Transgenic Plants

黄 新*

（中国检验检疫科学研究院，北京 100176）

随着草甘膦的广泛使用，抗草甘膦作物也迅速的发展起来，目前抗草甘膦作物在美国、阿根廷、巴西等地已逐渐成为主要种植作物，仅转基因大豆已占全球大豆种植面积的约 60%。随着转基因植物研究的迅猛发展，转基因植物产品品种及产量也大幅增加。目前，CP4 – EPSPS 蛋白的检测主要采用 ELISA、试纸条法、免疫印迹法等。研究开发快速、灵敏的检测新技术显得尤为重要，近年来，在转基因产品的传感检测新技术上开展了探索性研究。

表面等离子共振（SPR）是当入射光以一个特殊的角度照射到金属表面发生的一种光学现象，可被用来实时跟踪在天然状态下生物分子间的相互作用，相比传统的蛋白检测方法，这种方法对生物分子无任何损伤，不需任何标记物，灵敏度更高，特异性与重复性较好等优点。基于这种技术，使用 11 – MUA 与 3 – MPA 的混合溶液修饰金片表面，形成自组装单分子层，而后将 CP4 – EPSPS 蛋白的单克隆抗体键合在生物传感器（单侧镀金金片）表面，再将能与抗体相互作用的 CP4 – EPSPS 抗原溶液注入并流经生物传感器表面。生物分子间的结合引起生物传感器表面质量的增加，导致折射指数按相应的比例增强，生物分子间反应的变化即被观察到。

研究结果表明，样品加入后约 30s 开始产生响应，样品浓度越高，响应值越大，使用 SPR 检测 CP4 – EPSPS 蛋白的最低检测限可达 1ng/mL。对 7 种不同浓度的 CP4 – EPSPS 蛋白重复检测 3 次，结果显示每次检测都有明显的反应，且同一浓度的响应值差异很小，变异系数（CV）在 3.7% ~ 7.6%，具有很好的重复性。该方法仅对 CP4 – EPSPS 蛋白有明显响应，而 Bt 蛋白 cry1Ah、cry1Ac、cry2A 则未出现明显相应，具有较好的特异性。为了验证 SPR 方法检测试剂转基因样品的可行性，利用该传感方法对阴性玉米样品 MON863、6 种含有 CP4 – EPSPS 蛋白的阳性样品（大豆 GTS40 – 3 – 2、大豆 0906 – B、玉米 0406 – D、玉米 MON810、转基因油菜籽和棉花籽 0804 – B）、六种盲样（油菜 Y14052 – 1、油菜 Y14052 – 2、玉米富裕一号、玉米辽粮、大豆 ZZ 和大豆 BT）进行检测，所有样品的检测结果均与实际结果一致，且与商业化试纸条的检测结果相吻合。

此方法相比较于常规的蛋白检测方法，如 ELISA、试纸条法等其优点在于，检测灵敏度高，可达 1ng/mL，操作简便、快捷，特异性好，且可用于实际样品的检测。为抗草甘膦作物的检测提供了一种新的可行性方法，具有广阔的应用前景。

参考文献

Huang X, *et al.*, Sensitive Detection of CP4 – EPSPS Protein Using Surface – Plasmon – Resonance Based Biosensors. In preparation.

＊ 通讯作者：E – mail：huangx@ caiq. gov. cn